高等职业教育“双高”建设成果教材

高等职业教育新形态一体化教材

工程数学基础

主审　朱军红

主编　严树林　陈莉敏

参编　游智鹏　朱　静　李春林　王宏义　董婷婷

中国教育出版传媒集团

高等教育出版社·北京

内容提要

本书是高等职业教育新形态一体化教材，是高等职业教育“双高”建设成果教材。本书以高职人才培养目标为基准，坚持学以致用、够用为度的原则，认真研究高职学生的学习特点，借鉴了优秀教材的编写经验，结合近几年高职高等数学分层教学改革成果编写完成，强调基础性、应用性，突出素质培养，体现立德树人价值引领。

全书内容包括无穷级数、多元函数微分、多元函数积分、线性代数初步、概率论与数理统计、数值计算初步、MATLAB 应用，每个关键知识点都配有在线自测，便于学习者巩固知识。

本书是新形态一体化教材，书中重要知识点配有微视频，学习者可以通过二维码随扫随学。

本书既可作为高职院校、成人高校各专业高等数学课程教学用书，也可以作为专升本考试和工程技术人员的参考书。

图书在版编目（CIP）数据

工程数学基础 / 严树林，陈莉敏主编. --北京：高等教育出版社，2022.10

ISBN 978-7-04-058701-2

Ⅰ. ①工… Ⅱ. ①严… ②陈… Ⅲ. ①工程数学-高等职业教育-教材 Ⅳ. ①TB11

中国版本图书馆 CIP 数据核字(2022)第 094602 号

GONGCHENG SHUXUE JICHU

策划编辑	马玉珍	责任编辑	马玉珍	封面设计	张　楠	版式设计	王艳红
责任绘图	邓　超	责任校对	张　薇	责任印制	田　甜		

出版发行	高等教育出版社	网　　址	http://www.hep.edu.cn
社　　址	北京市西城区德外大街 4 号		http://www.hep.com.cn
邮政编码	100120	网上订购	http://www.hepmall.com.cn
印　　刷	北京市鑫霸印务有限公司		http://www.hepmall.com
开　　本	787 mm× 1092 mm　1/16		http://www.hepmall.cn
印　　张	18.5		
字　　数	430 千字	版　　次	2022 年 10 月第 1 版
购书热线	010-58581118	印　　次	2022 年 10 月第 1 次印刷
咨询电话	400-810-0598	定　　价	42.80 元

物 料 号　58701-00

前　言

高等职业教育以培养高素质技术技能人才为目标，不仅要求学生较好地掌握专业技术技能，而且还要求学生掌握必要的基础理论知识，为今后继续学习、实践、提高奠定基础。高职数学作为一门公共基础课程，在高职院校人才培养中所起的作用越来越受到重视。高职数学的学习有利于学生的可持续发展，其教育目标正在向培养学生学习能力、创新能力等职业能力的方向转变。

本书在编写过程中遵循以下原则：

1. 突出问题导向。每章开篇引入生产与生活中的实际案例，帮助学生认识数学的应用性，加强对学生的数学应用意识、兴趣、能力的培养，提高学生的数学素养。

2. 注重简洁直观。结合高职学生的实际特点，用通俗易懂的语言叙述抽象的数学概念，简化理论证明与推理，强化直观说明和几何解释。

3. 融入数学文化。在各章末的知识拓展链接中，通过数学史料将本章内容再延伸，使学生受到数学文化的熏陶。

4. 培养自学能力。针对各章基本知识设置了配套习题供学生练习，可以有效地对每章知识进行复习和巩固，以提高对知识的掌握能力。

5. 增强数学实验。为培养学生利用数学软件求解数学问题的能力，结合各章较复杂的计算内容，本书专门介绍了 MATLAB 软件在各章数学知识中的应用，力求做到易教、易学、易懂、易用，提高学生应用数学软件的能力。

本书由严树林、陈莉敏担任主编。参加编写的有：游智鹏、朱静、李春林、王宏义、董婷婷。教材的策划、立意、框架结构及最后的统稿由严树林完成。本书由朱军红担任主审，他在审阅中提出了很多宝贵的意见和建议，在此表示感谢！

教材在编写过程中，得到了常州工程职业技术学院有关部门领导的大力支持，高等教育出版社的相关领导、编辑也为本书的顺利出版付出了辛劳，在此一并表示感谢！

由于编者水平有限，时间也比较仓促，书中错误和不妥之处在所难免，我们衷心地希望得到广大读者的批评指正，以使本书在教学实践中不断完善。

编　者

2022 年 8 月

目　　录

第一章

无穷级数

无穷级数是表示函数、研究函数性质及进行数值计算的一种重要工具,它在自然科学、工程技术和数学的许多分支中都有广泛的应用.本章先讨论常数项级数,然后讨论函数项级数中的幂级数和傅里叶级数,并介绍级数的应用.

案例 追乌龟(阿基里斯悖论)

阿基里斯(又名阿喀琉斯)是古希腊神话中善跑的英雄.在他和乌龟的竞赛中,他的速度为乌龟的10倍,乌龟在他的前面100 m处起跑,他在后面追,但他不可能追上乌龟.因为在竞赛中,追者首先必须到达被追者的出发点,当阿基里斯追到100 m时,乌龟已经又向前爬了10 m,于是,一个新的起点产生了;阿基里斯必须继续追,而当他追到乌龟爬的这10 m时,乌龟又已经向前爬了1 m,阿基里斯只能再追向那个1 m.就这样,乌龟会制造出无穷个起点,它总能在起点与自己之间制造出一个距离:不管这个距离有多小,但只要乌龟不停地奋力向前爬,阿基里斯就永远也追不上乌龟!

我们分析一下,假设乌龟的速度为 v,阿基里斯的速度为 $10v$.当阿基里斯第一次跑到乌龟出发点时所用时间为 $t_1=\dfrac{100}{10v}$;当阿基里斯第二次跑到乌龟出发点时所用时间为 $t_2=\dfrac{10}{10v}$;当阿基里斯第三次跑到乌龟出发点时所用时间为 $t_3=\dfrac{1}{10v}$……如此下去所需总时间为

$$T=t_1+t_2+t_3+\cdots=\frac{100}{10v}+\frac{10}{10v}+\frac{1}{10v}+\cdots=\sum_{n=1}^{\infty}\frac{100}{10^n v}.$$

这涉及无穷个数的和,而我们以前求数列的和一般都是针对有限个数,那么无限个数相加其和是否存在?如果存在怎么求?我们需要对它进行研究,这就是级数研究的意义.

知识梳理

- 无穷级数
  - 数项级数
    - 概念与性质 } 重点、难点
    - 敛散性判别方法
      - 正项级数审敛法
        - 比较审敛法 } 重点、难点
        - 比值审敛法 } 重点、难点
      - 交错级数审敛法—莱布尼茨审敛法 } 重点、难点
      - 任意项级数审敛法
        - 绝对收敛 } 重点
        - 条件收敛 } 重点、难点
  - 幂级数
    - 幂级数及其收敛域
      - 概念 } 重点
      - 收敛域的求法 } 重点、难点
    - 幂级数求和函数 } 重点、难点
    - 幂级数展开
      - 直接法 } 重点
      - 间接法 } 重点、难点
  - 傅里叶级数
    - 收敛定理 } 重点、难点
    - 函数展开成傅里叶级数 } 重点、难点

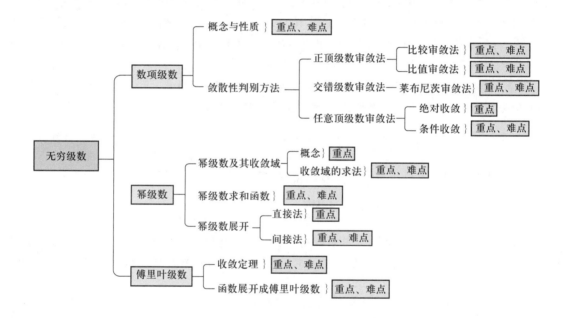

第一节　数项级数的概念与性质

一、数项级数的概念

定义 1　给定一个数列 $u_1, u_2, \cdots, u_n, \cdots$，把数列中各项依次用加号连接起来的式子 $u_1+u_2+\cdots+u_n+\cdots$ 称为常数项无穷级数，简称级数，记作：$\sum\limits_{n=1}^{\infty} u_n$，即

$$\sum_{n=1}^{\infty} u_n = u_1+u_2+\cdots+u_n+\cdots. \tag{1-1}$$

数列的各项 $u_1, u_2, \cdots, u_n, \cdots$ 称为级数的项，其中 u_n 称为级数的通项.

无穷级数的定义只是形式上表示为无穷多个数的和. 如何理解无穷多个数相加？对于任意有限项其和是完全确定的. 因此，我们从有限项的和出发，观察变化趋势，理解无穷级数的含义.

级数(1-1)的第 1 项，第 2 项，$\cdots$，第 n 项，$\cdots$ 相加，得一数列 $S_1=u_1, S_2=u_1+u_2, \cdots, S_n=u_1+u_2+\cdots+u_n, \cdots$，这个数列的通项 $S_n=u_1+u_2+\cdots+u_n$ 称为级数 $\sum\limits_{n=1}^{\infty} u_n$ 的前 n 项的部分和，该数列称为级数 $\sum\limits_{n=1}^{\infty} u_n$ 的部分和数列 $\{S_n\}$.

常数项级数的概念

例 1　求级数 $\sum\limits_{n=1}^{\infty} \dfrac{1}{n(n+1)}$ 的部分和数列.

解　级数的各项分别为

$$u_1=\frac{1}{1\cdot 2}, u_2=\frac{1}{2\cdot 3}, u_3=\frac{1}{3\cdot 4}, \cdots, u_n=\frac{1}{n(n+1)}, \cdots.$$

前 n 项的部分和为

$$\begin{aligned} S_n &= u_1+u_2+\cdots+u_n=\frac{1}{1\cdot 2}+\frac{1}{2\cdot 3}+\frac{1}{3\cdot 4}+\cdots+\frac{1}{n(n+1)} \\ &= \left(\frac{1}{1}-\frac{1}{2}\right)+\left(\frac{1}{2}-\frac{1}{3}\right)+\left(\frac{1}{3}-\frac{1}{4}\right)+\cdots+\left(\frac{1}{n}-\frac{1}{n+1}\right)=1-\frac{1}{n+1}. \end{aligned}$$

级数的部分和数列为 $\left\{1-\dfrac{1}{n+1}\right\}$：$\dfrac{1}{2}, \dfrac{2}{3}, \dfrac{3}{4}, \cdots, 1-\dfrac{1}{n+1}, \cdots$.

定义 2　若级数 $\sum\limits_{n=1}^{\infty} u_n$ 的部分和数列 $\{S_n\}$ 极限存在，即 $\lim\limits_{n\to\infty} S_n=S$，则称该级数收敛，并称极限值 S 为该级数的和，记为

$$S=\sum_{n=1}^{\infty} u_n=u_1+u_2+\cdots+u_n+\cdots=\lim_{n\to\infty} S_n,$$

若级数 $\sum\limits_{n=1}^{\infty} u_n$ 的部分和数列 $\{S_n\}$ 极限不存在，则称该级数发散.

如果级数 $\sum_{n=1}^{\infty} u_n$ 收敛于 S，则部分和 S_n 是极限值 S 的近似值，其误差

$$r_n = S - S_n = u_{n+1} + u_{n+2} + \cdots,$$

显然有级数收敛于 S 的充要条件是 $\lim_{n\to\infty} r_n = 0$.

在例 1 中，由于 $\lim_{n\to\infty} S_n = \lim_{n\to\infty}\left(1-\frac{1}{n+1}\right) = 1$，因此我们可称级数 $\sum_{n=1}^{\infty}\frac{1}{n(n+1)}$ 收敛于 1.

例 2　讨论等比级数 $\sum_{n=1}^{\infty} aq^{n-1}(a\neq 0)$ 的敛散性.

解　该级数的部分和

$$S_n = \begin{cases} \dfrac{a(1-q^n)}{1-q}, & |q|\neq 1, \\ na, & q=1, \\ \dfrac{1-(-1)^n}{2}a, & q=-1. \end{cases}$$

(1) 当 $|q|<1$ 时，$\lim_{n\to\infty} S_n = \lim_{n\to\infty}\frac{a(1-q^n)}{1-q} = \frac{a}{1-q}$，故原级数收敛，且 $\sum_{n=1}^{\infty} aq^{n-1} = \frac{a}{1-q}$；

(2) 当 $|q|>1$ 时，$\lim_{n\to\infty} S_n = \lim_{n\to\infty}\frac{a(1-q^n)}{1-q} = \infty$，故原级数发散；

(3) 当 $q=\pm 1$ 时，若 $q=-1$，$S_n = \frac{1-(-1)^n}{2}a$，显然 $\lim_{n\to\infty} S_n$ 不存在；若 $q=1$，$S_n = na\to\infty\ (n\to\infty)$，故 $|q|=1$ 时原级数发散.

综上所述，等比级数 $\sum_{n=1}^{\infty} aq^{n-1}(a\neq 0)$ 当公比 $|q|<1$ 时收敛，且 $\sum_{n=1}^{\infty} aq^{n-1} = \frac{a}{1-q}$，当公比 $|q|\geqslant 1$ 时，等比级数发散.

例 3　证明级数 $\sum_{n=1}^{\infty}\frac{1}{n}$（调和级数）发散.

证明　该级数的部分和不易求得，我们可以通过另一个级数 $\sum_{n=1}^{\infty}\ln\left(1+\frac{1}{n}\right)$ 的敛散性来判断.

首先证明不等式 $x\geqslant \ln(1+x)\ (x\geqslant 0)$.

令 $f(x) = x-\ln(1+x)$，有 $f(0)=0$，$f'(x) = 1-\frac{1}{1+x}>0\quad(x>0)$，因此 $f(x)$ 是 $(0,+\infty)$ 上的增函数，即当 $x\geqslant 0$ 时，$f(x)\geqslant 0$，于是 $x\geqslant \ln(1+x)$. 令 $x=1,\frac{1}{2},\frac{1}{3},\cdots,\frac{1}{n}$，即得

$$1\geqslant \ln(1+1),\ \frac{1}{2}\geqslant \ln\left(1+\frac{1}{2}\right),\ \cdots,\ \frac{1}{n}\geqslant \ln\left(1+\frac{1}{n}\right),$$

相加得

$$\begin{aligned} S_n &= 1+\frac{1}{2}+\frac{1}{3}+\cdots+\frac{1}{n}\geqslant \ln 2+\ln\frac{3}{2}+\ln\frac{4}{3}+\cdots+\ln\frac{n+1}{n} \\ &= \ln\left(2\cdot\frac{3}{2}\cdot\frac{4}{3}\cdot\cdots\cdot\frac{n+1}{n}\right) = \ln(n+1), \end{aligned}$$

当 $n\to\infty$ 时，$\ln(n+1)\to\infty$，所以 $S_n\to\infty$，故级数 $\sum_{n=1}^{\infty}\frac{1}{n}$ 发散.

练一练

若级数 $\sum_{n=1}^{\infty}\frac{a}{q^n}$ 收敛(a 为常数),则 q 应满足的条件是( ).

A. $q=1$ B. $q=-1$ C. $|q|<1$ D. $|q|>1$

二、数项级数的基本性质

定理(级数收敛的必要条件) 若级数 $\sum_{n=1}^{\infty}u_n$ 收敛,则 $\lim_{n\to\infty}u_n=0$.

注 (1) 该定理的逆命题不真,也就是说:如果级数 $\sum_{n=1}^{\infty}u_n$ 满足 $\lim_{n\to\infty}u_n=0$,该级数不一定收敛. 例如例 3 中的调和级数 $\sum_{n=1}^{\infty}\frac{1}{n}$,虽然满足 $\lim_{n\to\infty}u_n=\lim_{n\to\infty}\frac{1}{n}=0$,但它却是发散的;

数项级数的性质

(2) 该定理的逆否命题可作为我们判断级数发散的一种方法:若 $\lim_{n\to\infty}u_n\neq0$,则级数 $\sum_{n=1}^{\infty}u_n$ 发散.

例 4 讨论级数 $\sum_{n=1}^{\infty}\left(\frac{n+1}{n}\right)^n$ 的敛散性.

解 由于 $\lim_{n\to\infty}u_n=\lim_{n\to\infty}\left(\frac{n+1}{n}\right)^n=\mathrm{e}\neq0$,因此原级数 $\sum_{n=1}^{\infty}\left(\frac{n+1}{n}\right)^n$ 发散.

根据数项级数收敛性的概念,可以得出如下关于收敛级数的基本性质:

性质 1 如果级数 $\sum_{n=1}^{\infty}u_n$ 收敛于 S,c 为任意常数,则级数 $\sum_{n=1}^{\infty}cu_n$ 也是收敛的,而且它的和为 cS. 如果 $\sum_{n=1}^{\infty}u_n$ 发散,那么当 $c\neq0$ 时 $\sum_{n=1}^{\infty}cu_n$ 也发散. 此性质表明,级数的每一项乘以一个不为零的常数后,所构成的新级数敛散性不变.

性质 2 两个收敛的级数的对应项相加,所得的级数收敛,且其和等于两个级数和的相加.

性质 3 在任何收敛的级数中,任意添加括号,所得的新级数仍收敛于原来的和.

测一测

注 若某级数经过加括号后所成的级数发散,则原级数也发散;但经加括号后所成级数收敛,而原级数仍可能发散. 例如公比为 -1 的等比级数 $a-a+a-a+\cdots$ 发散,但加括号 $(a-a)+(a-a)+\cdots$ 后收敛于 0.

性质 4 在一个级数的前面添入或去掉有限个项并不影响这个级数的收敛性.

例 5 讨论级数 $\sum_{n=1}^{\infty}\frac{3+(-1)^n}{2^n}$ 的敛散性.

解 因为 $\sum_{n=1}^{\infty}\frac{3}{2^n}=3\sum_{n=1}^{\infty}\frac{1}{2^n}$ 收敛,$\sum_{n=1}^{\infty}\frac{(-1)^n}{2^n}=\sum_{n=1}^{\infty}\left(\frac{-1}{2}\right)^n$ 收敛,由性质 2 可知,原级数收敛.

练一练

下列结论正确的是(　　).

A. 若 $\lim\limits_{n\to\infty} u_n=0$,则 $\sum\limits_{n=1}^{\infty} u_n$ 收敛

B. 若 $\lim\limits_{n\to\infty}(u_{n+1}-u_n)=0$,则 $\sum\limits_{n=1}^{\infty} u_n$ 收敛

C. 若 $\sum\limits_{n=1}^{\infty} u_n$ 收敛,则 $\lim\limits_{n\to\infty} u_n=0$

D. 若 $\sum\limits_{n=1}^{\infty} u_n$ 发散,则 $\lim\limits_{n\to\infty} u_n\neq 0$

同步练习 1.1

1. 写出下列级数的通项.

(1) $1+\dfrac{1}{3}+\dfrac{1}{5}+\dfrac{1}{7}+\cdots$;

(2) $\dfrac{1}{2\ln 2}+\dfrac{1}{3\ln 3}+\dfrac{1}{4\ln 4}+\cdots$.

2. 根据级数收敛的定义,判定下列级数的敛散性;如果收敛,求出其和.

(1) $1-\dfrac{1}{2}+\dfrac{1}{4}-\dfrac{1}{8}+\cdots$;

(2) $\sum\limits_{n=1}^{\infty} \ln\dfrac{n+1}{n}$;

(3) $\sum\limits_{n=1}^{\infty} \dfrac{1}{\sqrt{n}+\sqrt{n-1}}$.

3. 判断下列级数的敛散性.

(1) $\sum\limits_{n=1}^{\infty} \dfrac{3}{n+2}$;

(2) $\sum\limits_{n=1}^{\infty} \dfrac{n}{2n+3}$.

第二节　数项级数的审敛法

利用定义来判别级数的收敛性是比较复杂的,因为部分和很难写出一般式,能否找到判别级数收敛性更简单、更有效的方法呢?下面我们先讨论正项级数敛散性的判别法,再以此为基础寻找交错级数和一般项级数敛散性的判别法.

一、正项级数及其审敛法

定义 1　如果级数 $\sum\limits_{n=1}^{\infty} u_n$ 满足 $u_n\geqslant 0(n=1,2,3,\cdots)$,则称该级数为正项级数.

易知,正项级数 $\sum\limits_{n=1}^{\infty} u_n$ 的部分和数列 $\{S_n\}$ 是单调增加的,即 $S_1\leqslant S_2\leqslant\cdots\leqslant S_n\leqslant\cdots$,根据单调有界数列必有极限存在的准则,可得到一个判定正项级数收敛性的定理.

定理 1　正项级数 $\sum\limits_{n=1}^{\infty} u_n$ 收敛的充分必要条件是部分和数列 $\{S_n\}$ 有界.

直接由该定理判断正项级数的敛散性往往不太方便，因为很多正项级数的部分和不易求得．但由该定理可以得到常用的正项级数的一系列审敛法．

定理 2(比较审敛法)　设有两个正项级数 $\sum_{n=1}^{\infty} u_n$ 及 $\sum_{n=1}^{\infty} v_n$，而且 $u_n \leqslant v_n (n=1,2,3,\cdots)$.

(1) 如果 $\sum_{n=1}^{\infty} v_n$ 收敛，那么 $\sum_{n=1}^{\infty} u_n$ 也收敛；

(2) 如果 $\sum_{n=1}^{\infty} u_n$ 发散，那么 $\sum_{n=1}^{\infty} v_n$ 也发散.

正项级数的比较审敛法

证明　因为结论(2)是(1)的逆否命题，所以我们只证明结论(1)，设级数 $\sum_{n=1}^{\infty} v_n$ 的前 n 项和为 S'_n，$\sum_{n=1}^{\infty} u_n$ 的前 n 项和为 S_n，于是 $S_n \leqslant S'_n$.

因为级数 $\sum_{n=1}^{\infty} v_n$ 收敛，由定理 1，S'_n 有界 $(n=1,2,3,\cdots)$，即存在 M，使得 $S'_n \leqslant M$，于是 $S_n \leqslant S'_n \leqslant M$，也就是说 $\sum_{n=1}^{\infty} u_n$ 的部分和数列也有界，所以级数 $\sum_{n=1}^{\infty} u_n$ 也收敛.

例 1　讨论 p-级数 $\sum_{n=1}^{\infty} \frac{1}{n^p}$ 的收敛性$(p>0)$.

解　(1) 当 $p=1$ 时，p-级数即为调和级数 $\sum_{n=1}^{\infty} \frac{1}{n}$，故发散；

(2) 当 $p<1$ 时，由于 $\frac{1}{n^p} \geqslant \frac{1}{n} (n=1,2,3,\cdots)$，而级数 $\sum_{n=1}^{\infty} \frac{1}{n}$ 发散，根据比较审敛法的结论(2)可知，此时的 p-级数发散；

(3) 当 $p>1$ 时，若 $n-1 \leqslant x < n$，有 $\frac{1}{n^p} < \frac{1}{x^p}$，所以

$$\frac{1}{n^p} = \int_{n-1}^{n} \frac{1}{n^p} \mathrm{d}x < \int_{n-1}^{n} \frac{1}{x^p} \mathrm{d}x (n=1,2,3,\cdots),$$

从而

$$\begin{aligned} S_n &= \frac{1}{1^p} + \frac{1}{2^p} + \frac{1}{3^p} + \cdots + \frac{1}{n^p} < 1 + \int_{1}^{2} \frac{1}{x^p} \mathrm{d}x + \cdots + \int_{n-1}^{n} \frac{1}{x^p} \mathrm{d}x \\ &= 1 + \int_{1}^{n} \frac{1}{x^p} \mathrm{d}x = 1 + \frac{1}{1-p}(n^{1-p} - 1) \\ &= \frac{p}{p-1} - \frac{1}{p-1} \cdot \frac{1}{n^{p-1}} < \frac{p}{p-1}, \end{aligned}$$

所以部分和数列有界，由定理 2 可知，p-级数收敛.

综上所述，p-级数 $\sum_{n=1}^{\infty} \frac{1}{n^p}$ 当 $p \leqslant 1$ 时发散，$p>1$ 时收敛.

在利用比较审敛法判断正项级数的敛散性时，往往通过该级数与 p-级数的比较得出结论.

例 2　确定正项级数 $\sum_{n=1}^{\infty} \frac{n+2}{n^2+2n+3}$ 的敛散性.

解　由于 $n+2>n$，$n^2+2n+3 \leqslant 6n^2$，因此

$$\frac{n+2}{n^2+2n+3} > \frac{n}{6n^2} = \frac{1}{6} \cdot \frac{1}{n} (n=1,2,3,\cdots),$$

而级数 $\sum\limits_{n=1}^{\infty}\dfrac{1}{n}$ 发散(调和级数),由上一节性质 1 知,级数 $\sum\limits_{n=1}^{\infty}\dfrac{1}{6}\cdot\dfrac{1}{n}$ 仍然发散,根据比较审敛法可知,原级数 $\sum\limits_{n=1}^{\infty}\dfrac{n+2}{n^2+2n+3}$ 发散.

例 3 证明正项级数 $\sum\limits_{n=1}^{\infty}\dfrac{1}{n\sqrt{2n+3}}$ 收敛.

证明 因为

$$\frac{1}{n\sqrt{2n+3}}<\frac{1}{\sqrt{2}\,n^{\frac{3}{2}}}\ (n=1,2,3,\cdots),$$

而 p-级数 $\sum\limits_{n=1}^{\infty}\dfrac{1}{n^{\frac{3}{2}}}\left(p=\dfrac{3}{2}>1\right)$ 收敛,由比较审敛法可知,原级数 $\sum\limits_{n=1}^{\infty}\dfrac{1}{n\sqrt{2n+3}}$ 收敛.

分析例 2 和例 3 不难发现,如果正项级数的通项 u_n 是分式,而且分子分母都是 n 的多项式(常数是零次多项式)或无理式时,只要分母的最高次数比分子的最高次数高一次以上(不包含一次),该正项级数收敛,否则发散.

推论 1 设 $\sum\limits_{n=1}^{\infty}u_n$, $\sum\limits_{n=1}^{\infty}v_n$ 均为正项级数,且存在自然数 N 及常数 $k>0$,使得当 $n>N$ 时恒有 $u_n\leqslant kv_n$,则

(1) 当 $\sum\limits_{n=1}^{\infty}v_n$ 收敛时, $\sum\limits_{n=1}^{\infty}u_n$ 也收敛;

(2) 当 $\sum\limits_{n=1}^{\infty}u_n$ 发散时, $\sum\limits_{n=1}^{\infty}v_n$ 也发散.

定理 3(比较审敛法的极限形式) 设有两个正项级数 $\sum\limits_{n=1}^{\infty}u_n$ 及 $\sum\limits_{n=1}^{\infty}v_n$,若 $\lim\limits_{n\to\infty}\dfrac{u_n}{v_n}=l$,则

(1) 当 $0<l<+\infty$ 时, $\sum\limits_{n=1}^{\infty}u_n$ 与 $\sum\limits_{n=1}^{\infty}v_n$ 具有相同的敛散性;

(2) 当 $l=0$ 时,由 $\sum\limits_{n=1}^{\infty}v_n$ 收敛可推出 $\sum\limits_{n=1}^{\infty}u_n$ 收敛;

(3) 当 $l=+\infty$ 时,由 $\sum\limits_{n=1}^{\infty}v_n$ 发散可推出 $\sum\limits_{n=1}^{\infty}u_n$ 发散.

用比较审敛法的极限形式解例 2:

取 $u_n=\dfrac{n+2}{n^2+2n+3}$, $v_n=\dfrac{1}{n}$,则 $\lim\limits_{n\to\infty}\dfrac{u_n}{v_n}=\lim\limits_{n\to\infty}\dfrac{\dfrac{n+2}{n^2+2n+3}}{\dfrac{1}{n}}=1$,而级数 $\sum\limits_{n=1}^{\infty}\dfrac{1}{n}$ 发散(调和级数),根据比较审敛法的极限形式可知,原级数 $\sum\limits_{n=1}^{\infty}\dfrac{n+2}{n^2+2n+3}$ 发散.

用比较审敛法的极限形式证明例 3:

取 $u_n=\dfrac{1}{n\sqrt{2n+3}}$, $v_n=\dfrac{1}{n^{\frac{3}{2}}}$,则 $\lim\limits_{n\to\infty}\dfrac{u_n}{v_n}=\lim\limits_{n\to\infty}\dfrac{\dfrac{1}{n\sqrt{2n+3}}}{\dfrac{1}{n^{\frac{3}{2}}}}=\dfrac{1}{\sqrt{2}}$,而 p-级数 $\sum\limits_{n=1}^{\infty}\dfrac{1}{n^{\frac{3}{2}}}\left(p=\dfrac{3}{2}>1\right)$ 收敛,根据

比较审敛法的极限形式可知,原级数 $\sum_{n=1}^{\infty}\frac{1}{n\sqrt{2n+3}}$收敛.

使用比较判别法,需要寻找一个已知敛散性的级数并与之作比较,这往往有一定的难度,当正项级数的通项中含有 a^n 或 $n!$ 等形式时,难度更大.下面介绍比值审敛法,只要利用级数自身特点,就可判别级数的收敛性.

练一练

级数 $\sum_{n=1}^{\infty}u_n$ 与 $\sum_{n=1}^{\infty}v_n$ 满足 $0<u_n\leqslant v_n(n=1,2,\cdots)$,则(　　).

A. 若 $\sum_{n=1}^{\infty}v_n$ 发散,则 $\sum_{n=1}^{\infty}u_n$ 发散　　B. 若 $\sum_{n=1}^{\infty}u_n$ 收敛,则 $\sum_{n=1}^{\infty}v_n$ 收敛

C. 若 $\sum_{n=1}^{\infty}u_n$ 收敛,则 $\sum_{n=1}^{\infty}v_n$ 发散　　D. 若 $\sum_{n=1}^{\infty}u_n$ 发散,则 $\sum_{n=1}^{\infty}v_n$ 发散

定理 4(达朗贝尔比值判别法)　设有正项级数 $\sum_{n=1}^{\infty}u_n$,如果极限 $\lim_{n\to\infty}\frac{u_{n+1}}{u_n}=\rho$ 存在,那么

(1) 当 $\rho<1$ 时,级数收敛;

(2) 当 $\rho>1$ 时,级数发散;

(3) 当 $\rho=1$ 时,级数可能收敛,也可能发散.

例 4　判断级数 $\sum_{n=1}^{\infty}\frac{3^n}{n\cdot 2^n}$的敛散性.

解　$u_n=\frac{3^n}{n\cdot 2^n}$,因为

$$\lim_{n\to\infty}\frac{u_{n+1}}{u_n}=\lim_{n\to\infty}\frac{3^{n+1}}{(n+1)\cdot 2^{n+1}}\cdot\frac{n\cdot 2^n}{3^n}=\lim_{n\to\infty}\frac{3n}{2(n+1)}=\frac{3}{2}>1,$$

正项级数的比值审敛法

由比值审敛法知,原级数 $\sum_{n=1}^{\infty}\frac{3^n}{n\cdot 2^n}$发散.

例 5　判别级数 $\sum_{n=1}^{\infty}\frac{a^n n!}{n^n}(a>0)$的收敛性.

解　因为

$$\lim_{n\to\infty}\frac{u_{n+1}}{u_n}=\lim_{n\to\infty}\frac{a^{n+1}(n+1)!}{(n+1)^{n+1}}\cdot\frac{n^n}{a^n n!}=\lim_{n\to\infty}a\cdot\left(\frac{n}{n+1}\right)^n$$

$$=\lim_{n\to\infty}\frac{a}{\left(1+\frac{1}{n}\right)^n}=\frac{a}{\mathrm{e}},$$

故当 $0<a<\mathrm{e}$ 时,原级数收敛,当 $a>\mathrm{e}$ 时,原级数发散.

当 $a=\mathrm{e}$ 时,虽然不能利用比值审敛法直接得到级数收敛或发散的结论,但由于 $\frac{u_{n+1}}{u_n}=\frac{\mathrm{e}}{\left(1+\frac{1}{n}\right)^n}>1$,从而 $u_{n+1}>u_n$,进而 $n\to\infty$ 时通项 u_n 不是以零为极限,故原级数发散.

一般地，对通项中含有阶乘、指数函数、幂指函数等因式的正项级数，在讨论其敛散性时可优先考虑用比值判别法.

例 5 说明，虽然定理 4 对于 $\rho=1$ 的情形，不能判定级数的收敛性，但若能确定在 $\lim\limits_{n\to\infty}\frac{u_{n+1}}{u_n}=1$ 的过程中，$\frac{u_{n+1}}{u_n}$ 总是从大于 1 的方向趋近于 1，则也可判定级数是发散的. 此外，凡是用比值审敛法判定的发散级数，都必有 $\lim\limits_{n\to\infty}u_n\neq0$.

练一练

设级数(1) $\sum\limits_{n=1}^{\infty}\frac{2^n n!}{n^n}$ 与(2) $\sum\limits_{n=1}^{\infty}\frac{3^n n!}{n^n}$，则(　　).

A. 级数(1)(2)都收敛　　B. 级数(1)(2)都发散

C. 级数(1)收敛，级数(2)发散　　D. 级数(1)发散，级数(2)收敛

二、交错级数及其审敛法

定义 2 如果级数任一相邻的两项符号相反，则称为交错级数. 它的一般形式为

$$\sum_{n=1}^{\infty}(-1)^{n-1}u_n=u_1-u_2+u_3-\cdots+(-1)^{n-1}u_n+\cdots,$$

其中 $u_n>0(n=1,2,3,\cdots)$. 对于交错级数，我们有如下判定敛散性的方法.

定理 5(莱布尼茨审敛法) 设交错级数 $\sum\limits_{n=1}^{\infty}(-1)^{n-1}u_n$ 满足

(1) $u_n\geqslant u_{n+1}(n=1,2,3,\cdots)$；　　(2) $\lim\limits_{n\to\infty}u_n=0$，

则级数 $\sum\limits_{n=1}^{\infty}(-1)^{n-1}u_n$ 收敛，且其和 $S\leqslant u_1$.

证明 根据项数 n 是奇数或偶数分别考察 S_n，先证明前偶数项 $2n$ 项的和的极限 $\lim\limits_{n\to\infty}S_{2n}$ 存在.

将级数 $\sum\limits_{n=1}^{\infty}(-1)^{n-1}u_n$ 前 $2n$ 项的和 S_{2n} 写成两种形式：

$$S_{2n}=(u_1-u_2)+(u_3-u_4)+\cdots+(u_{2n-1}-u_{2n}),\tag{1-2}$$

及

$$S_{2n}=u_1-(u_2-u_3)-(u_4-u_5)-\cdots-(u_{2n-2}-u_{2n-1})-u_{2n}.\tag{1-3}$$

由于 $u_n\geqslant u_{n+1}(n=1,2,3,\cdots)$，所以上述(1-2)(1-3)式中所有括号中的差值都非负，如果把每个括号看成一项，(1-2)式就是正项级数的前 n 项的部分和，显然 $\{S_{2n}\}$ 单调递增，又由(1-3)式有 $S_{2n}\leqslant u_1$.

于是，根据单调有界数列必有极限存在的准则，知极限 $\lim\limits_{n\to\infty}S_{2n}$ 存在，设 $\lim\limits_{n\to\infty}S_{2n}=S$，则有 $S\leqslant u_1$.

下面证明级数 $\sum\limits_{n=1}^{\infty}(-1)^{n-1}u_n$ 的前奇数项 $2n+1$ 项的和的极限 $\lim\limits_{n\to\infty}S_{2n+1}=S$，事实上

$$S_{2n+1}=S_{2n}+u_{2n+1},$$

由条件(2)知，
$$\lim_{n\to\infty}u_{2n+1}=0,$$
因此
$$\lim_{n\to\infty}S_{2n+1}=\lim_{n\to\infty}(S_{2n}+u_{2n+1})=S,$$
综合以上的结果，不论 n 是奇数还是偶数，都有
$$\lim_{n\to\infty}S_n=S\leqslant u_1,$$
所以交错级数 $\sum\limits_{n=1}^{\infty}(-1)^{n-1}u_n$ 收敛，且其和 $S\leqslant u_1$.

例 6　判别交错级数 $\sum\limits_{n=1}^{\infty}(-1)^{n-1}\dfrac{1}{n}$的收敛性.

解　因为交错级数满足(1) $u_n=\dfrac{1}{n}>\dfrac{1}{n+1}=u_{n+1}$，(2) $\lim\limits_{n\to\infty}u_n=\lim\limits_{n\to\infty}\dfrac{1}{n}=0$，由莱布尼茨审敛法知，交错级数 $\sum\limits_{n=1}^{\infty}(-1)^{n-1}\dfrac{1}{n}$收敛.

例 7　试判断交错级数 $\sum\limits_{n=1}^{\infty}(-1)^{n-1}\dfrac{2n-1}{n^2}$的收敛性.

解　在利用交错级数审敛法时，条件(2)往往比较容易判断，所以，我们先来求$\lim\limits_{n\to\infty}u_n$，
$$\lim_{n\to\infty}u_n=\lim_{n\to\infty}\frac{2n-1}{n^2}=0;$$
对于条件(1)，我们用导数来帮助判定 $u_n\geqslant u_{n+1}(n=1,2,3,\cdots)$.

设函数 $f(x)=\dfrac{2x-1}{x^2}$，因为 $f'(x)=\dfrac{2(1-x)}{x^3}$，当 $x\geqslant1$ 时，$f'(x)\leqslant0$，即函数 $f(x)=\dfrac{2x-1}{x^2}$单调减少，由此可以推得当 $n\geqslant1$ 时，数列$\left\{\dfrac{2n-1}{n^2}\right\}$单调减少，有$\dfrac{2n-1}{n^2}\geqslant\dfrac{2(n+1)-1}{(n+1)^2}(n=1,2,3,\cdots)$，即
$$u_n\geqslant u_{n+1},$$
因此由莱布尼茨审敛法知，交错级数 $\sum\limits_{n=1}^{\infty}(-1)^{n-1}\dfrac{2n-1}{n^2}$收敛.

练一练

下列交错级数中不收敛的是(　　).

A. $\sum\limits_{n=1}^{\infty}(-1)^{n-1}\left(\dfrac{2}{3}\right)^n$　　B. $\sum\limits_{n=1}^{\infty}(-1)^{n-1}\dfrac{1}{n^2}$

C. $\sum\limits_{n=1}^{\infty}(-1)^{n-1}\dfrac{1}{n\cdot2^n}$　　D. $\sum\limits_{n=1}^{\infty}(-1)^{n}\dfrac{n}{3n-1}$

三、绝对收敛与条件收敛

若级数的通项为任意实数，这样的级数称为任意项级数.

设有任意项级数 $\sum\limits_{n=1}^{\infty}u_n$，我们称各项的绝对值所构成的正项级数 $\sum\limits_{n=1}^{\infty}|u_n|$为对应于原级数的

绝对值级数. 如果级数 $\sum\limits_{n=1}^{\infty}|u_n|$ 收敛,就称原级数 $\sum\limits_{n=1}^{\infty}u_n$ 绝对收敛.

绝对收敛与条件收敛

定理 6 若级数 $\sum\limits_{n=1}^{\infty}|u_n|$ 收敛,则原级数 $\sum\limits_{n=1}^{\infty}u_n$ 必收敛.

如果级数 $\sum\limits_{n=1}^{\infty}|u_n|$ 发散,而级数 $\sum\limits_{n=1}^{\infty}u_n$ 收敛,则称级数 $\sum\limits_{n=1}^{\infty}u_n$ 条件收敛.

例 8 证明:当 $\lambda>1$ 时,级数 $\sum\limits_{n=1}^{\infty}\dfrac{\sin nx}{n^{\lambda}}$ 绝对收敛.

证明 因为 $\left|\dfrac{\sin nx}{n^{\lambda}}\right|\leqslant\dfrac{1}{n^{\lambda}}$,而当 $\lambda>1$ 时级数 $\sum\limits_{n=1}^{\infty}\dfrac{1}{n^{\lambda}}$ 收敛,故级数 $\sum\limits_{n=1}^{\infty}\left|\dfrac{\sin nx}{n^{\lambda}}\right|$ 收敛,从而原级数 $\sum\limits_{n=1}^{\infty}\dfrac{\sin nx}{n^{\lambda}}$ 绝对收敛.

例 9 判断级数 $\sum\limits_{n=1}^{\infty}\dfrac{(-1)^{n-1}}{\sqrt{n}}$ 的敛散性.

测一测

解 对题设级数的各项都取绝对值,得级数 $\sum\limits_{n=1}^{\infty}\dfrac{1}{\sqrt{n}}$,由于 $p=\dfrac{1}{2}<1$,根据 p-级数敛散性的结论知,$\sum\limits_{n=1}^{\infty}\dfrac{1}{\sqrt{n}}$ 发散,所以原级数不是绝对收敛的. 而原级数是交错级数,且满足 $\lim\limits_{n\to\infty}u_n=\lim\limits_{n\to\infty}\dfrac{1}{\sqrt{n}}=0$ 和 $u_n=\dfrac{1}{\sqrt{n}}>\dfrac{1}{\sqrt{n+1}}=u_{n+1}$,由此可知原交错级数收敛. 因此,原级数条件收敛.

练一练

下列级数中绝对收敛的是(　　).

A. $\sum\limits_{n=1}^{\infty}(-1)^{n}\dfrac{n}{3n-1}$　　B. $\sum\limits_{n=1}^{\infty}(-1)^{n-1}\dfrac{1}{n^2}$

C. $\sum\limits_{n=1}^{\infty}(-1)^{n-1}\dfrac{1}{\ln(n+1)}$　　D. $\sum\limits_{n=1}^{\infty}(-1)^{n-1}\dfrac{1}{n}$

同步练习 1.2

1. 判断下列级数的敛散性.

(1) $\sum\limits_{n=1}^{\infty}\dfrac{1}{1+2^n}$;　　(2) $\sum\limits_{n=1}^{\infty}\dfrac{n}{2^n}$;

(3) $\sum\limits_{n=1}^{\infty}\dfrac{1}{\sqrt{n}+\sqrt[3]{n}}$;　　(4) $\sum\limits_{n=1}^{\infty}\dfrac{n!}{2^n+1}$.

2. 判定下列交错级数的敛散性;如果收敛,指出其是绝对收敛还是条件收敛.

(1) $\sum\limits_{n=1}^{\infty}\dfrac{(-1)^n}{\sqrt{n}}$;　　(2) $\sum\limits_{n=1}^{\infty}(-1)^{n+1}\dfrac{n^2}{2^n}$.

第三节　幂　级　数

一、幂级数及其收敛性

在自然科学与工程技术中运用级数这一工具时，经常用到的不是常数项的级数，而是幂级数，常数项级数是研究幂级数的基础.

定义 1　设有函数序列 $f_1(x), f_2(x), f_3(x), \cdots, f_n(x), \cdots$，其中每一个函数都在同一个区间 I 上有定义，那么表达式 $\sum\limits_{n=1}^{\infty} f_n(x) = f_1(x)+f_2(x)+f_3(x)+\cdots+f_n(x)+\cdots$ 称为定义在 I 上的函数项级数.

定义 2　如下形式的级数：

$$a_0+a_1x+a_2x^2+a_3x^3+\cdots+a_nx^n+\cdots=\sum_{n=0}^{\infty}a_nx^n,$$

它们的各项都是正整数幂的幂函数. 这种级数称为幂级数，其中 $a_n(n=0,1,2,\cdots)$ 为常数，称为幂级数对应项的系数. 显然，当上面级数中的变量 x 取定了某一个值 x_0 时，它就变为一个常数项级数 $\sum\limits_{n=0}^{\infty}a_nx_0^n$，若 $\sum\limits_{n=0}^{\infty}a_nx_0^n$ 收敛，则称 x_0 为该幂级数的收敛点，一个幂级数的收敛点的全体称为该幂级数的收敛域；反之，若 $\sum\limits_{n=0}^{\infty}a_nx_0^n$ 发散，则称 x_0 为该幂级数的发散点.

幂级数的另一种形式为

$$a_0+a_1(x-x_0)+a_2(x-x_0)^2+a_3(x-x_0)^3+\cdots+a_n(x-x_0)^n+\cdots=\sum_{n=0}^{\infty}a_n(x-x_0)^n, \tag{1-4}$$

级数(1-4)可通过作变量代换 $t=x-x_0$ 转化为 $\sum\limits_{n=0}^{\infty}a_nt^n$ 的形式，所以，我们以后主要针对幂级数 $\sum\limits_{n=0}^{\infty}a_nx^n$ 展开讨论.

若幂级数 $\sum\limits_{n=0}^{\infty}a_nx^n$ 中 $a_n\neq 0(n=0,1,2,\cdots)$，则称级数为不缺项的幂级数，否则称为缺项的幂级数. 例如幂级数

$$\sum_{n=0}^{\infty}nx^{2n}=x^2+2x^4+3x^6+\cdots+nx^{2n}+\cdots$$

就是缺 x 的奇次幂的缺项的幂级数.

与常数项级数一样，我们把

$$S_n(x)=a_0+a_1x+a_2x^2+a_3x^3+\cdots+a_nx^n$$

称为幂级数的前 n 项部分和. 此时 $S_n(x)$ 的极限是定义在收敛域上的函数，记作 $S(x)$. 这个函数 $S(x)$ 称为级数的和函数，记作 $S(x)=\sum\limits_{n=0}^{\infty}a_nx^n$.

例 1　讨论幂级数 $\sum_{n=0}^{\infty} x^n = 1+x+x^2+\cdots+x^n+\cdots$ 的收敛性.

解　这是一个公比为 x 的等比级数(或称几何级数),级数前 n 项的部分和

$$S_n(x)=1+x+x^2+x^3+\cdots+x^{n-1}=\frac{1-x^n}{1-x}.$$

当 $|x|<1$ 时,$\lim\limits_{n\to\infty} S_n(x)=\lim\limits_{n\to\infty}\frac{1-x^n}{1-x}=\frac{1}{1-x}$;

当 $|x|>1$ 时,$\lim\limits_{n\to\infty} S_n(x)=\lim\limits_{n\to\infty}\frac{1-x^n}{1-x}=\infty$;

当 $|x|=1$ 时,显然级数发散.

所以,该幂级数在 $x\in(-1,1)$ 时收敛,相应的和函数为 $S(x)=\frac{1}{1-x}$,在 $x\in(-\infty,-1]\cup[1,+\infty)$ 时发散.

对于一般的幂级数 $\sum_{n=0}^{\infty} a_n x^n$,显然 $x=0$ 是其收敛点. 对于幂级数 $\sum_{n=0}^{\infty} a_n x^n(x\in\mathbf{R})$,我们可以对其绝对值级数利用比值审敛法来确定其敛散性,得如下定理.

定理 1　设有不缺项幂级数 $\sum_{n=0}^{\infty} a_n x^n$,如果极限 $\lim\limits_{n\to\infty}\left|\frac{a_{n+1}}{a_n}\right|=\rho\neq 0$,则

(1) 当 $|x|<\frac{1}{\rho}$ 时,幂级数收敛,而且绝对收敛;

(2) 当 $|x|>\frac{1}{\rho}$ 时,幂级数发散.

证明　考察极限

$$\lim_{n\to\infty}\left|\frac{a_{n+1}x^{n+1}}{a_n x^n}\right|=\lim_{n\to\infty}\left|\frac{a_{n+1}}{a_n}\right|\cdot|x|=\rho|x|,$$

其中

$$\rho=\lim_{n\to\infty}\left|\frac{a_{n+1}}{a_n}\right|.$$

当 $\rho|x|<1$,即 $|x|<\frac{1}{\rho}$ 时,幂级数 $\sum_{n=0}^{\infty}|a_n x^n|$ 收敛,即幂级数绝对收敛,当然幂级数 $\sum_{n=0}^{\infty} a_n x^n$ 必然收敛;

幂级数的收敛域

当 $\rho|x|>1$,即 $|x|>\frac{1}{\rho}$ 时,有 $\lim\limits_{n\to\infty}\left|\frac{a_{n+1}x^{n+1}}{a_n x^n}\right|>1$,可得 $|a_{n+1}x^{n+1}|>|a_n x^n|$,这说明所给幂级数各项的绝对值随 n 增大而越来越大,通项 $a_n x^n$ 不趋于零,由级数收敛的必要条件可知,该幂级数发散.

由定理 1 可知:幂级数在区间 $\left(-\frac{1}{\rho},\frac{1}{\rho}\right)$ 上收敛,$\frac{1}{\rho}$ 称为幂级数的收敛半径,记作 R,$R=\frac{1}{\rho}$.

讨论幂级数收敛的问题主要在于寻求收敛半径,但在端点 $x=\pm R$ 时,级数的敛散性不能由定理 1 来判定,需将 $x=\pm R$ 代入幂级数,转化为常数项级数处理.

收敛域常为以下四种区间之一

$$(-R,R),[-R,R),(-R,R],[-R,R].$$

关于收敛半径的求法,归纳为如下定理:

定理 2 设幂级数 $\sum_{n=0}^{\infty} a_n x^n$ 中各项系数 $a_n \neq 0$,如果 $\lim_{n\to\infty}\left|\frac{a_{n+1}}{a_n}\right| = \rho$,则

(1) 当 $\rho \neq 0$ 时,该幂级数的收敛半径 $R = \frac{1}{\rho}$;

(2) 当 $\rho = 0$ 时,该幂级数的收敛半径 $R = +\infty$;

(3) 当 $\rho = +\infty$ 时,该幂级数的收敛半径 $R = 0$.

例 2 求幂级数 $1 + \frac{x}{2\cdot 5} + \frac{x^2}{3\cdot 5^2} + \cdots + \frac{x^n}{(n+1)\cdot 5^n} + \cdots$ 的收敛域.

解 因为

$$\rho = \lim_{n\to\infty}\left|\frac{a_{n+1}}{a_n}\right| = \lim_{n\to\infty}\left|\frac{\frac{1}{(n+2)\cdot 5^{n+1}}}{\frac{1}{(n+1)\cdot 5^n}}\right| = \lim_{n\to\infty}\frac{n+1}{5(n+2)} = \frac{1}{5},$$

所以收敛半径 $R = 5$.

当 $x = 5$ 时,级数为 $1 + \frac{1}{2} + \frac{1}{3} + \frac{1}{4} + \cdots + \frac{1}{n+1} + \cdots$,此级数为调和级数,是发散的;

当 $x = -5$ 时,级数为 $1 - \frac{1}{2} + \frac{1}{3} - \frac{1}{4} + \cdots + \frac{(-1)^n}{n+1} + \cdots$,此级数为收敛的交错级数 $\sum_{n=0}^{\infty}\frac{(-1)^{n-1}}{n}$. 所以此幂级数的收敛域是 $[-5, 5)$.

例 3 求幂级数 $\sum_{n=0}^{\infty}(-1)^n \frac{x^{2n}}{2n+1}$ 的收敛域.

解 所给的幂级数缺少 x 的奇次幂项,是一个缺项幂级数,因此不能直接利用公式求收敛半径 R,我们仍可考虑级数 $\sum_{n=0}^{\infty}\left|(-1)^n \frac{x^{2n}}{2n+1}\right| = \sum_{n=0}^{\infty}\frac{x^{2n}}{2n+1}$,对此正项级数利用比值审敛法

$$\rho = \lim_{n\to\infty}\frac{u_{n+1}}{u_n} = \lim_{n\to\infty}\frac{\frac{x^{2(n+1)}}{2(n+1)+1}}{\frac{x^{2n}}{2n+1}} = x^2,$$

当 $\rho < 1$,即 $x^2 < 1$,也就是说 $|x| < 1$ 时,所求幂级数绝对收敛;当 $\rho > 1$,即 $x^2 > 1$,也就是说 $|x| > 1$ 时,所求幂级数发散;当 $x = \pm 1$ 时,代入得级数 $\sum_{n=0}^{\infty}(-1)^n \frac{1}{2n+1}$,这个级数收敛.

所以幂级数 $\sum_{n=0}^{\infty}(-1)^n \frac{x^{2n}}{2n+1}$ 的收敛域为 $[-1, 1]$.

例 4 求幂级数 $\sum_{n=1}^{\infty}(-1)^n \frac{2^n}{\sqrt{n}}\left(x - \frac{1}{2}\right)^n$ 的收敛域.

解 令 $t = x - \frac{1}{2}$,题设的级数化为 $\sum_{n=1}^{\infty}(-1)^n \frac{2^n}{\sqrt{n}} t^n$,因为

$$\rho = \lim_{n\to\infty}\left|\frac{a_{n+1}}{a_n}\right| = \lim_{n\to\infty}\left|\frac{\frac{2^{n+1}}{\sqrt{n+1}}}{\frac{2^n}{\sqrt{n}}}\right| = \lim_{n\to\infty}\frac{2\sqrt{n}}{\sqrt{n+1}} = 2,$$

所以收敛半径 $R = \frac{1}{2}$. 当 $t = -\frac{1}{2}$ 时级数发散,$t = \frac{1}{2}$ 时级数收敛,即原级数的收敛域为 $-\frac{1}{2} < x - \frac{1}{2} \leqslant$

$\frac{1}{2}$，也即$(0,1]$.

练一练

幂级数$\sum\limits_{n=1}^{\infty}\frac{x^n}{n}$的收敛域是(　　).

A. $[-1,1]$　　B. $(-1,1)$　　C. $[-1,1)$　　D. $(-1,1]$

二、幂级数的性质

设有两个幂级数$\sum\limits_{n=0}^{\infty}a_nx^n$与$\sum\limits_{n=0}^{\infty}b_nx^n$，且

$$\sum_{n=0}^{\infty}a_nx^n=S_1(x),-R_1<x<R_1,$$

$$\sum_{n=0}^{\infty}b_nx^n=S_2(x),-R_2<x<R_2,$$

记$R=\min(R_1,R_2)$，则有下列几个性质：

性质1 $\sum\limits_{n=0}^{\infty}(a_n\pm b_n)x^n=S_1(x)\pm S_2(x),-R<x<R.$

性质2 $\sum\limits_{n=0}^{\infty}a_nx^n\cdot\sum\limits_{n=0}^{\infty}b_nx^n=S_1(x)\cdot S_2(x),-R<x<R.$

性质3 幂级数$\sum\limits_{n=0}^{\infty}a_nx^n$的和函数$S(x)$在其收敛域上连续.

性质4 若幂级数$\sum\limits_{n=0}^{\infty}a_nx^n$的收敛半径为$R$，则在$(-R,R)$内的和函数$S(x)$可逐项求导，即有

$$S'(x)=\left(\sum_{n=0}^{\infty}a_nx^n\right)'=\sum_{n=0}^{\infty}(a_nx^n)'=\sum_{n=0}^{\infty}a_nnx^{n-1},$$

所得幂级数仍在$(-R,R)$内收敛，但在$x=\pm R$处的收敛性可能改变.

性质5 幂级数$\sum\limits_{n=0}^{\infty}a_nx^n$的收敛半径为$R$，则幂级数的和函数$S(x)$在收敛域内可以逐项积分，即有

$$\int_0^x S(x)\mathrm{d}x=\int_0^x\sum_{n=0}^{\infty}a_nx^n\mathrm{d}x=\sum_{n=0}^{\infty}\int_0^x a_nx^n\mathrm{d}x=\sum_{n=0}^{\infty}\frac{a_n}{n+1}x^{n+1},$$

所得幂级数仍在$(-R,R)$内收敛，但在$x=\pm R$处的收敛性可能改变.

由以上这些性质可知：幂级数在其收敛域内就像普通的多项式一样，可以相加，相减，相乘，可以逐项求导，逐项积分.

性质3—5常用于求幂级数的和函数，在求幂级数的和函数时，经常通过幂级数的运算性质将幂级数转化为等比级数(也称为几何级数)

$$\sum_{n=0}^{\infty}x^n=1+x+x^2+\cdots+x^n+\cdots=\frac{1}{1-x}(-1<x<1),$$

再由几何级数的和函数来解决相关幂级数的和函数问题.

例 5　求幂级数 $\sum_{n=1}^{\infty} nx^{n-1}$ 的和函数.

解　由

$$\rho=\lim_{n\to\infty}\left|\frac{a_{n+1}}{a_n}\right|=\lim_{n\to\infty}\frac{n+1}{n}=1,$$

得幂级数 $\sum_{n=1}^{\infty} nx^{n-1}$ 的收敛半径 $R=\frac{1}{\rho}=1$. 当 $x=\pm1$ 时,因通项在 $n\to\infty$ 时的极限不是零,故原级数发散,因此原级数的收敛域为$(-1,1)$.

设 $S(x)=\sum_{n=1}^{\infty} nx^{n-1}, x\in(-1,1)$,利用幂级数的运算性质,逐项求积分得

$$\int_0^x S(x)\,\mathrm{d}x=\int_0^x \sum_{n=0}^{\infty} a_n x^n\,\mathrm{d}x=\sum_{n=1}^{\infty}\int_0^x nx^{n-1}\,\mathrm{d}x=\sum_{n=1}^{\infty} x^n=\frac{x}{1-x}, x\in(-1,1).$$

两边对 x 求导,得所求和函数为 $S(x)=\frac{1}{(1-x)^2}, x\in(-1,1)$.

例 6　求幂级数 $\sum_{n=1}^{\infty}(-1)^{n-1}\frac{x^n}{n}, x\in(-1,1)$ 的和函数.

解　由

$$\rho=\lim_{n\to\infty}\left|\frac{a_{n+1}}{a_n}\right|=\lim_{n\to\infty}\frac{n}{n+1}=1,$$

得收敛半径 $R=1$,设在$(-1,1)$上的和函数为 $S(x)$,即

$$S(x)=x-\frac{x^2}{2}+\frac{x^3}{3}-\frac{x^4}{4}+\cdots+(-1)^{n-1}\frac{x^n}{n}+\cdots,$$

显然 $S(0)=0$,且

$$\begin{aligned}S'(x)&=1-x+x^2-x^3+\cdots+(-1)^{n-1}x^{n-1}+\cdots\\&=\frac{1}{1-(-x)}=\frac{1}{1+x}(-1<x<1),\end{aligned}$$

由积分公式

$$\int_0^x S'(x)\,\mathrm{d}x=S(x)-S(0),$$

所以

$$S(x)=S(0)+\int_0^x S'(x)\,\mathrm{d}x=0+\int_0^x\frac{1}{1+x}\mathrm{d}x=\ln(1+x).$$

例 7　求 $\sum_{n=0}^{\infty}(-1)^n\frac{1}{2n+1}x^{2n+1}$ 的和函数.

解　设 $S(x)=\sum_{n=0}^{\infty}(-1)^n\frac{1}{2n+1}x^{2n+1}$,两端求导得

$$\begin{aligned}S'(x)&=\left[\sum_{n=0}^{\infty}(-1)^n\frac{1}{2n+1}x^{2n+1}\right]'=\sum_{n=0}^{\infty}\left[(-1)^n\frac{1}{2n+1}x^{2n+1}\right]'\\&=\sum_{n=0}^{\infty}(-1)^n x^{2n}=\sum_{n=0}^{\infty}(-x^2)^n=\frac{1}{1+x^2}, x\in(-1,1),\end{aligned}$$

两端积分得 $S(x)=\int_0^x\frac{1}{1+x^2}\mathrm{d}x=\arctan x$. 即

$$\sum_{n=0}^{\infty}(-1)^n\frac{1}{2n+1}x^{2n+1}=\arctan x, x\in(-1,1).$$

当 $x=-1$ 时，$\sum\limits_{n=0}^{\infty}(-1)^{2n+1}\dfrac{-1}{2n+1}$收敛；当 $x=1$ 时，$\sum\limits_{n=0}^{\infty}(-1)^{2n+1}\dfrac{1}{2n+1}$收敛，所以 $\sum\limits_{n=0}^{\infty}(-1)^{n}\dfrac{1}{2n+1}x^{2n+1}=\arctan x, x\in[-1,1]$.

例 8 求幂级数 $\sum\limits_{n=0}^{\infty}\dfrac{x^n}{n!}$的和函数.

解

$$\rho=\lim_{n\to\infty}\left|\frac{a_{n+1}}{a_n}\right|=\lim_{n\to\infty}\left|\frac{\frac{1}{(n+1)!}}{\frac{1}{n!}}\right|=\lim_{n\to\infty}\frac{1}{n+1}=0,$$

所以此级数的收敛域是$(-\infty,+\infty)$.

测一测

设其和函数为 $y=f(x)$，即 $y=\sum\limits_{n=0}^{\infty}\dfrac{x^n}{n!}$.

$$y'=\sum_{n=1}^{\infty}\frac{x^{n-1}}{(n-1)!}=\sum_{n=0}^{\infty}\frac{x^n}{n!}=y,$$

解此微分方程

$$\frac{\mathrm{d}y}{y}=\mathrm{d}x,$$

$$\int\frac{\mathrm{d}y}{y}=\int\mathrm{d}x,$$

$$\ln|y|=x+\ln|C|,$$

$$y=Ce^x,$$

由 $f(0)=1$，有 $C=1$，所以和函数 $y=e^x$，即

$$e^x=1+x+\frac{x^2}{2!}+\cdots+\frac{x^n}{n!}+\cdots, x\in(-\infty,+\infty).$$

练一练

幂级数 $\sum\limits_{n=1}^{\infty}(-1)^{n-1}\dfrac{x^n}{n}, x\in(-1,1)$的和函数是(　　).

A. $\dfrac{1}{1-x}$　　B. $\ln(1+x)$　　C. $\ln(1-x)$　　D. $\dfrac{1}{1+x}$

同步练习 1.3

1. 求下列幂级数的收敛半径和收敛域.

(1) $\sum\limits_{n=1}^{\infty}\dfrac{x^n}{n\cdot 3^n}$；　(2) $\sum\limits_{n=1}^{\infty}\dfrac{x^n}{2n-1}$；　(3) $\sum\limits_{n=1}^{\infty}\dfrac{(2x)^n}{n^2+1}$.

2. 求下列幂级数的和函数.

(1) $\sum\limits_{n=0}^{\infty}(-1)^n x^n$；　(2) $\sum\limits_{n=0}^{\infty}\dfrac{x^{n+1}}{n+1}$；

(3) $\sum\limits_{n=0}^{\infty}\dfrac{(-1)^n x^{n+1}}{n+1}$；　(4) $\sum\limits_{n=0}^{\infty}nx^{n-1}$.

第四节　幂级数展开

一、泰勒公式和泰勒级数

通过前面的学习我们看到，幂级数不仅形式简单，而且有一些与多项式类似的性质. 另外我们还发现有一些函数可以表示成幂级数，例如

$$\frac{1}{1-x}=1+x+x^2+\cdots+x^n+\cdots,$$

$$\frac{1}{1+x}=1-x+x^2-\cdots+(-1)^n x^n+\cdots.$$

为此我们有了下面两个问题：

问题 1：函数 $f(x)$ 在什么条件下可以表示成幂级数

$$f(x)=a_0+a_1(x-x_0)+a_2(x-x_0)^2+\cdots+a_n(x-x_0)^n+\cdots?$$

问题 2：如果 $f(x)$ 能表示成如上形式的幂级数，那么系数 $a_n(n=0,1,2,\cdots)$ 怎样确定？

下面我们就来讨论这两个问题.

我们先来讨论第二个问题. 假定 $f(x)$ 在 x_0 的某邻域内能表示成

$$f(x)=a_0+a_1(x-x_0)+a_2(x-x_0)^2+\cdots+a_n(x-x_0)^n+\cdots$$

这种形式的幂级数，其中 x_0 是事先给定的某一常数，我们来看系数 $a_n(n=0,1,2,\cdots)$ 与 $f(x)$ 应有怎样的关系.

由于 $f(x)$ 可以表示成幂级数，根据幂级数的性质，在 $x=x_0$ 的邻域内 $f(x)$ 任意阶可导. 对其幂级数两端逐项求导. 得

$$f'(x)=a_1+2a_2(x-x_0)+3a_3(x-x_0)^2+\cdots,$$

$$f''(x)=2\times1\times a_2+3\times2\times a_3(x-x_0)+4\times3\times2\times a_4(x-x_0)^2+\cdots,$$

$$\cdots\cdots\cdots\cdots,$$

$$f^{(n)}(x)=n(n-1)\cdots\times2\times a_n+(n+1)n(n-1)\cdots\times2\times a_{n+1}(x-x_0)+\cdots,$$

$$\cdots\cdots\cdots\cdots.$$

在 $f(x)$ 的幂级数形式及其各阶导数中，令 $x=x_0$，分别得：

$$a_0=f(x_0),a_1=f'(x_0),a_2=\frac{1}{2!}f''(x_0),\cdots,a_n=\frac{1}{n!}f^{(n)}(x_0),\cdots.$$

把这些所求的系数代入

$$f(x)=a_0+a_1(x-x_0)+a_2(x-x_0)^2+\cdots+a_n(x-x_0)^n+\cdots,$$

得

$$f(x)=f(x_0)+f'(x_0)(x-x_0)+\frac{f''(x_0)}{2!}(x-x_0)^2+\cdots+\frac{f^{(n)}(x_0)}{n!}(x-x_0)^n+\cdots,$$

该式右端的幂级数称为 $f(x)$ 在 $x=x_0$ 处的泰勒(Taylor)级数.

上式是在 $f(x)$ 可以展成形如

$$f(x)=a_0+a_1(x-x_0)+a_2(x-x_0)^2+\cdots+a_n(x-x_0)^n+\cdots$$

的幂级数的假定下得出的. 实际上,只要 $f(x)$ 在 $x=x_0$ 处任意阶可导,我们就可以写出函数的泰勒级数.

那么,函数写成泰勒级数后是否收敛?是否收敛于 $f(x)$ 呢?

函数写成泰勒级数是否收敛将取决于 $f(x)$ 与它的泰勒级数的部分和之差 $r_n(x)=f(x)-\left[f(x_0)+f'(x_0)(x-x_0)+\dfrac{f''(x_0)}{2!}(x-x_0)^2+\cdots+\dfrac{f^{(n)}(x_0)}{n!}(x-x_0)^n\right]$ 是否在 $n\to\infty$ 时趋向于零. 如果在某一区间 I 中有 $\lim\limits_{n\to\infty}r_n(x)=0\,(x\in I)$,那么 $f(x)$ 在 $x=x_0$ 处的泰勒级数将在区间 I 内收敛于 $f(x)$. 此时,我们把这个泰勒级数称为函数 $f(x)$ 在区间 I 内的泰勒展开式.

定理(泰勒定理) 设函数 $f(x)$ 在 $x=x_0$ 的某邻域内有直到 $(n+1)$ 阶的导数,则对于该邻域内的任一 x,都有

$$f(x)=f(x_0)+f'(x_0)(x-x_0)+\frac{f''(x_0)}{2!}(x-x_0)^2+\cdots+\frac{f^{(n)}(x_0)}{n!}(x-x_0)^n+r_n(x),$$

其中

$$r_n(x)=\frac{f^{(n+1)}(\xi)}{(n+1)!}(x-x_0)^{n+1}(\xi\text{ 在 }x_0\text{ 与 }x\text{ 之间}),$$

此公式称为泰勒公式,$r_n(x)$ 称为拉格朗日型余项.

取 $x_0=0$,此时泰勒公式变成:

$$f(x)=f(0)+f'(0)x+\frac{f''(0)}{2!}x^2+\cdots+\frac{f^{(n)}(0)}{n!}x^n+\frac{f^{(n+1)}(\xi)}{(n+1)!}x^{n+1},$$

其中,ξ 在 0 与 x 之间. 此式称为麦克劳林公式.

函数 $f(x)$ 在 $x=0$ 的泰勒级数称为麦克劳林级数. 当麦克劳林公式中的余项趋于零时,函数 $f(x)$ 就可展开成 x 的幂级数:

$$f(x)=f(0)+f'(0)x+\frac{f''(0)}{2!}x^2+\cdots+\frac{f^{(n)}(0)}{n!}x^n+\cdots. \tag{1-5}$$

幂级数展开式

显然,函数 $f(x)$ 能在某一区间 I 内展开成 x 的幂级数,则这个幂级数就是麦克劳林级数,即函数的幂级数展开式是唯一的. (1-5)式称为函数 $f(x)$ 在区间 I 内的麦克劳林展开式.

二、函数展开成幂级数的方法

1. 直接展开法

(1) 计算 $f^{(n)}(x)$,$n=0,1,2,\cdots$,如果在 $x=0$ 处某阶导数不存在,就停止进行;

(2) 写出 $f^{(n)}(0)$,$n=0,1,2,\cdots$;

(3) 写出幂级数 $\sum\limits_{n=0}^{\infty}\dfrac{f^{(n)}(0)}{n!}x^n$,并求出收敛半径 R;

(4) 验证在 $(-R,R)$ 内,$\lim\limits_{n\to\infty}r_n(x)=\dfrac{1}{(n+1)!}f^{(n+1)}(\xi)x^{(n+1)}(\xi\text{ 在 }0\text{ 与 }x\text{ 之间})=0$;

(5) 写出所求函数 $f(x)$ 的幂级数及其收敛域.

例 1　将指数函数 $f(x)=e^x$ 展开成 x 的幂级数.

解　由于 $f(x)=f'(x)=f''(x)=\cdots=f^{(n)}(x)=e^x$,

故有

$$f(0)=f'(0)=f''(0)=\cdots f^{(n)}(0)=1,$$

因此,$f(x)$ 的麦克劳林级数为

$$f(0)+f'(0)x+\frac{f''(0)}{2!}x^2+\cdots+\frac{f^{(n)}(0)}{n!}x^n+\cdots=1+x+\frac{1}{2!}x^2+\cdots+\frac{1}{n!}x^n+\cdots=\sum_{n=0}^{\infty}\frac{1}{n!}x^n.$$

再求级数收敛半径给出该幂级数的收敛域.

显然,该幂级数的收敛域为 $(-\infty,+\infty)$.

对任意 $x\in(-\infty,+\infty)$,$f(x)$ 在 $x=0$ 的泰勒公式中余项的绝对值满足

$$|r_n(x)|=\left|\frac{e^{\xi}}{(n+1)!}x^{n+1}\right|\leqslant e^{|x|}\frac{|x|^{n+1}}{(n+1)!},$$

其中,ξ 是介于 0 与 x 之间的一个数,当 x 固定时,$e^{|x|}$ 是一个确定的数,而 $\frac{|x|^{n+1}}{(n+1)!}$ 是收敛级数 $\sum_{n=0}^{\infty}\frac{|x|^{n+1}}{(n+1)!}$ 的一般项,所以有

$$\lim_{n\to\infty}\frac{|x|^{n+1}}{(n+1)!}=0,$$

从而 $\lim_{n\to\infty}r_n(x)=0$,于是得到 e^x 的幂级数展开式为

$$e^x=1+x+\frac{1}{2!}x^2+\cdots+\frac{1}{n!}x^n+\cdots,x\in(-\infty,+\infty).$$

这说明 e^x 在 $x=0$ 附近可以用幂级数的部分和(多项式)来近似代替,随着项数的增加,部分和越来越接近 e^x.

例 2　将函数 $f(x)=\sin x$ 展开成 x 的幂级数.

解　由 $f^{(n)}(x)=\sin\left(x+\frac{n}{2}\cdot\pi\right)(n=1,2,3,\cdots)$,可知

$$f(0)=0,f'(0)=1,f''(0)=0,f'''(0)=-1,$$
$$\cdots,f^{(2n)}(0)=0,f^{(2n+1)}(0)=(-1)^n,$$

因此,可以得到幂级数

$$x-\frac{1}{3!}x^3+\frac{1}{5!}x^5-\cdots+(-1)^n\frac{1}{(2n+1)!}x^{2n+1}+\cdots,$$

且它的收敛域为 $(-\infty,+\infty)$.

因为所给函数的麦克劳林公式中的余项为

$$r_n(x)=\frac{\sin\left[\xi+\frac{(n+1)\pi}{2}\right]}{(n+1)!}x^{n+1}(\xi\text{ 在 0 与 }x\text{ 之间}),$$

所以可以推知

$$|r_n(x)|=\frac{\left|\sin\left[\xi+\frac{(n+1)\pi}{2}\right]\right|}{(n+1)!}|x^{n+1}|\leqslant\frac{|x|^{n+1}}{(n+1)!}\to 0(\text{当 }n\to\infty\text{ 时}).$$

因此得到$f(x)=\sin x$的幂级数展开式为

$$\sin x=x-\frac{1}{3!}x^3+\frac{1}{5!}x^5-\cdots+(-1)^n\frac{1}{(2n+1)!}x^{2n+1}+\cdots(-\infty<x<+\infty).$$

类似的方法得到常见展开式：

$$e^x=1+x+\frac{1}{2!}x^2+\cdots+\frac{1}{n!}x^n+\cdots(-\infty<x<+\infty),$$

$$\sin x=x-\frac{1}{3!}x^3+\frac{1}{5!}x^5-\cdots+(-1)^n\frac{1}{(2n+1)!}x^{2n+1}+\cdots(-\infty<x<+\infty),$$

$$\cos x=1-\frac{x^2}{2!}+\frac{x^4}{4!}-\cdots+(-1)^n\frac{x^{2n}}{(2n)!}+\cdots(-\infty<x<+\infty),$$

$$\frac{1}{1+x}=1-x+x^2-x^3+\cdots+(-1)^n x^n+\cdots(-1<x<1),$$

$$\ln(x+1)=x-\frac{1}{2}x^2+\frac{1}{3}x^3-\cdots+\frac{(-1)^n}{n+1}x^{n+1}+\cdots(-1<x\leqslant 1),$$

$$(1+x)^m=1+mx+\frac{m(m-1)}{2!}x^2+\cdots+\frac{m(m-1)\cdots(m-n+1)}{n!}x^n+\cdots(-1<x<1).$$

练一练

如果$f(x)$的麦克劳林展开式为$\sum\limits_{n=0}^{\infty}a_nx^{2n}$，则$a_n$是(　　).

A. $\dfrac{f^{(n)}(0)}{n!}$　　B. $\dfrac{f^{(2n)}(0)}{n!}$　　C. $\dfrac{f^{(2n)}(0)}{(2n)!}$　　D. $\dfrac{f^{(n)}(0)}{(2n)!}$

2. 间接展开法

利用上述函数的常用展开式，可以通过线性运算法则、变量代换、恒等变形、逐项求导或逐项积分等方法间接地求得幂级数的展开式. 我们称这种方法为函数展开成幂级数的间接展开法. 实质上，求函数的幂级数展开式是求幂级数和函数的逆过程.

我们来验证两个结果：$\cos x$，$\ln(x+1)$.

例 3 将函数$f(x)=\cos x$展开成x的幂级数.

解 我们注意到$(\sin x)'=\cos x$，函数$f(x)=\sin x$的幂级数展开式为

$$\sin x=x-\frac{1}{3!}x^3+\frac{1}{5!}x^5-\cdots+(-1)^n\frac{1}{(2n+1)!}x^{2n+1}+\cdots(-\infty<x<+\infty),$$

逐项求导可得函数$\cos x$的展开式：

$$\cos x=1-\frac{x^2}{2!}+\frac{x^4}{4!}-\cdots+(-1)^n\frac{x^{2n}}{(2n)!}+\cdots(-\infty<x<+\infty).$$

例 4 将函数$f(x)=\ln(x+1)$展开成x的幂级数.

解 注意到$\ln(x+1)=\int_0^x\frac{1}{t+1}\mathrm{d}t$，而已知

$$\frac{1}{1+x}=1-x+x^2-x^3+\cdots+(-1)^n x^n+\cdots(-1<x<1),$$

对$\frac{1}{1+x}$的幂级数展开式逐项积分可得函数 $\ln(x+1)$ 的展开式：

$$\ln(x+1)=x-\frac{1}{2}x^2+\frac{1}{3}x^3-\cdots+\frac{(-1)^n}{n+1}x^{n+1}+\cdots.$$

因为幂级数逐项积分后收敛半径不变，所以，上式右端级数的收敛半径仍为 $R=1$；而当 $x=-1$ 时该级数发散，当 $x=1$ 时该级数收敛．故收敛域为 $-1<x\leqslant 1$.

例 5　试求函数 $f(x)=\arctan x$ 的幂级数展开式.

解　我们注意到$(\arctan x)'=\frac{1}{1+x^2}$，而$\frac{1}{1+x^2}$可以由$\frac{1}{1-x}$的幂级数展开式将 x 换成$-x^2$ 即可.

因为$\frac{1}{1-t}=\sum\limits_{n=0}^{\infty}t^n\left(|t|<1\right)$，令 $t=-x^2$ 可得

$$f'(x)=\frac{1}{1+x^2}=\sum_{n=0}^{\infty}(-1)^n x^{2n}(|x|<1),$$

对上式逐项积分，得所求展开式为

$$\arctan x=\sum_{n=0}^{\infty}(-1)^n\frac{x^{2n+1}}{2n+1}(|x|\leqslant 1).$$

例 6　将函数 $f(x)=\frac{1}{x^2-x-2}$展开成 $x-3$ 的幂级数.

解　因为

$$\begin{aligned}f(x)&=\frac{1}{(x-2)(x+1)}=\frac{1}{3}\left(\frac{1}{x-2}-\frac{1}{x+1}\right)\\&=\frac{1}{3}\left[\frac{1}{1+(x-3)}-\frac{1}{4\left(1+\frac{x-3}{4}\right)}\right],\end{aligned}$$

而

$$\frac{1}{1+(x-3)}=\sum_{n=0}^{\infty}(-1)^n(x-3)^n(|x-3|<1),$$

$$\frac{1}{4\left(1+\frac{x-3}{4}\right)}=\frac{1}{4}\sum_{n=0}^{\infty}(-1)^n\left(\frac{x-3}{4}\right)^n\left(\left|\frac{x-3}{4}\right|<1\right),$$

所以

$$\begin{aligned}f(x)&=\frac{1}{x^2-x-2}=\frac{1}{3}\left[\sum_{n=0}^{\infty}(-1)^n(x-3)^n-\frac{1}{4}\sum_{n=0}^{\infty}(-1)^n\left(\frac{x-3}{4}\right)^n\right]\\&=\sum_{n=0}^{\infty}\frac{(-1)^n}{3}\left(1-\frac{1}{4^{n+1}}\right)(x-3)^n(2<x<4).\end{aligned}$$

例 7　将函数 $\ln\frac{1+x}{1-x}$展开成麦克劳林级数.

解　已知

$$\ln(1+x)=x-\frac{x^2}{2}+\frac{x^3}{3}-\cdots+(-1)^{n-1}\frac{x^n}{n}+\cdots(-1<x\leqslant 1),$$

$$\ln(1-x)=-x-\frac{x^2}{2}-\frac{x^3}{3}-\cdots-\frac{x^n}{n}-\cdots(-1\leqslant x<1),$$

两式相减,得

$$\ln\frac{1+x}{1-x}=2\left(x+\frac{x^3}{3}+\frac{x^5}{5}+\cdots+\frac{x^{2n+1}}{2n+1}+\cdots\right)\ (-1<x<1).$$

例 8　将 $f(x)=\dfrac{x}{1+x-2x^2}$ 展开成 x 的幂级数.

解　因为 $f(x)=\dfrac{x}{(1-x)(1+2x)}=\dfrac{1}{3}\left(\dfrac{1}{1-x}-\dfrac{1}{1+2x}\right)$,而

$$\frac{1}{1-x}=1+x+x^2+\cdots+x^n+\cdots\ (-1<x<1),$$

$$\frac{1}{1+2x}=1-2x+4x^2-8x^3+\cdots+(-2)^nx^n+\cdots\left(-\frac{1}{2}<x<\frac{1}{2}\right),$$

故

$$f(x)=\frac{1}{3}\sum_{n=0}^{\infty}(1+(-1)^{n+1}2^n)x^n\left(-\frac{1}{2}<x<\frac{1}{2}\right).$$

练一练

函数 $f(x)=e^{-x^2}$ 展开成 x 的幂级数是(　　).

A. $1+x^2+\dfrac{x^4}{2!}+\dfrac{x^6}{3!}+\cdots$　　B. $1-x^2+\dfrac{x^4}{2!}-\dfrac{x^6}{3!}+\cdots$

C. $1+x+\dfrac{x^2}{2!}+\dfrac{x^3}{3!}+\cdots$　　D. $1-x+\dfrac{x^2}{2!}-\dfrac{x^3}{3!}+\cdots$

三、幂级数的应用

例 9　解方程 $e^x+x^3=1$.

解

测一测

$$e^x+x^3=1,$$

$$\left(1+x+\frac{x^2}{2!}+\cdots+\frac{x^n}{n!}+\cdots\right)+x^3=1,$$

$$\left(x+\frac{x^2}{2!}+\cdots+\frac{x^n}{n!}+\cdots\right)+x^3=0,$$

$$x=0.$$

例 10(付款现值模型)　某企业家支持一个球队,签如下合同:今后 10 年,每年向球队支付 300 万元人民币. 问企业家存入银行多少钱才能保证付清所有的应付款呢? 假设存储是有利息的,企业家只需存入比 3 000 万元人民币少得多的钱,这个少得多的存款额称为 3 000 万元的现值.

解　现值的定义:将来应付款 B 元的现值 p 元,是一个必须今天存在银行账户上的值,它使得在将来的某个相关时间,账户上的值恰好等于 B 元.

若年利率为 r,对 t 年,每年 n 次以复利计算利息,则

$$B=p\left(1+\frac{r}{n}\right)^{nt} \text{或} p=\frac{B}{\left(1+\frac{r}{n}\right)^{nt}};$$

若利息以年利率为 r 的连续复利计算,可得

$$B=pe^{rt} \text{或} p=\frac{B}{e^{rt}}=Be^{-rt}.$$

求球队合同的现值:设付款分 10 次,球队每次获得 300 万元,第一次付款是在签约当天,设整个合同执行期间以 5% 的年复利计算利息.

第 1 笔付款发生在签约的当天:

$$\text{第 1 笔付款现值}=3(\text{百万元}).$$

第 2 笔付款发生在一年后:

$$\text{第 2 笔付款现值}=\frac{3}{1+0.05}(\text{百万元}).$$

第 3 笔付款发生在两年后:

$$\text{第 3 笔付款现值}=\frac{3}{1.05^2}(\text{百万元}).$$

同样

$$\text{第 10 笔付款现值}=\frac{3}{1.05^9}(\text{百万元}),$$

$$\text{总的现值}=3+\frac{3}{1.05}+\frac{3}{1.05^2}+\cdots+\frac{3}{1.05^9}=\frac{3\left[1-\left(\frac{1}{1.05}\right)^{10}\right]}{1-\frac{1}{1.05}}\approx 24.32(\text{百万元}),$$

即企业家只需存入 2 432 万元现值即可.

若合同永不停止地每年支付 300 万元,则该合同的现值是多少?即假设从签约之日起,每年付一次,且永不停止.设利率为每年 5%,以连续复利计算.

第 1 笔付款现值 $=3$(百万元),

第 2 笔付款现值 $=3e^{-0.05}$(百万元),

第 3 笔付款现值 $=3(e^{-0.05})^2$(百万元),

…………

总的现值 $=3+3e^{-0.05}+3(e^{-0.05})^2+3(e^{-0.05})^3+\cdots$,

这是一个 $x=e^{-0.05}$ 的几何级数,求和得总的现值 $=\dfrac{3}{1-e^{-0.05}}\approx 61.5$(百万元).

同步练习 1.4

1. 利用间接展开法将函数展开成 x 的幂级数.

(1) e^{-2x^2}; (2) $\dfrac{1}{2-x}$;

(3) $\sin^2 x$; (4) $\ln(4+x)$.

2. 将 $y=\dfrac{1}{x^2+5x+6}$ 展开成 $x+4$ 的幂级数.

第五节 傅里叶级数

在科学实验与工程技术的某些现象中，常碰到周期运动. 最简单的周期运动可用正弦函数 $y=A\sin(\omega x+\varphi)$ 来描写. 由 $y=A\sin(\omega x+\varphi)$ 所表达的周期运动也称为简谐振动. 较为复杂的周期运动，则常是几个简谐振动的叠加 $y=\sum\limits_{k=1}^{n}y_k=\sum\limits_{k=1}^{n}A_k\sin(k\omega x+\varphi_k)$. 对于无数个简谐振动进行叠加就得到了函数项级数 $A_0+\sum\limits_{n=1}^{\infty}A_n\sin(n\omega x+\varphi_n)$，它描述的是更一般的周期运动.

傅里叶级数漫谈

我们如果只讨论 $\omega=1$，由于

$$\sin(nx+\varphi_n)=\sin\varphi_n\cos nx+\cos\varphi_n\sin nx,$$

所以

$$A_0+\sum_{n=1}^{\infty}A_n\sin(nx+\varphi_n)=A_0+\sum_{n=1}^{\infty}(A_n\sin\varphi_n\cos nx+A_n\cos\varphi_n\sin nx).$$

记 $A_0=\frac{a_0}{2}$，$A_n\sin\varphi_n=a_n$，$A_n\cos\varphi_n=b_n(n=0,1,2,\cdots)$，就得到了一个级数 $\frac{a_0}{2}+\sum\limits_{n=1}^{\infty}(a_n\cos nx+b_n\sin nx)$，称为三角级数，其中 $a_0,a_n,b_n(n=1,2,3,\cdots)$ 都是常数，称为系数.

特别地：当 $a_n=0(n=0,1,2,\cdots)$ 时，级数只含正弦项，称为正弦级数；

当 $b_n=0(n=1,2,3,\cdots)$ 时，级数只含常数项和余弦项，称为余弦级数.

一、以 2π 为周期的函数展开成傅里叶级数

1. 三角函数系的正交性

三角级数 $\frac{a_0}{2}+\sum\limits_{n=1}^{\infty}(a_n\cos nx+b_n\sin nx)$ 可以看成是三角函数系 $\{1,\cos x,\sin x,\cos 2x,\sin 2x,\cdots\}$ 的线性组合.

三角函数系有一个重要的性质如下：

定理 1（三角函数系的正交性） 三角函数系

$$\{1,\cos x,\sin x,\cos 2x,\sin 2x,\cdots\}$$

中任意两个不同的函数的乘积，在 $[-\pi,\pi]$ 上的积分等于 0，具体地说就是有：

周期为 2π 的函数展开成傅里叶级数

$$\int_{-\pi}^{\pi}\cos nx\mathrm{d}x=0,\int_{-\pi}^{\pi}\sin nx\mathrm{d}x=0(n=1,2,3,\cdots),$$

$$\int_{-\pi}^{\pi}\sin kx\cos nx\mathrm{d}x=0(k,n=1,2,3,\cdots),$$

$$\int_{-\pi}^{\pi}\cos kx\cos nx\mathrm{d}x=0(k,n=1,2,3,\cdots,n\neq k),$$

$$\int_{-\pi}^{\pi}\sin kx\sin nx\mathrm{d}x=0(k,n=1,2,3,\cdots,n\neq k).$$

2. 函数 $f(x)$ 的傅里叶级数

设 $f(x)$ 是周期为 2π 的周期函数，且能展开成三角级数，也就是说能把 $f(x)$ 表示成

$$f(x)=\frac{a_0}{2}+\sum_{k=1}^{\infty}(a_k\cos kx+b_k\sin kx),$$

求 $f(x)$ 的三角级数展开式，也就是求上式中的系数 $a_0,a_1,b_1,a_2,b_2,\cdots$.

首先求 a_0，假设 $f(x)$ 表示成 $f(x)=\frac{a_0}{2}+\sum\limits_{k=1}^{\infty}(a_k\cos kx+b_k\sin kx)$，把它从 $-\pi$ 到 π 逐项积分，由三角函数系的正交性，右端除第一项外均为 0，所以

$$\int_{-\pi}^{\pi}f(x)\mathrm{d}x=\int_{-\pi}^{\pi}\frac{a_0}{2}\mathrm{d}x+\sum_{k=1}^{\infty}\left(a_k\int_{-\pi}^{\pi}\cos kx\mathrm{d}x+b_k\int_{-\pi}^{\pi}\sin kx\mathrm{d}x\right)=\int_{-\pi}^{\pi}\frac{a_0}{2}\mathrm{d}x=a_0\pi,$$

于是得 $a_0=\frac{1}{\pi}\int_{-\pi}^{\pi}f(x)\mathrm{d}x$.

再求 a_n，用 $\cos nx$ 乘以 $f(x)=\frac{a_0}{2}+\sum\limits_{k=1}^{\infty}(a_k\cos kx+b_k\sin kx)$ 两端，再从 $-\pi$ 到 π 逐项积分，由三角函数系的正交性，右端除第 $k=n$ 项外均为 0，所以

$$\begin{aligned}\int_{-\pi}^{\pi}f(x)\cos nx\mathrm{d}x&=\int_{-\pi}^{\pi}\frac{a_0}{2}\cos nx\mathrm{d}x+\sum_{k=1}^{\infty}\left(a_k\int_{-\pi}^{\pi}\cos kx\cos nx\mathrm{d}x+b_k\int_{-\pi}^{\pi}\sin kx\cos nx\mathrm{d}x\right)\\&=a_n\int_{-\pi}^{\pi}\cos^2nx\mathrm{d}x=2a_n\int_0^{\pi}\cos^2nx\mathrm{d}x=a_n\int_0^{\pi}(1+\cos 2nx)\mathrm{d}x=\pi a_n,\end{aligned}$$

于是得

$$a_n=\frac{1}{\pi}\int_{-\pi}^{\pi}f(x)\cos nx\mathrm{d}x(n=1,2,3,\cdots).$$

类似地，用 $\sin nx$ 乘以 $f(x)=\frac{a_0}{2}+\sum\limits_{k=1}^{\infty}(a_k\cos kx+b_k\sin kx)$ 两端，再从 $-\pi$ 到 π 逐项积分，可得

$$b_n=\frac{1}{\pi}\int_{-\pi}^{\pi}f(x)\sin nx\mathrm{d}x\quad(n=1,2,3,\cdots).$$

用这种办法求得的系数称为 $f(x)$ 的傅里叶系数.

定理 2　求 $f(x)$ 的傅里叶系数的公式是

$$\begin{cases}a_n=\dfrac{1}{\pi}\displaystyle\int_{-\pi}^{\pi}f(x)\cos nx\mathrm{d}x\quad(n=0,1,2,3,\cdots),\\b_n=\dfrac{1}{\pi}\displaystyle\int_{-\pi}^{\pi}f(x)\sin nx\mathrm{d}x\quad(n=1,2,3,\cdots).\end{cases}$$

由 $f(x)$ 的傅里叶系数所确定的三角级数

$$\frac{a_0}{2}+\sum_{n=1}^{\infty}(a_n\cos nx+b_n\sin nx)$$

称为 $f(x)$ 的傅里叶级数.

推论　当 $f(x)$ 是周期为 2π 的奇函数时，它的傅里叶级数为正弦级数 $\sum\limits_{n=1}^{\infty}b_n\sin nx$，其中系数

$$b_n=\frac{2}{\pi}\int_0^{\pi}f(x)\sin nx\mathrm{d}x\ (n=1,2,3,\cdots);$$

当 $f(x)$ 是周期为 2π 的偶函数时，它的傅里叶级数为余弦级数 $\frac{a_0}{2}+\sum\limits_{n=1}^{\infty}a_n\cos nx$，其中系数

$$a_n=\frac{2}{\pi}\int_0^{\pi}f(x)\cos nx\mathrm{d}x\ (n=0,1,2,\cdots).$$

3. 傅里叶级数的收敛性

定理 3(收敛定理) 设以 2π 为周期的函数 $f(x)$ 在 $[-\pi,\pi]$ 上满足狄利克雷(Dirichlet)条件:

(1) 没有间断点或仅有有限个间断点,而且这些间断点全为第一类间断点;

(2) 至多只有有限个极值点,

则 $f(x)$ 的傅里叶级数收敛,且有:

(1) 当 x 是 $f(x)$ 的连续点时,级数收敛于 $f(x)$;

(2) 当 x 是 $f(x)$ 的间断点时,级数收敛于这一点左右极限的算术平均数 $\frac{f(x^-)+f(x^+)}{2}$.

例 1 一矩形波的表达式为 $f(x)=\begin{cases}-1, & (2k-1)\pi\leqslant x<2k\pi,\\ 1, & 2k\pi\leqslant x<(2k+1)\pi,\end{cases}$ k 为整数,求 $f(x)$ 的傅里叶级数展开式.

解 因为 $f(x)$ 的周期为 2π,由收敛定理知,当 $x\neq k\pi$(k 为整数)时,$f(x)$ 的傅里叶级数收敛于 $f(x)$. 当 $x=k\pi$ 时,级数收敛于 $\frac{1+(-1)}{2}=0$. 又因为 $f(x)$ 为奇函数,所以展开式必为正弦级数,因此 $a_n=0(n=0,1,2,3,\cdots)$,

$$b_n=\frac{2}{\pi}\int_0^{\pi}f(x)\sin nx\mathrm{d}x=\frac{2}{\pi}\int_0^{\pi}1\cdot\sin nx\mathrm{d}x$$

$$=-\frac{2}{n\pi}\cos nx\Big|_0^{\pi}=-\frac{2}{n\pi}[(-1)^n-1]=\begin{cases}\frac{4}{n\pi}, & n\text{ 为奇数},\\ 0, & n\text{ 为偶数}.\end{cases}$$

所以,$f(x)$ 的傅里叶展开式为

$$f(x)=\frac{4}{\pi}\left(\sin x+\frac{\sin 3x}{3}+\frac{\sin 5x}{5}+\cdots+\frac{\sin(2k-1)x}{2k-1}+\cdots\right)(x\neq k\pi,k\text{ 为整数}).$$

例 2 正弦交流电模型 $I(x)=\sin x$ 经二极管整流后(图 1-1)变为

$$f(x)=\begin{cases}0, & (2k-1)\pi\leqslant x<2k\pi,\\ \sin x, & 2k\pi\leqslant x<(2k+1)\pi,\end{cases}$$

k 为整数,将其展开为三角函数的和函数.

解 由收敛定理可知,$f(x)$ 的傅里叶级数处处收敛于 $f(x)$,计算傅里叶系数:

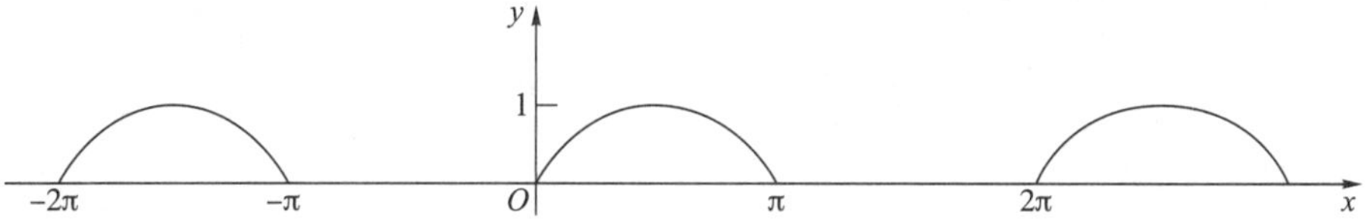

图 1-1

$$a_0=\frac{1}{\pi}\int_{-\pi}^{\pi}f(x)\mathrm{d}x=\frac{1}{\pi}\int_0^{\pi}\sin x\mathrm{d}x=\frac{2}{\pi}.$$

$$a_n=\frac{1}{\pi}\int_{-\pi}^{\pi}f(x)\cos nx\mathrm{d}x=\frac{1}{\pi}\int_0^{\pi}\sin x\cos nx\mathrm{d}x$$

$$=\frac{1}{2\pi}\int_0^{\pi}[\sin(1+n)x+\sin(1-n)x]\mathrm{d}x$$

$$=\frac{1}{2\pi}\int_0^{\pi}[\sin(1+n)x-\sin(n-1)x]\mathrm{d}x$$

$$=\frac{1}{2\pi}\left[-\frac{1}{n+1}\cos(n+1)x\Big|_0^{\pi}+\frac{1}{n-1}\cos(n-1)x\Big|_0^{\pi}\right]$$

$$=\frac{1}{2\pi}\left[-\frac{1}{n+1}\cos(n+1)\pi+\frac{1}{n+1}+\frac{1}{n-1}\cos(n-1)\pi-\frac{1}{n-1}\right]$$

$$=\frac{1}{2\pi}\left[-\frac{1}{n+1}\cdot(-1)^{n+1}+\frac{1}{n+1}+\frac{1}{n-1}\cdot(-1)^{n-1}-\frac{1}{n-1}\right]$$

$$=\frac{1}{2\pi}\left[\frac{1}{n+1}\cdot(-1)^{n}+\frac{1}{n+1}+\frac{1}{n-1}\cdot(-1)^{n-1}-\frac{1}{n-1}\right]$$

$$=\begin{cases}0, & n\text{ 为奇数},\\ -\dfrac{2}{\pi(n^2-1)}, & n\text{ 为偶数}.\end{cases}$$

$$b_n=\frac{1}{\pi}\int_{-\pi}^{\pi}f(x)\sin nx\mathrm{d}x=\frac{1}{\pi}\int_0^{\pi}\sin x\sin nx\mathrm{d}x.$$

当 $n=1$ 时，

$$b_n=\frac{1}{\pi}\int_0^{\pi}\sin^2x\mathrm{d}x=\frac{1}{2\pi}\int_0^{\pi}(1-\cos 2x)\mathrm{d}x=\frac{1}{2\pi}\left[x-\frac{1}{2}\sin 2x\right]\Big|_0^{\pi}=\frac{1}{2};$$

当 $n\neq1$ 时，

$$b_n=\frac{1}{\pi}\int_0^{\pi}\sin x\sin nx\mathrm{d}x=-\frac{1}{2\pi}\int_0^{\pi}[\cos(1+n)x-\cos(1-n)x]\mathrm{d}x$$

$$=\frac{1}{2\pi}\int_0^{\pi}[\cos(n-1)x-\cos(n+1)x]\mathrm{d}x$$

$$=\frac{1}{2\pi}\left[\frac{1}{n-1}\sin(n-1)x\Big|_0^{\pi}-\frac{1}{n+1}\sin(n+1)x\Big|_0^{\pi}\right]=0.$$

$$b_n=\frac{1}{\pi}\int_{-\pi}^{\pi}f(x)\sin nx\mathrm{d}x=\begin{cases}0, & n\neq1,\\ \dfrac{1}{2}, & n=1.\end{cases}$$

所以，$f(x)$ 的傅里叶展开式为

$$f(x)=\frac{1}{\pi}+\frac{1}{2}\sin x-\frac{2}{\pi}\left(\frac{\cos 2x}{3}+\frac{\cos 4x}{15}+\frac{\cos 6x}{35}+\cdots+\frac{\cos 2kx}{4k^2-1}+\cdots\right)\ (-\infty<x<+\infty).$$

4. $[-\pi,\pi]$ 或 $[0,\pi]$ 上的函数展开成傅里叶级数

(1) 在 $[-\pi,\pi]$ 上的函数展开成傅里叶级数

如果函数 $f(x)$ 只在区间 $[-\pi,\pi]$ 上有定义且满足狄利克雷收敛定理的条件，我们可以在 $[-\pi,\pi)$ 或 $(-\pi,\pi]$ 外，补充函数的定义，使它拓广成周期为 2π 的周期函数 $F(x)$（按这种方式拓广函数的定义的过程称为周期延拓）再将 $F(x)$ 展开成傅里叶级数，并且该傅里叶级数在 $x\in(-\pi,\pi)$ 时，就是函数 $f(x)$ 的傅里叶级数，在 $x=\pm\pi$ 处，傅里叶级数收敛于 $\frac{1}{2}[f(\pi-0)+f(-\pi+0)]$.

练一练

函数系$\{1,\cos x,\sin x,\cos 2x,\sin 2x,\cdots,\cos nx,\sin nx,\cdots\}$( ).

A. 在区间$[-\pi,\pi]$上正交 B. 在区间$[-\pi,\pi]$上不正交

C. 在区间$[0,\pi]$上正交 D. 以上结论都不对

(2) 在$[0,\pi]$上的函数展开成傅里叶级数

如果$f(x)$只在$[0,\pi]$上有定义且满足狄利克雷收敛定理的条件,我们在$(-\pi,0)$内补充$f(x)$的定义,得到定义在$(-\pi,\pi]$上的函数$F(x)$,使它在$(-\pi,\pi)$上成为奇函数(偶函数)(按这种方式拓广函数的定义的过程称为奇延拓(偶延拓)).然后把奇延拓(偶延拓)后的函数$F(x)$展开成傅里叶级数,这个级数必定是正弦级数(余弦级数).

例 3 将函数$f(x)=x,x\in[0,\pi]$分别展开成正弦级数和余弦级数.

解 ① 将$f(x)$展开成正弦级数

把$f(x)$延拓为奇函数$f^*(x)=x,x\in[-\pi,\pi]$,再用推论的公式计算

$$b_n=\frac{2}{\pi}\int_0^{\pi}f(x)\sin nx\mathrm{d}x=\frac{2}{\pi}\int_0^{\pi}x\sin nx\mathrm{d}x=(-1)^{n+1}\frac{2}{n},$$

由此得$f^*(x)$在$(-\pi,\pi)$上的展开式也即$f(x)$在$[0,\pi)$上的展开式为

$$f(x)=x=2\left(\sin x-\frac{\sin 2x}{2}+\frac{\sin 3x}{3}-\cdots+(-1)^{n+1}\frac{\sin nx}{n}+\cdots\right)(0\leqslant x<\pi),$$

在$x=\pi$处,上述正弦级数收敛于$\dfrac{f(-\pi^+)+f(\pi^-)}{2}=\dfrac{-\pi+\pi}{2}=0.$

② 将$f(x)$展开成余弦级数

把$f(x)$延拓为偶函数$f^*(x)=|x|,x\in[-\pi,\pi]$,然后用推论的公式求出

$$a_0=\frac{2}{\pi}\int_0^{\pi}f(x)\mathrm{d}x=\frac{2}{\pi}\int_0^{\pi}x\mathrm{d}x=\pi,$$

$$a_n=\frac{2}{\pi}\int_0^{\pi}f(x)\cos nx\mathrm{d}x=\frac{2}{\pi}\int_0^{\pi}x\cos nx\mathrm{d}x=\begin{cases}-\dfrac{4}{n^2\pi}, & n\text{ 为奇数},\\ 0, & n\text{ 为偶数},\end{cases}$$

于是得到$f(x)$在$[0,\pi]$上的余弦级数展开式为

$$x=\frac{\pi}{2}-\frac{4}{\pi}\left(\cos x+\frac{\cos 3x}{3^2}+\frac{\cos 5x}{5^2}+\cdots+\frac{\cos(2k-1)x}{(2k-1)^2}+\cdots\right)(0\leqslant x\leqslant\pi).$$

由此例可见:$f(x)$在$[0,\pi]$上的傅里叶级数展开式不是唯一的.

练一练

将函数$f(x)=\dfrac{\pi-x}{2}(0\leqslant x\leqslant\pi)$展开成正弦级数为( ).

A. $f(x)=\sum\limits_{n=1}^{\infty}\dfrac{\sin nx}{n},x\in[0,\pi]$ B. $f(x)=\sum\limits_{n=1}^{\infty}\dfrac{\sin nx}{n},x\in(0,\pi]$

C. $f(x)=\sum\limits_{n=1}^{\infty}\dfrac{\cos nx}{n},x\in(0,\pi]$ D. 以上结论都不对

二、以 $2l$ 为周期的函数展开成傅里叶级数

$f(x)$是以 $2l$ 为周期的函数,且在$[-l,l]$上满足狄利克雷收敛定理的条件,其傅里叶级数展开式为

$$f(x)=\frac{a_0}{2}+\sum_{n=1}^{\infty}\left(a_n\cos\frac{n\pi x}{l}+b_n\sin\frac{n\pi x}{l}\right),$$

当 x 是 $f(x)$ 的连续点时,上式成立. 其中

$$a_n=\frac{1}{l}\int_{-l}^{l}f(x)\cos\frac{n\pi x}{l}\mathrm{d}x\quad(n=0,1,2,\cdots),$$

$$b_n=\frac{1}{l}\int_{-l}^{l}f(x)\sin\frac{n\pi x}{l}\mathrm{d}x\quad(n=1,2,3,\cdots).$$

同步练习 1.5

1. 下列周期函数 $f(x)$ 的周期为 2π,已知它在$[-\pi,\pi)$的表达式,将它们展开成傅里叶级数.

(1) $f(x)=\begin{cases}\pi-x, & -\pi\leqslant x<0,\\ \pi+x, & 0\leqslant x<\pi;\end{cases}$　　(2) $f(x)=x^2$.

2. 将函数 $f(x)=\sin\dfrac{x}{2}$ 在$[0,\pi]$上展开成正弦级数.

3. 将函数 $f(x)=\begin{cases}x, & 0\leqslant x<\dfrac{\pi}{2},\\ \dfrac{\pi}{2}, & \dfrac{\pi}{2}\leqslant x\leqslant\pi\end{cases}$ 在$[0,\pi]$上分别展开为正弦级数和余弦级数.

本 章 小 结

一、数项级数敛散性判定

1. 级数收敛的必要条件:若级数 $\sum\limits_{n=1}^{\infty}u_n$ 收敛,则 $\lim\limits_{n\to\infty}u_n=0$.

2. 正项级数及其审敛法

(1) 正项级数 $\sum\limits_{n=1}^{\infty}u_n$ 收敛的充分必要条件是部分和数列$\{S_n\}$有界.

(2) 比较审敛法:设有两个正项级数 $\sum\limits_{n=1}^{\infty}u_n$ 及 $\sum\limits_{n=1}^{\infty}v_n$,而且 $u_n\leqslant v_n(n=1,2,3,\cdots)$.

① 如果 $\sum\limits_{n=1}^{\infty}v_n$ 收敛,那么 $\sum\limits_{n=1}^{\infty}u_n$ 也收敛;

② 如果 $\sum\limits_{n=1}^{\infty}u_n$ 发散,那么 $\sum\limits_{n=1}^{\infty}v_n$ 也发散.

(3) 达朗贝尔比值判别法:设有正项级数 $\sum\limits_{n=1}^{\infty}u_n$,如果极限 $\lim\limits_{n\to\infty}\dfrac{u_{n+1}}{u_n}=\rho$ 存在,那么

① 当 $\rho<1$ 时,级数收敛;

② 当 $\rho>1$ 时,级数发散;

③ 当 $\rho=1$ 时,级数可能收敛也可能发散.

3. 交错级数及其审敛法

莱布尼茨审敛法:设交错级数 $\sum\limits_{n=1}^{\infty}(-1)^{n-1}u_n$ 满足

(1) $u_n \geqslant u_{n+1}(n=1,2,3,\cdots)$; (2) $\lim\limits_{n\to\infty}u_n=0$,

则级数 $\sum\limits_{n=1}^{\infty}(-1)^{n-1}u_n$ 收敛,且其和 $S\leqslant u_1$.

4. 绝对收敛与条件收敛

二、幂级数

1. 收敛半径与收敛域的计算

设幂级数 $\sum\limits_{n=0}^{\infty}a_nx^n$ 中各项系数 $a_n\neq 0$,如果 $\lim\limits_{n\to\infty}\left|\dfrac{a_{n+1}}{a_n}\right|=\rho$,则

(1) 当 $\rho\neq 0$ 时,该幂级数的收敛半径 $R=\dfrac{1}{\rho}$;

(2) 当 $\rho=0$ 时,该幂级数的收敛半径 $R=+\infty$;

(3) 当 $\rho=+\infty$ 时,该幂级数的收敛半径 $R=0$.

2. 幂级数展开

(1) 泰勒定理:设函数 $f(x)$ 在 $x=x_0$ 的某邻域内有直到 $(n+1)$ 阶的导数,则对于该邻域内的任一 x,都有

$$f(x)=f(x_0)+f'(x_0)(x-x_0)+\frac{f''(x_0)}{2!}(x-x_0)^2+\cdots+\frac{f^{(n)}(x_0)}{n!}(x-x_0)^n+r_n(x),$$

$$\text{其中 } r_n(x)=\frac{f^{(n+1)}(\xi)}{(n+1)!}(x-x_0)^{n+1}(\xi \text{ 在 } x_0 \text{ 与 } x \text{ 之间}),$$

此公式称为泰勒公式,$r_n(x)$ 称为拉格朗日型余项.

(2) 直接展开法

① 计算 $f^{(n)}(x)$, $n=0,1,2,\cdots$,如果在 $x=0$ 处某阶导数不存在,就停止进行;

② 写出 $f^{(n)}(0)$, $n=0,1,2,\cdots$;

③ 写出幂级数 $\sum\limits_{n=0}^{\infty}\dfrac{f^{(n)}(0)}{n!}x^n$,并求出收敛半径 R;

④ 验证在 $(-R,R)$ 内,$\lim\limits_{n\to\infty}r_n(x)=\dfrac{1}{(n+1)!}f^{n+1}(\xi)x^{n+1}(\xi$ 在 0 与 x 之间$)=0$;

⑤ 写出所求函数 $f(x)$ 的幂级数及其收敛域.

(3) 间接展开法常见展开式

$$\mathrm{e}^x=1+x+\frac{1}{2!}x^2+\cdots+\frac{1}{n!}x^n+\cdots \quad (-\infty<x<+\infty),$$

$$\sin x=x-\frac{1}{3!}x^3+\frac{1}{5!}x^5-\cdots+(-1)^n\frac{1}{(2n+1)!}x^{2n+1}+\cdots \quad (-\infty<x<+\infty),$$

$$\cos x=1-\frac{x^2}{2!}+\frac{x^4}{4!}-\cdots+(-1)^n\frac{x^{2n}}{(2n)!}+\cdots\quad(-\infty<x<+\infty),$$

$$\frac{1}{1+x}=1-x+x^2-x^3+\cdots+(-1)^n x^n+\cdots\quad(-1<x<1),$$

$$\ln(x+1)=x-\frac{1}{2}x^2+\frac{1}{3}x^3-\cdots+\frac{(-1)^n}{n+1}x^{n+1}+\cdots\quad(-1<x\leqslant 1),$$

$$(1+x)^m=1+mx+\frac{m(m-1)}{2!}x^2+\cdots+\frac{m(m-1)\cdots(m-n+1)}{n!}x^n+\cdots\quad(-1<x<1).$$

三、傅里叶级数

1. 函数展开成傅里叶级数的方法

求$f(x)$的傅里叶系数的公式是

$$\begin{cases}a_n=\dfrac{1}{\pi}\displaystyle\int_{-\pi}^{\pi}f(x)\cos nx\mathrm{d}x\quad(n=0,1,2,3,\cdots),\\ b_n=\dfrac{1}{\pi}\displaystyle\int_{-\pi}^{\pi}f(x)\sin nx\mathrm{d}x\quad(n=1,2,3,\cdots).\end{cases}$$

由$f(x)$的傅里叶系数所确定的三角级数

$$\frac{a_0}{2}+\sum_{n=1}^{\infty}(a_n\cos nx+b_n\sin nx)$$

称为$f(x)$的傅里叶级数.

推论 当$f(x)$是周期为2π的奇函数时，它的傅里叶级数为正弦级数$\sum\limits_{n=1}^{\infty}b_n\sin nx$，其中系数

$$b_n=\frac{2}{\pi}\int_0^{\pi}f(x)\sin nx\mathrm{d}x\quad(n=1,2,3,\cdots);$$

当$f(x)$是周期为2π的偶函数时，它的傅里叶级数为余弦级数$\dfrac{a_0}{2}+\sum\limits_{n=1}^{\infty}a_n\cos nx$，其中系数

$$a_n=\frac{2}{\pi}\int_0^{\pi}f(x)\cos nx\mathrm{d}x\quad(n=0,1,2,\cdots).$$

2. 周期延拓与奇(偶)延拓

(1) 在$[-\pi,\pi]$上的函数展开成傅里叶级数

如果函数$f(x)$只在区间$[-\pi,\pi]$上有定义且满足狄利克雷收敛定理的条件，我们可以在$[-\pi,\pi)$或$(-\pi,\pi]$外，补充函数的定义，使它拓广成周期为2π的周期函数$F(x)$（按这种方式拓广函数的定义的过程称为周期延拓）. 再将$F(x)$展开成傅里叶级数，并且该傅里叶级数在$x\in(-\pi,\pi)$时，就是函数$f(x)$的傅里叶级数，在$x=\pm\pi$处，傅里叶级数收敛于$\dfrac{1}{2}[f(\pi-0)+f(-\pi+0)]$.

(2) 在$[0,\pi]$上的函数展开成傅里叶级数

如果$f(x)$只在$[0,\pi]$上有定义且满足狄利克雷收敛定理的条件，我们在$(-\pi,0)$内补充$f(x)$的定义，得到定义在$(-\pi,\pi]$上的函数$F(x)$，使它在$(-\pi,\pi)$上成为奇函数(偶函数)（按这种方式拓广函数的定义的过程称为奇延拓(偶延拓)）. 然后把奇延拓(偶延拓)后的函数$F(x)$展开成傅里叶级数，这个级数必定是正弦级数(余弦级数).

习 题 一

一、选择题

1. 正项级数 $\sum\limits_{n=1}^{\infty} a_n$ 若满足条件(　　)必收敛.

A. $\lim\limits_{n\to\infty} a_n=0$　　B. $\lim\limits_{n\to\infty}\dfrac{a_n}{a_{n+1}}<1$

C. $\lim\limits_{n\to\infty}\dfrac{a_{n+1}}{a_n}\leqslant 1$　　D. $\lim\limits_{n\to\infty}\dfrac{a_n}{a_{n+1}}=\lambda>1$

2. 若 $\sum\limits_{n=1}^{\infty} a_n(x+4)^n$ 在 $x=-2$ 处收敛,则它在 $x=2$ 处(　　).

A. 发散　　B. 条件收敛　　C. 绝对收敛　　D. 不能判断

3. 关于幂函数 $\sum\limits_{n=1}^{\infty}\dfrac{x^n}{n}$,下列结论正确的是(　　).

A. 当且仅当 $|x|<1$ 时收敛　　B. 当 $|x|\leqslant 1$ 时收敛

C. 当 $-1\leqslant x<1$ 时收敛　　D. 当 $-1<x\leqslant 1$ 时收敛

4. 设级数 $\sum\limits_{n=1}^{\infty} a_n$, $\sum\limits_{n=1}^{\infty} b_n$, $\sum\limits_{n=1}^{\infty} c_n$,且 $a_n<b_n<c_n(n=1,2,\cdots)$,则正确的是(　　).

A. 若 $\sum\limits_{n=1}^{\infty} b_n$ 收敛,则 $\sum\limits_{n=1}^{\infty} a_n$ 必收敛

B. 若 $\sum\limits_{n=1}^{\infty} b_n$ 发散,则 $\sum\limits_{n=1}^{\infty} c_n$ 必发散

C. 若 $\sum\limits_{n=1}^{\infty} a_n$, $\sum\limits_{n=1}^{\infty} c_n$ 都收敛,则 $\sum\limits_{n=1}^{\infty} b_n$ 必收敛

D. 若 $\sum\limits_{n=1}^{\infty} a_n$, $\sum\limits_{n=1}^{\infty} c_n$ 都发散,则 $\sum\limits_{n=1}^{\infty} b_n$ 必发散

5. 下列级数条件收敛的是(　　).

A. $\sum\limits_{n=1}^{\infty}(-1)^n\dfrac{n}{n+1}$　　B. $\sum\limits_{n=1}^{\infty}\dfrac{(-1)^n}{n^2}$

C. $\sum\limits_{n=1}^{\infty}\dfrac{(-1)^n}{\sqrt{n}}$　　D. $\sum\limits_{n=1}^{\infty}(-1)^n\left(\dfrac{3}{2}\right)^n$

6. 级数 $\sum\limits_{n=1}^{\infty}(-1)^n\left(1-\cos\dfrac{k}{n}\right)(k>0)$(　　).

A. 发散　　B. 绝对收敛

C. 条件收敛　　D. 敛散性与 k 相关

7. 设正项级数 $\sum\limits_{n=1}^{\infty} u_n$,若 $\lim\limits_{n\to\infty}\dfrac{u_{n+1}}{u_n}=p$,则(　　).

A. 当 $0<p<+\infty$ 时,级数收敛

B. 当 $p<1$ 时级数收敛，$p\geqslant 1$ 时级数发散

C. 当 $p\leqslant 1$ 时级数收敛，$p>1$ 时级数发散

D. 当 $p<1$ 时级数收敛，$p>1$ 时级数发散

二、填空题

1. 函数 $f(x)$ 的泰勒级数 $\sum\limits_{n=1}^{\infty}\dfrac{f^{(n)}(x_0)}{n!}(x-x_0)^n$ 收敛于 $f(x)$ 的必要条件是________.

2. 写出下列函数的麦克劳林展开式，并注明收敛域.

$e^x=$____.

$\cos x=$____.

$\ln(1+x)=$____________________________________.

$\dfrac{1}{1-x}=$____.

3. 设 $\sum\limits_{n=1}^{\infty}a_nx^n$ 的收敛半径为 R，则 $\sum\limits_{n=1}^{\infty}a_nx^{2n}$ 的收敛半径为__________.

4. 设 $f(x)$ 以 2π 为周期，在 $[-\pi,\pi]$ 上的表达式为 $f(x)=\begin{cases}1-x, & -\pi\leqslant x<0,\\ 1+x, & 0\leqslant x<\pi,\end{cases}$ 则 $f(x)$ 的傅里叶级数在 $x=\pi$ 处收敛于__________.

5. $\sum\limits_{n=1}^{\infty}\dfrac{1}{3^n}$ 的和 $S=$__________.

6. 若数项级数 $\sum\limits_{n=1}^{\infty}\left(\dfrac{1}{2^n}+r^n\right)$ 收敛，则 r 的取值范围是__________.

7. 若 $\sum\limits_{n=1}^{\infty}\dfrac{n}{a^n}$ 收敛 $(a>0)$，则 a 的取值范围是__________.

三、计算题

1. 判别 $\sum\limits_{n=2}^{\infty}\left(\sqrt{n^4+1}-\sqrt{n^4-1}\right)$ 的敛散性.

2. 判别 $\sum\limits_{n=1}^{\infty}\left(n\arctan\dfrac{1}{2n^3}\right)$ 的敛散性.

3. 判别 $\sum\limits_{n=1}^{\infty}\left(\dfrac{2+(-1)^n}{4^n}\right)$ 的敛散性.

4. 判别 $\sum\limits_{n=1}^{\infty}\dfrac{1\cdot 3\cdot 5\cdot\cdots\cdot(2n-1)}{3^n n!}$ 的敛散性.

5. 判别 $\sum\limits_{n=1}^{\infty}\left(\dfrac{2}{n}\right)^n n!$ 的敛散性.

6. 判别 $\sum\limits_{n=1}^{\infty}\dfrac{n^2\arctan n}{3^n}$ 的敛散性.

7. 判别 $\sum_{n=1}^{\infty}\frac{1}{n^2}\sin\frac{n\pi}{3}$的敛散性;若收敛,判别是绝对收敛或条件收敛.

8. $\sum_{n=1}^{\infty}\left|(-1)^{n-1}\ln\left(1+\frac{1}{n}\right)\right|$的敛散性;若收敛,判别是绝对收敛或条件收敛.

9. 讨论级数 $\sum_{n=1}^{\infty}\frac{1}{1+a^n}(a>0)$在 $0<a<1, a=1, a>1$ 三种条件下的敛散性.

10. 讨论级数 $\sum_{n=1}^{\infty}\frac{a^n}{n^2}(a>0)$在 $0<a<1, a=1, a>1$ 三种条件下的敛散性.

11. 求 $\sum_{n=1}^{\infty}n(n+1)x^n$ 的收敛域与和函数.

12. 分别求级数 $\sum_{n=1}^{\infty}nx^{n-1}$与 $\sum_{n=1}^{\infty}\frac{x^{2n}}{2n+1}$的和函数.

13. 将 $f(x)=\frac{1}{x}$展开成 $x-3$ 的幂级数.

14. 将 $\sin x$ 展开为 $x+\frac{\pi}{6}$的幂级数.

15. 设 $f(x)=\begin{cases}0, & -\pi\leqslant x<0,\\ \pi-x, & 0\leqslant x<\pi,\end{cases}$将 $f(x)$ 在 $[-\pi,\pi]$ 上展开成傅里叶级数,$f(x)$ 的傅里叶级数在 $x=0$ 处收敛于什么?

16. 判断 $\sum_{n=2}^{\infty}\frac{1}{n\sqrt{n-1}}$的敛散性.

17. 判断 $\sum_{n=1}^{\infty}n\tan\frac{\pi}{2^{n+1}}$的敛散性.

18. 判断 $\sum_{n=1}^{\infty}(-1)^n\frac{1}{\sqrt{n+1}}$的敛散性.

19. (账户上的定期存款)假设储户在账户上每年存入 1 000 元,年利率为 5%,以年复利计算,储蓄 n 年之后账户上的存款 B 是多少?作出这个模型并观察当 $n\to\infty$ 时级数的敛散性.

知识拓展链接(一)

级数的发展及简单应用

级数理论的发展经历了一个相当漫长的时期,从芝诺的二分法涉及把 1 分解成无穷级数 $\frac{1}{2}+\frac{1}{2^2}+\frac{1}{2^3}+\frac{1}{2^4}+\cdots$,亚里士多德也认为这种公比小于 1 的几何级数有和,到阿基米德在他的《抛物线图形求积法》一书中,在求抛物线弓形面积的方法中使用了几何级数,并且求出了它的和. 中国对于级数也有所发现,中国古代的《庄子·天下》中的"一尺之棰,日取其半,万世不竭"含有极限的思想,用数学形式表达出来也是无穷级数. 在中世纪,无穷级数的发展已经到了一个很高的水平,其中最为杰出的代表人物要数奥雷姆,他明确几何级数有两种可能性,当公比大于等于 1 时,无穷几何级数有无穷和;当公比小于等于 1 时有有限和. 但由于仅限于文字叙述和几何方法,所以 15、16 世纪对于级数的研究没有取得重大进步. 17 世纪到 18 世纪,可以说是级数理论发展的黄金时期,先是 1669 年夏,牛顿详细写下关于级数研究的论文《用无限多项方程的分析学》,然后是莱布尼茨用同样的方法得到了结果,再后来是格雷戈、泰勒发展了泰勒定理,还有拉格朗日、斯特林等一系列的数学家对于级数理论的研究都做出了巨大的贡献. 而级数理论的形成和建立是在 19 世纪,柯西是第一个认识到无穷级数论并非多项式理论的推广而应当以极限为基础建立起完整理论的数学家,之后再经过了几十年,级数理论才得以真正的完善.

微积分诞生以后,18 世纪的数学家把他们的天才表现在大胆的发明上,尽可能地施展自己高超的技巧,发挥并增进微积分的威力,从而使微积分扩展成为一个由许多具有专门应用价值的分支所组成的庞大领域——分析学. 这些分支包括微分方程、微分几何、变分法、无穷级数和偏微分方程. 而无穷级数在 18 世纪的发展,促成了数学家在 19 世纪建立无穷级数理论. 无穷级数作为分析的一个有效工具,促使数学家在数学发展上进行大胆的尝试,虽然产生许多悖论,但在解决这些悖论的过程中,数学家创立了许多新的数学分支,丰富了数学理论.

下面我们研究一个简单的问题:药物在体内的残留量.

患有某种心脏病的病人经常要服用洋地黄毒苷(digitoxin). 洋地黄毒苷在体内的清除速率正比于体内洋地黄毒苷的药量. 一天(24 h)大约有 10% 的药物被清除. 假设每天给某病人 0.05 mg 的维持剂量,试估算治疗几个月后该病人体内的洋地黄毒苷的总量.

解　给病人 0.05 mg 的初始剂量,一天后,0.05 mg 的 10% 被清除,体内将残留 $(0.90)\cdot(0.05)$ mg 的药量;在第二天末,体内将残留 $(0.90)\cdot(0.90)\cdot(0.05)$ mg 的药量;如此下去,第 n 天末,体内残留的药量为 $(0.90)^n\cdot(0.05)$ mg.

要确定洋地黄毒苷在体内的累积残留量,我们注意到,在第二次给药时,体内的药量为第二次给药的剂量 0.05 mg 加上第一次给药此时在体内的残留量 $(0.90)\cdot(0.05)$ mg;在第三次给药时,体内的药量为第三次给药的剂量 0.05 mg 加上第一次给药此时在体内的残留量 $(0.90)^2\cdot(0.05)$ mg 和第二次给药在体内的残留量 $(0.90)\cdot(0.05)$ mg;在任何一次重新给药时,体内的药量为此次给药的剂量 0.05 mg 加上以前历次给药此时在体内的残留量.

体内洋地黄毒苷的总量(mg)

初始给药后的天数	体内洋地黄毒苷的总量(mg)
0	0.05
1	$0.05+(0.90)\cdot(0.05)$
2	$0.05+(0.90)\cdot(0.05)+(0.90)^2\cdot(0.05)$
⋮	⋮
n	$0.05+(0.90)\cdot(0.05)+(0.90)^2\cdot(0.05)+\cdots+(0.90)^n\cdot(0.05)$

我们看到,每一次重新给药时体内的药量是下列几何级数的部分和:

$$0.05+(0.90)\cdot(0.05)+(0.90)^2\cdot(0.05)+(0.90)^3\cdot(0.05)+\cdots,$$

这个级数的和为$\frac{0.05}{1-0.90}=\frac{0.05}{0.1}=0.5$.

由于此级数的部分和趋于此级数的和，所以我们说，每天给病人 0.05 mg 的维持剂量将最终使病人体内的洋地黄毒苷水平达到一个 0.5 mg 的“平台”.

当我们要将“平台”降低 10%，也就是让“平台”水平达到 $(0.90)\cdot(0.05)$ mg $=0.45$ mg 时，我们就需调整维持剂量，这在药物的治疗中是一个重要的技术.

第二章

多元函数微分

案例 在 A、B 两种物质的溶液中，我们想提取出物质 A，可以采用这样的方法：在 A、B 的溶液中加入第三种物质 C，而 C 与 B 不互溶，利用 A 在 C 中的溶解度较大的特点，将 A 提取出来. 这种方法就是化工中的萃取过程. 现在有稀水溶液的醋酸，利用苯作为萃取剂，设苯的总体积为 m. 进行 3 次萃取来回收醋酸. 问每次应取多少苯量，才能使从水溶液中萃取的醋酸最多？

上述引例中涉及的变量有两个以上，而前面我们讨论的函数都只有一个自变量，这种函数叫做一元函数，但是在实际问题中往往会牵涉多方面的因素，在数学上就是一个变量依赖于多个变量的情形，这就提出了多元函数以及多元函数的微分和积分的问题. 本章在一元函数微分学的基础上，讨论多元函数的微分法及其应用. 在讨论中以我们二元函数为主，因为从一元函数推广到二元函数会产生新的问题，而从二元函数到二元以上的函数则可以类推.

知识梳理

- 多元函数微分
  - 多元函数的概念、极限、连续
    - 多元函数的概念 } 难点
    - 多元函数的极限 } 重点
    - 多元函数的连续
  - 偏导数
    - 偏导数的计算 } 重点、难点
    - 高阶偏导数 } 重点、难点
  - 全微分
    - 全微分的定义
      - 可微的必要条件 } 重点、难点
      - 可微的充要条件 } 重点、难点
    - 全微分在近似计算中的应用
  - 多元复合函数的求导法则（重点、难点）
    - 一元函数与多元函数复合情形
    - 多元函数与多元函数复合情形
    - 其他情形
  - 隐函数的求导法则
    - 一个方程形式 } 重点、难点
  - 多元函数的极值及其求法
    - 多元函数极值的定义
    - 多元函数极值的必要条件 } 难点
    - 多元函数极值的充分条件 } 重点、难点

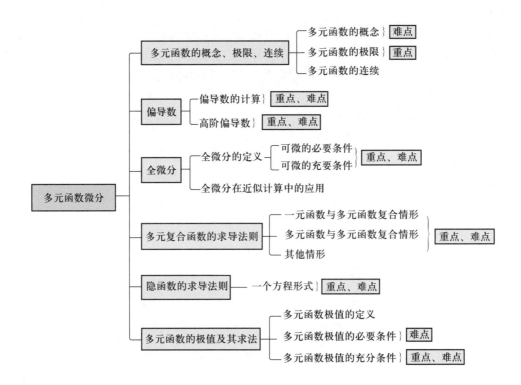

第一节　多元函数的基本概念

在讨论一元函数时,一些概念、理论和方法都是基于 $\mathbf{R}$ 中的点集、两点间的距离、区间和邻域等概念. 为了将一元函数微积分推广到多元的情形,首先需要将上述一些概念加以推广,同时还涉及一些其他概念,为此引入平面点集的一些基本概念.

一、平面点集

把全体有序实数对(x,y)组成的集合$\{(x,y)\mid x\in\mathbf{R},y\in\mathbf{R}\}$称为二维空间,记为 $\mathbf{R}^2$(或 $\mathbf{R}\times\mathbf{R}$),下面我们看一看这里的二维空间有什么样的几何意义. 显然$(x,y)\in\mathbf{R}^2$ 都唯一对应着直角坐标平面的一个点,反之,$\mathbf{R}^2$ 中的有序数对与直角平面上的点是一一对应的,它们的本质是一样的,可以把 $\mathbf{R}^2$ 看成直角坐标平面,坐标平面也可以看成是二维空间 $\mathbf{R}^2$,以后把(a,b)叫做平面上具有某种性质 p 的点的集合,称为平面点集,记作

$$E=\{(x,y)\mid(x,y)\text{具有性质 }p\}.$$

例如,平面上以原点为中心、r 为半径的圆内所有点的集合为

$$C=\{(x,y)\mid x^2+y^2<r^2\}.$$

平面上两点间的距离:设 $\mathbf{R}^2$ 中的两点 $P_1(x_1,y_1)$,$P_2(x_2,y_2)$,则称 $d=|P_1-P_2|=\sqrt{(x_1-x_2)^2+(y_1-y_2)^2}$ 为 P_1 与 P_2 两点间的距离.

现在我们来引入 $\mathbf{R}^2$ 中邻域的概念.

设 $P(a,b)\in\mathbf{R}^2$,以点 $P(a,b)$ 为中心,$\delta>0$ 为半径的全体点(x,y)组成的集合$\left\{(x,y)\,\middle|\,\sqrt{(x-a)^2+(y-b)^2}<\delta\right\}$称为以点 $P(a,b)$ 为中心,δ 为半径的圆形邻域,记为 $U(P,\delta)$,即 $U(P,\delta)=\left\{(x,y)\,\middle|\,\sqrt{(x-a)^2+(y-b)^2}<\delta\right\}$.

P 的去心邻域,记作

$$\mathring{U}(P,\delta)=\left\{(x,y)\,\middle|\,0<\sqrt{(x-a)^2+(y-b)^2}<\delta\right\}.$$

如果不需要强调邻域的半径 δ,则用 $U(P_0)$ 表示点 P_0 的某个邻域,点 P_0 的去心邻域记作 $\mathring{U}(P_0)$.

下面利用邻域来描述点和点集之间的关系.

任意一点 $P\in\mathbf{R}^2$ 与任意一个点集 $E\subset\mathbf{R}^2$ 之间可以有以下三种关系中的一种:

(1) 内点:如果存在点 P 的某个邻域 $U(P)$,有 $U(P)\subset E$,则称 P 是 E 的内点.

(2) 外点:如果存在点 P 的某个邻域 $U(P)$,使得 $U(P)\cap E=\varnothing$,则称 P 为 E 的外点.

(3) 边界点:如果点 P 的任一邻域内既含有属于 E 的点,又含有不属于 E 的点,则称 P 为 E 的边界点.

E 的边界点的全体,称为 E 的边界,记作 ∂E.

E 的内点必属于 E;E 的外点必不属于 E;而 E 的边界点可能属于 E,也可能不属于 E.

任意一点 P 与一个点集 E 之间除了上述三种关系之外,还有另一种关系,这就是下面定义

的聚点.

聚点:如果对于任意给定的 $\delta>0$,点 P 的去心邻域 $\mathring{U}(P_0,\delta)$ 内总有 E 中的点,则称 P 是 E 的聚点.

由聚点的定义可知,点集 E 的聚点 P 本身,可以属于 E,也可以不属于 E.

例如,设平面点集

$$E=\{(x,y)\mid 1<x^2+y^2\leqslant 2\},$$

满足 $1<x^2+y^2<2$ 的一切点 (x,y) 都是 E 的内点;满足 $x^2+y^2=1$ 的一切点 (x,y) 都是 E 的边界点,它们都不属于 E;满足 $x^2+y^2=2$ 的一切点 (x,y) 也是 E 的边界点,它们都属于 E;点集 E 以及它的边界 ∂E 上的一切点都是 E 的聚点.

根据点集所属点的特征,再来定义一些重要的平面点集.

开集:如果点集 E 的点都是 E 的内点,则称 E 为开集.

闭集:如果点集 E 的边界 $\partial E\subset E$,则称 E 为闭集.

例如,集合 $\{(x,y)\mid 1<x^2+y^2<2\}$ 是开集;集合 $\{(x,y)\mid 1\leqslant x^2+y^2\leqslant 2\}$ 是闭集;而集合 $\{(x,y)\mid 1<x^2+y^2\leqslant 2\}$ 既非开集,也非闭集.

连通集:如果点集 E 内任何两点,都可用折线连接起来,且该折线上的点都属于 E,则称 E 为连通集.

区域(或开区域):连通的开集称为区域或开区域.

闭区域:开区域连同它的边界一起所构成的点集称为闭区域.

例如,集合 $\{(x,y)\mid 1<x^2+y^2<2\}$ 是区域;而集合 $\{(x,y)\mid 1\leqslant x^2+y^2\leqslant 2\}$ 是闭区域.

有界集:对于平面点集 E,如果存在某一正数 r,使得 $E\subset U(O,r)$,其中 O 是坐标原点,则称 E 为有界集.

无界集:一个集合如果不是有界集,就称这个集合为无界集.

例如,集合 $\{(x,y)\mid 1\leqslant x^2+y^2\leqslant 2\}$ 是有界闭区域;集合 $\{(x,y)\mid x+y>0\}$ 是无界开区域,集合 $\{(x,y)\mid x+y\geqslant 0\}$ 是无界闭区域.

二、多元函数的概念

在很多自然现象以及实际问题中,经常会遇到多个变量之间的依赖关系,举例如下:

例 1 圆柱体的体积 V 和它的底面半径 r、高 h 之间有关系

$$V=\pi r^2 h,$$

这里,当 r,h 在集合 $\{(r,h)\mid r>0,h>0\}$ 内取定一对值 (r,h) 时,V 对应的值就随之确定.

例 2 一定量的理想气体的压强 p、体积 V 和绝对温度 T 之间有关系

$$p=\frac{RT}{V},$$

其中 R 为常数,这里,当 V,T 在集合 $\{(V,T)\mid V>0,T>T_0\}$ 内取定一对值 (V,T) 时,p 的对应值就随之确定.

上面两个例子的具体意义虽各不相同,但它们却有共同的性质,抽出这些共同性质就得到以下二元函数的定义.

定义 1　设 D 是二维空间 $\mathbf{R}^2$ 的非空子集,若 $P(x,y)\in D$ 按某一对应法则 f,都唯一地对应着一个实数 z,$f:(x,y)\mapsto z$,则称对应法则 f 是定义在 D 上的一个二元函数,记为 $f:D\to\mathbf{R}$ 或 $z=f(x,y)$(或$z=f(P)$).

二元函数的定义与几何表示

把 D 叫做 f 的定义域,x,y 称为自变量,z 称为因变量,全体函数值组成的集合 $\{z\mid z=f(x,y),(x,y)\in D\}$ 叫做函数的值域.

与一元函数的情形相仿,记号 f 和 $f(x,y)$ 的意义是有区别的,但习惯上常用记号"$f(x,y),(x,y)\in D$"或"$z=f(x,y),(x,y)\in D$"来表示 D 上的二元函数 f. 表示二元函数的记号 f 也是可以任意选取的,例如也可以记为 $z=\varphi(x,y)$,$z=z(x,y)$等.

类似地可以定义三元函数 $u=f(x,y,z),(x,y,z)\in D$ 以及三元以上的函数,一般地,把定义 1 中的平面点集 D 换成 n 维空间 $\mathbf{R}^n$ 内的点集 D,映射 $f:D\to\mathbf{R}^n$ 就称为定义在 D 上的 n 元函数,通常记为

$$u=f(x_1,x_2,\cdots,x_n),(x_1,x_2,\cdots,x_n)\in D,$$

或简记为

$$u=f(\boldsymbol{x}),\boldsymbol{x}=(x_1,x_2,\cdots,x_n)\in D,$$

也可记为

$$u=f(P),P(x_1,x_2,\cdots,x_n)\in D.$$

在 $n=2$ 或 3 时,习惯上将点(x_1,y_2)与点(x_1,x_2,x_3)分别写成(x,y)与(x,y,z). 这时,若用字母表示 $\mathbf{R}^2$ 或 $\mathbf{R}^3$ 中的点,即写成 $P(x,y)$或 $M(x,y,z)$,则相应的二元函数及三元函数也可简记为 $z=f(P)$及 $u=f(M)$.

当 $n=1$ 时,n 元函数就是一元函数. 当 $n\geqslant 2$ 时,n 元函数统称为多元函数.

关于多元函数的定义域,与一元函数类似,我们做如下约定:在一般地讨论用算式表达多元函数 $u=f(\boldsymbol{x})$时,就以使这个算式有意义的变元 $\boldsymbol{x}$ 的值所组成的点集为这个多元函数的自然定义域,因而,对这类函数,它的定义域不再特别标出. 例如,函数 $z=\ln(x+y)$的定义域为$\{(x,y)\mid x+y>0\}$,又例如:$z=\sqrt{1-x^2-y^2}$是定义在闭圆 $x^2+y^2\leqslant 1$ 内的一个二元函数.

练一练

若 $f(x-y,\ln x)=\left(1-\dfrac{y}{x}\right)\dfrac{\mathrm{e}^x}{\mathrm{e}^y\ln(x^x)}$,则 $f(x,y)=$(　　).

A. $\dfrac{1}{y\mathrm{e}^x}$　　B. $\dfrac{x}{y}\mathrm{e}^x$　　C. $x\mathrm{e}^x$　　D. $\dfrac{x\mathrm{e}^x}{y\mathrm{e}^{2y}}$

三、多元函数的极限

在一元函数中,$\lim\limits_{x\to x_0}f(x)=b$ 是指当 x 在 x 轴上,从 x_0 的两侧以任意方式趋于 x_0 时,$f(x)$都趋于 b:$f(x)\to b$.

设 $P(a,b)$是 $f(x,y)$的定义域 D 的一个聚点,A 是一个常数. 二元函数的自变量 $P(x,y)$的变化范围不再只是 x 轴上的一个区间,而是 xOy 平面的一个平面区域 D. 所以二元函数 $z=f(x,y)$的极限应该是:当动点 $P(x,y)$以任意路径和任何方式趋于 $P_0(a,b)$(其趋于的路线可

以是直线、抛物线或任意曲线)都有:$f(x,y)\to A$,这时把 A 叫做二元函数 $f(x,y)$ 当 $P(x,y)\to P_0(a,b)$ 时的极限,记为 $\lim\limits_{P\to P_0} f(P)=A$,又因为 $P\to P_0 \Leftrightarrow x\to a, y\to b$,上面的极限又可改写成:$\lim\limits_{\substack{x\to a\\ y\to b}} f(x,y)=A$.

下面,我们给出二元函数的极限的定义:

定义 2 设二元函数 $z=f(x,y)$ 在点 $P_0(x_0,y_0)$ 的某个 δ 邻域内有定义(点 P_0 可以除外),点 $P(x,y)$ 是该邻域内异于 P_0 的任意一点. 如果当点 $P(x,y)$ 以任何方式趋近于 P_0 时,函数 $f(x,y)$ 无限接近于一个确定的常数 A,那么称 A 为 $z=f(x,y)$ 当 $x\to x_0, y\to y_0$ 时的极限,记作

$$\lim_{\substack{x\to x_0\\ y\to y_0}} f(x,y)=A \quad 或 \quad \lim_{P\to P_0} f(P)=A.$$

例 3 证明 $f(x,y)=\dfrac{x^2y}{x^4+y^2}$ 在原点(0,0)不存在极限.

二元函数的极限

分析:由于极限定义的意思是,不管点 $P(x,y)$ 以任何方式和任何路径趋于 $P_0(x_0,y_0)$ 时,都有 $f(x,y)\to A$,因此要证 $f(x,y)$ 在 P_0 不存在极限,只需证明,当 P 沿两条不同的路径趋于 P_0 时,$f(x,y)$ 趋于不同的两个数;或沿某一条路径 $P\to P_0$,$f(x,y)$ 的极限不存在即可.

证明 当动点 $P(x,y)$ 沿直线 $y=x$ 趋于点 $P_0=(0,0)$ 时有

$$\lim_{\substack{x\to 0\\ y\to 0}} \frac{x^2y}{x^4+y^2}=\lim_{x\to 0}\frac{x^3}{x^4+x^2}(因为在\ y=x\ 时,x\to 0\Leftrightarrow y\to 0)=0.$$

当动点 $P(x,y)$ 沿抛物线 $y=x^2$ 趋于(0,0)时,

$$\lim_{\substack{x\to 0\\ y\to 0}} \frac{x^2y}{x^4+y^2}=\lim_{x\to 0}\frac{x^4}{x^4+x^4}=\frac{1}{2}.$$

所以 $f(x,y)$ 在点(0,0)不存在极限.

练一练

$\lim\limits_{\substack{x\to 0\\ y\to 0}} \dfrac{xy}{3x^2+y^2}$ 的值为( ).

A. 0 B. 不存在 C. $\dfrac{1}{3}$ D. $\dfrac{1}{4}$

四、多元函数的连续性

我们曾经定义了一元函数 $f(x)$ 在一点 $x=a$ 处的连续性,即 $\lim\limits_{x\to a} f(x)=f(a)$,则称 $f(x)$ 在点 a 连续.

这个定义我们可以推广到二元函数和 n 元函数上.

定义 3 设二元函数 $z=f(x,y)$ 在区域 D 有定义,点 $P_0(a,b)\in D$,若 $\lim\limits_{\substack{x\to a\\ y\to b}} f(x,y)=f(a,b)$,则称 $f(x,y)$ 在 $P_0(a,b)$ 连续.

讨论：上面定义用“点表示法”怎样书写.

设函数 $z=f(P)$ 在区域 D 有定义，点 $P_0(a,b)\in D$，若 $\lim\limits_{P\to P_0}f(P)=f(P_0)$，则称二元函数 $z=f(P)$ 在点 P_0 连续. 即设 P_0 是区域 D 的点，$f(P)$ 在 P_0 连续. $\Leftrightarrow \lim\limits_{P\to P_0}f(P)=f(P_0)$.

定义 4　若二元函数 $f(x,y)$ 在区域 D 的每一点都连续，则称 $f(x,y)$ 在区域 D 连续.

二元函数的连续性

下面介绍间断点的概念.

请大家想一想 $f(x,y)$ 在点 $P_0(a,b)$ 连续应满足的几个条件：

(1) $f(x,y)$ 在点 $P_0(a,b)$ 有定义；

(2) $f(x,y)$ 在点 $P_0(a,b)$ 存在极限；

(3) $f(x,y)$ 在点 $P_0(a,b)$ 的极限值等于其函数值.

若上面三条不满足任意一条，则函数 $f(x,y)$ 在点 $P_0(a,b)$ 都不连续.

定义 5　若 $f(x,y)$ 在 $P_0(a,b)$ 不连续，则称 $P_0(a,b)$ 是 $f(x,y)$ 的间断点（或不连续点）.

二元函数的间断点集常常是 xOy 平面上的一条曲线（裂缝）.

例 4　求下列函数的间断点.

(1) $f(x,y)=\dfrac{xy}{x^2+y^2}$；　　　　(2) $f(x,y)=\dfrac{xy}{\ln(x^2+y^2)}$.

测一测

解　(1) 由 $x^2+y^2=0$ 得 $x=0,y=0$. 所以间断点集是 $\{(0,0)\}$.

(2) 间断点集是 $\left\{(x,y)\mid x^2+y^2=1\right\}$.

上面二元函数的定义和性质可以推广到 n 元函数上去.

与闭区间上一元函数的性质相类似，在有界闭区域上连续的多元函数具有如下性质.

性质 1（有界性与最大值最小值定理）　在有界闭区域 D 上的多元连续函数，必定在 D 上有界，且能取得它的最大值和最小值.

性质 1 就是说，若 $f(P)$ 在有界闭区域 D 上连续，则必定存在常数 $M>0$，使得对一切 $P\in D$，有 $|f(P)|\leqslant M$；且存在 $P_1,P_2\in D$，使得

$$f(P_1)=\max\{f(P)\mid P\in D\},\ f(P_2)=\min\{f(P)\mid P\in D\}.$$

性质 2（介值定理）　在有界闭区域 D 上的多元连续函数必取得介于最大值和最小值之间的任何值.

练一练

求 $\lim\limits_{(x,y)\to(1,2)}\dfrac{x+y}{xy}=$（　　）.

A. 0　　　B. 1　　　C. $\dfrac{1}{2}$　　　D. $\dfrac{3}{2}$

同步练习 2.1

1. 已知函数 $f(x,y)=x^2+y^2-xy\tan\dfrac{x}{y}$，求 $f(tx,ty)$.

2. 求下列函数的定义域.

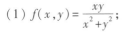

(1) $z=\ln(y^2-2x+1)$；

(2) $z=\dfrac{1}{\sqrt{x+y}}+\dfrac{1}{\sqrt{x-y}}$；

(3) $z=\sqrt{x-\sqrt{y}}$；

(4) $z=\ln(y-x)+\dfrac{\sqrt{x}}{\sqrt{1-x^2-y^2}}$.

3. 求下列极限.

(1) $\lim\limits_{(x,y)\to(0,1)}\dfrac{1-xy}{x^2+y^2}$；　　(2) $\lim\limits_{(x,y)\to(1,0)}\dfrac{\ln(x+e^y)}{\sqrt{x^2+y^2}}$.

第二节 偏 导 数

一、偏导数的定义及算法

在研究一元函数时,我们从研究函数的变化率引入了导数概念,对于多元函数同样需要讨论它的变化率,但多元函数的自变量不止一个,因变量与自变量的关系要比一元函数复杂得多. 在这一节里,我们首先考虑多元函数关于其中一个自变量的变化率. 以二元函数 $z=f(x,y)$ 为例,如果只有自变量 x 变化,而自变量 y 固定(即看做常量),这时它就是 x 的一元函数,这个函数对 x 的导数,就称为二元函数 $z=f(x,y)$ 对于 x 的偏导数.

设二元函数 $z=f(x,y)$ 定义在区域 D 上,$P_0(x_0,y_0)$ 是 D 的内点,将 $y=y_0$ 看做常数,给 x_0 一个增量 Δx,于是就得到 D 的另一个内点 $(x_0+\Delta x,y_0)\in D$,把这两点的函数值之差:$\Delta_x z=f(x_0+\Delta x,y_0)-f(x_0,y_0)$ 叫做 $f(x,y)$ 在点 $P_0(x_0,y_0)$ 关于 x 的偏增量.

同样:把 $\Delta_y z=f(x_0,y_0+\Delta y)-f(x_0,y_0)$ 叫做 $f(x,y)$ 在点 $P_0(x_0,y_0)$ 关于 y 的偏增量.

定义 若函数 $z=f(x,y)$ 在点 $P_0(x_0,y_0)$ 的关于 x 的偏增量 $\Delta_x z$ 与 Δx 之比的极限 $\lim\limits_{\Delta x\to 0}\dfrac{\Delta_x z}{\Delta x}=\lim\limits_{\Delta x\to 0}\dfrac{f(x_0+\Delta x,y_0)-f(x_0,y_0)}{\Delta x}$ 存在,则称此极限为 $f(x,y)$ 在点 $P_0(x_0,y_0)$ 关于 x 的偏导数,记为 $\dfrac{\partial z}{\partial x}\Big|_{\substack{x=x_0\\y=y_0}}$, $\dfrac{\partial f}{\partial x}\Big|_{\substack{x=x_0\\y=y_0}}$, $f_x(x_0,y_0)$ 或 $z_x\Big|_{\substack{x=x_0\\y=y_0}}$. 即

偏导数

$$f_x(x_0,y_0)=\lim_{\Delta x\to 0}\frac{f(x_0+\Delta x,y_0)-f(x_0,y_0)}{\Delta x}.$$

类似地,$f_y(x_0,y_0)=\lim\limits_{\Delta y\to 0}\dfrac{f(x_0,y_0+\Delta y)-f(x_0,y_0)}{\Delta y}$ 称为 $f(x,y)$ 在点 $P_0(x_0,y_0)$ 关于 y 的偏导数,记为 $\dfrac{\partial z}{\partial y}\Big|_{\substack{x=x_0\\y=y_0}}$, $\dfrac{\partial f}{\partial y}\Big|_{\substack{x=x_0\\y=y_0}}$, $f_y(x_0,y_0)$ 或 $z_y\Big|_{\substack{x=x_0\\y=y_0}}$.

如果函数 $z=f(x,y)$ 在区域 D 内每一点 (x,y) 处对于 x 的偏导数都存在,那么这个偏导数

就是(x,y)的函数,称为函数$z=f(x,y)$对自变量x的偏导函数,记作$\frac{\partial z}{\partial x},\frac{\partial f}{\partial x},z_x$或$f_x(x,y)$.

类似地,可以定义函数$z=f(x,y)$对自变量y的偏导函数,记作$\frac{\partial z}{\partial y},\frac{\partial f}{\partial y},z_y$或$f_y(x,y)$.

由偏导函数的概念可知,$f(x,y)$在点(x_0,y_0)处对x的偏导数$f_x(x_0,y_0)$显然就是偏导函数$f_x(x,y)$在点(x_0,y_0)处的函数值;$f_y(x_0,y_0)$就是偏导函数$f_y(x,y)$在点(x_0,y_0)处的函数值.就像一元函数的导函数一样,以后在不至于混淆的地方也把偏导函数简称为偏导数.

至于实际求$z=f(x,y)$的偏导数,并不需要新的方法,因为这里只有一个自变量在变动,另一个自变量是看做固定的,所以仍旧是一元函数的微分法问题.求$\frac{\partial f}{\partial x}$时,只要把$y$暂时看做常量而对$x$求导数;求$\frac{\partial f}{\partial y}$时,则只要把$x$暂时看做常量而对$y$求导数.

偏导数的概念可以推广到二元以上的函数.例如三元函数$u=f(x,y,z)$在点(x,y,z)处对x的偏导数定义为

$$f_x(x,y,z)=\lim_{\Delta x\to 0}\frac{f(x+\Delta x,y,z)-f(x,y,z)}{\Delta x}.$$

其中(x,y,z)是函数$u=f(x,y,z)$的定义域的内点.它们的求法也仍旧是一元函数的微分法问题.

例 1　求$z=x^2+xy+y^2$在点$(2,1)$处的偏导数.

解　把y看做常量,得$\frac{\partial z}{\partial x}=2x+y$;把$x$看做常量,得$\frac{\partial z}{\partial y}=x+2y$.

把$(2,1)$代入上面的结果得

$$\left.\frac{\partial z}{\partial x}\right|_{\substack{x=2\\y=1}}=2\cdot 2+1=5,\left.\frac{\partial z}{\partial y}\right|_{\substack{x=2\\y=1}}=2+2\cdot 1=4.$$

例 2　求$z=x^2\sin 2y$的偏导数.

解　$\frac{\partial z}{\partial x}=2x\sin 2y,\frac{\partial z}{\partial y}=2x^2\cos 2y$.

例 3　设$u=x^y$,求$\frac{\partial u}{\partial x},\frac{\partial u}{\partial y}$.

解　$\frac{\partial u}{\partial x}=yx^{y-1},\frac{\partial u}{\partial y}=x^y\ln x$.

二元函数$z=f(x,y)$在点(x_0,y_0)的偏导数有下述几何意义:

$f_x(x_0,y_0)$表示过曲线$C_1\begin{cases}z=f(x,y),\\y=y_0\end{cases}$上的点$Q(x_0,y_0,f(x_0,y_0))$的切线对$x$轴的斜率;

$f_y(x_0,y_0)$表示过曲线$C_2\begin{cases}z=f(x,y),\\x=x_0\end{cases}$上点$Q(x_0,y_0,f(x_0,y_0))$的切线对$y$轴的斜率.

在一元函数$z=f(x)$中,若$f(x)$在x_0可导,则$f(x)$在x_0连续,即$f(x)$在x_0连续是$f(x)$在x_0可微的必要条件.

那么这一条性质在二元函数中是否成立呢?实际上,在二元函数中,即使$f(x,y)$在点$P_0(x_0,y_0)$的两个偏导数$f_x(x_0,y_0)$,$f_y(x_0,y_0)$都存在,也推不出$f(x,y)$在点$P_0(x_0,y_0)$连续,这

是多元函数与一元函数的一个不同之处.

例如，$f(x,y)=\begin{cases}x^2+y^2, & xy=0,\\ 1, & xy\neq 0\end{cases}$ 在 $O(0,0)$ 存在两个偏导数，但 $f(x,y)$ 在原点 $O(0,0)$ 不连续.

证明 $f_x(0,0)=\lim\limits_{\Delta x\to 0}\dfrac{f(0+\Delta x,0)-f(0,0)}{\Delta x}=\lim\limits_{\Delta x\to 0}\dfrac{(\Delta x)^2}{\Delta x}=0.$

同理 $f_y(0,0)=0$.

（要证 $f(x,y)$ 在 $O(0,0)$ 不连续，只需证明：$f(x,y)$ 在 $(0,0)$ 不存在极限.）

当 $P(x,y)$ 以 $y=0$ 趋于 $O(0,0)$ 时，$\lim\limits_{\substack{x\to 0\\ y\to 0}}f(x,y)=\lim\limits_{x\to 0}f(x,0)=\lim\limits_{x\to 0}x^2=0.$

当 $P(x,y)$ 以 $y=x$ 趋于 $O(0,0)$ 时，$\lim\limits_{\substack{x\to 0\\ y\to 0}}f(x,y)=\lim\limits_{x\to 0}f(x,x)=\lim\limits_{x\to 0}1=1.$

所以 $f(x,y)$ 在 $O(0,0)$ 不存在极限，所以 $f(x,y)$ 在 $O(0,0)$ 不连续.

练一练

设 $f(x,y)=\arcsin\sqrt{\dfrac{y}{x}}$，则 $f_x(2,1)=($　　$)$.

A. $-\dfrac{1}{4}$　　B. $\dfrac{1}{4}$　　C. $-\dfrac{1}{2}$　　D. $\dfrac{1}{2}$

二、高阶偏导数

设函数 $z=f(x,y)$ 在区域 D 内具有偏导数

$$\frac{\partial z}{\partial x}=f_x(x,y),\frac{\partial z}{\partial y}=f_y(x,y).$$

那么在 D 内 $f_x(x,y)$，$f_y(x,y)$ 都是 x,y 的函数. 如果这两个函数的偏导数也存在，则称它们是函数 $z=f(x,y)$ 的二阶偏导数. 按照对变量求导次序的不同，有下列四个二阶偏导数：

$$\frac{\partial}{\partial x}\left(\frac{\partial z}{\partial x}\right)=\frac{\partial^2 z}{\partial x^2}=f_{xx}(x,y),\frac{\partial}{\partial y}\left(\frac{\partial z}{\partial x}\right)=\frac{\partial^2 z}{\partial x\partial y}=f_{xy}(x,y),$$

$$\frac{\partial}{\partial x}\left(\frac{\partial z}{\partial y}\right)=\frac{\partial^2 z}{\partial y\partial x}=f_{yx}(x,y),\frac{\partial}{\partial y}\left(\frac{\partial z}{\partial y}\right)=\frac{\partial^2 z}{\partial y^2}=f_{yy}(x,y).$$

其中第二、三这两个偏导数称为混合偏导数. 同样可得三阶、四阶……以及 n 阶偏导数. 二阶及二阶以上的偏导数统称为高阶偏导数.

例 4 设 $z=x^3y^2-3xy^3-xy+1$，求 $\dfrac{\partial^2 z}{\partial x^2},\dfrac{\partial^2 z}{\partial y\partial x},\dfrac{\partial^2 z}{\partial x\partial y},\dfrac{\partial^2 z}{\partial y^2}$ 及 $\dfrac{\partial^3 z}{\partial x^3}$.

解 $\dfrac{\partial z}{\partial x}=3x^2y^2-3y^3-y,\dfrac{\partial z}{\partial y}=2x^3y-9xy^2-x;$

$\dfrac{\partial^2 z}{\partial x^2}=6xy^2,\dfrac{\partial^2 z}{\partial y\partial x}=6x^2y-9y^2-1;$

$\dfrac{\partial^2 z}{\partial x\partial y}=6x^2y-9y^2-1,\dfrac{\partial^2 z}{\partial y^2}=2x^3-18xy;$

$$\frac{\partial^3 z}{\partial x^3}=6y^2.$$

例 4 中两个二阶混合偏导数相等，即$\frac{\partial^2 z}{\partial y\partial x}=\frac{\partial^2 z}{\partial x\partial y}$. 这不是偶然的，事实上，有下述定理.

定理 如果函数 $z=f(x,y)$ 的两个二阶混合偏导数$\frac{\partial^2 z}{\partial y\partial x}$及$\frac{\partial^2 z}{\partial x\partial y}$在区域 D 内连续，那么在该区域内这两个二阶混合偏导数必相等.

换句话说，二阶混合偏导数在连续的条件下与求导的次序无关. 定理的证明略.

例 5 验证函数 $z=\ln\sqrt{x^2+y^2}$ 满足方程

$$\frac{\partial^2 z}{\partial x^2}+\frac{\partial^2 z}{\partial y^2}=0.$$

证明 因为 $z=\ln\sqrt{x^2+y^2}=\frac{1}{2}\ln(x^2+y^2)$，所以

$$\frac{\partial z}{\partial x}=\frac{x}{x^2+y^2},\frac{\partial z}{\partial y}=\frac{y}{x^2+y^2},$$

$$\frac{\partial^2 z}{\partial x^2}=\frac{(x^2+y^2)-x\cdot 2x}{(x^2+y^2)^2}=\frac{y^2-x^2}{(x^2+y^2)^2},$$

$$\frac{\partial^2 z}{\partial y^2}=\frac{(x^2+y^2)-y\cdot 2y}{(x^2+y^2)^2}=\frac{x^2-y^2}{(x^2+y^2)^2},$$

因此

$$\frac{\partial^2 z}{\partial x^2}+\frac{\partial^2 z}{\partial y^2}=\frac{y^2-x^2}{(x^2+y^2)^2}+\frac{x^2-y^2}{(x^2+y^2)^2}=0.$$

练一练

设 $z=f(x,v)$，$v=v(x,y)$，其中 f,v 具有二阶连续偏导数，则$\frac{\partial^2 z}{\partial y^2}=(\quad)$.

A. $\frac{\partial^2 f}{\partial v\partial y}\cdot\frac{\partial v}{\partial y}+\frac{\partial f}{\partial v}\cdot\frac{\partial^2 v}{\partial y^2}$

B. $\frac{\partial f}{\partial v}\cdot\frac{\partial^2 v}{\partial y^2}$

C. $\frac{\partial^2 f}{\partial v^2}\left(\frac{\partial v}{\partial y}\right)^2+\frac{\partial f}{\partial v}\cdot\frac{\partial^2 v}{\partial y^2}$

D. $\frac{\partial^2 f}{\partial v^2}\cdot\frac{\partial v}{\partial y}+\frac{\partial f}{\partial v}\cdot\frac{\partial^2 v}{\partial y^2}$

同步练习 2.2

1. 求下列函数的偏导数.

(1) $z=x^3y-y^3x$；

(2) $s=\frac{u^2+v^2}{uv}$；

(3) $z=\sqrt{\ln(xy)}$；

(4) $z=\sin(xy)+\cos^2(xy)$.

2. 设 $T=2\pi\sqrt{\frac{l}{g}}$，求证 $l\frac{\partial T}{\partial l}+g\frac{\partial T}{\partial g}=0$.

3. 求下列函数的$\frac{\partial^2 z}{\partial x^2}$，$\frac{\partial^2 z}{\partial y^2}$和$\frac{\partial^2 z}{\partial x\partial y}$.

（1）$z=x^4+y^4-4x^2y^2$；

（2）$z=\arctan\frac{y}{x}$；

（3）$z=y^x$.

第三节 全 微 分

一、全微分的定义

由偏导数的定义知道，二元函数对某个自变量的偏导数表示当另一个自变量固定时，因变量相对于该自变量的变化率. 根据一元函数微分学中增量与微分的关系可得

$$f(x+\Delta x,y)-f(x,y)\approx f_x(x,y)\Delta x,$$
$$f(x,y+\Delta y)-f(x,y)\approx f_y(x,y)\Delta y.$$

上面两个式子的左端分别叫做二元函数对 x 和对 y 的偏增量，而右端分别叫做二元函数对 x 和对 y 的偏微分.

在实际问题中，有时需要研究多元函数中各个自变量都取得增量时因变量所获得的增量，即所谓全增量的问题，下面以二元函数为例进行讨论.

设函数 $z=f(x,y)$ 在点 $P(x,y)$ 的某邻域内有定义，$P'(x+\Delta x,y+\Delta y)$ 为该邻域内的任意一点，则称这两点的函数值之差 $f(x+\Delta x,y+\Delta y)-f(x,y)$ 为函数在点 P 对应于自变量增量 $\Delta x,\Delta y$ 的全增量，记作 Δz，即

$$\Delta z=f(x+\Delta x,y+\Delta y)-f(x,y). \tag{2-1}$$

全微分

一般说来，计算全增量 Δz 比较复杂. 与一元函数的情形一样，我们希望用自变量的增量 $\Delta x,\Delta y$ 的线性函数来近似地代替全增量 Δz，从而引入如下定义.

定义 设函数 $z=f(x,y)$ 在点 (x,y) 的某邻域内有定义，如果函数在点 (x,y) 的全增量

$$\Delta z=f(x+\Delta x,y+\Delta y)-f(x,y)$$

可表示为

$$\Delta z=A\Delta x+B\Delta y+o(\rho), \tag{2-2}$$

其中 A,B 不依赖于 $\Delta x,\Delta y$ 而仅与 x,y 有关，$\rho=\sqrt{(\Delta x)^2+(\Delta y)^2}$，则称函数 $z=f(x,y)$ 在点 (x,y) 可微分，简称可微，而 $A\Delta x+B\Delta y$ 称为函数 $z=f(x,y)$ 在点 (x,y) 的全微分，记作 $\mathrm{d}z$，即

$$\mathrm{d}z=A\Delta x+B\Delta y.$$

如果函数在区域 D 内各点处都可微分，那么称函数在 D 内可微分.

在第二节中曾指出，多元函数在某点的偏导数存在，并不能保证函数在该点连续. 但是，由上述定义可知，如果函数 $z=f(x,y)$ 在 (x,y) 可微分，那么这函数在该点必定连续. 事实上，这时由(2-2)式可得

$$\lim_{\rho \to 0} \Delta z = 0,$$

从而

$$\lim_{(\Delta x, \Delta y) \to (0,0)} f(x+\Delta x, y+\Delta y) = \lim_{\rho \to 0} [f(x,y)+\Delta z] = f(x,y).$$

因此函数 $z=f(x,y)$ 在点 (x,y) 处连续.

下面讨论函数 $z=f(x,y)$ 在点 (x,y) 可微分的条件.

定理 1(必要条件) 如果函数 $z=f(x,y)$ 在点 (x,y) 可微分,则该函数在点 $f(x,y)$ 的偏导数 $\frac{\partial z}{\partial x}, \frac{\partial z}{\partial y}$ 必定存在,且函数 $z=f(x,y)$ 在点 (x,y) 的全微分为

$$dz = \frac{\partial z}{\partial x} \Delta x + \frac{\partial z}{\partial y} \Delta y. \tag{2-3}$$

在学习一元函数时知道,一元函数在某点的导数存在是微分存在的充分必要条件. 但对于多元函数来说,情形就不同了,当函数的各偏导数都存在时,虽然能形式写出 $\frac{\partial z}{\partial x}\Delta x+\frac{\partial z}{\partial y}\Delta y$,但它与 Δz 之差并不一定是较 ρ 高阶的无穷小,因此它不一定是函数的全微分,换句话说,各偏导数的存在只是全微分存在的必要条件而不是充分条件. 例如,函数

$$f(x,y)=\begin{cases} \dfrac{xy}{\sqrt{x^2+y^2}}, & x^2+y^2 \neq 0, \\ 0, & x^2+y^2=0 \end{cases}$$

在点 $(0,0)$ 处有 $f_x(0,0)=0$ 及 $f_y(0,0)=0$,所以

$$\Delta z-[f_x(0,0) \cdot \Delta x+f_y(0,0) \cdot \Delta y] = \frac{\Delta x \cdot \Delta y}{\sqrt{(\Delta x)^2+(\Delta y)^2}},$$

如果考虑点 $P'(\Delta x, \Delta y)$ 沿着直线 $y=x$ 趋于 $(0,0)$,则

$$\frac{\dfrac{\Delta x \cdot \Delta y}{\sqrt{(\Delta x)^2+(\Delta y)^2}}}{\rho} = \frac{\Delta x \cdot \Delta y}{(\Delta x)^2+(\Delta y)^2} = \frac{\Delta x \cdot \Delta x}{(\Delta x)^2+(\Delta x)^2} = \frac{1}{2},$$

它不能随着 $\rho \to 0$ 而趋于 0,这表示 $\rho \to 0$ 时,

$$\Delta z-[f_x(0,0)\Delta x+f_y(x,y)\Delta y]$$

并不是较 ρ 高阶的无穷小,因此函数在点 $(0,0)$ 处的全微分并不存在,即函数在点 $(0,0)$ 处是不可微分的.

由定理 1 及这个例子可知,偏导数存在是可微分的必要条件而不是充分条件. 但是,如果再假定函数的各个偏导数连续,则可以证明函数是可微分的,即有下面的定理.

定理 2(充分条件) 如果函数 $z=f(x,y)$ 的偏导数 $\frac{\partial z}{\partial x}, \frac{\partial z}{\partial y}$ 在点 (x,y) 连续,则函数在该点可微.

以上关于二元函数全微分的定义及可微分的必要条件和充分条件,可以完全类似地推广到三元和三元以上的多元函数.

习惯上,我们将自变量的增量 $\Delta x, \Delta y$ 分别记作 dx, dy,并分别称之为自变量 x, y 的微分. 这样,函数 $z=f(x,y)$ 的全微分就可以写成

$$dz=\frac{\partial z}{\partial x}dx+\frac{\partial z}{\partial y}dy. \tag{2-4}$$

通常把二元函数的全微分等于它的两个偏微分之和,称为二元函数的微分符合叠加原理.叠加原理也适用于二元以上的函数的情形.例如若三元函数 $u=f(x,y,z)$ 可微分,那么它的全微分就等于它的三个偏微分之和,即

$$du=\frac{\partial u}{\partial x}dx+\frac{\partial u}{\partial y}dy+\frac{\partial u}{\partial z}dz.$$

例 1 计算 $z=x^2y+y^2$ 的全微分.

解 因为 $\frac{\partial z}{\partial x}=2xy,\frac{\partial z}{\partial y}=x^2+2y$,所以

$$dz=2xydx+(x^2+2y)dy.$$

例 2 计算函数 $z=e^{xy}$ 在点(2,1)处的全微分.

解 因为 $\frac{\partial z}{\partial x}=ye^{xy},\frac{\partial z}{\partial y}=xe^{xy},\left.\frac{\partial z}{\partial x}\right|_{\substack{x=2\\y=1}}=e^2,\left.\frac{\partial z}{\partial y}\right|_{\substack{x=2\\y=1}}=2e^2$,

所以
$$\left.dz\right|_{\substack{x=2\\y=1}}=e^2dx+2e^2dy.$$

例 3 计算函数 $u=x+\sin\frac{y}{2}+e^{yz}$ 的全微分.

解 因为 $\frac{\partial u}{\partial x}=1,\frac{\partial u}{\partial y}=\frac{1}{2}\cos\frac{y}{2}+ze^{yz},\frac{\partial u}{\partial z}=ye^{yz}$,所以

$$du=dx+\left(\frac{1}{2}\cos\frac{y}{2}+ze^{yz}\right)dy+ye^{yz}dz.$$

练一练

函数 $z=(x-y)^2$,则 $\left.dz\right|_{x=1,y=0}=$( ).

A. $2dx+2dy$ B. $2dx-2dy$

C. $-2dx+2dy$ D. $-2dx-2dy$

*二、全微分在近似计算中的应用

由二元函数的全微分的定义及关于全微分存在的充分条件可知,当二元函数 $z=f(x,y)$ 在点 $P(x,y)$ 的两个偏导数 $f_x(x,y),f_y(x,y)$ 连续,并且 $|\Delta x|,|\Delta y|$ 都较小时,就有近似等式

$$\Delta z\approx dz=f_x(x,y)\Delta x+f_y(x,y)\Delta y.$$

上式也可以写成

$$f(x+\Delta x,y+\Delta y)\approx f(x,y)+f_x(x,y)\Delta x+f_y(x,y)\Delta y.$$

全微分在近似计算中的应用

例 4 计算 $(1.04)^{2.02}$ 的近似值.

解 设函数 $f(x,y)=x^y$.显然,要计算的值就是函数在 $x=1.04,y=2.02$ 时的函数值 $f(1.04,2.02)$.

取 $x=1,y=2,\Delta x=0.04,\Delta y=0.02$.由于 $f(1,2)=1,f_x(x,y)=yx^{y-1},f_y(x,y)=$

$x^y\ln x, f_x(1,2)=2, f_y(1,2)=0$，所以，$(1.04)^{2.02}\approx 1+2\times 0.04+0\times 0.02=1.08$.

同步练习 2.3

1. 求下列函数的全微分.

(1) $z=xy+\dfrac{x}{y}$;　　(2) $z=\mathrm{e}^{\frac{y}{x}}$;

(3) $z=\dfrac{y}{\sqrt{x^2+y^2}}$;　　(4) $z=x^{yz}$.

2. 求函数 $z=\ln(1+x^2+y^2)$ 在 $x=1, y=2$ 时的全微分.

3. 求函数 $z=\dfrac{y}{x}$ 当 $x=2, y=1, \Delta x=0.1, \Delta y=-0.2$ 时的全增量和全微分.

4. 计算 $(1.97)^{1.05}$ 的近似值 $(\ln 2\approx 0.693)$.

第四节　多元复合函数的求导法则

现在要将一元函数微分学中复合函数的求导法则推广到多元复合函数的情形. 多元复合函数的求导法则在多元函数微分学中也起着重要作用.

下面按照多元复合函数不同的复合情形，分三种情形讨论.

1. 一元函数与多元函数复合的情形

定理 1　如果函数 $u=\varphi(t)$ 及 $v=\psi(t)$ 都在点 t 可导，函数 $z=f(u,v)$ 在对应点 (u,v) 具有连续偏导数，则复合函数 $z=f[\varphi(t),\psi(t)]$ 在点 t 可导，且有

$$\frac{\mathrm{d}z}{\mathrm{d}t}=\frac{\partial z}{\partial u}\frac{\mathrm{d}u}{\mathrm{d}t}+\frac{\partial z}{\partial v}\frac{\mathrm{d}v}{\mathrm{d}t}. \tag{2-5}$$

证明　设 t 获得增量 Δt，这时 $u=\varphi(t), v=\psi(t)$ 的对应增量为 $\Delta u, \Delta v$，由此，函数 $z=f(u,v)$ 相应地获得增量 Δz. 按假定，函数 $z=f(u,v)$ 在 (u,v) 具有连续偏导数，这时函数的全增量 Δz 可表示为

$$\Delta z=\frac{\partial z}{\partial u}\Delta u+\frac{\partial z}{\partial v}\Delta v+\varepsilon_1\Delta u+\varepsilon_2\Delta v,$$

这里当 $\Delta u\to 0, \Delta v\to 0$ 时，$\varepsilon_1\to 0, \varepsilon_2\to 0$.

复合函数的微分法（一）

将上式两边各除以 Δt，得

$$\frac{\Delta z}{\Delta t}=\frac{\partial z}{\partial u}\frac{\Delta u}{\Delta t}+\frac{\partial z}{\partial v}\frac{\Delta v}{\Delta t}+\varepsilon_1\frac{\Delta u}{\Delta t}+\varepsilon_2\frac{\Delta v}{\Delta t}.$$

因为当 $\Delta t\to 0$ 时，$\Delta u\to 0, \Delta v\to 0, \dfrac{\Delta u}{\Delta t}\to\dfrac{\mathrm{d}u}{\mathrm{d}t}, \dfrac{\Delta v}{\Delta t}\to\dfrac{\mathrm{d}v}{\mathrm{d}t}$，所以

$$\lim_{\Delta t\to 0}\frac{\Delta z}{\Delta t}=\frac{\partial z}{\partial u}\frac{\mathrm{d}u}{\mathrm{d}t}+\frac{\partial z}{\partial v}\frac{\mathrm{d}v}{\mathrm{d}t}.$$

这就证明了复合函数 $z=f[\varphi(t),\psi(t)]$ 在点 t 可导，且其导数可用公式(2-5)计算. 证毕.

用同样的方法，可把定理推广到复合函数的中间变量多于两个的情形. 例如，设 $z=f(u,v,w)$，$u=\varphi(t)$，$v=\psi(t)$，$w=\omega(t)$ 复合而得复合函数 $z=f[\varphi(t),\psi(t),\omega(t)]$，则在与定理相类似的条件下，此复合函数在点 t 可导，且其导数可用下列公式计算

$$\frac{\mathrm{d}z}{\mathrm{d}t}=\frac{\partial z}{\partial u}\frac{\mathrm{d}u}{\mathrm{d}t}+\frac{\partial z}{\partial v}\frac{\mathrm{d}v}{\mathrm{d}t}+\frac{\partial z}{\partial \omega}\frac{\mathrm{d}\omega}{\mathrm{d}t}. \tag{2-6}$$

在公式(2-5)及(2-6)中的导数 $\frac{\mathrm{d}z}{\mathrm{d}t}$ 称为全导数.

2. 多元函数与多元函数复合的情形

定理 2 如果函数 $u=\varphi(x,y)$ 及 $v=\psi(x,y)$ 都在点 (x,y) 具有对 x 及对 y 的偏导数，函数 $z=f(u,v)$ 在对应点 (u,v) 具有连续偏导数，则复合函数 $z=f[\varphi(x,y),\psi(x,y)]$ 在点 (x,y) 的两个偏导数都存在，且有

$$\frac{\partial z}{\partial x}=\frac{\partial z}{\partial u}\frac{\partial u}{\partial x}+\frac{\partial z}{\partial v}\frac{\partial v}{\partial x}, \tag{2-7}$$

$$\frac{\partial z}{\partial y}=\frac{\partial z}{\partial u}\frac{\partial u}{\partial y}+\frac{\partial z}{\partial v}\frac{\partial v}{\partial y}. \tag{2-8}$$

事实上，这里求 $\frac{\partial z}{\partial x}$ 时，将 y 看做常量，因此 $u=\varphi(x,y)$ 及 $v=\psi(x,y)$ 仍可看做一元函数而应用定理 1. 但由于复合函数 $z=f[\varphi(x,y),\psi(x,y)]$ 以及 $u=\varphi(x,y)$ 和 $v=\psi(x,y)$ 都是 x,y 的二元函数，所以应把(1)式中的 d 改为 ∂，再把 t 换成 x，这样便由(2-5)式得(2-7)式. 同理由(2-5)式可得(2-8)式.

类似地，设 $u=\varphi(x,y)$，$v=\psi(x,y)$ 及 $w=\omega(x,y)$ 都在点 (x,y) 具有对 x 及对 y 的偏导数，函数 $z=f(u,v,w)$ 在对应点 (u,v,w) 具有连续偏导数，则复合函数 $z=f[\varphi(x,y),\psi(x,y),\omega(x,y)]$ 在点 (x,y) 的两个偏导数都存在，且可用下列公式计算：

$$\frac{\partial z}{\partial x}=\frac{\partial z}{\partial u}\frac{\partial u}{\partial x}+\frac{\partial z}{\partial v}\frac{\partial v}{\partial x}+\frac{\partial z}{\partial w}\frac{\partial w}{\partial x},$$

$$\frac{\partial z}{\partial y}=\frac{\partial z}{\partial u}\frac{\partial u}{\partial y}+\frac{\partial z}{\partial v}\frac{\partial v}{\partial y}+\frac{\partial z}{\partial w}\frac{\partial w}{\partial y}.$$

复合函数的
微分法（二）

3. 其他情形

定理 3 如果函数 $u=\varphi(x,y)$ 在点 (x,y) 具有对 x 及对 y 的偏导数，函数 $v=\psi(y)$ 在点 y 可导，函数 $z=f(u,v)$ 在对应点 (u,v) 具有连续偏导数，则复合函数 $z=f[\varphi(x,y),\psi(y)]$ 在点 (x,y) 的两个偏导数都存在，且有

$$\frac{\partial z}{\partial x}=\frac{\partial z}{\partial u}\frac{\partial u}{\partial x},\quad\frac{\partial z}{\partial y}=\frac{\partial z}{\partial u}\frac{\partial u}{\partial y}+\frac{\partial z}{\partial v}\frac{\partial v}{\partial y}.$$

上述情形实际上是情形 2 的一种特例，即在情形 2 中，如变量 v 与 x 无关，从而 $\frac{\partial v}{\partial x}=0$；在 v 对 y 求导时，由于 $v=\psi(y)$ 是一元函数，故 $\frac{\partial v}{\partial y}$ 换成了 $\frac{\mathrm{d}v}{\mathrm{d}y}$，这就是上述结果.

例 1 设 $z=\mathrm{e}^u\sin v$，而 $u=xy$，$v=x+y$. 求 $\frac{\partial z}{\partial x}$ 和 $\frac{\partial z}{\partial y}$.

解

$$\frac{\partial z}{\partial x}=\frac{\partial z}{\partial u}\frac{\partial u}{\partial x}+\frac{\partial z}{\partial v}\frac{\partial v}{\partial x}=\mathrm{e}^u\sin v\cdot y+\mathrm{e}^u\cos v\cdot 1$$

$$=e^{xy}[y\sin(x+y)+\cos(x+y)].$$

$$\frac{\partial z}{\partial y}=\frac{\partial z}{\partial u}\frac{\partial u}{\partial y}+\frac{\partial z}{\partial v}\frac{\partial v}{\partial y}=e^{u}\sin v\cdot x+e^{u}\cos v\cdot 1$$

$$=e^{xy}[x\sin(x+y)+\cos(x+y)].$$

例 2 设 $u=f(x,y,z)=e^{x^2+y^2+z^2}$，而 $z=x^2\sin y$，求 $\frac{\partial u}{\partial x}$ 和 $\frac{\partial u}{\partial y}$.

解

$$\frac{\partial u}{\partial x}=\frac{\partial f}{\partial x}+\frac{\partial f}{\partial z}\frac{\partial z}{\partial x}=2xe^{x^2+y^2+z^2}+2ze^{x^2+y^2+z^2}\cdot 2x\sin y$$

$$=2x(1+2x^2\sin^2 y)e^{x^2+y^2+x^4\sin^2 y}.$$

$$\frac{\partial u}{\partial y}=\frac{\partial f}{\partial y}+\frac{\partial f}{\partial z}\frac{\partial z}{\partial y}=2ye^{x^2+y^2+z^2}+2ze^{x^2+y^2+z^2}\cdot x^2\cos y$$

$$=2(y+x^4\sin y\cos y)e^{x^2+y^2+x^4\sin^2 y}.$$

测一测

例 3 设 $z=uv+\sin t$，而 $u=e^t, v=\cos t$. 求全导数 $\frac{dz}{dt}$.

解

$$\frac{dz}{dt}=\frac{\partial z}{\partial u}\frac{du}{dt}+\frac{\partial z}{\partial v}\frac{dv}{dt}+\frac{\partial z}{\partial t}=ve^t-u\sin t+\cos t$$

$$=e^t\cos t-e^t\sin t+\cos t=e^t(\cos t-\sin t)+\cos t.$$

例 4 设 $w=f(x+y+z,xyz)$，f 具有二阶连续偏导数，求 $\frac{\partial w}{\partial x}$ 及 $\frac{\partial^2 w}{\partial x\partial z}$.

解 令 $u=x+y+z, v=xyz$，则 $w=f(u,v)$.

为表达简便起见，引入以下记号

$$f_1'(u,v)=f_u(u,v),\ f_{12}''(u,v)=f_{uv}(u,v).$$

这里下标 1 表示对第一个变量 u 求偏导数，下标 2 表示对第二个变量 v 求偏导数. 同理有 f_2'，f_{11}''，f_{22}'' 等.

因所给导数由 $w=f(u,v)$ 及 $u=x+y+z, v=xyz$ 复合而成，根据复合函数求导法则，有

$$\frac{\partial w}{\partial x}=\frac{\partial f}{\partial u}\frac{\partial u}{\partial x}+\frac{\partial f}{\partial v}\frac{\partial v}{\partial x}=f_1'+yzf_2',$$

$$\frac{\partial^2 w}{\partial x\partial z}=\frac{\partial}{\partial z}(f_1'+yzf_2')=\frac{\partial f_1'}{\partial z}+yf_2'+yz\frac{\partial f_2'}{\partial z}.$$

求 $\frac{\partial f_1'}{\partial z}$ 及 $\frac{\partial f_2'}{\partial z}$ 时，应注意 $f_1'(u,v)$ 及 $f_2'(u,v)$ 中 u,v 是中间变量，根据复合函数求导法则，有

$$\frac{\partial f_1'}{\partial z}=\frac{\partial f_1'}{\partial u}\frac{\partial u}{\partial z}+\frac{\partial f_1'}{\partial v}\frac{\partial v}{\partial z}=f_{11}''+xyf_{12}'',$$

$$\frac{\partial f_2'}{\partial z}=\frac{\partial f_2'}{\partial u}\frac{\partial u}{\partial z}+\frac{\partial f_2'}{\partial v}\frac{\partial v}{\partial z}=f_{21}''+xyf_{22}''.$$

于是

$$\frac{\partial^2 w}{\partial x\partial z}=f_{11}''+xyf_{12}''+yf_2'+yzf_{21}''+xy^2zf_{22}''$$

$$=f_{11}''+y(x+z)f_{12}''+xy^2zf_{22}''+yf_2'.$$

练一练

设 $u(x,y)=\arctan\dfrac{x}{y}$，$v(x,y)=\ln\sqrt{x^2+y^2}$，则下列等式成立的是（　　）.

A. $\dfrac{\partial u}{\partial x}=\dfrac{\partial v}{\partial y}$　　B. $\dfrac{\partial u}{\partial x}=\dfrac{\partial v}{\partial x}$

C. $\dfrac{\partial u}{\partial y}=\dfrac{\partial v}{\partial x}$　　D. $\dfrac{\partial u}{\partial y}=\dfrac{\partial v}{\partial y}$

同步练习 2.4

1. 设 $z=u^2+v^2$，而 $u=x+y$，$v=x-y$，求$\dfrac{\partial z}{\partial x}$，$\dfrac{\partial z}{\partial y}$.

2. 设 $z=u^2\ln v$，而 $u=\dfrac{x}{y}$，$v=3x-2y$，求$\dfrac{\partial z}{\partial x}$，$\dfrac{\partial z}{\partial y}$.

3. 设 $z=\mathrm{e}^{x-2y}$，而 $x=\sin t$，$y=t^3$，求$\dfrac{\mathrm{d}z}{\mathrm{d}t}$.

4. 求下列函数的一阶偏导数（其中 f 具有一阶连续偏导数）.

（1）$u=f(x^2-y^2,\mathrm{e}^{xy})$；

（2）$u=f\left(\dfrac{x}{y},\dfrac{y}{z}\right)$；

（3）$u=f(x,xy,xyz)$.

第五节　隐函数的求导法则

在一元函数微分学中已经提出了隐函数的概念，并且指出了不经过显化直接由方程

$$F(x,y)=0 \tag{2-9}$$

求它所确定的隐函数的导数的方法. 现在介绍隐函数存在定理，并根据多元复合函数的求导法来导出隐函数的导数公式.

隐函数存在定理 1　设函数 $F(x,y)$ 在点 $P(x_0,y_0)$ 的某一邻域内具有连续的偏导数，且 $F(x_0,y_0)=0$，$F_y(x_0,y_0)\neq 0$，则方程 $F(x,y)=0$ 在点(x_0,y_0)的某一邻域内恒能唯一确定一个连续且具有连续导数的函数 $y=f(x)$，它满足条件 $y_0=f(x_0)$，并有

$$\frac{\mathrm{d}y}{\mathrm{d}x}=-\frac{F_x}{F_y}. \tag{2-10}$$

隐函数微分法

公式（2-10）就是隐函数的求导公式.

这个定理我们不证，仅就公式（2-10）做如下推导.

将方程（2-9）所确定的隐函数 $y=f(x)$ 代入方程（2-9），得恒等式

$$F(x,f(x))\equiv 0,$$

其左端仍可以看做是 x 的一个复合函数,求这个函数的全导数,由于恒等式两端求导仍然恒等,即得

$$\frac{\partial F}{\partial x}+\frac{\partial F}{\partial y}\frac{\mathrm{d}y}{\mathrm{d}x}=0.$$

由于 F_y 连续,且 $F_y(x_0,y_0)\neq 0$,所以存在 (x_0,y_0) 的一个邻域,在这个邻域内 $F_y\neq 0$,于是得

$$\frac{\mathrm{d}y}{\mathrm{d}x}=-\frac{F_x}{F_y}.$$

例 1 验证方程 $x^2+y^2-1=0$ 在点 $(0,1)$ 的某一邻域内能唯一确定一个有连续导数且当 $x=0$, $y=1$ 的隐函数 $y=f(x)$,并求该函数的一阶导数在 $x=0$ 处的值.

解 设 $F(x,y)=x^2+y^2-1$,则 $F_x=2x, F_y=2y, F(0,1)=0, F_y(0,1)=2\neq 0$,所以

$$\frac{\mathrm{d}y}{\mathrm{d}x}=-\frac{F_x}{F_y}=-\frac{x}{y},\left.\frac{\mathrm{d}y}{\mathrm{d}x}\right|_{\substack{x=0\\y=1}}=0.$$

隐函数存在定理还可以推广到多元函数,既然一个二元方程可以确定一个一元隐函数,那么一个三元方程

$$F(x,y,z)=0 \tag{2-11}$$

就有可能确定一个二元函数.

与定理 1 一样,同样可以由三元函数 $F(x,y,z)$ 的性质来断定方程 $F(x,y,z)=0$ 所确定的二元函数 $z=f(x,y)$ 的存在以及这个函数的性质. 这就是下面的定理.

隐函数存在定理 2 设函数 $F(x,y,z)$ 在点 $P(x_0,y_0,z_0)$ 的某个邻域内具有连续偏导数,且 $F(x_0,y_0,z_0)=0, F_z(x_0,y_0,z_0)\neq 0$,则方程 $F(x,y,z)=0$ 在点 (x_0,y_0,z_0) 的某一邻域内恒能唯一确定一个连续且具有连续偏导数的函数 $z=f(x,y)$,它满足条件 $z_0=f(x_0,y_0)$,并有

$$\frac{\partial z}{\partial x}=-\frac{F_x}{F_z},\frac{\partial z}{\partial y}=-\frac{F_y}{F_z}. \tag{2-12}$$

例 2 设 $x^2+y^2+z^2-4z=0$,求 $\frac{\partial z}{\partial x}$.

解 设 $F(x,y,z)=x^2+y^2+z^2-4z$,则 $F_x=2x, F_z=2z-4$,当 $z\neq 2$ 时,应用公式(2-12),得

$$\frac{\partial z}{\partial x}=\frac{x}{2-z}.$$

练一练

设函数 $z=z(x,y)$ 由方程 $F\left(\frac{y}{x},\frac{z}{x}\right)=0$ 确定,其中 F 为可微函数,且 $F_2'\neq 0$,则 $x\frac{\partial z}{\partial x}+y\frac{\partial z}{\partial y}=$ ( ).

A. x B. z C. $-x$ D. $-z$

同步练习 2.5

1. 设 $\sin y+\mathrm{e}^x-xy^2=0$,求 $\frac{\mathrm{d}y}{\mathrm{d}x}$.

2. 设 $\ln\sqrt{x^2+y^2}=\arctan\dfrac{y}{x}$,求$\dfrac{\mathrm{d}y}{\mathrm{d}x}$.

3. 设 $x+2y+z-2\sqrt{xyz}=0$,求$\dfrac{\partial z}{\partial x}$及$\dfrac{\partial z}{\partial y}$.

4. 设$\dfrac{x}{z}=\ln\dfrac{z}{y}$,求$\dfrac{\partial z}{\partial x}$及$\dfrac{\partial z}{\partial y}$.

5. 设 $2\sin(x+2y-3z)=x+2y-3z$,证明$\dfrac{\partial z}{\partial x}+\dfrac{\partial z}{\partial y}=1$.

第六节 多元函数的极值及其求法

在实际问题中,往往会遇到多元函数的最大值、最小值问题. 与一元函数相类似,多元函数的最大值、最小值与极大值、极小值有密切联系,因此我们以二元函数为例,先来讨论多元函数的极值问题.

定义 设函数 $z=f(x,y)$ 的定义域为 D,$P_0(x_0,y_0)$ 为 D 的内点. 若存在 P_0 的某个邻域 $U(P_0)\subset D$,使得对于该邻域内异于 P_0 的任何点 (x,y),都有

$$f(x,y)<f(x_0,y_0),$$

则称函数 $f(x,y)$ 在点 (x_0,y_0) 有极大值 $f(x_0,y_0)$,点 (x_0,y_0) 称为函数 $f(x,y)$ 的极大值点. 极大值、极小值统称为极值. 使得函数取得极值的点称为极值点.

二元函数的极值

例 1 函数 $z=3x^2+4y^2$ 在点 $(0,0)$ 处有极小值. 因为对于 $(0,0)$ 的任一邻域内异于 $(0,0)$ 的点,函数值都为正,而在点 $(0,0)$ 处的函数为零. 从几何上看这是显然的,因为点 $(0,0,0)$ 是开口朝上的椭圆抛物面 $z=3x^2+4y^2$ 的顶点.

例 2 函数 $z=-\sqrt{x^2+y^2}$ 在点 $(0,0)$ 处有极大值. 因为在点 $(0,0)$ 处函数值为零,而对于点 $(0,0)$ 的任一邻域内异于 $(0,0)$ 的点,函数都为负. 点 $(0,0,0)$ 是位于 xOy 平面下方的锥面 $z=-\sqrt{x^2+y^2}$ 的顶点.

例 3 函数 $z=xy$ 在点 $(0,0)$ 处既不取得极大值也不取得极小值. 因为在点 $(0,0)$ 处的函数值为零,而在点 $(0,0)$ 的任一邻域,总有使函数值为正的点,也有使函数值为负的点.

以上关于二元函数的极值概念,可推广到 n 元函数. 设函数 $u=f(P)$ 的定义域为 D,P_0 为 D 的内点. 若存在 P_0 的某个邻域 $U(P_0)\subset D$,使得该邻域内异于 P_0 的任何点 P,都有

$$f(P)<f(P_0)\ (\text{或} f(P)>f(P_0)),$$

则称函数 $f(P)$ 在点 P_0 有极大值(或极小值)$f(P_0)$.

二元函数的极值问题,一般可以利用偏导数来解决. 下面两个定理就是关于这个问题的结论.

定理 1(必要条件) 设函数 $z=f(x,y)$ 在点 (x_0,y_0) 具有偏导数,且在点 (x_0,y_0) 处有极值,则有 $f_x(x_0,y_0)=0$,$f_y(x_0,y_0)=0$.

仿照一元函数,凡是能使 $f_x(x,y)=0$,$f_y(x,y)=0$ 同时成立的点 (x_0,y_0) 称为函数 $z=f(x,y)$

的驻点. 从定理 1 可知,具有偏导数的函数的极值点必定是驻点. 但函数的驻点不一定是极值点,例如,点(0,0)是函数 $z=xy$ 的驻点,但函数在该点并无极值.

怎么判定一个驻点是否是极值点呢? 下面的定理回答了这个问题.

定理 2(充分条件)　设函数 $z=f(x,y)$ 在点(x_0,y_0)的某邻域内连续且有一阶及二阶连续偏导数,又 $f_x(x_0,y_0)=0,f_y(x_0,y_0)=0$,令

$$f_{xx}(x_0,y_0)=A,f_{xy}(x_0,y_0)=B,f_{yy}(x_0,y_0)=C,$$

则 $f(x,y)$ 在(x_0,y_0)处是否取得极值的条件如下:

(1) $AC-B^2>0$ 时具有极值,且当 $A<0$ 时有极大值,当 $A>0$ 时有极小值;

(2) $AC-B^2<0$ 时没有极值;

(3) $AC-B^2=0$ 时可能有极值,也可能没有极值,还需另做讨论.

这里把具有二阶连续偏导数的函数 $z=f(x,y)$ 的极值的求法叙述如下:

第一步　解方程组

$$f_x(x,y)=0,f_y(x,y)=0,$$

求得一切实数解,即可求得一切驻点.

测一测

第二步　对于每一个驻点(x_0,y_0),求出二阶偏导数的值 A,B 和 C.

第三步　判断 $AC-B^2$ 的符号,按定理 2 的结论判定 $f(x_0,y_0)$是不是极值,是极大值还是极小值.

例 4　求函数 $f(x,y)=x^3-y^3+3x^2+3y^2-9x$ 的极值.

解　先解方程组

$$\begin{cases} f_x(x,y)=3x^2+6x-9=0,\\ f_y(x,y)=-3y^2+6y=0,\end{cases}$$

求得驻点(1,0),(1,2),(−3,0),(−3,2).

再求出二阶偏导数

$$f_{xx}(x,y)=6x+6,f_{xy}(x,y)=0,f_{yy}(x,y)=-6y+6.$$

在点(1,0)处,$AC-B^2=12\cdot 6>0$,又 $A>0$,所以函数在(1,0)处有极小值 $f(1,0)=-5$;

在点(1,2)处,$AC-B^2=12\cdot(-6)<0$,所以 $f(1,2)$ 不是极值;

在点(−3,0)处,$AC-B^2=-12\cdot 6<0$,所以 $f(-3,0)$ 不是极值;

在点(−3,2)处,$AC-B^2=-12\cdot(-6)>0$,又 $A<0$,所以函数在(−3,2)处有极大值 $f(-3,2)=31$.

练一练

二元函数 $z=3(x+y)-x^3-y^3$ 的极值点是(　　).

A. (1,2)　　B. (1,−2)　　C. (−1,2)　　D. (−1,−1)

同步练习 2.6

1. 求函数 $f(x,y)=4(x-y)-x^2-y^2$ 的极值.
2. 求函数 $f(x,y)=(6x-x^2)(4y-y^2)$ 的极值.
3. 求函数 $f(x,y)=e^{2x}(x+y^2+2y)$ 的极值.

本章小结

一、多元函数的概念

设 D 是二维空间非空子集，若对于 D 中任意一点，按某一对应法则 f，都唯一地对应着一个实数 z，则称对应法则 f 是定义在 D 上的一个二元函数，记为 $z=f(x,y)$. 把 D 叫做 f 的定义域，x,y 称为自变量，z 称为因变量.

二、多元函数的极限的概念

当动点 $P(x,y)$ 以任意路径和任何方式趋于 $P_0(a,b)$（其趋于的路线可以是直线、抛物线或任意曲线）都有 $f(x,y)\to A$，这时把 A 叫做二元函数 $f(x,y)$ 当 $P(x,y)\to P_0(a,b)$ 时的极限，记为 $\lim\limits_{P\to P_0} f(P)=A$.

三、多元函数的连续的概念

若 $\lim\limits_{\substack{x\to a\\ y\to b}} f(x,y)=f(a,b)$，则称 $f(x,y)$ 在 $P_0(a,b)$ 连续.

四、有界闭区域上连续函数的性质

性质 1（有界性与最大值最小值定理） 在有界闭区域 D 上的多元连续函数，必定在 D 上有界，且能取得它的最大值和最小值.

性质 2（介值定理） 在有界闭区域 D 上的多元连续函数必取得介于最大值和最小值之间的任何值.

五、偏导数

$$z=f(x,y)\text{ 关于 } x \text{ 的偏导数}: f_x(x_0,y_0)=\lim_{\Delta x\to 0}\frac{f(x_0+\Delta x,y_0)-f(x_0,y_0)}{\Delta x};$$

$$z=f(x,y)\text{ 关于 } y \text{ 的偏导数}: f_y(x_0,y_0)=\lim_{\Delta y\to 0}\frac{f(x_0,y_0+\Delta y)-f(x_0,y_0)}{\Delta y}.$$

六、高阶偏导数

如果 $f_x(x,y)$，$f_y(x,y)$ 这两个函数的偏导数也存在，则称它们是函数 $z=f(x,y)$ 的二阶偏导数. 即

$$\frac{\partial}{\partial x}\left(\frac{\partial z}{\partial x}\right)=\frac{\partial^2 z}{\partial x^2}=f_{xx}(x,y),\ \frac{\partial}{\partial y}\left(\frac{\partial z}{\partial x}\right)=\frac{\partial^2 z}{\partial x\partial y}=f_{xy}(x,y),$$

$$\frac{\partial}{\partial x}\left(\frac{\partial z}{\partial y}\right)=\frac{\partial^2 z}{\partial y\partial x}=f_{yx}(x,y),\ \frac{\partial}{\partial y}\left(\frac{\partial z}{\partial y}\right)=\frac{\partial^2 z}{\partial y^2}=f_{yy}(x,y).$$

七、全微分

如果函数在点 (x,y) 的全增量 $\Delta z=f(x+\Delta x,y+\Delta y)-f(x,y)$ 可表示为 $A\Delta x+B\Delta y+o(\rho)$，其中 A,B 不依赖于 $\Delta x,\Delta y$ 而仅与 x,y 有关，$\rho=\sqrt{(\Delta x)^2+(\Delta y)^2}$，则称函数 $z=f(x,y)$ 在点 (x,y) 可微分，而 $A\Delta x+B\Delta y$ 称为函数 $z=f(x,y)$ 在点 (x,y) 的全微分，记作 $\mathrm{d}z$，即 $\mathrm{d}z=A\Delta x+B\Delta y$.

八、复合函数的偏导数

复合函数 $z=f(u,v)$，其中 $u=\rho(x,y)$，$v=\phi(x,y)$，在点 (x,y) 的两个偏导数都存在，且有

$$\frac{\partial z}{\partial x}=\frac{\partial z}{\partial u}\frac{\partial u}{\partial x}+\frac{\partial z}{\partial v}\frac{\partial v}{\partial x}.$$

九、隐函数的偏导数

方程 $F(x,y)=0$ 在点 (x_0,y_0) 的某一邻域内恒能唯一确定一个连续且具有连续导数的函数 $y=f(x)$，它满足条件 $y_0=f(x_0)$，并有 $\frac{\mathrm{d}y}{\mathrm{d}x}=-\frac{F_x}{F_y}$.

十、多元函数的极值

设函数 $z=f(x,y)$ 在点 (x_0,y_0) 的某邻域内连续且有一阶及二阶连续偏导数，又 $f_x(x_0,y_0)=0$，$f_y(x_0,y_0)=0$，令 $f_{xx}(x_0,y_0)=A$，$f_{xy}(x_0,y_0)=B$，$f_{yy}(x_0,y_0)=C$，则 $f(x,y)$ 在 (x_0,y_0) 处是否取得极值的条件如下：

（1）$AC-B^2>0$ 时具有极值，且当 $A<0$ 时有极大值，当 $A>0$ 时有极小值；

（2）$AC-B^2<0$ 时没有极值；

（3）$AC-B^2=0$ 时可能有极值，也可能没有极值，还需另做讨论.

习 题 二

一、选择题

1. 设 $f(x+y,x-y)=xy+y^2$，则 $f(x,y)=$（ ）.

A. $\frac{x}{2}(x-y)$　　B. $xy+y^2$

C. $\frac{x}{2}(x+y)$　　D. x^2-xy

2. $\lim\limits_{\substack{x\to 1\\ y\to 0}}\frac{\mathrm{e}^x\cos y}{1+x^2+y^2}=$（ ）.

A. 0　　B. 1

C. $\frac{1}{\mathrm{e}}$　　D. $\frac{\mathrm{e}}{2}$

3. 设 $f(x,y)$ 在点 (x_0,y_0) 处有偏导数存在，则 $\lim\limits_{h\to 0}\frac{f(x_0+2h,y_0)-f(x_0-h,y_0)}{h}=$（ ）.

A. 0　　B. $f_x(x_0,y_0)$

C. $2f_x(x_0,y_0)$　　D. $3f_x(x_0,y_0)$

4. $z=f(x,y)$ 偏导数存在是 $z=f(x,y)$ 可微的（ ）.

A. 充分条件　　B. 必要条件

C. 充分必要条件　　D. 无关条件

5. 函数 $z=\mathrm{e}^{xy}$ 在点 $(1,1)$ 的全微分 $\mathrm{d}z=$（ ）.

A. $\mathrm{e}^2(\mathrm{d}x+\mathrm{d}y)$　　B. $\mathrm{e}^{xy}(\mathrm{d}x+\mathrm{d}y)$

C. $\mathrm{e}(\mathrm{d}x+\mathrm{d}y)$　　D. $\mathrm{d}x+\mathrm{d}y$

6. 已知 $z(x,y)=x^2y+y^2+\varphi(x)$ 且 $z(x,1)=x$，则 $\frac{\partial z}{\partial x}=$（ ）.

A. $2xy+1-2x$　　B. x^2+2y

C. $-x^2+x-1$　　D. $2xy+1+2x$

二、填空题

1. $z=\sqrt{R^2-x^2-y^2}+\dfrac{1}{\sqrt{x^2+y^2-r^2}}(0<r<R)$的定义域是____________.

2. 设$f(x,y)=x+(y-1)\arcsin\sqrt{\dfrac{x}{y}}$,则$f_x(x,1)=$____________.

3. 设$z=\ln\left(1+\dfrac{x}{y}\right)$,则$\mathrm{d}z\big|_{(1,2)}=$____________.

4. 设$z=f(x^6-y^6)$,$f(u)$可微,则$\dfrac{\partial z}{\partial y}=$____________.

5. $u=x^3y^2$在点(1,1)处,当$\Delta x=0.02$,$\Delta y=-0.01$时的全微分是____________.

6. 设$u=f(x,xy,xyz)$,f可微,则$\dfrac{\partial u}{\partial x}=$____________.

三、计算题

1. 已知$z=x^3+2x^2y^2+\mathrm{e}^xy-4y^4$,求$\dfrac{\partial z}{\partial x},\dfrac{\partial z}{\partial y}$.

2. $u=\left(\dfrac{x}{y}\right)^z$,求$\dfrac{\partial u}{\partial x},\dfrac{\partial u}{\partial y},\dfrac{\partial u}{\partial z}$.

3. $u=\arctan\dfrac{y}{x}$,求所有二阶偏导数.

4. $u=x\sin(2x+y)$,求$\mathrm{d}u$.

5. $z=f(x^2-y^2,xy)$,求$\dfrac{\partial^2 z}{\partial x\partial y}$.

6. $z=f(2x-y)+g(x,xy)$,其中f,g二阶可微,求$\dfrac{\partial^2 z}{\partial x\partial y}$.

7. 设方程$x-y-\mathrm{e}^{xy}=0$确定了一元函数$y=y(x)$,求$\dfrac{\mathrm{d}y}{\mathrm{d}x}$.

8. 设方程$\dfrac{x}{z}=\ln\dfrac{z}{y}$确定$z=z(x,y)$,求$\dfrac{\partial z}{\partial x},\dfrac{\partial z}{\partial y}$.

9. 设$z=f(x-y,xy)$,且$f(u,v)$具有二阶连续偏导数,求$\dfrac{\partial z}{\partial x},\dfrac{\partial^2 z}{\partial x\partial y}$.

10. 已知函数$z=f(\sin x,y^2)$,其中$f(u,v)$具有二阶连续偏导数,求$\dfrac{\partial z}{\partial x},\dfrac{\partial^2 z}{\partial x\partial y}$.

11. 求函数$f(x,y)=x^3-y^3+3x^2+3y^2-9x$的极值.

12. 某厂要用铁板做一个体积为2 m^2的有盖长方体水箱,问当长、宽、高各取怎样的尺寸时,才能使用料最省?

13. 已知$z=x+2y+f(3x-4y)$,若$y=0$时,$z=x^2$,求$\dfrac{\partial z}{\partial x},\dfrac{\partial z}{\partial y}$.

14. 求$z=x^2\mathrm{e}^y+(x-1)\arctan\dfrac{y}{x}$在点(1,0)处的一阶偏导数和全微分.

15. 设$z=(1+xy)^x$,求$\dfrac{\partial z}{\partial x},\dfrac{\partial z}{\partial y},\mathrm{d}z$.

16. 设 $z=f\left(\frac{y}{x},\frac{x}{y}\right)$,求$\frac{\partial z}{\partial x},\frac{\partial z}{\partial y}$,dz.

17. 设 $z=f(e^x\sin y)$,f可微,求 dz.

18. 设 $z=f(2x-y,y\sin x)$,其中f有二阶连续偏导数,求$\frac{\partial^2 z}{\partial x\partial y}$.

19. 设 $z=\frac{1}{x}f(xy)+y\varphi(x+y)$,其中$f,\varphi$都有二阶连续偏导数,求$\frac{\partial^2 z}{\partial x\partial y}$.

20. 设 $u=f(x,y,xe^y)$,f有二阶连续偏导数,求$\frac{\partial^2 u}{\partial x\partial y}$.

知识拓展链接(二)

多元函数微分的发展及应用

偏导数的朴素思想,在微积分学创立的初期,就多次出现在力学研究的著作中.牛顿从和的多项式中导出关于和的偏微商的表达式.雅各布·伯努利在他关于等周问题的著作中使用了偏导数.

偏导数的理论是由欧拉、克莱罗与达朗贝尔在早期偏微分方程的研究中建立起来的.欧拉在关于流体力学的一系列文章中给出了偏导数运算法则、复合函数偏导数、偏导数反演和函数行列式等有关运算.1739年,克莱罗在关于地球形状的研究论文中首次提出全微分的概念,建立了现在所称的全微分方程,讨论了该方程可积分的条件.达朗贝尔在1743年的著作《动力学》和1747年关于弦振动的研究中,推广了偏导数的演算.不过当时一般都用同一个记号d表示通常的导数与偏导数,现在用的专门的偏导数记号直到19世纪40年代才由雅可比在其行列式理论中正式创用并逐渐普及.

多元函数微分在生活中有广泛的应用,现在我们一起来研究下面的问题.

一个城市的大气污染指数P取决于两个因素,空气中固体废物的数量x和空气中的有害气体的数量y,在某种情况下$P=x^2+2xy+4xy^2$.试说明$\left.\frac{\partial P}{\partial x}\right|_{(a,b)}$,$\left.\frac{\partial P}{\partial y}\right|_{(a,b)}$的意义,并计算$\left.\frac{\partial P}{\partial x}\right|_{(10,5)}$,$\left.\frac{\partial P}{\partial y}\right|_{(10,5)}$.当$x$增长10%或$y$增长10%时,用偏导数估算$P$的改变量.

$\left.\frac{\partial P}{\partial x}\right|_{(a,b)}$的意义是,如果空气中有害气体的数量$y$为一个常数$b$,空气中固体废物的数量$x$是变化的,那么当$x=a$有一个单位的改变时,大气污染指数$P$大约改变$\left.\frac{\partial P}{\partial x}\right|_{(a,b)}$个单位.同样地,可以说明$\left.\frac{\partial P}{\partial y}\right|_{(a,b)}$的意义.

$$\frac{\partial P}{\partial x}=2x+2y+4y^2,$$

$$\frac{\partial P}{\partial y}=2x+8xy,$$

$$\left.\frac{\partial P}{\partial x}\right|_{(10,5)}=20+10+100=130,$$

$$\left.\frac{\partial P}{\partial y}\right|_{(10,5)}=20+400=420.$$

设空气中有害气体的数量 $y=5$,且固定不变,当空气中固体废物的数量 $x=10$ 时,P 对 x 的变化率等于 130,当 x 增长 10%,即 x 从 10 到 11,P 将增长大约 $130\times1=130$ 个单位(事实上,$P(10,5)=1\ 200$,$P(11,5)=1\ 331$,P 增长了 131 个单位).

同样地,设空气中固体废物的数量 $x=10$ 且固定不变,当空气中有害气体的数量 $y=5$ 时,P 对 y 的变化率等于 420. 当 y 增长 10%,即 y 从 5 到 5.5,增长 0.5 个单位时,P 约增长 $420\times0.5=210$ 个单位(事实上,$P(10,5)=1\ 200$,$P(10,5.5)=1\ 420$,P 增长 220 个单位).

因此,大气污染指数对有害气体增长 10% 比对固体废物增长 10% 更为敏感.

第三章
多元函数积分

案例 某一湖泊的湖床形状近似为椭球正弦曲面，湖面的边界为椭圆$\frac{x^2}{a^2}+\frac{y^2}{b^2}=1$，湖的最大水深为$h_m$，求湖水的总体积$V$及平均水深$\overline{h}$. 这一问题的解决涉及二重积分的计算，利用多元函数积分知识，可以估算湖泊体积及平均水深.

我们已经学习了定积分，其被积函数是一元函数，积分范围是数轴上的闭区间. 但是，实际问题中常常要将被积函数推广到多元函数，积分区间推广到平面或空间中的一个有界闭区域的情形，这就需要用到重积分，重积分的概念也是从实践中抽象出来的，它是定积分的推广，其中的数学思想与定积分一样，也是一种“和式的极限”. 本章主要讲述二重积分的概念、性质、计算方法以及应用.

知识梳理

- 多元函数积分
  - 二重积分的概念与性质
    - 二重积分的定义 【重点、难点】
    - 二重积分的几何意义 【重点】
    - 二重积分的性质
  - 直角坐标系下二重积分的计算
    - 积分区域D为X型的二重积分的计算 【重点、难点】
    - 积分区域D为Y型的二重积分的计算 【重点、难点】
    - 交换累次积分的积分次序 【重点、难点】
  - 极坐标系下二重积分的计算
    - 直角坐标二重积分化为极坐标二重积分公式 【重点、难点】
    - 极坐标系下二重积分的计算
      - 极点O在区域D外 【重点、难点】
      - 极点O在区域D内 【重点、难点】
      - 极点O在区域D边界 【重点、难点】

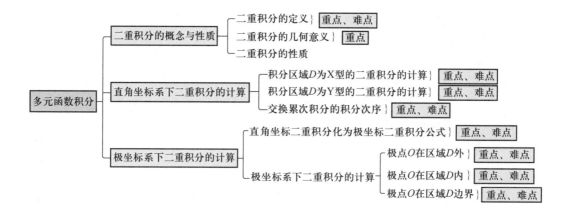

第一节　二重积分的概念与性质

一、二重积分的概念

下面我们通过计算曲顶柱体的体积和平面薄片的质量,引出二重积分的定义.

引例 1　曲顶柱体的体积

曲顶柱体是指这样的立体,它的底是 xOy 平面上的一个有界闭区域 D,其侧面是以 D 的边界为准线而母线平行于 z 轴的柱面,其顶部是在区域 D 上的连续函数 $z=f(x,y)$ 且 $f(x,y)\geqslant 0$ 所表示的曲面(图 3-1).

现在讨论如何求曲顶柱体的体积. 分析这个问题,我们看到它与求曲边梯形的面积问题是类似的,因此可以用类似的方法(即分割、近似代替、求和、取极限的方法)来解决(图 3-2).

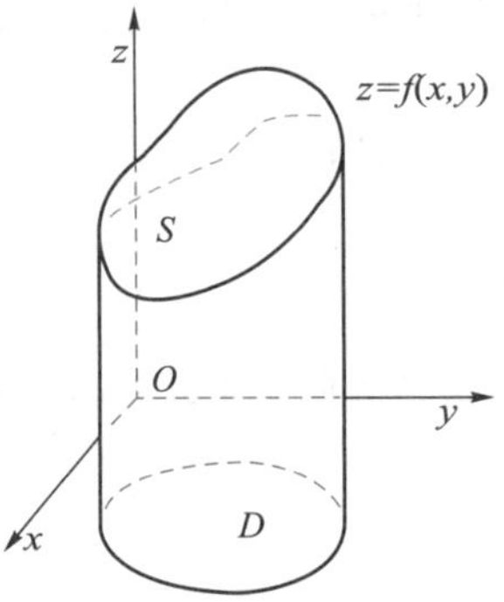

图 3-1

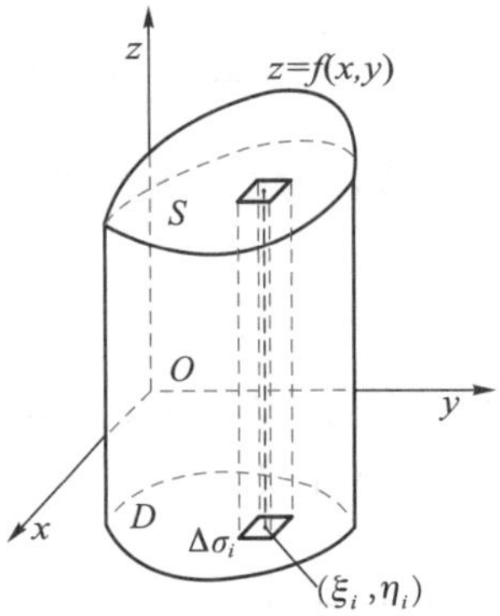

图 3-2

(1) 分割　用任意一组曲线网把闭区域 D 划分为 n 个小闭区域 $\Delta\sigma_1,\Delta\sigma_2,\cdots,\Delta\sigma_n$,第 i 个小闭区域的面积也记为 $\Delta\sigma_i$,相应地,此曲顶柱体被分为 n 个以 $\Delta\sigma_i$ 为底面,母线平行于 z 轴的小曲顶柱体,其体积记为 $\Delta V_i(i=1,2,\cdots,n)$.

(2) 近似代替　在每个小闭区域 $\Delta\sigma_i$ 上任取一点 (ξ_i,η_i),则 ΔV_i 近似等于以 $\Delta\sigma_i$ 为底,$f(\xi_i,\eta_i)$ 为高的平顶柱体的体积,即 $\Delta V_i\approx f(\xi_i,\eta_i)\Delta\sigma_i(i=1,2,\cdots,n)$.

(3) 求和　对 n 个小曲顶柱体体积求和,则所求曲顶柱体体积的近似值

$$V=\sum_{i=1}^{n}\Delta V_i\approx\sum_{i=1}^{n}f(\xi_i,\eta_i)\Delta\sigma_i.$$

(4) 取极限　用 λ 表示 n 个小闭区域 $\Delta\sigma_i$ 的直径的最大值,即 $\lambda=\max\limits_{1\leqslant i\leqslant n}d(\Delta\sigma_i)$,当区域分割越来越细密,$\lambda$ 越来越小时,和式 $\sum\limits_{i=1}^{n}f(\xi_i,\eta_i)\Delta\sigma_i$ 与曲顶柱体的体积越来越接近,因此当 $\lambda\to 0$(可理解为 $\Delta\sigma_i$ 收缩为一点)时,和式 $\sum\limits_{i=1}^{n}f(\xi_i,\eta_i)\Delta\sigma_i$ 的极限就是曲顶柱体的体积,即

$$V=\lim_{\lambda\to 0}\sum_{i=1}^{n}f(\xi_i,\eta_i)\Delta\sigma_i.$$

引例 2 非均匀平面薄片的质量

设一平面薄片在 xOy 平面占有平面闭区域 D,它在点(x,y)处的质量面密度为 $\rho(x,y)$,$\rho(x,y)>0$ 且在 D 上连续,求薄片的质量(图 3-3).

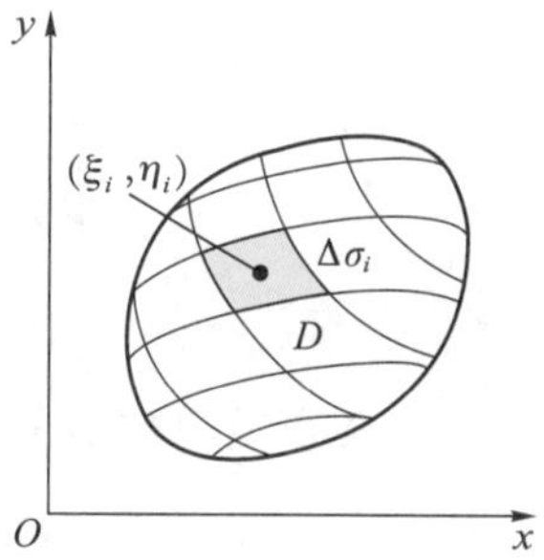

图 3-3

(1) 分割 用任意一组曲线网将区域 D 划分为 n 个小区域 $\Delta\sigma_1,\Delta\sigma_2,\cdots,\Delta\sigma_n$,第 i 个小闭区域的面积也记为 $\Delta\sigma_i$,相应地,非均匀平面薄板分为 n 个小平面薄板,第 i 个小平面薄板的质量记为 $\Delta m_i(i=1,2,\cdots,n)$.

(2) 近似代替 在每个小闭区域 $\Delta\sigma_i$ 上任取一点(ξ_i,η_i),以点(ξ_i,η_i)处的面密度 $\rho(\xi_i,\eta_i)$ 代替小闭区域 $\Delta\sigma_i$ 上各点处的面密度,则得到第 i 块小薄片的质量 Δm_i 的近似值为 $\rho(\xi_i,\eta_i)\Delta\sigma_i$,即 $\Delta m_i\approx\rho(\xi_i,\eta_i)\Delta\sigma_i(i=1,2,\cdots,n)$.

(3) 求和 对 n 个小薄片的质量求和,得到整个薄片质量的近似值为 $m\approx\sum\limits_{i=1}^{n}\rho(\xi_i,\eta_i)\Delta\sigma_i$.

(4) 取极限 用 $\lambda=\max\limits_{1\leqslant i\leqslant n}d(\Delta\sigma_i)$ 表示 n 个小闭区域 $\Delta\sigma_i$ 的直径的最大值,当区域分割越来越细密,λ 越来越小时,和式 $\sum\limits_{i=1}^{n}f(\xi_i,\eta_i)\Delta\sigma_i$ 与平面薄板的质量越来越接近,因此当 $\lambda\to0$ 时,上述和式 $\sum\limits_{i=1}^{n}f(\xi_i,\eta_i)\Delta\sigma_i$ 的极限就是非均匀平面薄片的质量 m,即

$$m=\lim_{\lambda\to0}\sum_{i=1}^{n}f(\xi_i,\eta_i)\Delta\sigma_i.$$

以上两个具体问题的实际意义虽然不同,但所求量都归结为同一形式的和的极限,抽象出来就得到下述二重积分的定义.

二、二重积分的定义

定义 设 D 是 xOy 平面上的有界闭区域,二元函数 $z=f(x,y)$ 在 D 上有界. 将 D 任意分为 n 个小区域 $\Delta\sigma_1,\Delta\sigma_2,\cdots,\Delta\sigma_n$,其中 $\Delta\sigma_i$ 表示第 i 个小区域的面积,记 $\Delta\sigma_i$ 的直径为 $d(\Delta\sigma_i)$,并令 $\lambda=\max\limits_{1\leqslant i\leqslant n}d(\Delta\sigma_i)$. 在 $\Delta\sigma_i$ 上任取一点$(\xi_i,\eta_i)(i=1,2,\cdots,n)$,作和式

$$\sum_{i=1}^{n}f(\xi_i,\eta_i)\Delta\sigma_i,$$

如果无论区域怎样分割,也无论怎样取点,当 $\lambda\to0$ 时,该和式的极限存在,则称这个极限值为函数 $z=f(x,y)$ 在 D 上的二重积分,记作 $\iint\limits_D f(x,y)\mathrm{d}\sigma$,即

$$\iint_D f(x,y)\mathrm{d}\sigma=\lim_{\lambda\to0}\sum_{i=1}^{n}f(\xi_i,\eta_i)\Delta\sigma_i,$$

并称 D 为积分区域,$f(x,y)$ 为被积函数,$\mathrm{d}\sigma$ 为面积元素,$f(x,y)\mathrm{d}\sigma$ 为被积表达式,x 与 y 为积分变量,$\sum\limits_{i=1}^{n}f(\xi_i,\eta_i)\Delta\sigma_i$ 为积分和.

二重积分的定义与性质

说明:(1) 如果 $f(x,y)$ 在有界闭区域 D 上连续,则 $f(x,y)$ 在 D 上可积.

（2）在直角坐标系中，我们常用平行于 x 轴和 y 轴的直线（$y=$常数和 $x=$常数）把区域 D 分割成小矩形，它的边长是 Δx 和 Δy，从而 $\Delta\sigma=\Delta x\cdot\Delta y$，因此在直角坐标系中的面积元素可写成 $d\sigma=dx\cdot dy$，二重积分也可记作

$$\iint\limits_D f(x,y)\,dxdy=\lim_{\lambda\to 0}\sum_{i=1}^{n}f(\xi_i,\eta_i)\Delta\sigma_i.$$

有了二重积分的定义，曲顶柱体的体积 V 是函数 $z=f(x,y)(>0)$ 在区域 D 上的二重积分，即 $V=\iint\limits_D f(x,y)\,d\sigma$.

平面薄片的质量 m 是面密度 $\rho=\rho(x,y)(>0)$ 在区域 D 上的二重积分，即 $m=\iint\limits_D \rho(x,y)\,d\sigma$.

练一练

$f(x,y)$ 在平面有界且在有面积的闭区域 D 上连续是二重积分 $\iint\limits_D f(x,y)\,dxdy$ 存在的（　）.

A. 必要条件　　B. 充分条件　　C. 充分必要条件　　D. 无关条件

三、二重积分的几何意义

当 $f(x,y)$ 为正时，二重积分 $\iint\limits_D f(x,y)\,d\sigma$ 表示曲顶柱体的体积.

当 $f(x,y)$ 为负时，柱体就在 xOy 平面下方，二重积分 $\iint\limits_D f(x,y)\,d\sigma$ 就是曲顶柱体体积的负值.

如果 $f(x,y)$ 在若干部分区域上是正的，而在其余的部分区域上是负的，那么 $f(x,y)$ 在 D 上的二重积分 $\iint\limits_D f(x,y)\,d\sigma$ 就等于 xOy 面上方的柱体体积减去 xOy 面下方的柱体体积，即这些部分区域上柱体体积的代数和.

练一练

设 $D=\{(x,y)\mid a\leqslant x\leqslant b,c\leqslant y\leqslant d\}$，则 $\iint\limits_D d\sigma=$（　　）.

A. $a+b+c+d$　　B. $abcd$　　C. $(b-a)(d-c)$　　D. $(a-b)(d-c)$

四、二重积分的性质

设二元函数 $f(x,y)$，$g(x,y)$ 在闭区域 D 上连续，于是这些函数的二重积分存在. 利用二重积分的定义，可以证明它的若干基本性质.

性质 1　被积函数中的常数因子可以提到积分号外面. 设 k 是常数，则

$$\iint_D kf(x,y)\,\mathrm{d}\sigma = k\iint_D f(x,y)\,\mathrm{d}\sigma.$$

性质 2 有限个可积函数的代数和必定可积,且函数的代数和的积分等于各函数的积分的代数和,即

$$\iint_D [f(x,y) \pm g(x,y)]\,\mathrm{d}\sigma = \iint_D f(x,y)\,\mathrm{d}\sigma \pm \iint_D g(x,y)\,\mathrm{d}\sigma.$$

性质 3 二重积分对积分区域具有可加性,设闭区域 D 被有限条曲线分为两个部分闭区域 D_1 和 D_2,则

$$\iint_D f(x,y)\,\mathrm{d}\sigma = \iint_{D_1} f(x,y)\,\mathrm{d}\sigma + \iint_{D_2} f(x,y)\,\mathrm{d}\sigma.$$

测一测

性质 4 设在闭区域 D 上 $f(x,y)=1$,σ 为 D 的面积,则

$$\iint_D 1\,\mathrm{d}\sigma = \iint_D \mathrm{d}\sigma = \sigma.$$

从几何意义上来看这是很明显的. 因为高为 1 的平顶柱体的体积在数值上就等于柱体的底面积.

同步练习 3.1

1. 简述二重积分的几何意义.

2. 用二重积分表示下列曲顶柱体的体积.

(1) 曲面 $z=x+2y$,区域 $D:0\leqslant x\leqslant 2,0\leqslant y\leqslant 2$.

(2) 曲面 $z=\sin^2 x\sin^2 y$,区域 $D:0\leqslant x\leqslant \pi,0\leqslant y\leqslant \pi$.

(3) 曲面 $z=x^2+y^2$,区域 D 为 xOy 面上的圆周 $x^2+y^2=ax$ 围成的闭区域.

3. 设平面薄片所占的闭区域 D 由直线 $x+y=1$,$y=x$ 和 x 轴所围成,它的面密度 $\rho(x,y)=x^2y$,用二重积分表示该薄片的质量.

第二节 直角坐标系下二重积分的计算

一般情况下,用定义计算二重积分相当困难. 本节我们从二重积分的几何意义出发,介绍二重积分的计算方法. 在直角坐标系下,从积分区域入手,用平行于坐标轴的两族直线分割积分区域,将二重积分的计算转化为两次定积分的计算.

一、积分区域 D 为 X 型区域

设积分区域 D 由两条直线 $x=a$,$x=b$ 及两条连续曲线 $y=\varphi_1(x)$,$y=\varphi_2(x)$ 所围成,其中 $a<b$,$\varphi_1(x)<\varphi_2(x)$,且穿过 D 内部平行于 y 轴的直线与 D 的边界的交点不多于两个,称此区域为 X 型区域(图 3-4).

X 型区域可表示为:$D=\{(x,y)\mid a\leqslant x\leqslant b,\varphi_1(x)\leqslant y\leqslant\varphi_2(x)\}$.

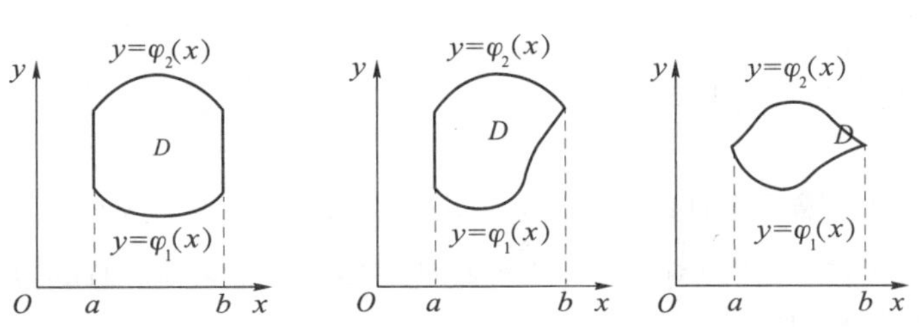

图 3-4

由二重积分的几何意义，当被积函数 $f(x,y)\geqslant 0$ 时，二重积分 $\iint\limits_{D} f(x,y)\,\mathrm{d}\sigma$ 表示以 D 为底，以曲面 $z=f(x,y)$ 为顶的曲顶柱体的体积. 下面我们用"切片法"求曲顶柱体的体积 V.

直角坐标系下二重积分的计算（一）

用平行于 yOz 坐标面的平面 $x=x_0(a\leqslant x_0\leqslant b)$ 去截曲顶柱体得一截面，该截面是平面 $x=x_0$ 内以 $[\varphi_1(x_0),\varphi_2(x_0)]$ 为底，以曲线 $z=f(x_0,y)$ 为曲边的曲边梯形（图 3-5），由定积分的几何意义，该截面的面积为 $A(x_0)=\int_{\varphi_1(x_0)}^{\varphi_2(x_0)} f(x_0,y)\,\mathrm{d}y$.

我们可以看到这个截面面积是 x_0 的函数. 一般地，过区间 $[a,b]$ 上任一点 x 且平行于 yOz 坐标面的平面，与曲顶柱体相交所得截面的面积为

$$A(x)=\int_{\varphi_1(x)}^{\varphi_2(x)} f(x,y)\,\mathrm{d}y,$$

由平行截面面积为已知的立体体积的计算方法，得曲顶柱体的体积为

$$V=\int_a^b A(x)\,\mathrm{d}x=\int_a^b\left[\int_{\varphi_1(x)}^{\varphi_2(x)} f(x,y)\,\mathrm{d}y\right]\mathrm{d}x,$$

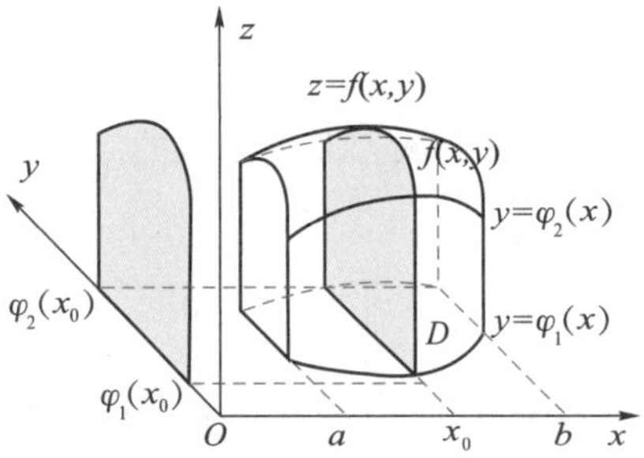

图 3-5

即得

$$\iint\limits_{D} f(x,y)\,\mathrm{d}x\mathrm{d}y=\int_a^b\left[\int_{\varphi_1(x)}^{\varphi_2(x)} f(x,y)\,\mathrm{d}y\right]\mathrm{d}x. \tag{3-1}$$

上式(3-1)右端是一个先对 y，后对 x 积分的累次积分. 计算时要注意的是：先把 x 看成常数，$f(x,y)$ 看成是 y 的函数，以 y 为积分变量计算从 $\varphi_1(x)$ 到 $\varphi_2(x)$ 的定积分，最后计算上述结果对 x 在 $[a,b]$ 上的定积分.

在上述的讨论中，我们假定了 $f(x,y)\geqslant 0$，没有这个条件，上面的公式仍然成立. 上述结果也可以记为

$$\iint\limits_{D} f(x,y)\,\mathrm{d}x\mathrm{d}y=\int_a^b\mathrm{d}x\int_{\varphi_1(x)}^{\varphi_2(x)} f(x,y)\,\mathrm{d}y. \tag{3-2}$$

练一练

设 D 是由 $xy=1$，$x=2$，$y=x$ 所围成的闭区域，则 $\iint\limits_{D}\dfrac{x^2}{y^2}\mathrm{d}x\mathrm{d}y=$（　　）.

A. $\dfrac{9}{4}$　　B. $\dfrac{7}{3}$　　C. $\dfrac{5}{7}$　　D. $\dfrac{7}{8}$

二、积分区域 D 为 Y 型区域

若 $z=f(x,y)$ 在闭区域 D 上连续，积分区域 D 由直线 $y=c,y=d$ 及两条连续曲线 $x=\psi_1(y)$，$x=\psi_2(y)$ 所围成，其中 $c<d,\psi_1(y)<\psi_2(y)$，且穿过 D 内部平行于 x 轴的直线与 D 的边界的交点不多于两个，称此区域为 Y 型区域(图 3-6).

Y 型区域可表示为：$D=\{(x,y)\mid c\leqslant y\leqslant d,\psi_1(y)\leqslant x\leqslant\psi_2(y)\}$.

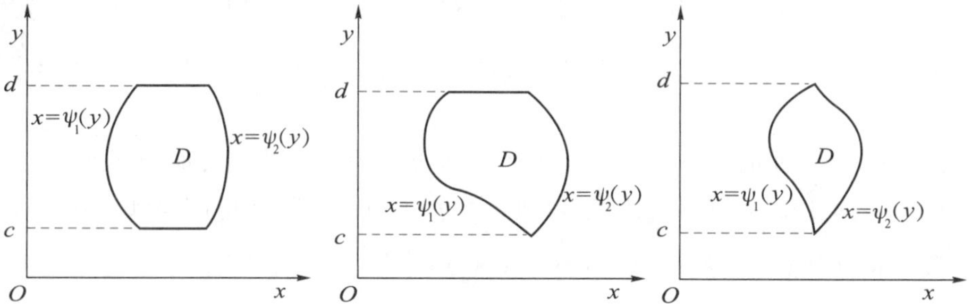

图 3-6

与积分区域为 X 型区域的二重积分计算公式类似，可得积分区域为 Y 型区域的二重积分计算公式为

$$\iint_D f(x,y)\,\mathrm{d}x\mathrm{d}y=\int_c^d\left[\int_{\psi_1(y)}^{\psi_2(y)}f(x,y)\,\mathrm{d}x\right]\mathrm{d}y=\int_c^d\mathrm{d}y\int_{\psi_1(y)}^{\psi_2(y)}f(x,y)\,\mathrm{d}x. \tag{3-3}$$

上式(3-3)右端是一个先对 x，后对 y 积分的累次积分. 计算时要注意的是：先把 y 看成常数，$f(x,y)$ 看成是 x 的函数，以 x 为积分变量计算从 $\psi_1(y)$ 到 $\psi_2(y)$ 的定积分，最后计算上述结果对 y 在 $[c,d]$ 上的定积分.

说明：我们得到二重积分在直角坐标系下的计算公式如下：

a. 积分区域 D 为 X 型区域，

$$\iint_D f(x,y)\,\mathrm{d}x\mathrm{d}y=\int_a^b\mathrm{d}x\int_{\varphi_1(x)}^{\varphi_2(x)}f(x,y)\,\mathrm{d}y; \tag{3-4}$$

b. 积分区域 D 为 Y 型区域，

$$\iint_D f(x,y)\,\mathrm{d}x\mathrm{d}y=\int_c^d\mathrm{d}y\int_{\psi_1(y)}^{\psi_2(y)}f(x,y)\,\mathrm{d}x. \tag{3-5}$$

将二重积分化为两次定积分，关键是确定积分限，而确定积分限又依赖于区域 D 的几何形状. 因此，首先必须正确地画出 D 的图形，将 D 表示为 X 型区域或 Y 型区域. 如果 D 不能直接表示成 X 型区域或 Y 型区域，则应将 D 划分成若干个无公共内点的小区域，并使每个小区域能表示成 X 型区域或 Y 型区域，再利用二重积分对区域具有可加性，那么区域 D 上的二重积分就是这些小区域上的二重积分之和(图 3-7).

直角坐标系下二重积分的计算(二)

例 1 计算二重积分 $\int_0^2\mathrm{d}x\int_{\frac{x}{2}}^{x}\frac{\sin x}{x}\mathrm{d}y$.

解

$$\int_0^2\mathrm{d}x\int_{\frac{x}{2}}^{x}\frac{\sin x}{x}\mathrm{d}y=\int_0^2\frac{\sin x}{x}\cdot\frac{x}{2}\mathrm{d}x$$

$$=\left(-\frac{1}{2}\cos x\right)\Big|_0^2=\frac{1}{2}(1-\cos 2).$$

例 2　计算二重积分 $\iint\limits_D xy\mathrm{d}\sigma$，其中 D 为直线 $y=x$ 与抛物线 $y=x^2$ 所围成的闭区域.

解　画出区域 D 的图形，求出 $y=x$ 与 $y=x^2$ 两条曲线的交点 $(0,0)$ 及 $(1,1)$. 如图 3-8，区域 D 可表示为：$0\leqslant x\leqslant 1,x^2\leqslant y\leqslant x$. 那么，

$$\iint\limits_D xy\mathrm{d}\sigma=\int_0^1 x\mathrm{d}x\int_{x^2}^x y\mathrm{d}y=\int_0^1\left(\frac{x}{2}y^2\right)\Big|_{x^2}^x\mathrm{d}x=\frac{1}{2}\int_0^1(x^3-x^5)\mathrm{d}x=\frac{1}{24}.$$

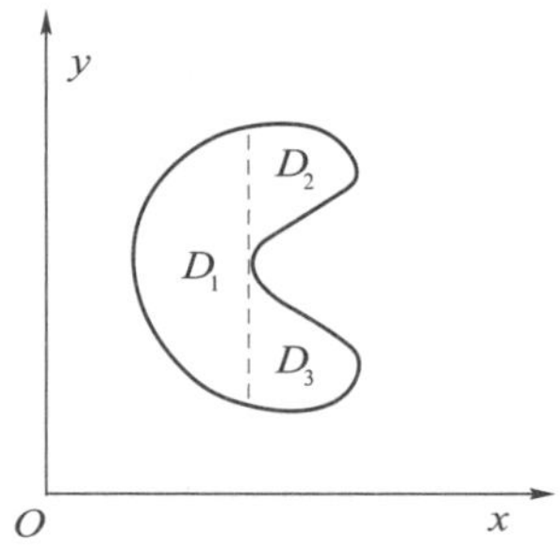

图 3-7

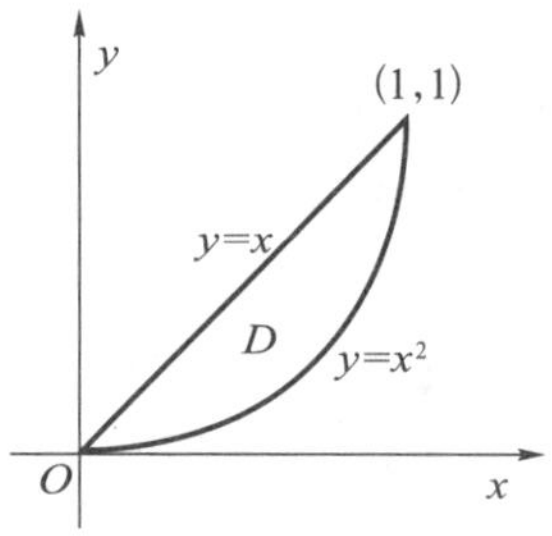

图 3-8

本题也可以化为先对 x，后对 y 的积分，这时区域 D 可表为：$0\leqslant y\leqslant 1,y\leqslant x\leqslant\sqrt{y}$. 即 $\iint\limits_D xy\mathrm{d}\sigma=\int_0^1 y\mathrm{d}y\int_y^{\sqrt{y}}x\mathrm{d}x$. 积分后与上面结果相同.

例 3　计算二重积分 $\iint\limits_D y\sqrt{1+x^2-y^2}\,\mathrm{d}\sigma$，其中 D 是由直线 $y=x,x=-1$ 和 $y=1$ 所围成的区域.

解　画出积分区域 D，如图 3-9，区域 D 表示为：$-1\leqslant x\leqslant 1,x\leqslant y\leqslant 1$，积分区域既可以看成 X 型区域，又可以看成 Y 型区域.

若用 X 型区域的二重积分计算公式，得

$$\begin{aligned}\iint\limits_D y\sqrt{1+x^2-y^2}\,\mathrm{d}\sigma&=\int_{-1}^1\left(\int_x^1 y\sqrt{1+x^2-y^2}\,\mathrm{d}y\right)\mathrm{d}x\\&=-\frac{1}{3}\int_{-1}^1\left[(1+x^2-y^2)^{\frac{3}{2}}\right]_x^1\mathrm{d}x\\&=-\frac{1}{3}\int_{-1}^1(|x|^3-1)\mathrm{d}x=-\frac{2}{3}\int_0^1(x^3-1)\mathrm{d}x=\frac{1}{2}.\end{aligned}$$

若用 Y 型区域的二重积分计算公式，得

$$\iint\limits_D y\sqrt{1+x^2-y^2}\,\mathrm{d}\sigma=\int_{-1}^1 y\left(\int_{-1}^y\sqrt{1+x^2-y^2}\,\mathrm{d}x\right)\mathrm{d}y,$$

显然，用 Y 型区域的二重积分计算公式来计算比较麻烦.

例 4　计算二重积分 $\iint\limits_D\frac{x^2}{y^2}\mathrm{d}\sigma$，其中 D 是直线 $y=2,y=x$ 和双曲线 $xy=1$ 所围成的区域.

解　求得三线的三个交点分别是 $\left(\frac{1}{2},2\right)$，$(1,1)$ 及 $(2,2)$. 如果先对 y 积分，即用 X 型区域二重积分计算公式，那么当 $\frac{1}{2}\leqslant x\leqslant 1$ 时，y 的下限是双曲线 $y=\frac{1}{x}$，而当 $1\leqslant x\leqslant 2$ 时，y 的下限是直线

$y=x$,因此需要用直线 $x=1$ 把区域 D 分为 D_1 和 D_2 两部分(图 3-10).

$$D_1: \frac{1}{2} \leqslant x \leqslant 1, \quad \frac{1}{x} \leqslant y \leqslant 2; \quad D_2: 1 \leqslant x \leqslant 2, \quad x \leqslant y \leqslant 2.$$

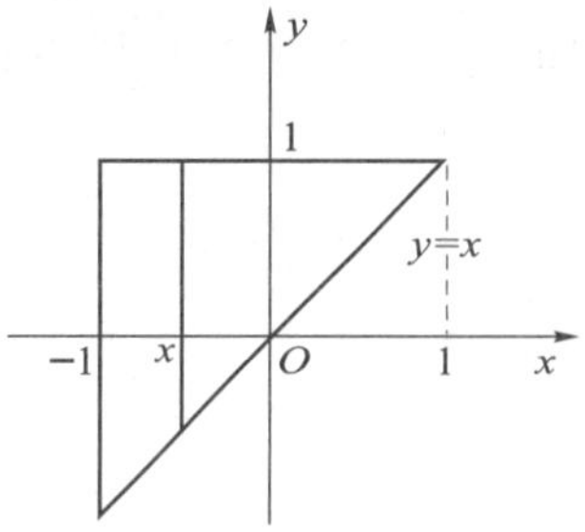

图 3-9

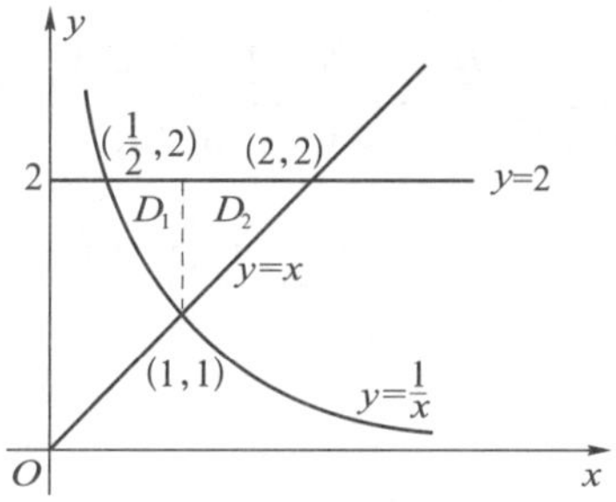

图 3-10

于是

$$\begin{aligned}\iint_D \frac{x^2}{y^2}\mathrm{d}\sigma &= \iint_{D_1} \frac{x^2}{y^2}\mathrm{d}\sigma + \iint_{D_2} \frac{x^2}{y^2}\mathrm{d}\sigma = \int_{\frac{1}{2}}^{1}\mathrm{d}x\int_{\frac{1}{x}}^{2}\frac{x^2}{y^2}\mathrm{d}y + \int_{1}^{2}\mathrm{d}x\int_{x}^{2}\frac{x^2}{y^2}\mathrm{d}y \\ &= \int_{\frac{1}{2}}^{1}\left[-\frac{x^2}{y}\right]_{\frac{1}{x}}^{2}\mathrm{d}x + \int_{1}^{2}\left[-\frac{x^2}{y}\right]_{x}^{2}\mathrm{d}x \\ &= \int_{\frac{1}{2}}^{1}\left(x^3-\frac{x^2}{2}\right)\mathrm{d}x + \int_{1}^{2}\left(x-\frac{x^2}{2}\right)\mathrm{d}x \\ &= \left[\frac{x^4}{4}-\frac{x^3}{6}\right]_{\frac{1}{2}}^{1} + \left[\frac{x^2}{2}-\frac{x^3}{6}\right]_{1}^{2} = \frac{81}{192} = \frac{27}{64}.\end{aligned}$$

如果先对 x 积分,即用 Y 型区域二重积分计算公式,那么 $D: 1 \leqslant y \leqslant 2, \frac{1}{y} \leqslant x \leqslant y$,于是

$$\iint_D \frac{x^2}{y^2}\mathrm{d}\sigma = \int_1^2 \mathrm{d}y\int_{\frac{1}{y}}^{y}\frac{x^2}{y^2}\mathrm{d}x = \int_1^2\left[\frac{x^3}{3y^2}\right]_{\frac{1}{y}}^{y}\mathrm{d}y = \int_1^2\left[\frac{y}{3}-\frac{1}{3y^5}\right]\mathrm{d}y = \left[\frac{y^2}{6}+\frac{1}{12y^4}\right]_1^2 = \frac{27}{64}.$$

由此可见,对于这种区域 D,如果先对 y 积分,就需要把区域 D 分成几个区域来计算. 这比先对 x 积分烦琐多了. 所以,把重积分化为累次积分时,需要根据区域 D 和被积函数的特点,选择适当的次序进行积分.

例 5 计算二重积分 $\iint_D \frac{\sin x}{x}\mathrm{d}\sigma$,其中 D 是直线 $y=x$ 与抛物线 $y=x^2$ 所围成的区域.

解 积分区域 D(图 3-11)看成 X、Y 型区域都可以,先看成 X 型区域,即 $D: 0 \leqslant x \leqslant 1, x^2 \leqslant y \leqslant x$. 于是

$$\begin{aligned}\iint_D \frac{\sin x}{x}\mathrm{d}\sigma &= \int_0^1 \mathrm{d}x\int_{x^2}^{x}\frac{\sin x}{x}\mathrm{d}y = \int_0^1\left(\frac{\sin x}{x}y\right)\Big|_{x^2}^{x}\mathrm{d}x \\ &= \int_0^1 (1-x)\sin x\,\mathrm{d}x \\ &= (-\cos x + x\cos x - \sin x)\Big|_0^1 \\ &= 1-\sin 1.\end{aligned}$$

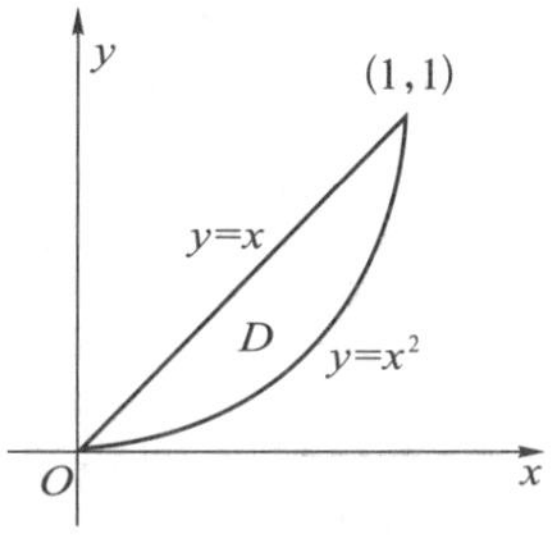

图 3-11

注:如果化为 Y 型区域即先对 x 积分,则有 $\iint_D \frac{\sin x}{x}\mathrm{d}\sigma = \int_0^1 \mathrm{d}y\int_y^{\sqrt{y}}\frac{\sin x}{x}\mathrm{d}x$.

由于$\frac{\sin x}{x}$的原函数不能由初等函数表示，往下计算就困难了. 这也说明计算二重积分时，除了要注意积分区域 D 的特点（区分是 X 型区域，还是 Y 型区域）外，还应注意被积函数的特点，适当选择积分次序.

例 6　交换累次积分$\int_a^b dx\int_a^x f(x,y)dy$ 的积分次序.

测一测

解　由所给累次积分的积分限，可知积分区域 D 为 X 型区域，该区域表示为 $a\leqslant x\leqslant b, a\leqslant y\leqslant x$（图 3-12），区域 D 也可表为 Y 型区域：$a\leqslant y\leqslant b, y\leqslant x\leqslant b$，于是改变积分次序，得

$$\int_a^b dx\int_a^x f(x,y)dy=\int_a^b dy\int_y^b f(x,y)dx.$$

例 7　交换二重积分$\int_0^1 dy\int_0^{2y} f(x+y)dx+\int_1^3 dy\int_0^{3-y} f(x+y)dx$ 的积分次序.

解　由所给累次积分的积分限，可知积分区域 D 为 Y 型区域，该区域由两部分组成（图 3-13），表示为 $D_1: 0\leqslant y\leqslant 1, 0\leqslant x\leqslant 2y, D_2: 1\leqslant y\leqslant 3, 0\leqslant x\leqslant 3-y$，区域 D 也可以表式为 X 型区域：$0\leqslant x\leqslant 2, \frac{x}{2}\leqslant y\leqslant 3-x$，所以

$$\int_0^1 dy\int_0^{2y} f(x+y)dx+\int_1^3 dy\int_0^{3-y} f(x+y)dx=\int_0^2 dx\int_{\frac{x}{2}}^{3-x} f(x+y)dy.$$

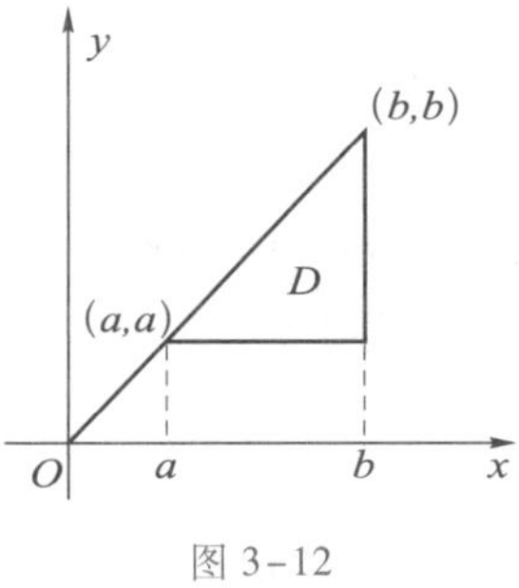

图 3-12

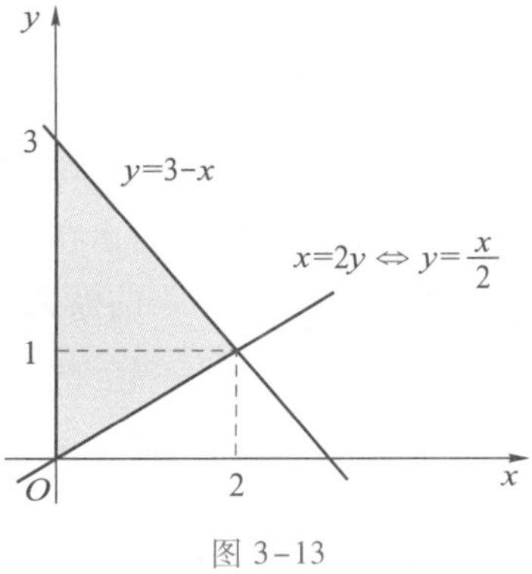

图 3-13

练一练

设 D 是由 $y^2=x-1, x=0, y=0, y=1$ 所围成的闭区域，则$\iint\limits_D y^2dxdy=$（　　）.

A. 9　　B. 2　　C. $\frac{8}{15}$　　D. 5

同步练习 3.2

1. 改变下列累次积分的积分次序.

(1) $\int_0^1 dy\int_y^{\sqrt{y}} f(x,y)dx$；　　(2) $\int_1^e dx\int_0^{\ln x} f(x,y)dy$；

(3) $\int_{-1}^{1}dx\int_{0}^{\sqrt{1-x^2}}f(x,y)dy$;　　(4) $\int_{0}^{1}dx\int_{0}^{x^2}f(x,y)dy+\int_{1}^{3}dx\int_{0}^{\frac{1}{2}(3-x)}f(x,y)dy$.

2. 在直角坐标系下计算下列二重积分.

(1) $\iint\limits_{D}(x+6y)dxdy$，$D$：$y=x$，$y=5x$，$x=1$ 所围成的区域.

(2) $\iint\limits_{D}\frac{y}{x}dxdy$，$D$：$y=2x$，$y=x$，$x=4$，$x=2$ 所围成的区域.

(3) $\iint\limits_{D}\frac{y}{x}dxdy$，$D$：$y=2$，$y=x$，$xy=1$ 所围成的区域.

(4) $\iint\limits_{D}(x^2+y^2)dxdy$，$D$：$y=x$，$y=x+a$，$y=a$，$y=3a(a>0)$ 所围成的区域.

第三节　极坐标系下二重积分的计算

在计算二重积分时，应根据积分区域 D 与被积函数的形式来选择恰当的积分方法. 一般来说，当积分区域为圆域或部分圆域，被积函数可表示为 $f(x^2+y^2)$ 或 $f\left(\frac{y}{x}\right)$ 等形式时，在直角坐标系下计算比较麻烦，通常采用极坐标变换来简化二重积分的计算.

下面我们讨论利用极坐标变换，得出在极坐标系下二重积分的计算方法. 把极点放在直角坐标系的原点，极轴与 x 轴重合，那么点 P 的极坐标 $P(r,\theta)$ 与该点的直角坐标 $P(x,y)$ 有如下互换公式：

$$x=r\cos\theta,\ y=r\sin\theta;\quad 0\leqslant r<+\infty,\ 0\leqslant\theta\leqslant 2\pi;$$

$$r=\sqrt{x^2+y^2},\ \theta=\arctan\frac{y}{x};\quad -\infty<x,y<+\infty.$$

我们知道，有些曲线方程在极坐标系下比较简单，因此，有些二重积分 $\iint\limits_{D}f(x,y)d\sigma$ 用极坐标代换后，计算起来比较方便. 这里假设 $z=f(x,y)$ 在区域 D 上连续.

在直角坐标系中，我们是以平行于 x 轴和 y 轴的两族直线分割区域 D 为一系列小矩形，从而得到面积元素 $d\sigma=dxdy$，所以 $\iint\limits_{D}f(x,y)d\sigma=\iint\limits_{D}f(x,y)dxdy$.

在极坐标系中，与此类似，我们用极点为圆心的一族同心圆，以及极点为起点的一族射线，将区域 D 分成 n 个小区域 $\Delta\sigma_{ij}(i,j=1,2,\cdots,n)$，如图 3-14 所示.

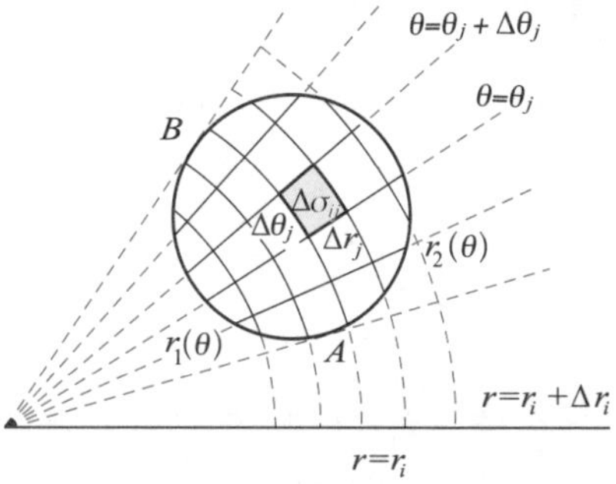

图 3-14

小区域面积 $\Delta\sigma_{ij}=\frac{1}{2}[(r_i+\Delta r_i)^2\Delta\theta_j-r_i^2\Delta\theta_j]=r_i\Delta r_i\Delta\theta_j+\frac{1}{2}\Delta r_i^2\Delta\theta_j$. 记 $\Delta\rho_{ij}=\sqrt{(\Delta r_i)^2+(\Delta\theta_j)^2}(i,j=1,2,\cdots,n)$，则有 $\Delta\sigma_{ij}=r_i\Delta r_i\Delta\theta_j+o(\Delta\rho_{ij})$，故 $d\sigma=rdrd\theta$.

于是

$$\iint_D f(x,y)\,\mathrm{d}\sigma=\iint_D f(r\cos\theta,r\sin\theta)\,r\mathrm{d}r\mathrm{d}\theta.$$

这就是直角坐标二重积分变换到极坐标二重积分的公式.

说明:在极坐标变换时,只要将被积函数中的 x,y 分别换成 $r\cos\theta,r\sin\theta$,并把直角坐标的面积元素 $\mathrm{d}\sigma=\mathrm{d}x\mathrm{d}y$ 换成极坐标的面积元素 $r\mathrm{d}r\mathrm{d}\theta$ 即可. 但必须指出的是:区域 D 必须用极坐标系表示.

在极坐标系下的二重积分,同样也可以化为二次积分计算. 下面分三种情况讨论:

(1) 极点 O 在区域 D 外部,如图 3-15 所示.

设区域 D 在两条射线 $\theta=\alpha,\theta=\beta$ 之间,两射线和区域边界的交点分别为 A,B,将区域 D 的边界分为两部分,其方程分别为 $r=r_1(\theta),r=r_2(\theta)$ 且均为 $[\alpha,\beta]$ 上的连续函数. 此时

$$D=\{(r,\theta)\mid r_1(\theta)\leqslant r\leqslant r_2(\theta),\alpha\leqslant\theta\leqslant\beta\}.$$

于是

$$\iint_D f(r\cos\theta,r\sin\theta)\,r\mathrm{d}r\mathrm{d}\theta=\int_\alpha^\beta\mathrm{d}\theta\int_{r_1(\theta)}^{r_2(\theta)}f(r\cos\theta,r\sin\theta)\,r\mathrm{d}r.$$

极坐标系下二重积分的计算

(2) 极点 O 在区域 D 内部,如图 3-16 所示. 若区域 D 的边界曲线方程为 $r=r(\theta)$,这时积分区域 D 为

$$D=\{(r,\theta)\mid 0\leqslant r\leqslant r(\theta),0\leqslant\theta\leqslant 2\pi\},$$

且 $r(\theta)$ 在 $[0,2\pi]$ 上连续.

于是

$$\iint_D f(r\cos\theta,r\sin\theta)\,r\mathrm{d}r\mathrm{d}\theta=\int_0^{2\pi}\mathrm{d}\theta\int_0^{r(\theta)}f(r\cos\theta,r\sin\theta)\,r\mathrm{d}r.$$

(3) 极点 O 在区域 D 的边界上,此时,积分区域 D 如图 3-17 所示.

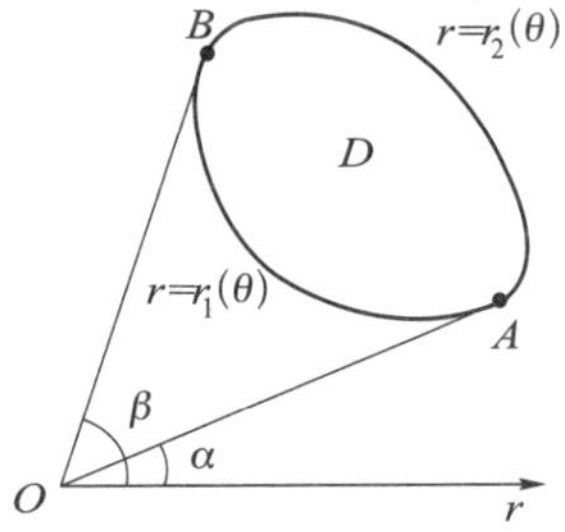

图 3-15

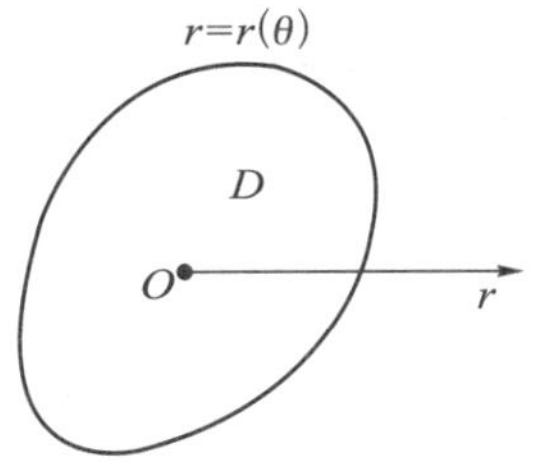

图 3-16

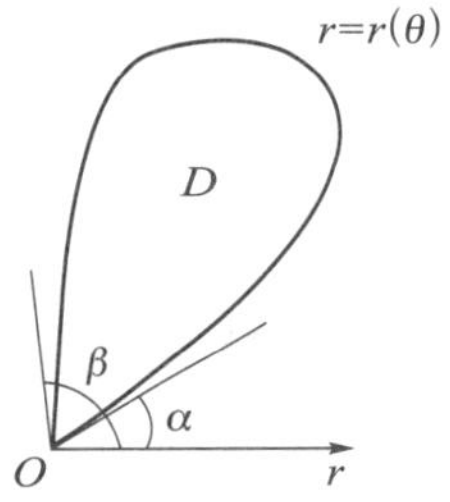

图 3-17

$$D=\{(r,\theta)\mid\alpha\leqslant\theta\leqslant\beta,0\leqslant r\leqslant r(\theta)\},$$

且 $r(\theta)$ 在 $[0,2\pi]$ 上连续,则有

$$\iint_D f(r\cos\theta,r\sin\theta)\,r\mathrm{d}r\mathrm{d}\theta=\int_\alpha^\beta\mathrm{d}\theta\int_0^{r(\theta)}f(r\cos\theta,r\sin\theta)\,r\mathrm{d}r.$$

例 1　计算二重积分 $\iint_D xy^2\,\mathrm{d}\sigma$,其中 D 是单位圆与坐标轴在第一象限围成的部分.

解　在极坐标系下,D 可表示为:$0\leqslant\theta\leqslant\dfrac{\pi}{2},0\leqslant r\leqslant 1$(图 3-18),

于是有

$$\iint_D xy^2\,\mathrm{d}\sigma=\int_0^{\frac{\pi}{2}}\mathrm{d}\theta\int_0^1 r\cos\theta\cdot r^2\sin^2\theta\cdot r\mathrm{d}r$$
$$=\int_0^{\frac{\pi}{2}}\cos\theta\sin^2\theta\mathrm{d}\theta\int_0^1 r^4\mathrm{d}r=\frac{1}{15}.$$

例 2 计算二重积分

$$I=\iint_D\sqrt{\frac{1-x^2-y^2}{1+x^2+y^2}}\mathrm{d}x\mathrm{d}y,\text{其中 }D=\{(x,y)\mid x^2+y^2\leqslant a^2\}(0<a<1).$$

解 积分区域 D 为以原点为圆心,a 为半径的圆面(图 3-19),在极坐标系中表示为

$$D=\{(r,\theta)\mid 0\leqslant r\leqslant a,0\leqslant\theta\leqslant 2\pi\},$$

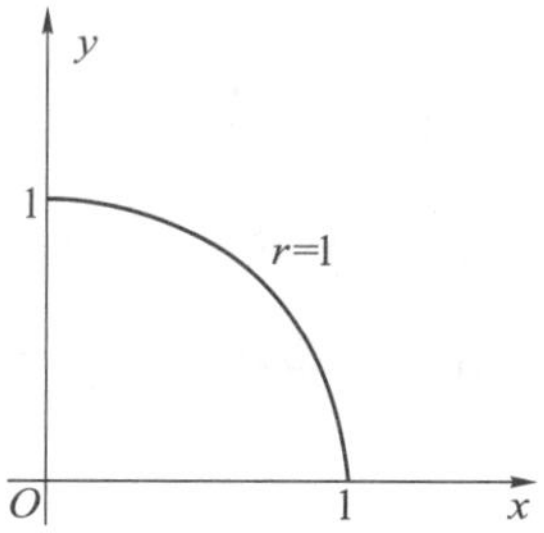

图 3-18

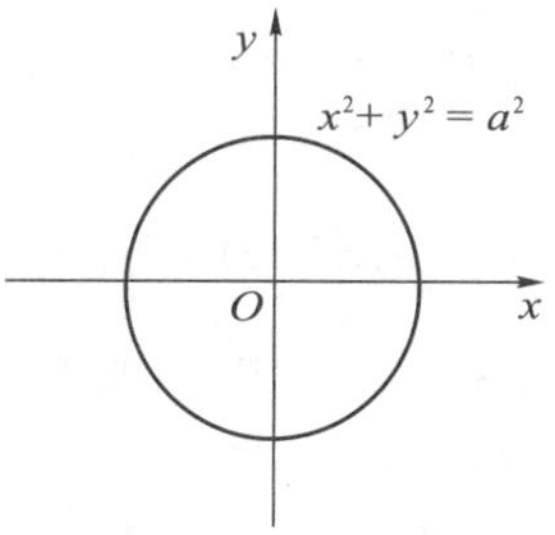

图 3-19

则

$$I=\iint_D\sqrt{\frac{1-x^2-y^2}{1+x^2+y^2}}\mathrm{d}x\mathrm{d}y=\int_0^{2\pi}\mathrm{d}\theta\int_0^a\sqrt{\frac{1-r^2}{1+r^2}}r\mathrm{d}r$$
$$=2\pi\int_0^a\sqrt{\frac{1-r^2}{1+r^2}}r\mathrm{d}r\xlongequal{\text{令}t=r^2}\pi\int_0^{a^2}\frac{1-t}{\sqrt{1-t^2}}\mathrm{d}t$$
$$=\pi\left(\arcsin t+\sqrt{1-t^2}\right)\Big|_0^{a^2}=\pi(\arcsin a^2+\sqrt{1-a^2}-1).$$

例 3 计算二重积分 $\iint_D x^2\mathrm{d}\sigma$,其中 D 是两个圆 $x^2+y^2=1$ 和 $x^2+y^2=4$ 之间的环形闭区域.

解 区域 D 在极坐标系下为:$0\leqslant\theta\leqslant 2\pi,1\leqslant r\leqslant 2$,如图 3-20 所示.
于是

$$\iint_D x^2\mathrm{d}\sigma=\int_0^{2\pi}\mathrm{d}\theta\int_1^2 r^2\cos^2\theta\cdot r\mathrm{d}r=\int_0^{2\pi}\frac{1+\cos 2\theta}{2}\mathrm{d}\theta\int_1^2 r^3\mathrm{d}r=\frac{15}{4}\pi.$$

例 4 计算二重积分 $\iint_D\arctan\dfrac{x}{y}\mathrm{d}x\mathrm{d}y$,其中 $D:1\leqslant x^2+y^2\leqslant 4$ 且 $0<y\leqslant x$.

解 区域 D 在极坐标系下表示为:$0\leqslant\theta\leqslant\dfrac{\pi}{4},1\leqslant r\leqslant 2$,如图 3-21 所示.

$$\iint_D\arctan\frac{x}{y}\mathrm{d}x\mathrm{d}y=\int_0^{\frac{\pi}{4}}\mathrm{d}\theta\int_1^2\arctan\left(\frac{r\sin\theta}{r\cos\theta}\right)r\mathrm{d}r$$
$$=\int_0^{\frac{\pi}{4}}\mathrm{d}\theta\int_1^2\theta r\mathrm{d}r=\int_0^{\frac{\pi}{4}}\left(\frac{\theta r^2}{2}\right)\Big|_1^2\mathrm{d}\theta$$

$$=\frac{3}{2}\int_{0}^{\frac{\pi}{4}}\theta\mathrm{d}\theta=\frac{3}{4}\theta^{2}\Big|_{0}^{\frac{\pi}{4}}=\frac{3}{64}\pi^{2}.$$

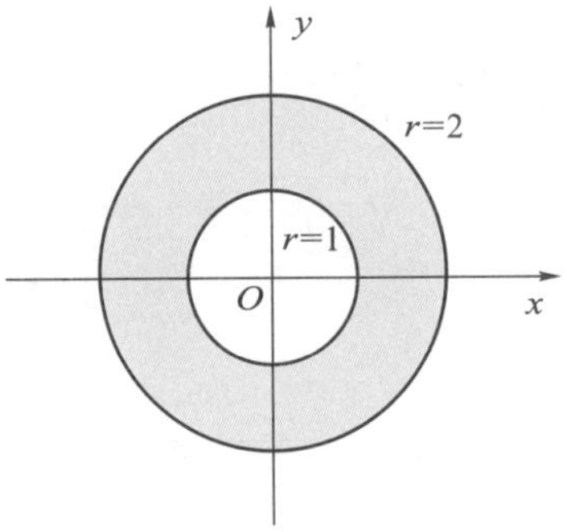

图 3-20

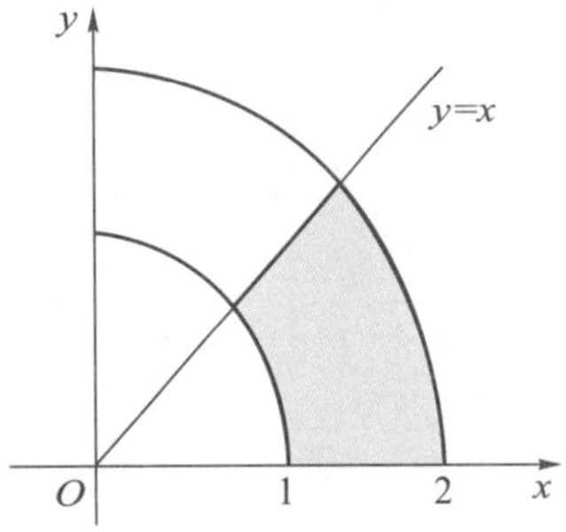

图 3-21

例 5　计算二重积分 $\iint\limits_{D}xy\mathrm{d}x\mathrm{d}y$,其中 D 为圆周 $x^{2}+y^{2}=2ax$ 与 x 轴在第一象限所围部分.

解　将 $x^{2}+y^{2}=2ax$ 化为极坐标方程 $r=2a\cos\theta$,积分区域 D 如图 3-22 所示,区域 D 在极坐标系下表示为:$0\leqslant\theta\leqslant\frac{\pi}{2}$,$0\leqslant r\leqslant 2a\cos\theta$.

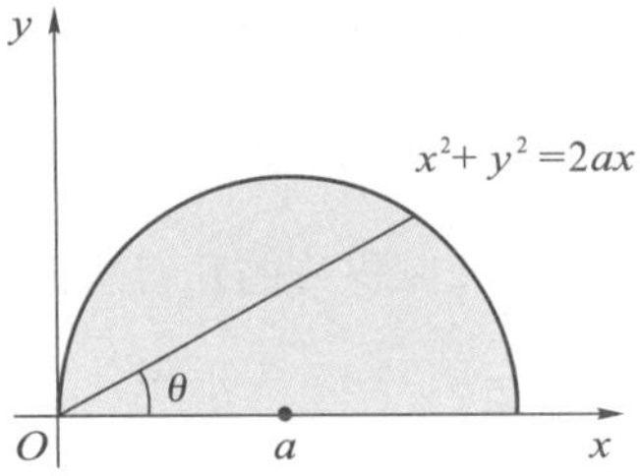

图 3-22

$$\begin{aligned}\iint\limits_{D}xy\mathrm{d}x\mathrm{d}y&=\int_{0}^{\frac{\pi}{2}}\mathrm{d}\theta\int_{0}^{2a\cos\theta}r\cos\theta\cdot r\sin\theta\cdot r\mathrm{d}r\\&=\int_{0}^{\frac{\pi}{2}}\left(\frac{r^{4}}{4}\cos\theta\sin\theta\right)\Big|_{0}^{2a\cos\theta}\mathrm{d}\theta\\&=\frac{(2a)^{4}}{4}\int_{0}^{\frac{\pi}{2}}\cos^{5}\theta\sin\theta\mathrm{d}\theta\\&=-4a^{4}\cdot\frac{1}{6}\cos^{6}\theta\Big|_{0}^{\frac{\pi}{2}}=\frac{2a^{4}}{3}.\end{aligned}$$

练一练

设 $D=\{(x,y)\mid x^{2}+y^{2}\leqslant 1,x\geqslant 0,y\geqslant 0\}$,则在极坐标系下 $\iint\limits_{D}\mathrm{e}^{\sqrt{x^{2}+y^{2}}}\mathrm{d}x\mathrm{d}y=$(　　).

A. $\int_{0}^{\pi}\mathrm{d}\theta\int_{0}^{1}\mathrm{e}^{r}\mathrm{d}r$　　B. $\int_{0}^{\frac{\pi}{2}}\mathrm{d}\theta\int_{0}^{1}\mathrm{e}^{r}\mathrm{d}r$　　C. $\int_{0}^{\pi}\mathrm{d}\theta\int_{0}^{1}r\mathrm{e}^{r}\mathrm{d}r$　　D. $\int_{0}^{\frac{\pi}{2}}\mathrm{d}\theta\int_{0}^{1}r\mathrm{e}^{r}\mathrm{d}r$

同步练习 3.3

1. 把下列直角坐标形式的累次积分变为极坐标形式的累次积分.

(1) $\int_{0}^{2R}\mathrm{d}y\int_{0}^{\sqrt{2Ry-y^{2}}}f(x,y)\mathrm{d}x$;　　(2) $\int_{0}^{R}\mathrm{d}x\int_{0}^{\sqrt{R^{2}-x^{2}}}f(x^{2}+y^{2})\mathrm{d}y$;

(3) $\int_{0}^{2a}\mathrm{d}x\int_{0}^{\sqrt{2ax-x^{2}}}(x^{2}+y^{2})\mathrm{d}y$;　　(4) $\int_{0}^{a}\mathrm{d}x\int_{0}^{x}\sqrt{x^{2}+y^{2}}\mathrm{d}y$.

2. 将下列二重积分变成极坐标形式,并计算其值.

(1) $\iint\limits_D \ln(1+x^2+y^2)\,dxdy$,$D$ 为圆 $x^2+y^2=1$ 所围在第一象限中的区域.

(2) $\iint\limits_D \sqrt{R^2-x^2-y^2}\,dxdy$,$D$ 为圆 $x^2+y^2=Rx$ 所围在第一象限中的区域.

(3) $\iint\limits_D \arctan\dfrac{y}{x}dxdy$,$D$ 为圆 $x^2+y^2=4$,$x^2+y^2=1$ 及直线 $y=x$,$y=0$ 围成的第一象限内的区域.

(4) $\iint\limits_D \sin\sqrt{x^2+y^2}\,dxdy$,$D$:$x^2+y^3\leqslant 4\pi^2$,$x^2+y^2\geqslant\pi^2$.

本章小结

一、二重积分的概念

二重积分是一元函数定积分的推广与发展,它们都是某种形式的和的极限,即分割、近似代替、求和、取极限,$\iint\limits_D f(x,y)\,d\sigma=\lim\limits_{\lambda\to 0}\sum\limits_{i=1}^{n}f(\xi_i,\eta_i)$.

二、二重积分的几何意义

$\iint\limits_D f(x,y)\,d\sigma$ 表示积分子区域上曲顶柱体体积的代数和,即在 xOy 平面之上的曲顶柱体体积减去 xOy 平面之下的曲顶柱体的体积.

三、二重积分的性质

二重积分有与定积分类似的性质.假设下面各性质中所涉及的函数 $f(x,y)$,$g(x,y)$ 在区域 D 上都是可积的.

性质 1 被积函数中的常数因子可以提到积分号前面,设 k 是常数,则

$$\iint\limits_D kf(x,y)\,d\sigma=k\iint\limits_D f(x,y)\,d\sigma \quad (k\text{ 为常数}).$$

性质 2 有限个可积函数的代数和必定可积,且函数代数和的积分等于各函数积分的代数和,即

$$\iint\limits_D [f(x,y)\pm g(x,y)]\,d\sigma=\iint\limits_D f(x,y)\,d\sigma\pm\iint\limits_D g(x,y)\,d\sigma.$$

性质 3 若 D 可以分为两个区域 D_1,D_2,它们除边界外无公共点,则

$$\iint\limits_D f(x,y)\,d\sigma=\iint\limits_{D_1} f(x,y)\,d\sigma+\iint\limits_{D_2} f(x,y)\,d\sigma.$$

性质 4 若在积分区域 D 上有 $f(x,y)=1$,σ 为 D 的面积,则

$$\iint\limits_D d\sigma=\sigma.$$

四、二重积分的计算

1. 直角坐标系下二重积分的计算

(1) 当被积函数 $f(x,y)\geqslant 0$,且在积分区域 D 上连续,若积分区域 D 为 X 型区域,即 D:$a\leqslant$

$x\leqslant b,\varphi_1(x)\leqslant y\leqslant\varphi_2(x)$,则

$$\iint_D f(x,y)\,\mathrm{d}x\mathrm{d}y=\int_a^b\mathrm{d}x\int_{\varphi_1(x)}^{\varphi_2(x)}f(x,y)\,\mathrm{d}y.$$

(2) 若 D 为 Y 型区域,$D:c\leqslant y\leqslant d,\psi_1(y)\leqslant x\leqslant\psi_2(y)$,则

$$\iint_D f(x,y)\,\mathrm{d}x\mathrm{d}y=\int_c^d\mathrm{d}y\int_{\psi_1(y)}^{\psi_2(y)}f(x,y)\,\mathrm{d}x.$$

若积分区域既是 X 型区域又是 Y 型区域 ,则有

$$\iint_D f(x,y)\,\mathrm{d}x\mathrm{d}y=\int_a^b\mathrm{d}x\int_{\varphi_1(x)}^{\varphi_2(x)}f(x,y)\,\mathrm{d}y=\int_c^d\mathrm{d}y\int_{\psi_1(y)}^{\psi_2(y)}f(x,y)\,\mathrm{d}x.$$

(3) 利用对称性可以简化二重积分的计算(设 $f(x,y)$ 在区域 D 上连续)

① 当区域 D 关于 x 轴对称时

若 $f(x,-y)=-f(x,y)$,则 $\iint\limits_D f(x,y)\,\mathrm{d}\sigma=0$;

若 $f(x,-y)=f(x,y)$,则 $\iint\limits_D f(x,y)\,\mathrm{d}\sigma=2\iint\limits_{D_1}f(x,y)\,\mathrm{d}\sigma$,其中 D_1 为 D 在 x 轴上方部分.

② 当区域 D 关于 y 轴对称时

若 $f(-x,y)=-f(x,y)$,则 $\iint\limits_D f(x,y)\,\mathrm{d}\sigma=0$;

若 $f(-x,y)=f(x,y)$,则 $\iint\limits_D f(x,y)\,\mathrm{d}\sigma=2\iint\limits_{D_2}f(x,y)\,\mathrm{d}\sigma$,其中 D_2 为 D 在 y 轴右侧部分.

2. 极坐标系下二重积分的计算

一般地,如果积分区域是圆域、扇形域或圆环形域,且被积函数为 $f(x^2+y^2)$,$f\left(\frac{y}{x}\right)$,$f\left(\frac{x}{y}\right)$ 等形式时,往往采用极坐标系来计算二重积分.

(1) 极点 O 在积分区域 D 外部,这时区域 $D:\alpha\leqslant\theta\leqslant\beta,r_1(\theta)\leqslant r\leqslant r_2(\theta)$,于是

$$\iint_D f(r\cos\theta,r\sin\theta)\,r\mathrm{d}r\mathrm{d}\theta=\int_\alpha^\beta\mathrm{d}\theta\int_{r_1(\theta)}^{r_2(\theta)}f(r\cos\theta,r\sin\theta)\,r\mathrm{d}r.$$

(2) 极点 O 在区域 D 内部,这时积分区域 $D:0\leqslant\theta\leqslant 2\pi,0\leqslant r\leqslant r(\theta)$,于是

$$\iint_D f(r\cos\theta,r\sin\theta)\,r\mathrm{d}r\mathrm{d}\theta=\int_0^{2\pi}\mathrm{d}\theta\int_0^{r(\theta)}f(r\cos\theta,r\sin\theta)\,r\mathrm{d}r.$$

(3) 极点 O 在区域 D 的边界上,这时积分区域 $D:\alpha\leqslant\theta\leqslant\beta,0\leqslant r\leqslant r(\theta)$,于是

$$\iint_D f(r\cos\theta,r\sin\theta)\,r\mathrm{d}r\mathrm{d}\theta=\int_\alpha^\beta\mathrm{d}\theta\int_0^{r(\theta)}f(r\cos\theta,r\sin\theta)\,r\mathrm{d}r.$$

习 题 三

一、选择题

1. $f(x,y)$ 在平面闭区域 D 上有界是二重积分 $\iint\limits_D f(x,y)\,\mathrm{d}x\mathrm{d}y$ 存在的(　　).

A. 必要条件　　B. 充分条件

C. 充分必要条件　　D. 无关条件

2. 设$f(x,y)$为连续函数,则$\int_0^a dx\int_0^x f(x,y)dy(a>0)=$ ( ).

A. $\int_0^a dy\int_y^a f(x,y)dx$ B. $\int_0^a dy\int_x^a f(x,y)dx$

C. $\int_0^a dy\int_0^y f(x,y)dx$ D. $\int_0^a dy\int_a^y f(x,y)dx$

3. 设$D:x^2+y^2\leqslant R^2$,则$\iint\limits_D xy^2 d\sigma=$( ).

A. 0 B. πR^2 C. $2\pi R$ D. $2\pi R^2$

4. 设D是由$xy=1,x=2,y=x$所围的闭区域,则$\iint\limits_D \frac{2x^2}{y^2}d\sigma=$( ).

A. $\frac{9}{4}$ B. $\frac{9}{2}$ C. $\frac{5}{7}$ D. $\frac{7}{8}$

5. 设D是由$y^2=x-1,x=0,y=0,y=1$所围的闭区域,则$\iint\limits_D 3y^2 dxdy=$( ).

A. 9 B. 2 C. $\frac{8}{5}$ D. 5

二、填空题

1. 交换下列二次积分的积分次序.

(1) $\int_0^1 dy\int_{\sqrt{y}}^{\sqrt{2-y}} f(x,y)dx=$____________.

(2) $\int_0^2 dy\int_{y^2}^{2y} f(x,y)dx=$____________.

(3) $\int_0^1 dy\int_0^y f(x,y)dx=$____________.

(4) $\int_0^1 dy\int_{-\sqrt{1-y^2}}^{\sqrt{1-y^2}} f(x,y)dx=$____________.

2. 积分$\int_0^2 dx\int_x^2 e^{-y^2}dy$的值等于____________.

3. 设$D=\left\{(x,y)\middle| 0\leqslant x\leqslant\frac{\pi}{2},0\leqslant y\leqslant\frac{\pi}{2}\right\}$,则积分$\iint\limits_D\sqrt{1-\sin^2(x+y)}\,dxdy=$____________.

三、计算题

1. 求$\iint\limits_D xe^{xy}dxdy$的值,其中,$D:\begin{cases}0\leqslant x\leqslant 1,\\-1\leqslant y\leqslant 0.\end{cases}$

2. 求$\iint\limits_D\frac{dxdy}{(x-y)^2}$的值,其中,$D:\begin{cases}1\leqslant x\leqslant 2,\\3\leqslant y\leqslant 4.\end{cases}$

3. 求$\iint\limits_D e^{x+y}dxdy$的值,其中,$D:\begin{cases}0\leqslant x\leqslant 1,\\0\leqslant y\leqslant 1.\end{cases}$

4. 求$\iint\limits_D x^2y\cos(xy^2)dxdy$的值,其中,$D:\begin{cases}0\leqslant x\leqslant\frac{\pi}{2},\\0\leqslant y\leqslant 2.\end{cases}$

5. 按照下列指定的区域 D 将二重积分 $\iint\limits_D f(x,y)\,dxdy$ 化为累次积分.

（1）D：$x+y=1, x-y=1, x=0$ 所围成的区域.

（2）D：$y=x, y=3x, x=1, x=3$ 所围成的区域.

（3）D：$y-2x=0, 2y-x=0, xy=2$ 在第一象限中所围成的区域.

（4）D：$x=3, x=5, 3x-2y+4=0, 3x-2y+1=0$ 所围成的区域.

（5）D：$(x-2)^2+(y-3)^2=4$ 所围成的区域.

6. 利用极坐标计算下列各题.

（1）$\iint\limits_D e^{x^2+y^2}\,d\sigma$，其中 D 是由圆周 $x^2+y^2=1$ 及坐标轴所围成的在第一象限内的闭区域.

（2）$\iint\limits_D \arctan\frac{y}{x}\,d\sigma$，其中 D 是由圆周 $x^2+y^2=4, x^2+y^2=1$ 及直线 $y=0, y=x$ 所围成的在第一象限的闭区域.

7. 计算下列二重积分.

（1）$\iint\limits_D (1+x)\sin y\,d\sigma$，其中 D 是顶点分别为 $(0,0)$，$(1,0)$，$(1,2)$ 和 $(0,1)$ 的梯形闭区域.

（2）$\iint\limits_D \sqrt{R^2-x^2-y^2}\,d\sigma$，其中 D 是圆周 $x^2+y^2=Rx$ 所围成的闭区域.

（3）$\iint\limits_D \sqrt{x^2+y^2}\,d\sigma$，其中 D 是圆环形闭区域 $\{(x,y)\mid a^2\leqslant x^2+y^2\leqslant b^2\}$.

8. 设平面薄片所占的闭区域 D 由直线 $x+y=2, y=x$ 和 x 轴所围成，它的面密度 $\mu(x,y)=x^2+y^2$，求该薄片的质量.

9. 计算以 xOy 面上的圆周 $x^2+y^2=ax$ 围成的闭区域为底，以曲面 $z=x^2+y^2$ 为顶的曲顶柱体的体积.

10. 计算二重积分 $\int_0^e dy\int_1^2 \frac{\ln x}{e^x}dx+\int_e^{e^2} dy\int_{\ln y}^2 \frac{\ln x}{e^x}dx$.

11. 计算二重积分 $\iint\limits_D |xy|\,dxdy$，其中 D 是由 $y=x, y=-x, y=1$ 所围成的闭区域.

12. 计算二重积分 $\iint\limits_D (x+y)\,dxdy$，其中 D：$x^2+y^2\leqslant 2x$.

13. 计算 $\iint\limits_D \frac{x^2}{y^2}dxdy$，其中 D 是由 $xy=1, x=2, y=x$ 所围成的闭区域.

14. 计算 $\iint\limits_D y^2\,d\sigma$，$D$ 是由 $y^2=x-1, x=0, y=0, y=1$ 所围成的闭区域.

15. 交换 $I=\int_0^1 dy\int_0^{2y} f(x,y)\,dx+\int_1^3 dy\int_0^{3-y} f(x,y)\,dx$ 的积分次序.

16. 计算 $I=\int_0^1 dx\int_x^{\sqrt{x}} \frac{\sin y}{y}dy$.

17. 计算 $I=\int_0^1 dx\int_x^{\sqrt{2x-x^2}}\frac{xy}{x^2+y^2}dy$.

18. 由圆 $x^2+y^2=1$ 及直线 $x=0,y=0$ 所围成第一象限的薄板，其密度 $\rho=1$，求该薄板的质量.

19. 证明：$\int_a^b dx\int_a^x f(y)dy=\int_a^b(b-x)f(x)dx$.

20. 设 $f(x,y)$ 为连续函数且 $f(x,y)=xy+\iint\limits_D f(u,v)d\sigma$，其中 D 是由 $y=0,y=x^2,x=1$ 所围的闭区域，证明：$\iint\limits_D f(x,y)dxdy=\frac{1}{8}$.

知识拓展链接（三）

重积分的发展及应用

重积分的概念最早由牛顿提及，牛顿在他的《自然哲学的数学原理》中讨论球与球壳作用于质点上的万有引力时就已经涉及，但他是用几何形式论述的. 在18世纪上半叶，牛顿的工作被以分析的形式加以推广. 1748年，欧拉用累次积分算出了表示一厚度为 δc 的椭圆薄片对其中心正上方一质点的引力，积分区域由椭圆围成. 1769年，欧拉建立了平面有界区域上的二重积分理论，他给出了用累次积分计算二重积分的方法. 拉格朗日在关于旋转椭球的引力的著作中，用三重积分表示引力. 为了克服计算中的困难，他转用球坐标，建立了有关的积分变换公式，开始了多重积分变换的研究.

1828年，俄国数学家奥斯特洛格拉茨基在研究热传导理论的过程中，证明了关于三重积分和曲面积分之间关系的公式，现在称为奥斯特洛格拉茨基-高斯公式（高斯也曾独立地证明过这个公式）. 同一年，英国数学家格林在研究位势方程时得到了著名的格林公式. 1833年以后，德国数学家雅可比建立了多重积分变量替换的雅可比行列式. 与此同时，奥斯特洛格拉茨基不仅得到了二重积分和三重积分的变换公式，而且还把奥-高公式推广到高维的情形. 变量替换中涉及的曲线积分与曲面积分也在这一时期得到明确的概念和系统的研究.

随着理论分析的发展，多元函数积分在许多领域获得广泛的应用. 下面我们研究一个简单的雪堆融化问题.

设有一高度为 $h(t)$（t 为时间）的雪堆在融化过程中，其侧面满足方程 $z=h(t)-\frac{2(x^2+y^2)}{h(t)}$（设长度单位为 cm，时间单位为 h），已知体积减小的速率与侧面积成正比（比例系数为 0.9），求高度为 130 cm 的雪堆全部融化需要的时间.

记 V 为雪堆的体积，A 为雪堆的侧面积，则

$$V=\int_0^{h(t)}dz\iint\limits_{x^2+y^2\leqslant\frac{1}{2}[h^2(t)-h(t)z]}dxdy$$

$$=\int_0^{h(t)}\frac{1}{2}\pi[h^2(t)-h(t)z]dz$$

$$=\frac{\pi}{4}h^3(t),$$

$$A=\iint\limits_{x^2+y^2\leqslant\frac{1}{2}h^2(t)}\sqrt{1+(z_x')^2+(z_y')^2}\,\mathrm{d}x\mathrm{d}y$$

$$=\iint\limits_{x^2+y^2\leqslant\frac{1}{2}h^2(t)}\sqrt{1+\frac{16(x^2+y^2)}{h^2(t)}}\,\mathrm{d}x\mathrm{d}y$$

$$=\int_0^{2\pi}\mathrm{d}\theta\int_0^{\frac{h(t)}{\sqrt{2}}}\sqrt{1+\frac{16r^2}{h^2(t)}}\,r\mathrm{d}r$$

$$=\frac{2\pi}{h(t)}\int_0^{\frac{h(t)}{\sqrt{2}}}\sqrt{h^2(t)+16r^2}\,r\mathrm{d}r$$

$$=\frac{13\pi h^2(t)}{12}.$$

由题意知

$$\frac{\mathrm{d}V}{\mathrm{d}t}=-0.9A,$$

所以

$$\frac{\mathrm{d}h(t)}{\mathrm{d}t}=-\frac{13}{10},$$

因此

$$h(t)=-\frac{13}{10}t+C.$$

由 $h(0)=130$，得 $h(t)=-\frac{13}{10}t+130$.

令 $h(t)=0$，得 $t=100$ h. 所以，该雪堆融化需要 100 h.

二重积分的几何意义就是曲顶柱体的体积，在我国古代数学的发展中，体积的研究成果也很多，比较著名的祖暅原理，提出“幂势既同，则积不容异”，即等高的两立体，若其任意高处的水平截面积相等，则这两个立体体积相等. 这一发现比西方早了 1 100 多年.

第四章

线性代数初步

案例 一个城镇由三个主要生产企业——煤矿、电厂和地方铁路支持经济系统.已知生产价值 1 元的煤,需要消耗 0.25 元的电和 0.35 元的运输费;生产价值 1 元的电,需要消耗 0.4 元的煤、0.05 元的电和 0.1 元的运输费;提供价值 1 元的铁路运输服务,则需要消耗 0.45 元的煤、0.1 元的电和 0.1 元的铁路运输服务费.假设在某个星期内,除了这三个企业的彼此需求,煤矿得到 50 000 元的订单,电厂得到 25 000 元的电量供应需求,地方铁路得到 30 000 元的运输需求.试问:这三个企业在这个星期各生产多少产值才能满足内外需求?

这是一个经济投入产出的问题(表 4-1).在一个地区的经济系统中,各企业既有消耗又有生产,或者说既有“投入”,又有“产出”.对于一个企业,物质消耗和产出新价值之和应该等于它的生产总值.这就是“投入”和“产出”之间的平衡关系.

表 4-1 煤矿、电厂、铁路之间的投入产出关系表

投入	消耗系数(单位产品的消耗)			最终产品	总产值
	煤矿	电厂	铁路		
煤矿	1	0.4	0.45	50 000	x_1
电厂	0.25	0.05	0.1	25 000	x_2
铁路	0.35	0.1	0.1	30 000	x_3

设煤矿、电厂和地方铁路在这星期的总产值分别为 x_1,x_2,x_3(元),则有分配平衡方程组(表示产出情况):

$$\begin{cases} 0.1x_1+0.4x_2+0.45x_3+50\,000=x_1, \\ 0.25x_1+0.05x_2+0.1x_3+25\,000=x_2, \\ 0.35x_1+0.1x_2+0.1x_3+30\,000=x_3. \end{cases}$$

在实际问题的求解中,经常遇到求解线性方程组的问题,这是线性代数研究的重要问题.行列式和矩阵是解决此类问题的重要工具.线性代数是 19 世纪后期发展起来的数学分支,是一门基础理论课程.世界是复杂的,表现之一是多元性.线性代数能把这种多元性揉在一起,让人类把复杂的事物简单化,提高抽象能力,它区别于微积分,是人类描述状态和变化的一种有力武器.此类课程具有较强的逻辑性、抽象性,在计算机、物理、生物、经济、统计和模式识别等领域有着广泛的应用,尤其在计算机日益普及的今天,解大型线性方程组、求矩阵的特征值等已成为技术人员经常遇到的课题.本章介绍线性代数的基本知识,以线性方程组为主线,以矩阵和向量为主要工具,以初等变换为主要手段,帮助学生掌握线性代数的基本概念及技巧,为后续课程的学习奠定基础.

知识梳理

- 线性代数
  - 行列式
    - 行列式的概念 重点
    - 行列式的性质 重点
    - 行列式的计算 重点、难点
    - 克莱姆法则 重点
  - 矩阵
    - 矩阵的概念 重点
    - 几种特殊矩阵 重点
    - 矩阵的运算 重点、难点
    - 逆矩阵 重点、难点
    - 矩阵的初等变换与矩阵的秩 重点、难点
  - 线性方程组
    - 线性方程组的定义 重点
    - 线性方程组解的判定
      - 齐次线性方程组 重点、难点
      - 非齐次线性方程组 重点、难点
    - n维向量和向量组的线性相关性 重点、难点
    - 线性方程组解的结构
      - 齐次线性方程组 重点
      - 非齐次线性方程组 重点

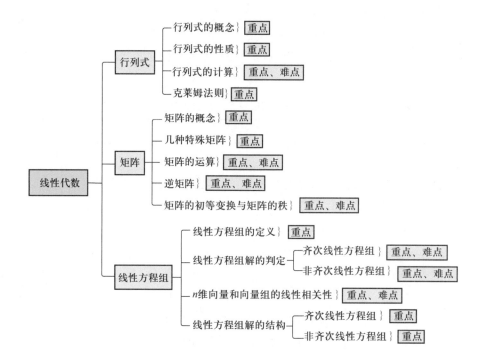

第一节 行 列 式

行列式的概念是从解线性方程组的问题引入的,我们将未知量的最高次数是一次的方程组称为线性方程组.

一、二阶行列式

二元一次线性方程组

$$\begin{cases}a_{11}x_1+a_{12}x_2=b_1,\\ a_{21}x_1+a_{22}x_2=b_2\end{cases}\tag{4-1}$$

可用加减消元法求解,当 $a_{11}a_{22}-a_{12}a_{21}\neq 0$ 时,求得解为

$$x_1=\frac{b_1a_{22}-a_{12}b_2}{a_{11}a_{22}-a_{12}a_{21}},\qquad x_2=\frac{a_{11}b_2-b_1a_{21}}{a_{11}a_{22}-a_{12}a_{21}}.$$

为便于表示,我们引入新的符号.

定义 1 记

$$\begin{vmatrix}a_{11} & a_{12}\\ a_{21} & a_{22}\end{vmatrix}=a_{11}a_{22}-a_{12}a_{21}$$

这样的符号为二阶行列式,四(2^2)个数排成正方形,两边各加一条竖直线段,它表示一个数,计算法则如上.其中,$a_{ij}(i=1,2;j=1,2)$称为行列式的元素,i 称为行标(横排为行),j 称为列标(竖排为列),a_{ij}表明这一元素处在第 i 行第 j 列.从左上角元素到右下角元素的对角线称为行列式的主对角线,从右上角元素到左下角元素的对角线称为行列式的次对角线.

二阶行列式的计算方法:主对角线上两个元素的乘积减去次对角线上两个元素之乘积,称为二阶行列式的对角线法则.

对于线性方程组(4-1),记 $D=\begin{vmatrix}a_{11} & a_{12}\\ a_{21} & a_{22}\end{vmatrix}$,称为系数行列式,

$$D_1=\begin{vmatrix}b_1 & a_{12}\\ b_2 & a_{22}\end{vmatrix},\quad D_2=\begin{vmatrix}a_{11} & b_1\\ a_{21} & b_2\end{vmatrix},$$

当 $D\neq 0$ 时,线性方程组(4-1)的解可简洁地表示为:$x_1=\dfrac{D_1}{D},x_2=\dfrac{D_2}{D}$.

例 1 用行列式解二元线性方程组

$$\begin{cases}2x_1-\ x_2\ =5,\\ 3x_1+2x_2=-3.\end{cases}$$

解 因为 $D=\begin{vmatrix}2 & -1\\ 3 & 2\end{vmatrix}=2\times 2-3\times(-1)=7\neq 0$,

$$D_1=\begin{vmatrix}5 & -1\\ -3 & 2\end{vmatrix}=5\times2-(-3)\times(-1)=7, D_2=\begin{vmatrix}2 & 5\\ 3 & -3\end{vmatrix}=2\times(-3)-3\times5=-21.$$

所以方程组的解为

$$x_1=\frac{D_1}{D}=\frac{7}{7}=1, x_2=\frac{D_2}{D}=\frac{-21}{7}=-3.$$

二、三阶行列式

与二阶行列式类似，为了简单地表达三元线性方程组的解，引进三阶行列式.

定义 2 由九(3^2)个元素 a_{ij}排成的三行三列的式子定义为

$$\begin{vmatrix}a_{11} & a_{12} & a_{13}\\ a_{21} & a_{22} & a_{23}\\ a_{31} & a_{32} & a_{33}\end{vmatrix}=a_{11}a_{22}a_{33}+a_{12}a_{23}a_{31}+a_{13}a_{21}a_{32}-a_{11}a_{23}a_{32}-a_{12}a_{21}a_{33}-a_{13}a_{22}a_{31},$$

并称它为三阶行列式.

三阶行列式的计算也可以用对角线法则. 由上式右端可见，三阶行列式的值是6(6=3!)项的代数和. 每项均为不同行不同列的三个元素的乘积再冠以正负号，主对角线方向上的乘积加正号，次对角线方向上的乘积加负号. 其计算规律如图 4-1 所示：图中实线为主对角线方向，虚线为次对角线方向.

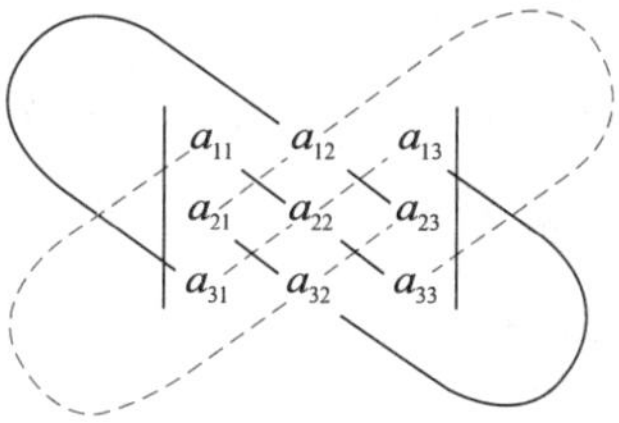

图 4-1

例 2 用对角线法则计算三阶行列式

$$D=\begin{vmatrix}2 & -1 & 2\\ 3 & 4 & 1\\ 1 & 6 & 2\end{vmatrix}.$$

解 $D=2\times4\times2+3\times6\times2+1\times(-1)\times1-1\times4\times2-2\times6\times1-3\times(-1)\times2=37.$

注：对角线法则只适用于二阶、三阶行列式. 对于四阶及更高阶的行列式不能用对角线法则来定义，必须要用另外的方法来定义. 为了定义一般的 n 阶行列式，为此引入余子式和代数余子式的概念.

定义 3 在三阶行列式中，把元素 a_{ij}所在的第 i 行和第 j 列划去后，留下的元素保持原来相对位置不变组成的二阶行列式称为元素 a_{ij}的余子式，记作 M_{ij}；记

$$A_{ij}=(-1)^{i+j}M_{ij},$$

A_{ij}称为元素 a_{ij}的代数余子式.

例如三阶行列式

$$D=\begin{vmatrix}a_{11} & a_{12} & a_{13}\\ a_{21} & a_{22} & a_{23}\\ a_{31} & a_{32} & a_{33}\end{vmatrix}$$

中，元素 a_{32}的余子式和代数余子式分别为

$$M_{32}=\begin{vmatrix}a_{11} & a_{13}\\ a_{21} & a_{23}\end{vmatrix}, A_{32}=(-1)^{3+2}M_{32}=-\begin{vmatrix}a_{11} & a_{13}\\ a_{21} & a_{23}\end{vmatrix}.$$

同理，可定义二阶行列式的余子式和代数余子式. 有了代数余子式的概念，从二阶、三阶行列式的展开式中，我们发现它们有一个共同的规律——可以按第一行展开，即

$$D=\begin{vmatrix} a_{11} & a_{12} & a_{13} \\ a_{21} & a_{22} & a_{23} \\ a_{31} & a_{32} & a_{33} \end{vmatrix}=a_{11}A_{11}+a_{12}A_{12}+a_{13}A_{13}, \quad D=\begin{vmatrix} a_{11} & a_{12} \\ a_{21} & a_{22} \end{vmatrix}=a_{11}A_{11}+a_{12}A_{12}.$$

如上述例 2,

$$D=2\times(-1)^{1+1}\begin{vmatrix} 4 & 1 \\ 6 & 2 \end{vmatrix}+(-1)\times(-1)^{1+2}\begin{vmatrix} 3 & 1 \\ 1 & 2 \end{vmatrix}+2\times(-1)^{1+3}\begin{vmatrix} 3 & 4 \\ 1 & 6 \end{vmatrix}=2\times2+5+2\times14=37.$$

练一练

行列式 $\begin{vmatrix} 0 & a & 0 \\ b & c & d \\ 0 & e & 0 \end{vmatrix}$ 的值为(　　).

A. 0　　B. abc　　C. ace　　D. abd

三、n 阶行列式

下面我们用这种递归法来定义一般的 n 阶行列式.

定义 4　由 n^2 个元素组成的一个算式,记为

$$D=\begin{vmatrix} a_{11} & a_{12} & \cdots & a_{1n} \\ a_{21} & a_{22} & \cdots & a_{2n} \\ \vdots & \vdots & & \vdots \\ a_{n1} & a_{n2} & \cdots & a_{nn} \end{vmatrix}$$

行列式的定义

称为 n 阶行列式,简称行列式. 其中 a_{ij} 称为行列式 D 的第 i 行第 j 列的元素($i,j=1,2,\cdots,n$).

当 $n=1$ 时,规定:$D=|a_{11}|=a_{11}$.

当 $n\geqslant2$ 时,

$$D=a_{11}A_{11}+a_{12}A_{12}+\cdots+a_{1n}A_{1n}=\sum_{j=1}^{n}a_{1j}A_{1j}.$$

其中 $A_{1j}=(-1)^{1+j}M_{1j}$ 为元素 a_{1j} 的代数余子式. M_{ij} 称为元素 a_{ij} 的余子式,表示行列式 D 划去第 i 行第 j 列($i,j=1,2,\cdots,n$)后所剩下的 $n-1$ 阶行列式.

例 3　计算四阶行列式

$$D=\begin{vmatrix} 3 & 0 & 0 & -5 \\ -4 & 1 & 0 & 2 \\ 6 & 2 & 7 & 0 \\ -2 & 4 & -2 & 1 \end{vmatrix}.$$

解　利用行列式的定义,将行列式 D 按第一行展开,得

$$D=3\times(-1)^{1+1}\begin{vmatrix} 1 & 0 & 2 \\ 2 & 7 & 0 \\ 4 & -2 & 1 \end{vmatrix}+(-5)\times(-1)^{1+4}\begin{vmatrix} -4 & 1 & 0 \\ 6 & 2 & 7 \\ -2 & 4 & -2 \end{vmatrix}$$

$$=3\left[1\times(-1)^{1+1}\begin{vmatrix}7&0\\-2&1\end{vmatrix}+2\times(-1)^{1+3}\begin{vmatrix}2&7\\4&-2\end{vmatrix}\right]+$$

$$5\left[(-4)\times(-1)^{1+1}\begin{vmatrix}2&7\\4&-2\end{vmatrix}+1\times(-1)^{1+2}\begin{vmatrix}6&7\\-2&-2\end{vmatrix}\right]$$

$$=3\times(-57)+5\times126=459.$$

例 4 试证下三角行列式

$$D=\begin{vmatrix}a_{11}&0&\cdots&0\\a_{21}&a_{22}&\cdots&0\\\vdots&\vdots&&\vdots\\a_{n1}&a_{n2}&\cdots&a_{nn}\end{vmatrix}=a_{11}a_{22}\cdots a_{nn}.$$

证明 利用 n 阶行列式的定义,依次按第一行展开降低其阶数,得

$$D=a_{11}(-1)^{1+1}\begin{vmatrix}a_{22}&0&\cdots&0\\a_{32}&a_{33}&\cdots&0\\\vdots&\vdots&&\vdots\\a_{n2}&a_{n3}&\cdots&a_{nn}\end{vmatrix}=a_{11}a_{22}(-1)^{1+1}\begin{vmatrix}a_{33}&0&\cdots&0\\a_{43}&a_{44}&\cdots&0\\\vdots&\vdots&&\vdots\\a_{n3}&a_{n4}&\cdots&a_{nn}\end{vmatrix}$$

$$=\cdots=a_{11}a_{22}\cdots a_{nn}.$$

同理可得上三角行列式

$$D=\begin{vmatrix}a_{11}&a_{12}&\cdots&a_{1n}\\0&a_{22}&\cdots&a_{2n}\\\vdots&\vdots&&\vdots\\0&0&\cdots&a_{nn}\end{vmatrix}=a_{11}a_{22}\cdots a_{nn}.$$

四、行列式的性质及计算

行列式的计算方法多种多样,但所有这些方法都是利用行列式的定义和性质演算出来的. 为了方便计算行列式,下面我们介绍行列式的性质.

性质 1 行、列依次互换,行列式的值不变.

对于 n 阶行列式 D,将所有对应行与列的位置互换所得到的行列式,称为 D 的转置行列式,记作 D^{T},则性质 1 用记号表示,即 $D=D^{\mathrm{T}}$.

例如,二阶行列式

$$D=\begin{vmatrix}a_{11}&a_{12}\\a_{21}&a_{22}\end{vmatrix}=a_{11}a_{22}-a_{21}a_{12},D^{\mathrm{T}}=\begin{vmatrix}a_{11}&a_{21}\\a_{12}&a_{22}\end{vmatrix}=a_{11}a_{22}-a_{21}a_{12}.$$

显然有 $D=D^{\mathrm{T}}$.

上面的性质 1 表明了行列式中的行与列具有同等的地位,于是行列式的性质如果对行成立,则对列也成立,反之亦然.

性质 2 互换行列式的任意两行(列),行列式仅改变符号.

例如,对二阶行列式互换两列,有

$$\begin{vmatrix} a_{11} & a_{12} \\ a_{21} & a_{22} \end{vmatrix} = a_{11}a_{22} - a_{12}a_{21} = -(a_{12}a_{21} - a_{11}a_{22}) = -\begin{vmatrix} a_{12} & a_{11} \\ a_{22} & a_{21} \end{vmatrix}.$$

通常用 r_i 表示行列式的第 i 行,用 c_i 表示第 i 列.交换 i,j 两行记作 $r_i \leftrightarrow r_j$,交换 i,j 两列记作 $c_i \leftrightarrow c_j$.

行列式的性质

性质 3　行列式中某一行(列)中所有元素乘以同一数 k,等于用数 k 乘以此行列式.

注:行列式中某一行(列)中所有的元素的公因子可以提到行列式记号的外面.

例如

$$\begin{vmatrix} a_{11} & a_{12} & a_{13} \\ ka_{21} & ka_{22} & ka_{23} \\ a_{31} & a_{32} & a_{33} \end{vmatrix} = k\begin{vmatrix} a_{11} & a_{12} & a_{13} \\ a_{21} & a_{22} & a_{23} \\ a_{31} & a_{32} & a_{33} \end{vmatrix}.$$

通常第 i 行(或列)乘以 k,记作 $r_i \times k$(或 $c_i \times k$).

推论　以下三种行列式的值等于零.

(1) 行列式中某一行(列)中所有元素为零.

(2) 行列式中某两行(列)对应元素相同.

(3) 行列式中有两行(列)对应元素成比例.

例如

$$\begin{vmatrix} a_{11} & a_{12} & a_{13} \\ ka_{11} & ka_{12} & ka_{13} \\ a_{31} & a_{32} & a_{33} \end{vmatrix} = k\begin{vmatrix} a_{11} & a_{12} & a_{13} \\ a_{11} & a_{12} & a_{13} \\ a_{31} & a_{32} & a_{33} \end{vmatrix} = 0.$$

推论的证明留给读者(利用性质 2 或性质 3).

性质 4　若行列式的某一行(列)的各元素是两数之和,则该行列式等于该行(列)的元素对应的两个行列式之和,其余各行(列)的元素与原行列式相同.

例如

$$\begin{vmatrix} a_{11}+b_{11} & a_{12}+b_{12} & a_{13}+b_{13} \\ a_{21} & a_{22} & a_{23} \\ a_{31} & a_{32} & a_{33} \end{vmatrix} = \begin{vmatrix} a_{11} & a_{12} & a_{13} \\ a_{21} & a_{22} & a_{23} \\ a_{31} & a_{32} & a_{33} \end{vmatrix} + \begin{vmatrix} b_{11} & b_{12} & b_{13} \\ a_{21} & a_{22} & a_{23} \\ a_{31} & a_{32} & a_{33} \end{vmatrix}.$$

性质 5　把行列式的某一行(列)的各元素乘以同一数后加到另一行(列)对应元素上去,行列式的值不变.

通常数 k 乘行列式中第 i 行(列)加到第 j 行(列)上,记作 $r_j + kr_i$($c_j + kc_i$).

例如

$$\begin{vmatrix} a_{11} & a_{12} & a_{13} \\ a_{21} & a_{22} & a_{23} \\ a_{31} & a_{32} & a_{33} \end{vmatrix} \xlongequal{r_2+kr_1} \begin{vmatrix} a_{11} & a_{12} & a_{13} \\ a_{21}+ka_{11} & a_{22}+ka_{12} & a_{23}+ka_{13} \\ a_{31} & a_{32} & a_{33} \end{vmatrix}.$$

性质 6　行列式等于它的任意一行(列)的各元素与对应的代数余子式的乘积之和.

以三阶行列式展开为例，

$$D=\begin{vmatrix} a_{11} & a_{12} & a_{13} \\ a_{21} & a_{22} & a_{23} \\ a_{31} & a_{32} & a_{33} \end{vmatrix},$$

按第 i 行展开，$D=a_{i1}A_{i1}+a_{i2}A_{i2}+a_{i3}A_{i3}(i=1,2,3)$，

按第 j 列展开，$D=a_{1j}A_{1j}+a_{2j}A_{2j}+a_{3j}A_{3j}(j=1,2,3)$.

性质 7 行列式中，任一行（列）的各元素与另一行（列）相应元素的代数余子式的乘积之和等于零.

例如，在三阶行列式

$$\begin{vmatrix} a_{11} & a_{12} & a_{13} \\ a_{21} & a_{22} & a_{23} \\ a_{31} & a_{32} & a_{33} \end{vmatrix}$$

中，有

$$a_{21}A_{11}+a_{22}A_{12}+a_{23}A_{13}=0.$$

对三阶行列式，性质 6 和性质 7 可以合写成

$$a_{i1}A_{j1}+a_{i2}A_{j2}+a_{i3}A_{j3}=\begin{cases} D,\text{当 } i=j \text{ 时}, \\ 0,\text{当 } i\neq j \text{ 时} \end{cases}(i,j=1,2,3),$$

$$a_{1i}A_{1j}+a_{2i}A_{2j}+a_{3i}A_{3j}=\begin{cases} D,\text{当 } i=j \text{ 时}, \\ 0,\text{当 } i\neq j \text{ 时} \end{cases}(i,j=1,2,3).$$

注：上述行列式的性质，在行列式的计算中应用非常广泛，在计算中常用行列式的性质化为上三角或下三角行列式，这是计算行列式的基本方法. 但是，在高阶行列式化为三角行列式的过程中，有时结合按行（列）展开化为三角行列式进行计算.

例 5 计算四阶行列式

$$\begin{vmatrix} 1 & 1 & -1 & 1 \\ -1 & 1 & 4 & 1 \\ 3 & 4 & 1 & 0 \\ 4 & 0 & -5 & 2 \end{vmatrix}.$$

解 方法一 化为上三角行列式

$$\begin{vmatrix} 1 & 1 & -1 & 1 \\ -1 & 1 & 4 & 1 \\ 3 & 4 & 1 & 0 \\ 4 & 0 & -5 & 2 \end{vmatrix} \xlongequal[\substack{r_3-3r_1 \\ r_4-4r_1}]{r_2+r_1} \begin{vmatrix} 1 & 1 & -1 & 1 \\ 0 & 2 & 3 & 2 \\ 0 & 1 & 4 & -3 \\ 0 & -4 & -1 & -2 \end{vmatrix} \xlongequal{r_2\leftrightarrow r_3} - \begin{vmatrix} 1 & 1 & -1 & 1 \\ 0 & 1 & 4 & -3 \\ 0 & 2 & 3 & 2 \\ 0 & -4 & -1 & -2 \end{vmatrix} \xlongequal[r_4+4r_2]{r_3-2r_2} - \begin{vmatrix} 1 & 1 & -1 & 1 \\ 0 & 1 & 4 & -3 \\ 0 & 0 & -5 & 8 \\ 0 & 0 & 15 & -14 \end{vmatrix}$$

$$\xlongequal{r_4+3r_3} - \begin{vmatrix} 1 & 1 & -1 & 1 \\ 0 & 1 & 4 & -3 \\ 0 & 0 & -5 & 8 \\ 0 & 0 & 0 & 10 \end{vmatrix} = 50.$$

利用行列式性质，化行列式为三角行列式的计算方法称为化三角形法.

方法二 利用性质 5 及性质 6，有

$$\begin{vmatrix}1&1&-1&1\\-1&1&4&1\\3&4&1&0\\4&0&-5&2\end{vmatrix}\xlongequal[r_4-2r_1]{r_2-r_1}\begin{vmatrix}1&1&-1&1\\-2&0&5&0\\3&4&1&0\\2&-2&-3&0\end{vmatrix}\xlongequal[\text{列展开}]{\text{按第 4}}1\times(-1)^{1+4}\begin{vmatrix}-2&0&5\\3&4&1\\2&-2&-3\end{vmatrix}$$

$$\xlongequal{r_2+2r_3}-\begin{vmatrix}-2&0&5\\7&0&-5\\2&-2&-3\end{vmatrix}\xlongequal[\text{列展开}]{\text{按第 2}}-(-2)\times(-1)^{3+2}\begin{vmatrix}-2&5\\7&-5\end{vmatrix}=50.$$

利用行列式性质将行列式某行(列)只保留一个非零元素,然后按此行(列)展开,转化为低阶行列式的计算方法称为降阶法.

例 6 计算行列式

$$\begin{vmatrix}1&2&3&4\\4&1&2&3\\3&4&1&2\\2&3&4&1\end{vmatrix}.$$

解 此行列式的特点是各行(列)元素的和都是 10,据此有

$$\begin{vmatrix}1&2&3&4\\4&1&2&3\\3&4&1&2\\2&3&4&1\end{vmatrix}\xlongequal[\substack{c_1+c_3\\c_1+c_4}]{c_1+c_2}\begin{vmatrix}10&2&3&4\\10&1&2&3\\10&4&1&2\\10&3&4&1\end{vmatrix}=\!=\!=10\begin{vmatrix}1&2&3&4\\1&1&2&3\\1&4&1&2\\1&3&4&1\end{vmatrix}$$

$$\xlongequal[\substack{r_3-r_1\\r_4-r_1}]{r_2-r_1}10\begin{vmatrix}1&2&3&4\\0&-1&-1&-1\\0&2&-2&-2\\0&1&1&-3\end{vmatrix}\xlongequal[r_4+r_2]{r_3+2r_2}10\begin{vmatrix}1&2&3&4\\0&-1&-1&-1\\0&0&-4&-4\\0&0&0&-4\end{vmatrix}=-160.$$

例 7 计算行列式

$$D=\begin{vmatrix}a&b&b&b\\b&a&b&b\\b&b&a&b\\b&b&b&a\end{vmatrix}.$$

解 $D=\begin{vmatrix}a&b&b&b\\b&a&b&b\\b&b&a&b\\b&b&b&a\end{vmatrix}\xlongequal{r_1+r_2+r_3+r_4}\begin{vmatrix}a+3b&a+3b&a+3b&a+3b\\b&a&b&b\\b&b&a&b\\b&b&b&a\end{vmatrix}$,

当 $a+3b\neq0$ 时,

$$D\xlongequal{r_1\times\frac{1}{a+3b}}(a+3b)\begin{vmatrix}1&1&1&1\\b&a&b&b\\b&b&a&b\\b&b&b&a\end{vmatrix}\xlongequal[i=2,3,4]{r_i-br_1}(a+3b)\begin{vmatrix}1&1&1&1\\0&a-b&0&0\\0&0&a-b&0\\0&0&0&a-b\end{vmatrix};$$

$$=(a+3b)(a-b)^3;$$

当 $a+3b=0$ 时,

显然 $D=0=(a+3b)(a-b)^3$.

因此

$$D=(a+3b)(a-b)^3.$$

练一练

已知 $\begin{vmatrix} a_1 & b_1 & c_1 \\ a_2 & b_2 & c_2 \\ a_3 & b_3 & c_3 \end{vmatrix}=1$，则 $\begin{vmatrix} 4a_1 & 2a_1-3b_1 & c_1 \\ 4a_2 & 2a_2-3b_2 & c_2 \\ 4a_3 & 2a_3-3b_3 & c_3 \end{vmatrix}=(\quad)$.

A. 1　　B. -1　　C. 12　　D. -12

五、克莱姆法则

含有 n 个未知数 $x_1,x_2,\cdots,x_n$ 的 n 个线性方程的方程组

$$\begin{cases} a_{11}x_1+a_{12}x_2+\cdots+a_{1n}x_n=b_1, \\ a_{21}x_1+a_{22}x_2+\cdots+a_{2n}x_n=b_2, \\ \cdots\cdots\cdots\cdots \\ a_{n1}x_1+a_{n2}x_2+\cdots+a_{nn}x_n=b_n. \end{cases}$$

与二、三元线性方程组相类似，它的解可以用 n 阶行列式表示，即

定理（克莱姆法则） 如果线性方程组

$$\begin{cases} a_{11}x_1+a_{12}x_2+\cdots+a_{1n}x_n=b_1, \\ a_{21}x_1+a_{22}x_2+\cdots+a_{2n}x_n=b_2, \\ \cdots\cdots\cdots\cdots \\ a_{n1}x_1+a_{n2}x_2+\cdots+a_{nn}x_n=b_n. \end{cases} \tag{4-2}$$

的系数行列式

$$D=\begin{vmatrix} a_{11} & a_{12} & \cdots & a_{1n} \\ a_{21} & a_{22} & \cdots & a_{2n} \\ \vdots & \vdots & & \vdots \\ a_{n1} & a_{n2} & \cdots & a_{nn} \end{vmatrix}\neq 0,$$

克莱姆法则

则方程组（4-2）有唯一解

$$x_1=\frac{D_1}{D},\quad x_2=\frac{D_2}{D},\cdots,\quad x_n=\frac{D_n}{D}.$$

其中 $D_j(j=1,2,\cdots,n)$ 是把系数行列式 D 中的第 j 列的元素用方程组右端的常数列代替后所得到的 n 阶行列式，即

$$D_j=\begin{vmatrix} a_{11} & \cdots & a_{1,j-1} & b_1 & a_{1,j+1} & \cdots & a_{1n} \\ a_{21} & \cdots & a_{2,j-1} & b_2 & a_{2,j+1} & \cdots & a_{2n} \\ \vdots & & \vdots & \vdots & \vdots & & \vdots \\ a_{n1} & \cdots & a_{n,j-1} & b_n & a_{n,j+1} & \cdots & a_{nn} \end{vmatrix}.$$

例 8 求解线性方程组

$$\begin{cases} x_1-x_2+2x_4=-5, \\ 3x_1+2x_2-x_3-2x_4=6, \\ 4x_1+3x_2-x_3-x_4=0, \\ 2x_1-x_3=0. \end{cases}$$

解 系数行列式

$$D=\begin{vmatrix} 1 & -1 & 0 & 2 \\ 3 & 2 & -1 & -2 \\ 4 & 3 & -1 & -1 \\ 2 & 0 & -1 & 0 \end{vmatrix} \xlongequal[r_3-r_4]{r_2-r_4} \begin{vmatrix} 1 & -1 & 0 & 2 \\ 1 & 2 & 0 & -2 \\ 2 & 3 & 0 & -1 \\ 2 & 0 & -1 & 0 \end{vmatrix} \xlongequal[\text{展开}]{\text{按第三列}} \begin{vmatrix} 1 & -1 & 2 \\ 1 & 2 & -2 \\ 2 & 3 & -1 \end{vmatrix}$$

$$\xlongequal[r_2-2r_3]{r_1+r_2} \begin{vmatrix} 2 & 1 & 0 \\ -3 & -4 & 0 \\ 2 & 3 & -1 \end{vmatrix} = -\begin{vmatrix} 2 & 1 \\ -3 & -4 \end{vmatrix} = 5 \neq 0.$$

同样可以计算

$$D_1=\begin{vmatrix} -5 & -1 & 0 & 2 \\ 6 & 2 & -1 & -2 \\ 0 & 3 & -1 & -1 \\ 0 & 0 & -1 & 0 \end{vmatrix}=10, \quad D_2=\begin{vmatrix} 1 & -5 & 0 & 2 \\ 3 & 6 & -1 & -2 \\ 4 & 0 & -1 & -2 \\ 2 & 0 & -1 & 0 \end{vmatrix}=-15,$$

$$D_3=\begin{vmatrix} 1 & -1 & -5 & 2 \\ 3 & 2 & 6 & -2 \\ 4 & 3 & 0 & -1 \\ 2 & 0 & 0 & 0 \end{vmatrix}=20, \quad D_4=\begin{vmatrix} 1 & -1 & 0 & -5 \\ 3 & 2 & -1 & 6 \\ 4 & 3 & -1 & 0 \\ 2 & 0 & -1 & 0 \end{vmatrix}=-25.$$

所以 $x_1=\dfrac{D_1}{D}=2, x_2=\dfrac{D_2}{D}=-3, x_3=\dfrac{D_3}{D}=4, x_4=\dfrac{D_4}{D}=-5.$

注: 1. 克莱姆法则的限制条件是 n 个未知数,n 个方程,且 $D\neq 0$. 若 $D=0$,且 D_j 中只要有一个不为零,则方程组无解.

2. 当线性方程组的常数项不全为零时,线性方程组称为 n 元非齐次线性方程组.

3. 当线性方程组的常数项全为零时,即

$$\begin{cases} a_{11}x_1+a_{12}x_2+\cdots+a_{1n}x_n=0, \\ a_{21}x_1+a_{22}x_2+\cdots+a_{2n}x_n=0, \\ \cdots\cdots\cdots\cdots \\ a_{n1}x_1+a_{n2}x_2+\cdots+a_{nn}x_n=0, \end{cases}$$

则称它为 n 元齐次线性方程组.

显然 n 元齐次线性方程组总有解 $x_1=x_2=\cdots=x_n=0$,该解称为齐次线性方程组的零解. 若解组 $x_1,x_2,\cdots,x_n$ 不全为零,则称为非零解. 那么,齐次线性方程组除了零解,是否还有非零解?

推论 若 n 元齐次线性方程组的系数行列式 $D\neq 0$,则它只有零解. 即若 n 元齐次线性方程组有非零解,则必有 $D=0$.

例 9 问 λ 为何值时,下列齐次线性方程组有非零解.

$$\begin{cases}\lambda x_1+x_2+x_3=0,\\2x_1+(\lambda-1)x_2+x_3=0,\\x_1+\lambda x_2+(3-\lambda)x_3=0.\end{cases}$$

测一测

解 $D=\begin{vmatrix}\lambda&1&1\\2&\lambda-1&1\\1&\lambda&3-\lambda\end{vmatrix}\xlongequal[r_2-r_1]{c_2-c_3}\begin{vmatrix}\lambda&0&1\\2-\lambda&\lambda-2&0\\1&2\lambda-3&3-\lambda\end{vmatrix}$

$$\xlongequal{\text{按第一行展开}}\lambda\begin{vmatrix}\lambda-2&0\\2\lambda-3&3-\lambda\end{vmatrix}+\begin{vmatrix}2-\lambda&\lambda-2\\1&2\lambda-3\end{vmatrix}$$

$$=\lambda(\lambda-2)(3-\lambda)+(2-\lambda)(2\lambda-2)=(2-\lambda)(\lambda^2-\lambda-2)=-(\lambda-2)^2(\lambda+1).$$

当 $D=0$ 时，即 $\lambda=2$ 或 $\lambda=-1$ 时，齐次方程组有非零解.

练一练

线性方程组 $\begin{cases}(1-\lambda)x_1-2x_2+4x_3=0,\\2x_1+(3-\lambda)x_2+x_3=0,\\x_1+x_2+(1-\lambda)x_3=0\end{cases}$ 只有零解，则 λ 满足的条件是(　　).

A. $\lambda\neq0$　　B. $\lambda\neq0,2$　　C. $\lambda\neq0,3$　　D. $\lambda\neq0,2,3$

同步练习 4.1

1. 求下列行列式的值.

(1) $\begin{vmatrix}a^2&ab\\ab&b^2\end{vmatrix}$；　(2) $\begin{vmatrix}1&2&3\\4&5&6\\7&8&9\end{vmatrix}$；　(3) $\begin{vmatrix}1&1&1\\a&b&c\\a^2&b^2&c^2\end{vmatrix}$.

2. 解线性方程组 $\begin{cases}x_1+x_2+x_3+x_4=5,\\x_1+2x_2-x_3+4x_4=-2,\\2x_1-3x_2-x_3-5x_4=-2,\\3x_1+x_2+2x_3+11x_4=0.\end{cases}$

3. 已知四阶行列式 D 中第三列元素依次为 $-1,2,0,1$，它们在 D 中的余子式依次为 $5,3,-7,4$，求 D 的值.

第二节　矩阵及其运算

矩阵是线性代数的一个基本概念，矩阵的运算是线性代数的基本内容，矩阵的理论和方法在自然科学和工程技术的许多领域有着广泛的应用，是研究和解决实际问题不可缺少的数学工具之一.

一、矩阵的概念

引例　某企业向三个商场发送四种产品，设 a_{ij} 表示企业向 $i(i=1,2,3)$ 商场发送 $B_j(j=1,2,3,4)$ 种产品的数量（单位：百件），发货方案见表 4-2.

表 4-2

商场	种类			
	B_1	B_2	B_3	B_4
第 1 商场	3	4	5	2
第 2 商场	2	3	4	5
第 3 商场	3	4	3	5

其发货量可以表示为这样一种矩形的数表：$\begin{pmatrix} 3 & 4 & 5 & 2 \\ 2 & 3 & 4 & 5 \\ 3 & 4 & 3 & 5 \end{pmatrix}$.

矩阵的概念

四种产品发货的单价为分别为：3，3，4，5；单位成本分别为：2.5，2.5，3，4，我们也可以用矩形数表表示为

$$\begin{pmatrix} 3 & 2.5 \\ 3 & 2.5 \\ 4 & 3 \\ 5 & 4 \end{pmatrix}.$$

类似这种矩形表，在自然科学、工程技术及经济领域中常常被应用. 数学上就把这样的矩形数表叫做矩阵.

定义 1　由 $m\times n$ 个数 $a_{ij}(i=1,2,\cdots,m;j=1,2,\cdots,n)$ 排成 m 行 n 列，并括以方括号（或圆括号）的矩形数表，称为 $m\times n$ 矩阵. 其中 a_{ij} 称为矩阵的第 i 行第 j 列的元素. 矩阵通常用大写黑体字母表示，记作

$$\boldsymbol{A}=\begin{pmatrix} a_{11} & a_{12} & \cdots & a_{1n} \\ a_{21} & a_{22} & \cdots & a_{2n} \\ \vdots & \vdots & & \vdots \\ a_{m1} & a_{m2} & \cdots & a_{mn} \end{pmatrix},$$

也简记为 $\boldsymbol{A}=(a_{ij})$. 为标明矩阵的行数 m 和列数 n，矩阵 $\boldsymbol{A}$ 也记作 $\boldsymbol{A}_{m\times n}$ 或 $\boldsymbol{A}=(a_{ij})_{m\times n}$.

本章只讨论元素是实数的矩阵（实矩阵）. 矩阵通常用大写黑斜体英文字母 $\boldsymbol{A},\boldsymbol{B},\boldsymbol{C}$ 等表示.

定义 2　矩阵的相等

我们把具有相同行数和列数的矩阵称为同型矩阵. 若矩阵 $\boldsymbol{A}=(a_{ij})_{m\times n}$ 和矩阵 $\boldsymbol{B}=(b_{ij})_{m\times n}$ 为同型矩阵，且对应的元素相等，即

$$a_{ij}=b_{ij}(i=1,2,\cdots,m;j=1,2,\cdots,n),$$

则称矩阵 $\boldsymbol{A}$ 与矩阵 $\boldsymbol{B}$ 相等，记作

$$\boldsymbol{A}=\boldsymbol{B}.$$

例如 $\boldsymbol{A}=\begin{pmatrix}1&5&-2\\x&0&3\end{pmatrix}$，$\boldsymbol{B}=\begin{pmatrix}1&y&-2\\6&0&3\end{pmatrix}$，若已知 $\boldsymbol{A}=\boldsymbol{B}$，则必有 $x=6$，$y=5$.

注：矩阵和行列式是不一样的，不要混淆了它们的实质及形式上的不同. n 阶行列式是一个数，$m\times n$ 矩阵 $\boldsymbol{A}$ 不是一个数，而是由 $m\times n$ 个数按一定顺序排成的矩形数表.

在以后的讨论中，我们常会用到下面一些特殊形式的矩阵.

二、几种特殊矩阵

1. 方阵

当矩阵 $\boldsymbol{A}$ 的行数与列数相等，即 $m=n$ 时，称 $\boldsymbol{A}$ 为 n 阶方阵，记作 $\boldsymbol{A}_n$.

2. 行矩阵

只有一行的矩阵 $\boldsymbol{A}=(a_1,a_2,\cdots,a_n)$，称为行矩阵.

注：为避免元素间的混淆，行距阵中的元素之间一般用逗号分开.

3. 列矩阵

只有一列的矩阵 $\boldsymbol{A}=\begin{pmatrix}b_1\\b_2\\\vdots\\b_m\end{pmatrix}$ 称为列矩阵.

4. 零矩阵

元素都是零的矩阵称为零矩阵，记作 $\boldsymbol{O}_{m\times n}$ 或 $\boldsymbol{O}$.

注：不同型的零矩阵是不同的.

5. 对角矩阵

如果矩阵主对角线以外的元素都为零，则称其为对角矩阵，即

$$\begin{pmatrix}a_{11}&0&\cdots&0\\0&a_{22}&\cdots&0\\\vdots&\vdots&&\vdots\\0&0&\cdots&a_{nn}\end{pmatrix}.$$

6. 单位矩阵

主对角线上的每个元素都为 1 的对角矩阵，称为单位矩阵，记作 $\boldsymbol{E}$ 或 $\boldsymbol{E}_n$，即

$$\boldsymbol{E}=\begin{pmatrix}1&0&\cdots&0\\0&1&\cdots&0\\\vdots&\vdots&&\vdots\\0&0&\cdots&1\end{pmatrix}.$$

7. 上(下)三角矩阵

主对角线下(上)方的元素全为零的方阵称为上(下)三角矩阵，即

$$\begin{pmatrix} a_{11} & a_{12} & \cdots & a_{1n} \\ 0 & a_{22} & \cdots & a_{2n} \\ \vdots & \vdots & & \vdots \\ 0 & 0 & \cdots & a_{nn} \end{pmatrix},\begin{pmatrix} a_{11} & 0 & \cdots & 0 \\ a_{21} & a_{22} & \cdots & 0 \\ \vdots & \vdots & & \vdots \\ a_{n1} & a_{n2} & \cdots & a_{nn} \end{pmatrix}.$$

例 1　北京市某户居民第三季度每个月的水(单位:t)、电(单位:kW·h)、天然气(单位:m^3)的使用情况,可以用一个三行三列的数表来表示

	水	电	气
7 月	10	190	15
8 月	10	195	16
9 月	9	165	14

,即

$$\begin{pmatrix} 10 & 190 & 15 \\ 10 & 195 & 16 \\ 9 & 165 & 14 \end{pmatrix}.$$

例 2　(可达性矩阵)某航空公司在 C_1,C_2,C_3,C_4 四个城市间开辟了若干航线,图 4-2 表示四城市间的航班图.

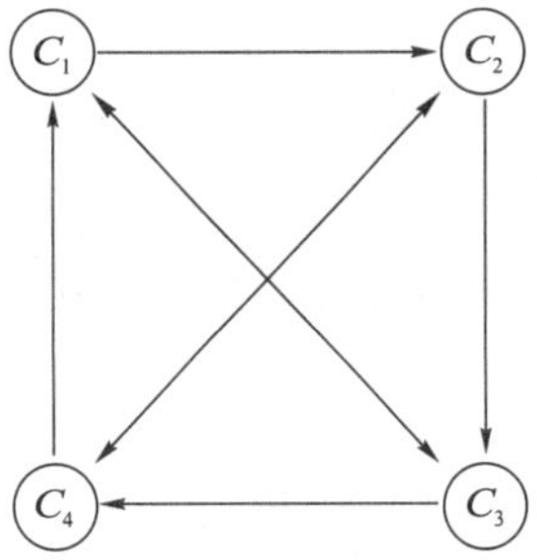

图 4-2

若从 i 市到 j 市有航班则令 $a_{ij}=1$,从 i 市到 j 市没有航班则令 $a_{ij}=0$,那么图 4-2 的可达性矩阵为

$$\boldsymbol{P}=\begin{pmatrix} 0 & 1 & 1 & 0 \\ 0 & 0 & 1 & 1 \\ 1 & 0 & 0 & 1 \\ 1 & 1 & 0 & 0 \end{pmatrix}.$$

三、矩阵的运算

1. 矩阵的加(减)

定义 3　两个 $m\times n$ 矩阵 $\boldsymbol{A}=(a_{ij})$,$\boldsymbol{B}=(b_{ij})$对应元素相加(或减)得到的 $m\times n$ 矩阵,称为矩阵 $\boldsymbol{A}$ 与矩阵 $\boldsymbol{B}$ 的和(差),记作 $\boldsymbol{A}+\boldsymbol{B}$(或 $\boldsymbol{A}-\boldsymbol{B}$),即

$$\boldsymbol{A}\pm\boldsymbol{B}=\begin{pmatrix} a_{11}\pm b_{11} & a_{12}\pm b_{12} & \cdots & a_{1n}\pm b_{1n} \\ a_{21}\pm b_{21} & a_{22}\pm b_{22} & \cdots & a_{2n}\pm b_{2n} \\ \vdots & \vdots & & \vdots \\ a_{m1}\pm b_{m1} & a_{m2}\pm b_{m2} & \cdots & a_{mn}\pm b_{mn} \end{pmatrix}.$$

注:只有当两个矩阵是同型矩阵时,这两个矩阵才能进行加(减)法运算.

矩阵的加法运算满足下列运算规律(设 $\boldsymbol{A},\boldsymbol{B},\boldsymbol{C}$ 都是 $m\times n$ 矩阵):

(1) 交换律:$\boldsymbol{A}+\boldsymbol{B}=\boldsymbol{B}+\boldsymbol{A}$;

(2) 结合律:$\boldsymbol{A}+(\boldsymbol{B}+\boldsymbol{C})=(\boldsymbol{A}+\boldsymbol{B})+\boldsymbol{C}$.

2. 数与矩阵相乘

定义 4　以数 λ 乘矩阵 $\boldsymbol{A}$ 的每一个元素所得到的矩阵,称为数乘矩阵,记作 $\lambda\boldsymbol{A}$ 或 $\boldsymbol{A}\lambda$,即

矩阵的运算(一)

$$\lambda\boldsymbol{A}=\boldsymbol{A}\lambda=\begin{pmatrix} \lambda a_{11} & \lambda a_{12} & \cdots & \lambda a_{1n} \\ \lambda a_{21} & \lambda a_{22} & \cdots & \lambda a_{2n} \\ \vdots & \vdots & & \vdots \\ \lambda a_{m1} & \lambda a_{m2} & \cdots & \lambda a_{mn} \end{pmatrix}.$$

注:数 λ 乘矩阵 $\boldsymbol{A}$ 等于把数 λ 乘矩阵 $\boldsymbol{A}$ 的每一个元素,这与数乘行列式是不同的.

数乘矩阵满足下列运算规律(设 $\boldsymbol{A},\boldsymbol{B}$ 为同型矩阵,λ,μ 是数):

(1) 结合律:$(\lambda\mu)\boldsymbol{A}=\lambda(\mu\boldsymbol{A})$;

(2) 分配律:$(\lambda+\mu)\boldsymbol{A}=\lambda\boldsymbol{A}+\mu\boldsymbol{A}$,$\lambda(\boldsymbol{A}+\boldsymbol{B})=\lambda\boldsymbol{A}+\lambda\boldsymbol{B}$.

例 3 已知 $\boldsymbol{A}=\begin{pmatrix}2&4&1\\3&-3&-2\end{pmatrix}$,$\boldsymbol{B}=\begin{pmatrix}1&0&-1\\2&3&-2\end{pmatrix}$. 求 $\boldsymbol{A}+2\boldsymbol{B}$ 及 $\boldsymbol{A}-\boldsymbol{B}$.

解 $$\boldsymbol{A}+2\boldsymbol{B}=\begin{pmatrix}2&4&1\\3&-3&-2\end{pmatrix}+2\begin{pmatrix}1&0&-1\\2&3&-2\end{pmatrix}=\begin{pmatrix}2&4&1\\3&-3&-2\end{pmatrix}+\begin{pmatrix}2&0&-2\\4&6&-4\end{pmatrix}=\begin{pmatrix}4&4&-1\\7&3&-6\end{pmatrix},$$

$$\boldsymbol{A}-\boldsymbol{B}=\begin{pmatrix}2&4&1\\3&-3&-2\end{pmatrix}-\begin{pmatrix}1&0&-1\\2&3&-2\end{pmatrix}=\begin{pmatrix}1&4&2\\1&-6&0\end{pmatrix}.$$

练一练

已知 $\boldsymbol{A}=\begin{pmatrix}1&3&1\\2&2&0\\3&1&1\end{pmatrix}$,$\boldsymbol{B}=\begin{pmatrix}1&0&2\\-1&1&1\\2&1&1\end{pmatrix}$,则 $3\boldsymbol{A}-\boldsymbol{B}=$( ).

A. $\begin{pmatrix}1&1&3\\2&0&2\\3&1&1\end{pmatrix}$ B. $\begin{pmatrix}2&9&1\\7&5&-1\\7&2&2\end{pmatrix}$ C. $\begin{pmatrix}1&9&1\\0&5&1\\7&1&0\end{pmatrix}$ D. $\begin{pmatrix}1&3&1\\2&0&-1\\5&1&0\end{pmatrix}$

3. 矩阵的乘法

在引例中,求该企业向三个商场所发产品的总价及总成本.

第 1 商场的总价为 $3\times3+4\times3+5\times4+2\times5=51$;

第 1 商场的总成本为 $3\times2.5+4\times2.5+5\times3+2\times4=40.5$.

类似地,我们可算出第 2 商场、第 3 商场所发产品的总价及总成本. 得到下面的总价和总成本矩阵.

$$\begin{array}{cc} \text{总价} & \text{总成本} \end{array}$$
$$\begin{pmatrix}51&40.5\\56&44.5\\58&46.5\end{pmatrix}\begin{array}{l}\text{第 1 商场}\\\text{第 2 商场}\\\text{第 3 商场}\end{array}$$

用矩阵 $\boldsymbol{A}$ 表示向三个商场发货的数量,矩阵 $\boldsymbol{B}$ 表示四种产品 $B_j(j=1,2,3,4)$ 的单价和单位成本,即

$$\begin{array}{c}\quad B_1\quad B_2\quad B_3\quad B_4\\ \boldsymbol{A}=\begin{pmatrix}a_{11}&a_{12}&a_{13}&a_{14}\\a_{21}&a_{22}&a_{23}&a_{24}\\a_{31}&a_{32}&a_{33}&a_{34}\end{pmatrix}\end{array}\begin{array}{l}\text{第 1 商场}\\\text{第 2 商场,}\\\text{第 3 商场}\end{array}\quad \begin{array}{c}\text{单价}\ \ \text{成本}\\ \boldsymbol{B}=\begin{pmatrix}b_{11}&b_{12}\\b_{21}&b_{22}\\b_{31}&b_{32}\\b_{41}&b_{42}\end{pmatrix}\end{array},$$

则

$$
\begin{array}{ll}
 & \begin{array}{cc}\qquad\qquad\text{总价}\qquad\qquad & \qquad\qquad\text{总成本}\qquad\qquad\end{array} \\
C=\begin{pmatrix}
a_{11}b_{11}+a_{12}b_{21}+a_{13}b_{31}+a_{14}b_{41} & a_{11}b_{12}+a_{12}b_{22}+a_{13}b_{32}+a_{14}b_{42} \\
a_{21}b_{11}+a_{22}b_{21}+a_{23}b_{31}+a_{24}b_{41} & a_{21}b_{12}+a_{22}b_{22}+a_{23}b_{32}+a_{24}b_{42} \\
a_{31}b_{11}+a_{32}b_{21}+a_{33}b_{31}+a_{34}b_{41} & a_{31}b_{12}+a_{32}b_{22}+a_{33}b_{32}+a_{34}b_{42}
\end{pmatrix} & \begin{array}{l}\text{第 1 商场}\\ \text{第 2 商场}\\ \text{第 3 商场}\end{array}
\end{array}
$$

从这个矩形数表中可清楚地看到所求结果:矩阵 $\boldsymbol{C}$ 的第一行的两个元素分别表示了向第 1 商场所发产品的总价和总成本;第二行分别表示了向第 2 商场所发产品的总价和总成本;第三行分别表示了向第 3 商场所发产品的总价和总成本.

这里,矩阵 $\boldsymbol{C}$ 的第 i 行第 j 列的元素是矩阵 $\boldsymbol{A}$ 的第 i 行元素与矩阵 $\boldsymbol{B}$ 的第 j 列的对应元素乘积之和.一般地,我们有

定义 5　设矩阵 $\boldsymbol{A}=(a_{ij})_{m\times s}$,$\boldsymbol{B}=(b_{ij})_{s\times n}$,由

$$c_{ij}=a_{i1}b_{1j}+a_{i2}b_{2j}+\cdots+a_{is}b_{sj}=\sum_{k=1}^{s}a_{ik}b_{kj}(i=1,2,\cdots,m;j=1,2,\cdots,n),$$

为元素的矩阵 $\boldsymbol{C}=(c_{ij})_{m\times n}$ 称为矩阵 $\boldsymbol{A}$ 与矩阵 $\boldsymbol{B}$ 的乘积,记作 $\boldsymbol{C}=\boldsymbol{AB}=(c_{ij})_{m\times n}$.

注:只有当 $\boldsymbol{A}$(左矩阵)的列数等于 $\boldsymbol{B}$(右矩阵)的行数时,$\boldsymbol{A}$ 与 $\boldsymbol{B}$ 才能相乘,否则没有意义.两个矩阵 $\boldsymbol{A}$,$\boldsymbol{B}$ 相乘得到的矩阵 $\boldsymbol{C}$ 的第 i 行第 j 列的元素 c_{ij} 是第一个矩阵的第 i 行与第二个矩阵的第 j 列对应元素乘积的和.

矩阵的运算(二)

例 4　设矩阵 $\boldsymbol{A}=\begin{pmatrix}1&2\\3&-1\\0&4\end{pmatrix}$,$\boldsymbol{B}=\begin{pmatrix}2&4\\3&1\end{pmatrix}$,求 $\boldsymbol{AB}$.

解　$$\boldsymbol{AB}=\begin{pmatrix}1&2\\3&-1\\0&4\end{pmatrix}\begin{pmatrix}2&4\\3&1\end{pmatrix}$$

$$=\begin{pmatrix}1\times2+2\times3 & 1\times4+2\times1\\ 3\times2+(-1)\times3 & 3\times4+(-1)\times1\\ 0\times2+4\times3 & 0\times4+4\times1\end{pmatrix}=\begin{pmatrix}8&6\\3&11\\12&4\end{pmatrix}.$$

注:此例中,$\boldsymbol{A}$ 为 3×2 矩阵,$\boldsymbol{B}$ 为 2×2 矩阵,乘积 $\boldsymbol{AB}$ 有意义,而 $\boldsymbol{BA}$ 没有意义.由此可知,在矩阵乘法中必须注意矩阵相乘的顺序,不能随意改变.

例 5　设 $\boldsymbol{A}=(2\quad3\quad7)$,$\boldsymbol{B}=\begin{pmatrix}1\\5\\4\end{pmatrix}$,求 $\boldsymbol{AB}$ 及 $\boldsymbol{BA}$.

解　$\boldsymbol{A}$ 为 1×3 行矩阵,$\boldsymbol{B}$ 为 3×1 列矩阵,则 $\boldsymbol{AB}$ 为 1 阶方阵,也就是一个数,即

$$\boldsymbol{AB}=(2\quad3\quad7)\begin{pmatrix}1\\5\\4\end{pmatrix}=2+15+28=45,$$

而 $\boldsymbol{BA}$ 为 3 阶方阵,即

$$\boldsymbol{BA}=\begin{pmatrix}1\\5\\4\end{pmatrix}(2\quad3\quad7)=\begin{pmatrix}2&3&7\\10&15&35\\8&12&28\end{pmatrix}.$$

注:矩阵的乘法不满足交换律,即在一般情况下 $\boldsymbol{AB}\neq\boldsymbol{BA}$.

例 6 设 $A=\begin{pmatrix}1 & 1\\ -1 & -1\end{pmatrix}$，$B=\begin{pmatrix}1 & -1\\ -1 & 1\end{pmatrix}$，求 AB.

解 $AB=\begin{pmatrix}1 & 1\\ -1 & -1\end{pmatrix}\begin{pmatrix}1 & -1\\ -1 & 1\end{pmatrix}=\begin{pmatrix}0 & 0\\ 0 & 0\end{pmatrix}$.

注：此例表明，在讨论矩阵时，不能从 $AB=O$，推出 $A=O$ 或 $B=O$.

例 7 已知 $A=\begin{pmatrix}2 & 3 & 0\\ 1 & 2 & 0\end{pmatrix}$，$B=\begin{pmatrix}1 & 0\\ 0 & 2\\ 3 & 0\end{pmatrix}$，$C=\begin{pmatrix}1 & 0\\ 0 & 2\\ 4 & 5\end{pmatrix}$. 求 AB 及 AC.

解 $AB=\begin{pmatrix}2 & 3 & 0\\ 1 & 2 & 0\end{pmatrix}\begin{pmatrix}1 & 0\\ 0 & 2\\ 3 & 0\end{pmatrix}=\begin{pmatrix}2 & 6\\ 1 & 4\end{pmatrix}$，

$AC=\begin{pmatrix}2 & 3 & 0\\ 1 & 2 & 0\end{pmatrix}\begin{pmatrix}1 & 0\\ 0 & 2\\ 4 & 5\end{pmatrix}=\begin{pmatrix}2 & 6\\ 1 & 4\end{pmatrix}$.

注：当矩阵 $A\neq O$ 时，一般不能由 $AB=AC$ 得到 $B=C$，即矩阵乘法不满足消去律.

对于单位矩阵 E，容易验证

$$E_m A_{m\times n}=A_{m\times n},A_{m\times n}E_n=A_{m\times n}.$$

或简写成

$$EA=AE=A.$$

矩阵的乘法不满足交换律与消去律，是矩阵乘法区别于数的乘法的两个重要特点. 但是它们也有相同或相似的运算律，即矩阵的乘法满足下列运算律：

(1) 结合律：$(AB)C=A(BC)$；

(2) 数乘结合律：$k(AB)=(kA)B=A(kB)$；

(3) 左分配律：$A(B+C)=AB+AC$；

右分配律：$(B+C)A=BA+CA$.

练一练

若 $A=\begin{pmatrix}1 & 2\\ 4 & 3\end{pmatrix}$ 与 $B=\begin{pmatrix}x & 1\\ 2 & y\end{pmatrix}$ 相乘可交换，则 x 与 y 满足的关系为(　　).

A. $y=x$　　B. $y=2x$　　C. $y=x+1$　　D. $y=x-1$

4. n 阶方阵的幂

若 A 是 n 阶方阵，则 A^m 是 A 的 m 次幂，即 m 个 A 相乘，其中 m 是正整数. 当 $m=0$ 时，规定 $A^0=E$.

若 $A^2=A$，则称 A 为幂等矩阵.

对矩阵的乘幂，有 $A^kA^l=A^{k+l}$，$(A^k)^l=A^{k\cdot l}$，其中 k,l 为正整数.

例 8 设 $A=\begin{pmatrix}3 & 2\\ -4 & -3\end{pmatrix}$，求 A^5.

解 因为 $AA=\begin{pmatrix}3 & 2\\ -4 & -3\end{pmatrix}\begin{pmatrix}3 & 2\\ -4 & -3\end{pmatrix}=\begin{pmatrix}1 & 0\\ 0 & 1\end{pmatrix}$，所以

$$A^5=\begin{pmatrix}3&2\\-4&-3\end{pmatrix}^2\begin{pmatrix}3&2\\-4&-3\end{pmatrix}^2\begin{pmatrix}3&2\\-4&-3\end{pmatrix}=\begin{pmatrix}3&2\\-4&-3\end{pmatrix}.$$

利用矩阵的乘法,线性方程组可表示为矩阵形式.

设线性方程组的一般形式为

$$\begin{cases}a_{11}x_1+a_{12}x_2+\cdots+a_{1n}x_n=b_1,\\a_{21}x_1+a_{22}x_2+\cdots+a_{2n}x_n=b_2,\\\cdots\cdots\cdots\cdots\\a_{m1}x_1+a_{m2}x_2+\cdots+a_{mn}x_n=b_m,\end{cases}\tag{4-3}$$

其中 m,n 可以相等,也可以不相等.

令

$$A=\begin{pmatrix}a_{11}&a_{12}&\cdots&a_{1n}\\a_{21}&a_{22}&\cdots&a_{2n}\\\vdots&\vdots&&\vdots\\a_{m1}&a_{m2}&\cdots&a_{mn}\end{pmatrix},\quad X=\begin{pmatrix}x_1\\x_2\\\vdots\\x_n\end{pmatrix},\quad B=\begin{pmatrix}b_1\\b_2\\\vdots\\b_m\end{pmatrix},$$

则方程组(4-3)的矩阵方程为

$$AX=B.$$

其中 A,X,B 分别称为系数矩阵、未知量矩阵和常数矩阵.

5. 矩阵的转置

定义 6　把 $m\times n$ 矩阵 A 的行与列依次互换,所得到的 $n\times m$ 矩阵称为 A 的转置矩阵,记作 A^{T}.

例如,矩阵 $A=\begin{pmatrix}2&6&3\\5&-4&1\end{pmatrix}$ 的转置矩阵为 $A^{\mathrm{T}}=\begin{pmatrix}2&5\\6&-4\\3&1\end{pmatrix}$.

矩阵的转置是一种运算,它满足下列运算规律(假设运算都是可行的):

(1) $(A^{\mathrm{T}})^{\mathrm{T}}=A$;

(2) $(A+B)^{\mathrm{T}}=A^{\mathrm{T}}+B^{\mathrm{T}}$;

(3) $(\lambda A)^{\mathrm{T}}=\lambda A^{\mathrm{T}}$;

(4) $(AB)^{\mathrm{T}}=B^{\mathrm{T}}A^{\mathrm{T}}$.

注:若 $A^{\mathrm{T}}=A$,称 A 是对称矩阵.

例 9　设 $A=\begin{pmatrix}2&0&-1\\1&3&2\end{pmatrix}$,$B=\begin{pmatrix}3&0\\1&4\\0&2\end{pmatrix}$,求$(AB)^{\mathrm{T}}$.

测一测

解　因为

$$AB=\begin{pmatrix}2&0&-1\\1&3&2\end{pmatrix}\begin{pmatrix}3&0\\1&4\\0&2\end{pmatrix}=\begin{pmatrix}6&-2\\6&16\end{pmatrix},$$

所以$(AB)^{\mathrm{T}}=\begin{pmatrix}6&6\\-2&16\end{pmatrix}$.

6. 方阵的行列式

由 n 阶方阵 A 的元素所构成的行列式(各元素的位置不变),称为方阵 A 的行列式,记作 $|A|$.

必须指出,只有方阵才有对应的行列式.方阵和行列式是两个不同的概念,n 阶方阵是 n^2 个数按一定方式排成的矩形数表,而 n 阶行列式则是这些数按一定的运算法则所确定的一个值.

设 $\boldsymbol{A},\boldsymbol{B}$ 为 n 阶方阵,λ 为实数,满足:

(1) $|\boldsymbol{A}^{\mathrm{T}}|=|\boldsymbol{A}|$;

(2) $|\lambda\boldsymbol{A}|=\lambda^n|\boldsymbol{A}|$;

(3) $|\boldsymbol{AB}|=|\boldsymbol{A}|\cdot|\boldsymbol{B}|$.

例 10 设 $\boldsymbol{A}=\begin{pmatrix}2&5&3\\0&1&-2\\0&0&-3\end{pmatrix}$,$\boldsymbol{B}=\begin{pmatrix}1&7&-4\\0&2&5\\0&0&4\end{pmatrix}$.求 $|\boldsymbol{AB}|$,$|\boldsymbol{A}+\boldsymbol{B}|$,$|\boldsymbol{A}|+|\boldsymbol{B}|$,$|2\boldsymbol{A}|$.

解
$$|\boldsymbol{AB}|=|\boldsymbol{A}||\boldsymbol{B}|=2\times1\times(-3)\times1\times2\times4=-48,$$
$$|\boldsymbol{A}+\boldsymbol{B}|=\begin{vmatrix}3&12&-1\\0&3&3\\0&0&1\end{vmatrix}=9,\ |\boldsymbol{A}|+|\boldsymbol{B}|=-6+8=2,$$
$$|2\boldsymbol{A}|=\begin{vmatrix}4&10&6\\0&2&-4\\0&0&-6\end{vmatrix}=4\times2\times(-6)=-48.$$

注:对于两个 n 阶方阵 $\boldsymbol{A}$ 与 $\boldsymbol{B}$,一般地 $|\boldsymbol{A}+\boldsymbol{B}|\neq|\boldsymbol{A}|+|\boldsymbol{B}|$.

同步练习 4.2

1. 设 $\boldsymbol{A}=\begin{pmatrix}1&2\\0&1\end{pmatrix}$,$\boldsymbol{B}=\begin{pmatrix}-1&1\\1&-1\end{pmatrix}$,求 $2\boldsymbol{A}-3\boldsymbol{B}$,$\boldsymbol{AB}+\boldsymbol{BA}$,$\boldsymbol{AB}^{\mathrm{T}}$,$|\boldsymbol{A}^{\mathrm{T}}\boldsymbol{B}|$,$|2\boldsymbol{A}|$.

2. 设 $\boldsymbol{A}=\begin{pmatrix}1&2\\1&3\end{pmatrix}$,$\boldsymbol{B}=\begin{pmatrix}1&0\\1&2\end{pmatrix}$,问:

(1) $\boldsymbol{AB}=\boldsymbol{BA}$ 吗?

(2) $(\boldsymbol{A}+\boldsymbol{B})^2=\boldsymbol{A}^2+2\boldsymbol{AB}+\boldsymbol{B}^2$ 吗?

(3) $(\boldsymbol{A}+\boldsymbol{B})(\boldsymbol{A}-\boldsymbol{B})=\boldsymbol{A}^2-\boldsymbol{B}^2$ 吗?

3. 设 $\boldsymbol{A}=\begin{pmatrix}1&0\\\lambda&1\end{pmatrix}$,求 $\boldsymbol{A}^k(k\in\mathrm{N})$.

第三节 逆矩阵

矩阵的运算中,定义了加法、减法和乘法运算,是否可以定义矩阵的除法呢?由于矩阵的乘法不满足交换律,因此我们不能一般地定义矩阵的除法.

一、逆矩阵的定义

引例 某一汽车销售公司有两个销售部,矩阵 $\boldsymbol{S}$ 给出了两个汽车销售部的两种汽车的销量:

$$\begin{array}{c} \\ S= \end{array}\begin{array}{c} \quad 一 \quad 二 \\ \begin{pmatrix} 18 & 15 \\ 24 & 17 \end{pmatrix} \end{array}\begin{array}{l} \\ 大 \\ 小 \end{array}$$

逆矩阵

月末盘点时统计得到两个销售部的利润,用矩阵表示为 $\boldsymbol{W}=(37\ 200,35\ 050)$. 设两种车的销售利润为矩阵 $\boldsymbol{P}=(a,b)$,则有 $\boldsymbol{PS}=\boldsymbol{W}$,问公司如何从 $\boldsymbol{PS}=\boldsymbol{W}$ 中得到两种车的销售利润 $\boldsymbol{P}$?

分析:要解决这一问题,需要引入类似于数的除法的运算. 从矩阵的角度来看,单位矩阵 $\boldsymbol{E}$ 类似于数 1 的作用. 一个数 $a\neq 0$ 的倒数 a^{-1} 可用 $aa^{-1}=a^{-1}a=1$ 来表示.

定义　对于 n 阶方阵 $\boldsymbol{A}$,如果存在 n 阶方阵 $\boldsymbol{B}$,使得

$$\boldsymbol{AB}=\boldsymbol{BA}=\boldsymbol{E}.$$

则称方阵 $\boldsymbol{A}$ 是可逆的,并称 $\boldsymbol{B}$ 是 $\boldsymbol{A}$ 的逆矩阵,简称 $\boldsymbol{A}$ 的逆,记作 $\boldsymbol{A}^{-1}$,即 $\boldsymbol{A}^{-1}=\boldsymbol{B}$.

显然 $\boldsymbol{A}$ 也是 $\boldsymbol{B}$ 的逆矩阵,即 $\boldsymbol{A}$ 与 $\boldsymbol{B}$ 互逆. 容易得到:若 $\boldsymbol{A}$ 可逆,则 $\boldsymbol{A}$ 的逆是唯一的.

可逆矩阵具有下列性质:

(1) 若 $\boldsymbol{A}$ 可逆,则 $\boldsymbol{A}^{-1}$ 也可逆,且 $(\boldsymbol{A}^{-1})^{-1}=\boldsymbol{A}$;

(2) 若 $\boldsymbol{A}$ 可逆,数 $\lambda\neq 0$,则 $\lambda\boldsymbol{A}$ 也可逆,且 $(\lambda\boldsymbol{A})^{-1}=\dfrac{1}{\lambda}\boldsymbol{A}^{-1}$;

(3) 若 $\boldsymbol{A}$ 可逆,则 $|\boldsymbol{A}^{-1}|=|\boldsymbol{A}|^{-1}$;

(4) 若 $\boldsymbol{A},\boldsymbol{B}$ 是两个同阶可逆方阵,则 $\boldsymbol{AB}$ 也可逆,且 $(\boldsymbol{AB})^{-1}=\boldsymbol{B}^{-1}\boldsymbol{A}^{-1}$;

(5) 若 $\boldsymbol{A}$ 可逆,则 $\boldsymbol{A}^{\mathrm{T}}$ 也可逆,且 $(\boldsymbol{A}^{\mathrm{T}})^{-1}=(\boldsymbol{A}^{-1})^{\mathrm{T}}$.

$\boldsymbol{A}$ 需要满足什么条件才能是可逆矩阵呢? $\boldsymbol{A}$ 可逆时,其逆矩阵 $\boldsymbol{A}^{-1}$ 又怎样求呢?

练一练

设 $\boldsymbol{A},\boldsymbol{B},\boldsymbol{C},\boldsymbol{D}$ 都是 n 阶可逆矩阵,满足 $\boldsymbol{ABCD}=\boldsymbol{E}_n$,则必有(　　).

A. $\boldsymbol{CBAD}=\boldsymbol{E}_n$　　B. $\boldsymbol{BADC}=\boldsymbol{E}_n$

C. $\boldsymbol{DCBA}=\boldsymbol{E}_n$　　D. $\boldsymbol{BCDA}=\boldsymbol{E}_n$

二、逆矩阵的求法

定理　n 阶方阵 $\boldsymbol{A}$ 可逆的充要条件是 $|\boldsymbol{A}|\neq 0$,且当 $\boldsymbol{A}$ 可逆时

$$\boldsymbol{A}^{-1}=\frac{1}{|\boldsymbol{A}|}\boldsymbol{A}^{*}, \tag{4-4}$$

其中 $\boldsymbol{A}^{*}$ 为 $\boldsymbol{A}$ 的伴随矩阵,即 $\boldsymbol{A}^{*}=\begin{pmatrix} A_{11} & A_{21} & \cdots & A_{n1} \\ A_{12} & A_{22} & \cdots & A_{n2} \\ \vdots & \vdots & & \vdots \\ A_{1n} & A_{2n} & \cdots & A_{nn} \end{pmatrix}$.

此定理不仅指出了方阵可逆的条件,而且在可逆的情况下,给出了用伴随矩阵求逆矩阵的方法. 必须注意,方阵 $\boldsymbol{A}$ 的伴随矩阵 $\boldsymbol{A}^{*}$ 是将 $\boldsymbol{A}$ 的每个元素 a_{ij} 换成其代数余子式 A_{ij},然后转置得到的矩阵.

由定理,可得下述推论.

推论 若 $\boldsymbol{A},\boldsymbol{B}$ 都是 n 阶矩阵且满足 $\boldsymbol{AB}=\boldsymbol{E}$(或 $\boldsymbol{BA}=\boldsymbol{E}$),则 $\boldsymbol{A},\boldsymbol{B}$ 都可逆.

例 1 已知矩阵

$$\boldsymbol{A}=\begin{pmatrix}1&-2&1\\2&-3&1\\3&1&-3\end{pmatrix},$$

判断 $\boldsymbol{A}$ 是否可逆？若可逆求 $\boldsymbol{A}^{-1}$.

解 因为 $|\boldsymbol{A}|=\begin{vmatrix}1&-2&1\\2&-3&1\\3&1&-3\end{vmatrix}=1\neq 0$,所以 $\boldsymbol{A}$ 可逆. 又

$$A_{11}=(-1)^{1+1}\begin{vmatrix}-3&1\\1&-3\end{vmatrix}=8,\quad A_{12}=(-1)^{1+2}\begin{vmatrix}2&1\\3&-3\end{vmatrix}=9,\quad A_{13}=(-1)^{1+3}\begin{vmatrix}2&-3\\3&1\end{vmatrix}=11,$$

$$A_{21}=(-1)^{2+1}\begin{vmatrix}-2&1\\1&-3\end{vmatrix}=-5,\quad A_{22}=(-1)^{2+2}\begin{vmatrix}1&1\\3&-3\end{vmatrix}=-6,\quad A_{23}=(-1)^{2+3}\begin{vmatrix}1&-2\\3&1\end{vmatrix}=-7,$$

$$A_{31}=(-1)^{3+1}\begin{vmatrix}-2&1\\-3&1\end{vmatrix}=1,\quad A_{32}=(-1)^{3+2}\begin{vmatrix}1&1\\2&1\end{vmatrix}=1,\quad A_{33}=(-1)^{3+3}\begin{vmatrix}1&-2\\2&-3\end{vmatrix}=1.$$

由(4-4)式,得

$$\boldsymbol{A}^{-1}=\frac{1}{|\boldsymbol{A}|}\boldsymbol{A}^{*}=\begin{pmatrix}8&-5&1\\9&-6&1\\11&-7&1\end{pmatrix}.$$

下面我们来讨论用逆矩阵来求解线性方程组. 在上节中,我们已经知道线性方程组(4-2)的矩阵形式为 $\boldsymbol{AX}=\boldsymbol{B}$. 如果系数矩阵 $\boldsymbol{A}$ 为方阵且可逆,则用 $\boldsymbol{A}^{-1}$ 左乘 $\boldsymbol{AX}=\boldsymbol{B}$ 的两端,有

$$\boldsymbol{A}^{-1}\boldsymbol{AX}=\boldsymbol{A}^{-1}\boldsymbol{B},$$

从而得

$$\boldsymbol{X}=\boldsymbol{A}^{-1}\boldsymbol{B}.$$

例 2 用逆矩阵解线性方程组

$$\begin{cases}x_1-2x_2+x_3=1,\\2x_1-3x_2+x_3=3,\\3x_1+x_2-3x_3=2.\end{cases}$$

解 设

$$\boldsymbol{A}=\begin{pmatrix}1&-2&1\\2&-3&1\\3&1&-3\end{pmatrix},\quad \boldsymbol{X}=\begin{pmatrix}x_1\\x_2\\x_3\end{pmatrix},\quad \boldsymbol{B}=\begin{pmatrix}1\\3\\2\end{pmatrix},$$

测一测

则矩阵形式为 $\boldsymbol{AX}=\boldsymbol{B}$. 由例 1 知 $\boldsymbol{A}$ 可逆,故有

$$\boldsymbol{X}=\boldsymbol{A}^{-1}\boldsymbol{B}=\begin{pmatrix}8&-5&1\\9&-6&1\\11&-7&1\end{pmatrix}\begin{pmatrix}1\\3\\2\end{pmatrix}=\begin{pmatrix}-5\\-7\\-8\end{pmatrix}.$$

根据矩阵相等的定义,得方程组的解为

$$x_1=-5,x_2=-7,x_3=-8.$$

例 3 设 $A=\begin{pmatrix}0&-1&0\\1&0&1\\1&0&2\end{pmatrix}$，$B=\begin{pmatrix}2&1\\5&3\end{pmatrix}$，$C=\begin{pmatrix}1&3\\2&0\\3&1\end{pmatrix}$，求满足 $AXB=C$ 的矩阵 X.

解 因为 $|A|=\begin{vmatrix}0&-1&0\\1&0&1\\1&0&2\end{vmatrix}=1\neq0$，$|B|=\begin{vmatrix}2&1\\5&3\end{vmatrix}=1\neq0$，故 A,B 都可逆，且

$$A^{-1}=\frac{1}{|A|}A^{*}=\begin{pmatrix}0&2&-1\\-1&0&0\\0&-1&1\end{pmatrix},\quad B^{-1}=\begin{pmatrix}3&-1\\-5&2\end{pmatrix},$$

分别用 A^{-1} 左乘、B^{-1} 右乘 $AXB=C$ 的两端，有

$$A^{-1}AXBB^{-1}=A^{-1}CB^{-1},$$

于是

$$X=A^{-1}CB^{-1}=\begin{pmatrix}0&2&-1\\-1&0&0\\0&-1&1\end{pmatrix}\begin{pmatrix}1&3\\2&0\\3&1\end{pmatrix}\begin{pmatrix}3&-1\\-5&2\end{pmatrix}=\begin{pmatrix}1&-1\\-1&-3\\1&1\end{pmatrix}\begin{pmatrix}3&-1\\-5&2\end{pmatrix}=\begin{pmatrix}8&-3\\12&-5\\-2&1\end{pmatrix}.$$

练一练

设 n 阶方阵 A 满足 $A^2-A-2E_n=O$，则 $A^{-1}=($　　$)$.

A. $A+E_n$　　B. $A+2E_n$　　C. $\frac{1}{2}(A-E_n)$　　D. $A-\frac{1}{2}E_n$

同步练习 4.3

1. 设 $A=\begin{pmatrix}a&b\\c&d\end{pmatrix}$，在什么条件下 A 可逆？求 A^{-1}.

2. 求下列方阵的逆矩阵.

（1）$\begin{pmatrix}2&3\\1&2\end{pmatrix}$；　　（2）$\begin{pmatrix}3&2&1\\1&2&2\\3&4&3\end{pmatrix}$.

3. 解下列矩阵方程.

（1）$\begin{pmatrix}2&5\\1&3\end{pmatrix}X=\begin{pmatrix}4&-6\\2&1\end{pmatrix}$；

（2）$X\begin{pmatrix}2&1&-1\\2&1&0\\1&-1&1\end{pmatrix}=\begin{pmatrix}1&-1&3\\4&3&2\end{pmatrix}$.

4. 利用逆矩阵求线性方程组 $\begin{cases}x_1-x_2-x_3=2,\\2x_1-x_2-3x_3=1,\\3x_1+2x_2-5x_3=0.\end{cases}$

第四节 矩阵的初等变换和矩阵的秩

矩阵的初等变换是线性代数中的基本运算,它在化简矩阵,解线性方程组,求矩阵的逆和求矩阵的秩等方面起着重要的作用.

一、矩阵的初等变换

引例 解线性方程组
$$\begin{cases} x_1-2x_2+4x_3=2,① \\ -x_1+2x_2-x_3=1,② \\ 2x_1-3x_2+7x_3=2.③ \end{cases} \qquad (4-5)$$

我们用消元法解此线性方程组,过程如下:

$$\begin{cases} x_1-2x_2+4x_3=2① \\ -x_1+2x_2-x_3=1② \\ 2x_1-3x_2+7x_3=2③ \end{cases} \xrightarrow[③-2①]{②+①} \begin{cases} x_1-2x_2+4x_3=\ 2① \\ 3x_3=\ 3② \\ x_2-x_3=-2③ \end{cases}$$

$$\xrightarrow[③\times\frac{1}{3}]{②\leftrightarrow③} \begin{cases} x_1-2x_2+4x_3=\ 2① \\ x_2-x_3=-2② \\ x_3=\ 1③ \end{cases} \longrightarrow \begin{cases} x_1=-4, \\ x_2=-1, \\ x_3=\ 1. \end{cases}$$

在上述过程中,实际上只对方程组的系数和常数进行运算,未知量并未参加运算.因此,若将方程组简写为

$$\boldsymbol{B}=\begin{pmatrix} 1 & -2 & 4 & 2 \\ -1 & 2 & -1 & 1 \\ 2 & -3 & 7 & 2 \end{pmatrix},$$

那么对方程组(4-5)的三种同解变换:(1) 互换两个方程的位置;(2) 用一个非零常数乘某一方程;(3) 用一个数乘某一方程后,加到另一方程上去,就转化为对矩阵 $\boldsymbol{B}$ 的变换.即矩阵的三种初等变换.

定义 1 下列三种变换称为矩阵的初等行变换.

(1) 对称变换:互换矩阵第 i 行与第 j 行的位置,记作 $r_i\leftrightarrow r_j$;

(2) 数乘变换:用一个非零常数 k 乘以矩阵的第 i 行,记作 kr_i;

(3) 倍加变换:将矩阵第 i 行元素的 k 倍加到第 j 行上,记作 r_j+kr_i.

将以上定义中的行换成列,就称为矩阵的三种初等列变换,相应地记为 $c_i\leftrightarrow c_j$, kc_i 和 c_j+kc_i.

矩阵的初等行变换与初等列变换,统称矩阵的初等变换.

定义 2 若矩阵 $\boldsymbol{A}$ 能经过有限次初等变换化为矩阵 $\boldsymbol{B}$,称矩阵 $\boldsymbol{A}$ 与矩阵 $\boldsymbol{B}$ 等价,记为 $\boldsymbol{A}\sim\boldsymbol{B}$.

现在用矩阵的初等行变换表示上面求解方程组(4-5)的过程.

$$\boldsymbol{B}=\begin{pmatrix} 1 & -2 & 4 & 2 \\ -1 & 2 & -1 & 1 \\ 2 & -3 & 7 & 2 \end{pmatrix} \xrightarrow{r_2+r_1} \begin{pmatrix} 1 & -2 & 4 & 2 \\ 0 & 0 & 3 & 3 \\ 2 & -3 & 7 & 2 \end{pmatrix} \xrightarrow{r_3-2r_1} \begin{pmatrix} 1 & -2 & 4 & 2 \\ 0 & 0 & 3 & 3 \\ 0 & 1 & -1 & -2 \end{pmatrix} \xrightarrow[\frac{1}{3}r_3]{r_2\leftrightarrow r_3}$$

$$\begin{pmatrix}1&-2&4&2\\0&1&-1&-2\\0&0&1&1\end{pmatrix}\xrightarrow[r_1-4r_3]{r_2+r_3}\begin{pmatrix}1&-2&0&-2\\0&1&0&-1\\0&0&1&1\end{pmatrix}\xrightarrow{r_1+2r_2}\begin{pmatrix}1&0&0&-4\\0&1&0&-1\\0&0&1&1\end{pmatrix}.$$

由上面的过程我们可以看到，最后三个矩阵比较特殊，它们是什么矩阵呢？

定义 3　行阶梯形矩阵是指满足下面两个条件的形如阶梯的矩阵：

(1) 若有零行，则零行全部在矩阵的下方；

(2) 从第一行起，每一个非零元前面零的个数逐行增加.

特别地，若行阶梯形矩阵中非零行的第一个非零元素为 1，且其所在列的其他元素全为零，称这样的行阶梯形矩阵为行最简形矩阵.

现在我们知道，上面用矩阵的初等行变换解方程组的过程中，最后三个矩阵都是行阶梯形矩阵，且最后一个还是行最简形矩阵. 可以证明，任何非零矩阵都可经过有限次初等行变换化为与之等价的行阶梯形矩阵和行最简形矩阵，且行最简形矩阵形式唯一.

例 1　用初等行变换将矩阵 $\boldsymbol{B}=\begin{pmatrix}2&-1&-1&1&2\\1&1&-2&1&4\\4&-6&2&-2&4\\3&6&-9&7&9\end{pmatrix}$ 化为行阶梯形矩阵和行最简形矩阵.

解

$$\boldsymbol{B}=\begin{pmatrix}2&-1&-1&1&2\\1&1&-2&1&4\\4&-6&2&-2&4\\3&6&-9&7&9\end{pmatrix}\xrightarrow[\frac{1}{2}r_3]{r_1\leftrightarrow r_2}\begin{pmatrix}1&1&-2&1&4\\2&-1&-1&1&2\\2&-3&1&-1&2\\3&6&-9&7&9\end{pmatrix}(\boldsymbol{B}_1)$$

$$\xrightarrow{\substack{r_2-r_3\\r_3-2r_1\\r_4-3r_1}}\begin{pmatrix}1&1&-2&1&4\\0&2&-2&2&0\\0&-5&5&-3&-6\\0&3&-3&4&-3\end{pmatrix}(\boldsymbol{B}_2)\xrightarrow{\substack{\frac{1}{2}r_2\\r_3+5r_2\\r_4-3r_2}}\begin{pmatrix}1&1&-2&1&4\\0&1&-1&1&0\\0&0&0&2&-6\\0&0&0&1&-3\end{pmatrix}(\boldsymbol{B}_3)$$

$$\xrightarrow{\substack{r_3\leftrightarrow r_4\\r_4-2r_3}}\begin{pmatrix}1&1&-2&1&4\\0&1&-1&1&0\\0&0&0&1&-3\\0&0&0&0&0\end{pmatrix}(\boldsymbol{B}_4)\xrightarrow{\substack{r_1-r_2\\r_2-r_3}}\begin{pmatrix}1&0&-1&0&4\\0&1&-1&0&3\\0&0&0&1&-3\\0&0&0&0&0\end{pmatrix}(\boldsymbol{B}_5).$$

行阶梯形矩阵的特点：可画出一条阶梯线，线的下方全为 0；每个台阶只有一行，台阶数就是非零行的行数，阶梯线的竖线(每段竖线的长度为一行)后面的第一个元素为非零元. $\boldsymbol{B}_4$ 与 $\boldsymbol{B}_5$ 都是行阶梯形矩阵. 行最简形矩阵的特点：非零行的第一个非零元为 1，且这些非零元所在列的其他元素都为 0. $\boldsymbol{B}_5$ 是行最简形矩阵.

例 2　将矩阵 $\boldsymbol{A}=\begin{pmatrix}-1&2&1\\1&-1&0\\2&1&1\end{pmatrix}$ 化为单位阵.

解　因为 $|\boldsymbol{A}|=\begin{vmatrix}-1&2&1\\1&-1&0\\2&1&1\end{vmatrix}=2\neq0$，所以矩阵 $\boldsymbol{A}$ 可逆.

$$A=\begin{pmatrix}-1&2&1\\1&-1&0\\2&1&1\end{pmatrix}\xrightarrow[r_3-2r_1]{\substack{r_1\leftrightarrow r_2\\r_2+r_1}}\begin{pmatrix}1&-1&0\\0&1&1\\0&3&1\end{pmatrix}\xrightarrow{r_3-3r_2}\begin{pmatrix}1&-1&0\\0&1&1\\0&0&-2\end{pmatrix}\xrightarrow[\substack{r_2-r_3\\r_1+r_2}]{-\frac{1}{2}r_3}\begin{pmatrix}1&0&0\\0&1&0\\0&0&1\end{pmatrix}.$$

此例表明,可逆矩阵 $\boldsymbol{A}$ 与同阶单位矩阵 $\boldsymbol{E}$ 等价.

二、用初等变换求逆矩阵

前一节,我们介绍了用伴随矩阵求逆矩阵,若已知的是高阶矩阵时,这种方法求逆矩阵的计算量比较大.现在我们介绍用初等行变换求可逆矩阵的逆矩阵的方法.

设 $\boldsymbol{A}$ 为 n 阶可逆阵,$\boldsymbol{E}$ 为 n 阶单位阵,作 $n\times 2n$ 矩阵$(\boldsymbol{A}\mid\boldsymbol{E})$.

用 $\boldsymbol{A}^{-1}$ 左乘$(\boldsymbol{A}\mid\boldsymbol{E})$,得

$$\boldsymbol{A}^{-1}(\boldsymbol{A}\mid\boldsymbol{E})=(\boldsymbol{A}^{-1}\boldsymbol{A}\mid\boldsymbol{A}^{-1}\boldsymbol{E})=(\boldsymbol{E}\mid\boldsymbol{A}^{-1}).$$

上面的过程表明,将 n 阶方阵 $\boldsymbol{A}$ 和同阶单位阵 $\boldsymbol{E}$ 合并成 $n\times 2n$ 矩阵$(\boldsymbol{A}\mid\boldsymbol{E})$,当一系列的初等行变换将 $\boldsymbol{A}$ 变为 $\boldsymbol{E}$ 时,原来 $\boldsymbol{E}$ 的位置就变成了所求的 $\boldsymbol{A}^{-1}$.

例 3 设 $\boldsymbol{A}=\begin{pmatrix}1&2&3\\2&1&2\\1&3&4\end{pmatrix}$,用初等行变换法求 $\boldsymbol{A}^{-1}$.

解 $$(\boldsymbol{A}\mid\boldsymbol{E})=\left(\begin{array}{ccc:ccc}1&2&3&1&0&0\\2&1&2&0&1&0\\1&3&4&0&0&1\end{array}\right)\xrightarrow[r_3-r_1]{r_2-2r_1}\left(\begin{array}{ccc:ccc}1&2&3&1&0&0\\0&-3&-4&-2&1&0\\0&1&1&-1&0&1\end{array}\right)$$

$$\xrightarrow{r_2\leftrightarrow r_3}\left(\begin{array}{ccc:ccc}1&2&3&1&0&0\\0&1&1&-1&0&1\\0&-3&-4&-2&1&0\end{array}\right)\xrightarrow{r_3+3r_2}\left(\begin{array}{ccc:ccc}1&2&3&1&0&0\\0&1&1&-1&0&1\\0&0&-1&-5&1&3\end{array}\right)$$

$$\xrightarrow[\substack{r_2+r_3\\(-1)\times r_3}]{r_1+3r_3}\left(\begin{array}{ccc:ccc}1&2&0&-14&3&9\\0&1&0&-6&1&4\\0&0&1&5&-1&-3\end{array}\right)\xrightarrow{r_1-2r_2}\left(\begin{array}{ccc:ccc}1&0&0&-2&1&1\\0&1&0&-6&1&4\\0&0&1&5&-1&-3\end{array}\right).$$

所以 $\boldsymbol{A}^{-1}=\begin{pmatrix}-2&1&1\\-6&1&4\\5&-1&-3\end{pmatrix}$.

注:用初等行变换求一个方阵的逆矩阵时,不必先判别这个方阵是否可逆,只要在行变换过程中发现某一行的所有元素全变成零,就可知道这个方阵是不可逆的.

例 4 解矩阵方程 $\boldsymbol{AX}=\boldsymbol{B}$,其中

$$\boldsymbol{A}=\begin{pmatrix}1&0&1\\2&1&0\\-3&2&-5\end{pmatrix},\quad \boldsymbol{B}=\begin{pmatrix}1&-2&-1\\4&-5&2\\1&-4&-1\end{pmatrix}.$$

解 $$(\boldsymbol{A}\mid\boldsymbol{E})=\begin{pmatrix}1&0&1&1&0&0\\2&1&0&0&1&0\\-3&2&-5&0&0&1\end{pmatrix}\xrightarrow[r_3+3r_1]{r_2-2r_1}\begin{pmatrix}1&0&1&1&0&0\\0&1&-2&-2&1&0\\0&2&-2&3&0&1\end{pmatrix}$$

$$\xrightarrow{r_3-2r_2}\begin{pmatrix}1&0&1&1&0&0\\0&1&-2&-2&1&0\\0&0&2&7&-2&1\end{pmatrix}\xrightarrow[\substack{r_2+2r_3\\r_1-r_3}]{\frac{1}{2}r_3}\begin{pmatrix}1&0&1&-\frac{5}{2}&1&-\frac{1}{2}\\0&1&0&5&-1&1\\0&0&1&\frac{7}{2}&-1&\frac{1}{2}\end{pmatrix}.$$

所以

$$A^{-1}=\begin{pmatrix}-\frac{5}{2}&1&-\frac{1}{2}\\5&-1&1\\\frac{7}{2}&-1&\frac{1}{2}\end{pmatrix}.$$

即

$$X=A^{-1}B=\begin{pmatrix}-\frac{5}{2}&1&-\frac{1}{2}\\5&-1&1\\\frac{7}{2}&-1&\frac{1}{2}\end{pmatrix}\begin{pmatrix}1&-2&-1\\4&-5&2\\1&-4&-1\end{pmatrix}=\begin{pmatrix}1&2&5\\2&-9&-8\\0&-4&-6\end{pmatrix}.$$

注:利用初等行变换求逆矩阵的方法,还可用来求矩阵方程 $AX=B$ 的解 $X=A^{-1}B$.

由

$$A^{-1}(A\;\vdots\;B)=(E\;\vdots\;A^{-1}B)$$

可知,若对矩阵$(A\;\vdots\;B)$施行初等行变换,当把 A 变为 E 时,原来的 B 就变为 X.

例 5　已知 $A=\begin{pmatrix}1&2&3\\2&2&1\\3&4&3\end{pmatrix}$,$B=\begin{pmatrix}2&5\\3&1\\4&3\end{pmatrix}$,求满足 $AX=B$ 的 X.

解　$(A\;\vdots\;B)=\left(\begin{array}{ccc:cc}1&2&3&2&5\\2&2&1&3&1\\3&4&3&4&3\end{array}\right)\xrightarrow[r_3-3r_1]{r_2-2r_1}\left(\begin{array}{ccc:cc}1&2&3&2&5\\0&-2&-5&-1&-9\\0&-2&-6&-2&-12\end{array}\right)\xrightarrow[r_3-r_2]{r_1+r_2}\left(\begin{array}{ccc:cc}1&0&-2&1&-4\\0&-2&-5&-1&-9\\0&0&-1&-1&-3\end{array}\right)$

$$\xrightarrow[r_2-5r_3]{r_1-2r_3}\left(\begin{array}{ccc:cc}1&0&0&3&2\\0&-2&0&4&6\\0&0&-1&-1&-3\end{array}\right)\xrightarrow[-r_3]{-\frac{1}{2}r_2}\left(\begin{array}{ccc:cc}1&0&0&3&2\\0&1&0&-2&-3\\0&0&1&1&3\end{array}\right),$$

所以

$$X=\begin{pmatrix}3&2\\-2&-3\\1&3\end{pmatrix}.$$

练一练

设矩阵 $A=\begin{pmatrix}2&0&0\\0&1&2\\0&1&3\end{pmatrix}$,则 A^{-1} =(　　　).

A. $\begin{pmatrix} \frac{1}{2} & 0 & 0 \\ 0 & 3 & -2 \\ 0 & -1 & 1 \end{pmatrix}$ B. $\begin{pmatrix} 2 & 0 & 1 \\ 1 & 3 & 0 \\ 0 & 0 & 1 \end{pmatrix}$ C. $\begin{pmatrix} 1 & 0 & 1 \\ 0 & 5 & 1 \\ 1 & 1 & 0 \end{pmatrix}$ D. $\begin{pmatrix} -1 & 0 & 0 \\ 0 & 3 & -1 \\ 1 & 0 & 1 \end{pmatrix}$

三、矩阵的秩

矩阵的秩是线性代数中的一个重要概念，它是描述矩阵的一个数值特征. 为了介绍矩阵秩的概念，先引进矩阵的子式的概念.

定义 4 在 $m\times n$ 矩阵 $\boldsymbol{A}$ 中，任取 k 行 k 列（$k\leqslant\min\{m,n\}$），位于这些行列交叉处的元素按照原来的顺序构成的一个 k 阶行列式，称为矩阵 $\boldsymbol{A}$ 的一个 k 阶子式.

例如

$$\boldsymbol{A}=\begin{pmatrix} 5 & 2 & 0 & -1 \\ 2 & 6 & -3 & 4 \\ 8 & 3 & 5 & 7 \\ -2 & 1 & -4 & 2 \end{pmatrix},$$

$\begin{vmatrix} 2 & -3 \\ -2 & -4 \end{vmatrix}$是 $\boldsymbol{A}$ 的一个二阶子式；$\begin{vmatrix} 2 & 6 & 4 \\ 8 & 3 & 7 \\ -2 & 1 & 2 \end{vmatrix}$是 $\boldsymbol{A}$ 的一个三阶子式.

注：$m\times n$ 矩阵 $\boldsymbol{A}$ 的 k 阶子式往往不止一个，一般的有 $C_m^kC_n^k$ 个 k 阶子式.

矩阵的秩

定义 5 $m\times n$ 矩阵 $\boldsymbol{A}$ 中，不为零的子式的最高阶数称为矩阵 $\boldsymbol{A}$ 的秩，记作 $R(\boldsymbol{A})$. 零矩阵的秩规定为零.

由矩阵秩的定义易知：

（1）若 $\boldsymbol{A}$ 为 $m\times n$ 矩阵，则 $R(\boldsymbol{A})\leqslant\min\{m,n\}$；

（2）$R(\boldsymbol{A}^{\mathrm{T}})=R(\boldsymbol{A})$，$R(k\boldsymbol{A})=R(\boldsymbol{A})$，$k$ 为非零数；

（3）n 阶矩阵 $\boldsymbol{A}$ 的秩为 n 的充要条件是 $\boldsymbol{A}$ 为可逆矩阵（此矩阵称为满秩矩阵）；

（4）若 $\boldsymbol{A}$ 的所有的 $r+1$ 阶子式都为零，则 $R(\boldsymbol{A})\leqslant r$，又若有一个 r 阶子式不为零，则 $R(\boldsymbol{A})=r$.

例 6 求下列矩阵的秩.

（1）$\boldsymbol{A}=\begin{pmatrix} 1 & 2 & 3 \\ 2 & 3 & -5 \\ 4 & 7 & 1 \end{pmatrix}$； （2）$\boldsymbol{B}=\begin{pmatrix} 2 & -2 & 0 & 1 & -1 \\ 0 & 1 & -1 & 2 & -8 \\ 0 & 0 & 0 & 4 & -3 \\ 0 & 0 & 0 & 0 & 0 \end{pmatrix}$.

解 （1）在 $\boldsymbol{A}$ 中，容易看出一个 2 阶子式 $\begin{vmatrix} 1 & 2 \\ 2 & 3 \end{vmatrix}=-1\neq0$，$\boldsymbol{A}$ 的 3 阶子式只有一个 $|\boldsymbol{A}|$，经计算可知 $|\boldsymbol{A}|=0$，所以 $R(\boldsymbol{A})=2$.

（2）$\boldsymbol{B}$ 是一个行阶梯形矩阵，其非零行有 3 行，可知 $\boldsymbol{B}$ 的所有 4 阶子式全为零. 而以三个非零行的第一个非零元为对角元的 3 阶行列式

$$\begin{vmatrix} 2 & -2 & 1 \\ 0 & 1 & 2 \\ 0 & 0 & 4 \end{vmatrix} = 8 \neq 0,$$

因此 $R(\boldsymbol{B})=3$.

从此例可以看到，当矩阵行数列数较高时，按定义求矩阵的秩是很麻烦的. 然而对于行阶梯形矩阵，它的秩就等于非零行的行数，一看便知无须计算. 因此自然想到用初等变换把矩阵化为行阶梯形矩阵，但两个等价矩阵的秩是否相等呢？下面的定理对此做出了肯定的回答.

定理　若 $\boldsymbol{A} \sim \boldsymbol{B}$，则 $R(\boldsymbol{A})=R(\boldsymbol{B})$.

注：根据这一定理，为求矩阵的秩，只要把矩阵用初等行变换化为行阶梯形矩阵，行阶梯形矩阵中非零行的行数即是该矩阵的秩.

例 7　求矩阵 $\boldsymbol{A}=\begin{pmatrix} 1 & 0 & 3 & 2 & 0 \\ 2 & -3 & 0 & 7 & -5 \\ 3 & -2 & 5 & 8 & 0 \\ 2 & 1 & 8 & 3 & 6 \end{pmatrix}$ 的秩.

解　对矩阵施行初等行变换，有

$$\boldsymbol{A} \xrightarrow[r_4-2r_1]{\substack{r_2-2r_1 \\ r_3-3r_1}} \begin{pmatrix} 1 & 0 & 3 & 2 & 0 \\ 0 & -3 & -6 & 3 & -5 \\ 0 & -2 & -4 & 2 & 0 \\ 0 & 1 & 2 & -1 & 6 \end{pmatrix} \xrightarrow[\substack{r_3+2r_2 \\ r_4+3r_2}]{r_2 \leftrightarrow r_4} \begin{pmatrix} 1 & 0 & 3 & 2 & 0 \\ 0 & 1 & 2 & -1 & 6 \\ 0 & 0 & 0 & 0 & 12 \\ 0 & 0 & 0 & 0 & 13 \end{pmatrix}$$

$$\xrightarrow{\frac{1}{12}r_3} \begin{pmatrix} 1 & 0 & 3 & 2 & 0 \\ 0 & 1 & 2 & -1 & 6 \\ 0 & 0 & 0 & 0 & 1 \\ 0 & 0 & 0 & 0 & 13 \end{pmatrix} \xrightarrow{r_4-13r_3} \begin{pmatrix} 1 & 0 & 3 & 2 & 0 \\ 0 & 1 & 2 & -1 & 6 \\ 0 & 0 & 0 & 0 & 1 \\ 0 & 0 & 0 & 0 & 0 \end{pmatrix},$$

所得行阶梯形矩阵中非零行的行数为 3，即 $R(\boldsymbol{A})=3$.

例 8　设矩阵 $\boldsymbol{A}=\begin{pmatrix} k & 1 & 1 & 1 \\ 1 & k & 1 & 1 \\ 1 & 1 & k & 1 \\ 1 & 1 & 1 & k \end{pmatrix}$，且 $R(\boldsymbol{A})=3$，求 k 的值.

分析　由于 $R(\boldsymbol{A})=3$，而 $\boldsymbol{A}$ 为 4 阶方阵，故 $|\boldsymbol{A}|=0$，由 $|\boldsymbol{A}|=0$ 即可解出 k 的可能的值.

解　因为 $R(\boldsymbol{A})=3$，故行列式 $|\boldsymbol{A}|=0$，即 $\begin{vmatrix} k & 1 & 1 & 1 \\ 1 & k & 1 & 1 \\ 1 & 1 & k & 1 \\ 1 & 1 & 1 & k \end{vmatrix}=0$，计算后有 $k^2+2k-3=0$，得 $k=1$，或 $k=-3$.

当 $k=1$ 时，$\boldsymbol{A}=\begin{pmatrix} 1 & 1 & 1 & 1 \\ 1 & 1 & 1 & 1 \\ 1 & 1 & 1 & 1 \\ 1 & 1 & 1 & 1 \end{pmatrix}$，有 $R(\boldsymbol{A})=1$，不合题意，舍去；

测一测

当 $k=-3$ 时，$A=\begin{pmatrix}-3&1&1&1\\1&-3&1&1\\1&1&-3&1\\1&1&1&-3\end{pmatrix}$，有 $R(A)=3$，所以 $k=-3$.

练一练

设 A 为 $m\times n$ 型矩阵，则 $R(A)=r(r<\min(m,n))$ 的充要条件是(　　).

A. A 中至少有一个 r 阶子式不为零，且没有等于零的 $r-1$ 阶子式

B. A 中必有不为零的 r 阶子式，且所有 $r+1$ 阶子式都等于零

C. A 中必有等于零的 r 阶子式，且没有不等于零的 $r+1$ 阶子式

D. A 中没有等于零的 r 阶子式，但所有 $r+1$ 阶子式都等于零

同步练习 4.4

1. 利用初等变换求下列矩阵的逆矩阵.

(1) $\begin{pmatrix}3&2&1\\3&1&5\\3&2&3\end{pmatrix}$；　　(2) $\begin{pmatrix}3&-2&0&-1\\0&2&2&1\\1&-2&-3&-2\\0&1&2&1\end{pmatrix}$.

2. 用初等变换化下列矩阵为行最简形矩阵.

(1) $\begin{pmatrix}1&0&2&-1\\2&0&3&1\\3&0&4&-3\end{pmatrix}$；　　(2) $\begin{pmatrix}1&-1&3&-4&3\\3&-3&5&-4&1\\2&-2&3&-2&0\\3&-3&4&-2&-1\end{pmatrix}$.

3. 解矩阵方程 $AX=B$，其中

$$A=\begin{pmatrix}1&0&1\\2&1&0\\-3&2&-5\end{pmatrix},\quad B=\begin{pmatrix}1&-2&-1\\4&-5&2\\1&-4&-1\end{pmatrix}.$$

4. 用矩阵的初等行变换求下列矩阵的秩.

(1) $\begin{pmatrix}1&1&2&2&1\\0&2&1&5&-1\\2&0&3&-1&3\\1&1&0&4&-1\end{pmatrix}$；　　(2) $\begin{pmatrix}1&0&-1&-1&2\\0&-1&2&3&1\\1&-1&1&2&3\\1&2&-5&-7&0\end{pmatrix}$.

第五节 线性方程组

在科学和工程技术领域中，许多实际问题和数值计算都归结为求解一个线性方程组. 于是就

必须要对线性方程组的理论和解法做进一步的研究.

引例　某工厂检验室有甲、乙两种不同的化学原料,甲种原料分别含锌与镁 10% 与 20%,乙种原料分别含锌与镁 10% 与 30%,现在要用这两种原料分别配制 A,B 两种试剂,A 试剂需含锌、镁各 2 g、5 g,B 试剂需含锌、镁各 1 g、2 g. 问配制 A,B 两种试剂分别需要甲、乙两种化学原料各多少克?

此案例的求解要用到线性方程组的理论. 本节介绍线性方程组的有关知识.

一、线性方程组的基本概念

定义 1　含 n 个未知数的线性方程组的一般形式为

$$\begin{cases} a_{11}x_1+a_{12}x_2+\cdots+a_{1n}x_n=b_1, \\ a_{21}x_1+a_{22}x_2+\cdots+a_{2n}x_n=b_2, \\ \cdots\cdots\cdots\cdots \\ a_{m1}x_1+a_{m2}x_2+\cdots+a_{mn}x_n=b_m, \end{cases} \tag{4-6}$$

其中系数 a_{ij},常数 b_i 都是已知数,x_j 是未知量(未知数). 当右端常数项 $b_1,b_2,\cdots,b_m$ 不全为零时,称方程组(4-6)为非齐次线性方程组;当常数项全为零时,即

$$\begin{cases} a_{11}x_1+a_{12}x_2+\cdots+a_{1n}x_n=0, \\ a_{21}x_1+a_{22}x_2+\cdots+a_{2n}x_n=0, \\ \cdots\cdots\cdots\cdots \\ a_{m1}x_1+a_{m2}x_2+\cdots+a_{mn}x_n=0, \end{cases} \tag{4-7}$$

称为齐次线性方程组.

引进矩阵记号,令

$$\boldsymbol{A}=\begin{pmatrix} a_{11} & a_{12} & \cdots & a_{1n} \\ a_{21} & a_{22} & \cdots & a_{2n} \\ \vdots & \vdots & & \vdots \\ a_{m1} & a_{m2} & \cdots & a_{mn} \end{pmatrix},\boldsymbol{X}=\begin{pmatrix} x_1 \\ x_2 \\ \vdots \\ x_n \end{pmatrix},\boldsymbol{B}=\begin{pmatrix} b_1 \\ b_2 \\ \vdots \\ b_m \end{pmatrix}$$

于是方程组(4-6)和(4-7)分别可以写成矩阵形式:

$$\boldsymbol{AX}=\boldsymbol{B},\quad \boldsymbol{AX}=\boldsymbol{O},$$

其中 $\boldsymbol{A}$ 为线性方程组的系数矩阵,$\boldsymbol{X}$ 为未知量矩阵,$\boldsymbol{B}$ 为常数项矩阵.

定义 2　将线性方程组(4-6)的系数矩阵 $\boldsymbol{A}$ 和常数项矩阵 $\boldsymbol{B}$ 合并构成的矩阵

$$\tilde{\boldsymbol{A}}=\begin{pmatrix} a_{11} & a_{12} & \cdots & a_{1n} & b_1 \\ a_{21} & a_{22} & \cdots & a_{2n} & b_2 \\ \vdots & \vdots & & \vdots & \vdots \\ a_{m1} & a_{m2} & \cdots & a_{mn} & b_m \end{pmatrix}=(\boldsymbol{A} \mid \boldsymbol{B})$$

称为线性方程组(4-6)的增广矩阵.

若 $x_1,x_2,\cdots,x_n$ 分别用数 $c_1,c_2,\cdots,c_n$ 代入方程组(4-6)(或(4-7))中的每个方程后,使得每一个等式都变成恒等式,则称 $x_1=c_1,x_2=c_2,\cdots,x_n=c_n$ 为方程组(4-6)(或(4-7))的一个解. 方程组(4-6)(或(4-7))的解的全体组成的集合,称为方程组(4-6)(或(4-7))的解集. 如果两个方程组有相同的解集,则称这两个方程组为同解方程组或两个方程组同解.

二、高斯消元法

上节引例的求解方法就是高斯消元法. 从求解过程我们可以看到,高斯消元法是对方程组施行三种运算进行化简,这三种运算与矩阵的初等行变换是一致的. 可以证明,通过初等行变换得到的新方程组与原方程组同解. 对增广矩阵施以初等变换求解线性方程组时只能用初等行变换,若用初等列变换得到的就不是同解方程组. 高斯消元法是解线性方程组中最直接、最有效、最一般的方法. 下面我们看几个例子.

例 1 解线性方程组 $\begin{cases} x_1+2x_2-3x_3=4, \\ 2x_1+3x_2-5x_3=7, \\ 4x_1+3x_2-9x_3=9, \\ 2x_1+5x_2-8x_3=8. \end{cases}$

解 对增广矩阵进行初等行变换化为行最简形:

$$\widetilde{\boldsymbol{A}}=\begin{pmatrix} 1 & 2 & -3 & 4 \\ 2 & 3 & -5 & 7 \\ 4 & 3 & -9 & 9 \\ 2 & 5 & -8 & 8 \end{pmatrix} \xrightarrow[r_4-2r_1]{\substack{r_2-2r_1 \\ r_3-4r_1}} \begin{pmatrix} 1 & 2 & -3 & 4 \\ 0 & -1 & 1 & -1 \\ 0 & -5 & 3 & -7 \\ 0 & 1 & -2 & 0 \end{pmatrix} \xrightarrow[r_4+r_2]{r_3-5r_2} \begin{pmatrix} 1 & 2 & -3 & 4 \\ 0 & -1 & 1 & -1 \\ 0 & 0 & -2 & -2 \\ 0 & 0 & -1 & -1 \end{pmatrix} \xrightarrow[r_4+r_3]{-\frac{1}{2}r_3}$$

$$\begin{pmatrix} 1 & 2 & -3 & 4 \\ 0 & -1 & 1 & -1 \\ 0 & 0 & 1 & 1 \\ 0 & 0 & 0 & 0 \end{pmatrix} \xrightarrow[(-1)r_2]{\substack{r_2-r_3 \\ r_1+3r_3}} \begin{pmatrix} 1 & 2 & 0 & 7 \\ 0 & 1 & 0 & 2 \\ 0 & 0 & 1 & 1 \\ 0 & 0 & 0 & 0 \end{pmatrix} \xrightarrow{r_1-2r_2} \begin{pmatrix} 1 & 0 & 0 & 3 \\ 0 & 1 & 0 & 2 \\ 0 & 0 & 1 & 1 \\ 0 & 0 & 0 & 0 \end{pmatrix}.$$

即得

$$\begin{cases} x_1=3, \\ x_2=2, \\ x_3=1. \end{cases}$$

例 2 解线性方程组 $\begin{cases} x_1+x_2-2x_3-x_4=-1, \\ x_1+5x_2-3x_3-2x_4=0, \\ 3x_1-x_2+x_3+4x_4=2, \\ -2x_1+2x_2+x_3-x_4=1. \end{cases}$

解 对增广矩阵进行初等行变换化为行最简形:

$$\widetilde{\boldsymbol{A}}=\begin{pmatrix} 1 & 1 & -2 & -1 & -1 \\ 1 & 5 & -3 & -2 & 0 \\ 3 & -1 & 1 & 4 & 2 \\ -2 & 2 & 1 & -1 & 1 \end{pmatrix} \xrightarrow{\substack{r_2-r_1 \\ r_3-3r_1 \\ r_4+2r_1}} \begin{pmatrix} 1 & 1 & -2 & -1 & -1 \\ 0 & 4 & -1 & -1 & 1 \\ 0 & -4 & 7 & 7 & 5 \\ 0 & 4 & -3 & -3 & -1 \end{pmatrix}$$

$$\xrightarrow[r_4-r_2]{r_3+r_2}\begin{pmatrix}1&1&-2&-1&-1\\0&4&-1&-1&1\\0&0&6&6&6\\0&0&-2&-2&-2\end{pmatrix}\xrightarrow{r_4+\frac{1}{3}r_3}\begin{pmatrix}1&1&-2&-1&-1\\0&4&-1&-1&1\\0&0&6&6&6\\0&0&0&0&0\end{pmatrix}$$

$$\xrightarrow{\frac{1}{6}r_3}\begin{pmatrix}1&1&-2&-1&-1\\0&4&-1&-1&1\\0&0&1&1&1\\0&0&0&0&0\end{pmatrix}\xrightarrow{r_2+r_3}\begin{pmatrix}1&1&-2&-1&-1\\0&4&0&0&2\\0&0&1&1&1\\0&0&0&0&0\end{pmatrix}$$

$$\xrightarrow[r_1+2r_3]{\frac{1}{4}r_2}\begin{pmatrix}1&1&0&1&1\\0&1&0&0&\frac{1}{2}\\0&0&1&1&1\\0&0&0&0&0\end{pmatrix}\xrightarrow{r_1-r_2}\begin{pmatrix}1&0&0&1&\frac{1}{2}\\0&1&0&0&\frac{1}{2}\\0&0&1&1&1\\0&0&0&0&0\end{pmatrix}.$$

即得

$$\begin{cases}x_1+x_4=\dfrac{1}{2},\\x_2\qquad=\dfrac{1}{2},\\x_3+x_4=1,\end{cases}$$

于是

$$\begin{cases}x_1=-x_4+\dfrac{1}{2},\\x_2=\qquad\ \dfrac{1}{2},\\x_3=-x_4+1,\end{cases}\text{其中 } x_4 \text{ 可以任意取值.}$$

因此该方程组有无穷多组解.

例 3　解线性方程组$\begin{cases}x_1+x_2+x_3=1,\\-x_1+2x_2-4x_3=2,\\2x_1+5x_2-x_3=3.\end{cases}$

解　对增广矩阵进行初等行变换：

$$\tilde{A}=\begin{pmatrix}1&1&1&1\\-1&2&-4&2\\2&5&-1&3\end{pmatrix}\xrightarrow[r_3-2r_1]{r_2+r_1}\begin{pmatrix}1&1&1&1\\0&3&-3&3\\0&3&-3&1\end{pmatrix}\xrightarrow{r_3-r_2}\begin{pmatrix}1&1&1&1\\0&3&-3&3\\0&0&0&-2\end{pmatrix}.$$

阶梯形矩阵的第三行“0,0,0,-2”所表示的方程为：$0x_1+0x_2+0x_3=-2$，由该方程可知，无论 x_1,x_2,x_3 取何值，都不能满足这个方程. 因此，原方程组无解.

由上面的例子得出，线性方程组可能会有唯一解，可能会有无穷多组解，也可能会无解. 那究竟要满足什么条件，线性方程组才有唯一解，有无穷多组解或者无解呢？

三、线性方程组解的判定

利用系数矩阵 $\boldsymbol{A}$ 和增广矩阵 $\tilde{\boldsymbol{A}}$ 的秩,可以方便地讨论线性方程组是否有解以及有解时解是否唯一,我们来看下面的结论.

定理 1 设非齐次线性方程组为 $\boldsymbol{AX}=\boldsymbol{B}$,其中 $\boldsymbol{A}$ 为系数矩阵,$\tilde{\boldsymbol{A}}$ 为增广矩阵,$R(\boldsymbol{A})=r$,n 为方程组中未知量的个数. 则方程组有解的充要条件是 $R(\boldsymbol{A})=R(\tilde{\boldsymbol{A}})$. 且

(1) 当 $R(\boldsymbol{A})=R(\tilde{\boldsymbol{A}})=n$ 时,方程组有唯一解;

(2) 当 $R(\boldsymbol{A})=R(\tilde{\boldsymbol{A}})<n$ 时,方程组有无穷多组解;

(3) 当 $R(\boldsymbol{A})\neq R(\tilde{\boldsymbol{A}})$ 时,方程组无解.

该定理告诉我们,判断非齐次线性方程组 $\boldsymbol{AX}=\boldsymbol{B}$ 的解的个数时,可以利用矩阵的初等行变换求解系数矩阵 $\boldsymbol{A}$ 和增广矩阵 $\tilde{\boldsymbol{A}}$ 的秩并进行比较.

例 4 解下列方程组

$$\begin{cases}2x_1-x_2+x_3-2x_4=1,\\-x_1+x_2+2x_3+x_4=0,\\x_1-x_2-2x_3+2x_4=12.\end{cases}$$

解 对增广矩阵进行初等行变换:

$$\tilde{\boldsymbol{A}}=(\boldsymbol{A}\vdots\boldsymbol{B})=\begin{pmatrix}2&-1&1&-2&1\\-1&1&2&1&0\\1&-1&-2&2&12\end{pmatrix}\xrightarrow{r_1\leftrightarrow r_3}\begin{pmatrix}1&-1&-2&2&12\\-1&1&2&1&0\\2&-1&1&-2&1\end{pmatrix}$$

$$\xrightarrow[r_3-2r_1]{r_2+r_1}\begin{pmatrix}1&-1&-2&2&12\\0&0&0&3&12\\0&1&5&-6&-23\end{pmatrix}\xrightarrow[\substack{r_1-2r_2\\r_3+6r_2}]{\frac{1}{3}r_2}\begin{pmatrix}1&-1&-2&0&4\\0&0&0&1&4\\0&1&5&0&1\end{pmatrix}$$

$$\xrightarrow{r_1+r_3}\begin{pmatrix}1&0&3&0&5\\0&0&0&1&4\\0&1&5&0&1\end{pmatrix}\xrightarrow{r_2\leftrightarrow r_3}\begin{pmatrix}1&0&3&0&5\\0&1&5&0&1\\0&0&0&1&4\end{pmatrix},$$

可见 $R(\tilde{\boldsymbol{A}})=R(\boldsymbol{A})=3<4$,故原方程组有无穷多组解,同解方程组为

$$\begin{cases}x_1+3x_3=5,\\x_2+5x_3=1,\\x_4=4.\end{cases}$$

取 x_3 为自由未知量,解得

$$\begin{cases} x_1=-3x_3+5, \\ x_2=-5x_3+1, \\ x_3=x_3, \\ x_4=4. \end{cases}$$

令 $x_3=c$,即得

$$\begin{pmatrix} x_1 \\ x_2 \\ x_3 \\ x_4 \end{pmatrix}=\begin{pmatrix} 5 \\ 1 \\ 0 \\ 4 \end{pmatrix}+c\begin{pmatrix} -3 \\ -5 \\ 1 \\ 0 \end{pmatrix}\text{(解的向量形式)}.$$

例 5 解下列方程组

$$\begin{cases} x_1+x_2-2x_3-x_4+x_5=1, \\ 3x_1-x_2-x_3+4x_4+3x_5=4, \\ x_1+5x_2-9x_3-8x_4+x_5=0. \end{cases}$$

解 对增广矩阵进行初等行变换:

$$\tilde{\boldsymbol{A}}=(\boldsymbol{A}\vdots\boldsymbol{B})=\begin{pmatrix} 1 & 1 & -2 & -1 & 1 & 1 \\ 3 & -1 & -1 & 4 & 3 & 4 \\ 1 & 5 & -9 & -8 & 1 & 0 \end{pmatrix}\xrightarrow[r_3-r_1]{r_2-3r_1}\begin{pmatrix} 1 & 1 & -2 & -1 & 1 & 1 \\ 0 & -4 & 5 & 7 & 0 & 1 \\ 0 & 4 & -7 & -7 & 0 & -1 \end{pmatrix}$$

$$\xrightarrow{r_3+r_2}\begin{pmatrix} 1 & 1 & -2 & -1 & 1 & 1 \\ 0 & -4 & 5 & 7 & 0 & 1 \\ 0 & 0 & -2 & 0 & 0 & 0 \end{pmatrix}\xrightarrow[-\frac{1}{2}r_3]{-\frac{1}{4}r_2}\begin{pmatrix} 1 & 1 & -2 & -1 & 1 & 1 \\ 0 & 1 & -\frac{5}{4} & -\frac{7}{4} & 0 & -\frac{1}{4} \\ 0 & 0 & 1 & 0 & 0 & 0 \end{pmatrix}$$

$$\xrightarrow{r_1-r_2}\begin{pmatrix} 1 & 0 & -\frac{3}{4} & \frac{3}{4} & 1 & \frac{5}{4} \\ 0 & 1 & -\frac{5}{4} & -\frac{7}{4} & 0 & -\frac{1}{4} \\ 0 & 0 & 1 & 0 & 0 & 0 \end{pmatrix}\xrightarrow[r_2+\frac{5}{4}r_3]{r_1+\frac{3}{4}r_3}\begin{pmatrix} 1 & 0 & 0 & \frac{3}{4} & 1 & \frac{5}{4} \\ 0 & 1 & 0 & -\frac{7}{4} & 0 & -\frac{1}{4} \\ 0 & 0 & 1 & 0 & 0 & 0 \end{pmatrix},$$

可见 $R(\tilde{\boldsymbol{A}})=R(\boldsymbol{A})=3<5$,故原方程组有无穷多组解,同解方程组为

$$\begin{cases} x_1+\frac{3}{4}x_4+x_5=\frac{5}{4}, \\ x_2=\frac{7}{4}x_4-\frac{1}{4}, \\ x_3=0. \end{cases}$$

取 x_4,x_5 为自由未知量,解得

$$\begin{cases} x_1=-\frac{3}{4}x_4-x_5+\frac{5}{4}, \\ x_2=\frac{7}{4}x_4-\frac{1}{4}, \\ x_3=0, \\ x_4=x_4, \\ x_5=x_5. \end{cases}$$

令 $x_4=c_1, x_5=c_2$，即得

$$\begin{pmatrix} x_1 \\ x_2 \\ x_3 \\ x_4 \\ x_5 \end{pmatrix}=\begin{pmatrix} \frac{5}{4} \\ -\frac{1}{4} \\ 0 \\ 0 \\ 0 \end{pmatrix}+c_1\begin{pmatrix} -\frac{3}{4} \\ \frac{7}{4} \\ 0 \\ 1 \\ 0 \end{pmatrix}+c_2\begin{pmatrix} -1 \\ 0 \\ 0 \\ 0 \\ 1 \end{pmatrix}.$$

例 6 某地有一座煤矿、一个发电厂和一条铁路. 经成本核算，每生产价值 1 元钱的煤需消耗 0.3 元的电；为了把这 1 元钱的煤运出去需花费 0.2 元的运费；每生产 1 元的电需 0.6 元的煤作燃料；为了运行电厂的辅助设备需消耗本身 0.1 元的电，还需要花费 0.1 元的运费；作为铁路局，每提供 1 元运费的运输需消耗 0.5 元的煤，辅助设备要消耗 0.1 元的电. 现煤矿接到外地 6 万元煤的订货，电厂有 10 万元电的外地需求，问：煤矿和电厂各生产多少才能满足需求？

解 设煤矿要生产 x 元的煤，电厂要生产 y 元的电恰好满足需求，由题设条件可知：

(1) 运输这些煤需要运费 $0.2x$ 元，生产这些电需要的运费为 $0.1y$ 元，合计运费为 $(0.2x+0.1y)$ 元；

(2) 生产 x 元的煤要供以下三个方面的使用：

① 发电燃料：$0.6y$ 元；

② 运输燃料：$0.5(0.2x+0.1y)$ 元；

③ 外地订货：60 000 元.

(3) 生产 y 元的电要供以下三个方面的使用：

① 产煤消耗：$0.3x$ 元；

② 自身消耗：$0.1y$ 元；

③ 运输消耗：$0.1(0.2x+0.1y)$ 元；

④ 外地需求：100 000 元.

综上所述，x, y 应该满足如下方程组

$$\begin{cases} x=0.6y+0.5(0.2x+0.1y)+60\,000, \\ y=0.3x+0.1y+0.1(0.2x+0.1y)+100\,000, \end{cases}$$

即

$$\begin{cases} 0.9x-0.65y=60\,000, \\ -0.32x+0.89y=100\,000, \end{cases}$$

该方程组有唯一解 $x=\frac{118\,400\,000}{593}\approx 199\,663$，$y=\frac{109\,200\,000}{593}\approx 184\,149$，这就是说，煤矿要生产 199 663 元的煤，电厂要生产 184 149 元的电恰好满足需求.

定理 1 是我们判断非齐次线性方程组是否有解的主要依据. 由行列式中的克莱姆法则知齐次线性方程组始终有解，故对于齐次线性方程组不存在无解的情况，且其存在唯一解等价于只有零解，其存在无穷多解等价于有非零解.

事实上，齐次线性方程组可以看作非齐次线性方程组中 $\boldsymbol{B}=\boldsymbol{0}$ 的特例，所以其求解方法与求解非齐次线性方程组相类似. 但由于此时增广矩阵的最后一列为零，所以对增广矩阵进行初等行

变换只需要对系数矩阵做相应的初等行变换即可，且有 $R(\boldsymbol{A})=R(\tilde{\boldsymbol{A}})$，故齐次线性方程组不存在无解的情况. 由定理 1 易得下述的判别定理.

定理 2　设齐次线性方程组 $\boldsymbol{AX}=\boldsymbol{O}$ 的系数矩阵为 $\boldsymbol{A}$，且 $R(\boldsymbol{A})=r$，则

(1) 当 $R(\boldsymbol{A})=n$ 时，该齐次线性方程组只有零解；

(2) 当 $R(\boldsymbol{A})<n$ 时，该齐次线性方程组有非零解，从而有无穷多组解.

特别地，若齐次线性方程组中方程个数 m 少于未知量个数 n 时，则该方程组必有非零解，从而有无穷多组解.

若齐次线性方程组 $\boldsymbol{AX}=\boldsymbol{O}$ 中方程个数 m 等于未知量个数 n 时，则齐次线性方程组有非零解的充要条件是 $|\boldsymbol{A}|=0$.

例 7　解线性方程组

$$\begin{cases}3x_1+4x_2-5x_3+7x_4=0,\\2x_1-3x_2+3x_3-2x_4=0,\\4x_1+11x_2-13x_3+16x_4=0,\\7x_1-2x_2+x_3+3x_4=0.\end{cases}$$

解　对系数矩阵实施初等行变换：

$$\boldsymbol{A}=\begin{pmatrix}3&4&-5&7\\2&-3&3&-2\\4&11&-13&16\\7&-2&1&3\end{pmatrix}\xrightarrow{\text{初等行变换}}\cdots\longrightarrow\begin{pmatrix}1&0&-\frac{3}{17}&\frac{13}{17}\\0&1&-\frac{19}{17}&\frac{20}{17}\\0&0&0&0\\0&0&0&0\end{pmatrix},$$

于是 $R(\boldsymbol{A})=2<4$，所以该方程组有无穷多解即有非零解. 同解方程组为

$$\begin{cases}x_1-\frac{3}{17}x_3+\frac{13}{17}x_4=0,\\x_2-\frac{19}{17}x_3+\frac{20}{17}x_4=0,\end{cases}$$

取 x_3,x_4 为自由未知量，解得

$$\begin{cases}x_1=\frac{3}{17}x_3-\frac{13}{17}x_4,\\x_2=\frac{19}{17}x_3-\frac{20}{17}x_4,\\x_3=x_3,\\x_4=x_4.\end{cases}$$

令 $x_3=c_1,x_4=c_2$，故原方程组的解为

$$\begin{pmatrix}x_1\\x_2\\x_3\\x_4\end{pmatrix}=c_1\begin{pmatrix}\frac{3}{17}\\\frac{19}{17}\\1\\0\end{pmatrix}+c_2\begin{pmatrix}-\frac{13}{17}\\-\frac{20}{17}\\0\\1\end{pmatrix}.$$

前面介绍的高斯消元法是解线性方程组的一个基本方法，当方程组的解不唯一时，自由未知量可以有不同的选择，由此得到的解的集合是否相同？方程组的解集具有怎样的结构？要解决这些问题，就需要引入 n 维向量的知识.

练一练

设 η_1 和 η_2 是非齐次线性方程组 $\boldsymbol{AX}=\boldsymbol{B}$ 的任意两个解，则（　　）.

A. $\boldsymbol{\eta}_1+\boldsymbol{\eta}_2$ 是对应齐次线性方程组 $\boldsymbol{AX}=\boldsymbol{O}$ 的解

B. $\boldsymbol{\eta}_1-\boldsymbol{\eta}_2$ 是方程组 $\boldsymbol{AX}=\boldsymbol{B}$ 的解

C. $\boldsymbol{\eta}_1+k_2\boldsymbol{\eta}_2(k_1+k_2=1)$ 是方程组 $\boldsymbol{AX}=\boldsymbol{B}$ 的解

D. $k_1\boldsymbol{\eta}_1+k_2\boldsymbol{\eta}_2(k_1+k_2=1)$ 是方程组 $\boldsymbol{AX}=\boldsymbol{O}$ 的解

四、n 维向量和向量组的线性相关性

1. n 维向量

定义 3 n 个实数 $a_1,a_2,\cdots,a_n$ 组成的有序数组 $\boldsymbol{\alpha}=(a_1,a_2,\cdots,a_n)$ 称为 n 维向量，其中 $a_i(i=1,2,\cdots,n)$ 称为 α 的第 i 个分量（坐标）.

n 维向量可以写成一行，也可写成一列，分别称为行向量、列向量. n 维向量常用黑体小写字母表示. 例如，

$$\boldsymbol{\alpha}=(a_1,a_2,\cdots,a_n),\quad \boldsymbol{\beta}=\begin{pmatrix}a_1\\a_2\\\vdots\\a_n\end{pmatrix}.$$

n 维向量的概念

一个 $m\times n$ 矩阵 $\boldsymbol{A}$ 的每一行是一个 n 维行向量，每一列是一个 m 维列向量，因此可以用矩阵的列向量组来表示矩阵. 如矩阵 $\boldsymbol{A}=(\boldsymbol{\alpha}_1,\boldsymbol{\alpha}_2,\cdots,\boldsymbol{\alpha}_n)$，其中 $\boldsymbol{\alpha}_j(j=1,2,\cdots,n)$ 是 m 维列向量. 由此矩阵许多运算也可对向量规定，如向量的相等、向量的加法、向量的数乘运算.

例 8 设 $\boldsymbol{\alpha}=(-3,3,6,0)$，$\boldsymbol{\beta}=(9,6,-3,18)$，求 $\boldsymbol{\gamma}$ 满足 $\boldsymbol{\alpha}+3\boldsymbol{\gamma}=\boldsymbol{\beta}$.

解 因为 $3\boldsymbol{\gamma}=\boldsymbol{\beta}-\boldsymbol{\alpha}=(9,6,-3,18)-(-3,3,6,0)=(12,3,-9,18)$，所以

$$\boldsymbol{\gamma}=\frac{1}{3}(12,3,-9,18)=(4,1,-3,6).$$

2. 向量组的线性相关性

定义 4 设 $\boldsymbol{\alpha}_1,\boldsymbol{\alpha}_2,\cdots,\boldsymbol{\alpha}_m,\boldsymbol{\beta}$ 都是 n 维向量，若存在一组数 $k_1,k_2,\cdots,k_m$ 使得

$$\boldsymbol{\beta}=k_1\boldsymbol{\alpha}_1+k_2\boldsymbol{\alpha}_2+\cdots+k_m\boldsymbol{\alpha}_m,$$

则称向量 $\boldsymbol{\beta}$ 是向量 $\boldsymbol{\alpha}_1,\boldsymbol{\alpha}_2,\cdots,\boldsymbol{\alpha}_m$ 的一个线性组合或称向量 $\boldsymbol{\beta}$ 可由向量 $\boldsymbol{\alpha}_1,\boldsymbol{\alpha}_2,\cdots,\boldsymbol{\alpha}_m$ 线性表示.

例如，设有向量 $\boldsymbol{\alpha}=(1,2,3)$，$\boldsymbol{\beta}=(2,3,4)$，$\boldsymbol{o}=(0,0,0)$，因为 $\boldsymbol{o}=0\boldsymbol{\alpha}+0\boldsymbol{\beta}$，所以向量 $\boldsymbol{o}$ 是 $\boldsymbol{\alpha},\boldsymbol{\beta}$ 的线性组合，或者说向量 $\boldsymbol{o}$ 可由 $\boldsymbol{\alpha},\boldsymbol{\beta}$ 线性表示. 实际上，零向量是任何向量组的线性组合，或者说零向量可由任何向量组线性表示.

例 9　设 $\boldsymbol{\alpha}_1=(1,1,1)$，$\boldsymbol{\alpha}_2=(0,1,1)$，$\boldsymbol{\alpha}_3=(0,0,1)$，$\boldsymbol{\beta}=(1,3,4)$．问 $\boldsymbol{\beta}$ 能否由 $\boldsymbol{\alpha}_1,\boldsymbol{\alpha}_2,\boldsymbol{\alpha}_3$ 线性表示？

向量组的线性相关性

解　设 $\boldsymbol{\beta}=k_1\boldsymbol{\alpha}_1+k_2\boldsymbol{\alpha}_2+k_3\boldsymbol{\alpha}_3$，即

$$\begin{cases}k_1=1,\\k_1+k_2=3,\\k_1+k_2+k_3=4,\end{cases}$$

解得

$$k_1=1,k_2=2,k_3=1.$$

所以，$\boldsymbol{\beta}=\boldsymbol{\alpha}_1+2\boldsymbol{\alpha}_2+\boldsymbol{\alpha}_3$，$\boldsymbol{\beta}$ 能由 $\boldsymbol{\alpha}_1,\boldsymbol{\alpha}_2,\boldsymbol{\alpha}_3$ 线性表示．

定义 5　设 $\boldsymbol{\alpha}_1,\boldsymbol{\alpha}_2,\cdots,\boldsymbol{\alpha}_m$ 都是 n 维向量，如果存在一组不全为零的数 $k_1,k_2,\cdots,k_m$，使

$$k_1\boldsymbol{\alpha}_1+k_2\boldsymbol{\alpha}_2+\cdots+k_m\boldsymbol{\alpha}_m=\mathbf{0},$$

则称向量组 $\boldsymbol{\alpha}_1,\boldsymbol{\alpha}_2,\cdots,\boldsymbol{\alpha}_m$ 为线性相关的；否则称它们线性无关，即上式仅在 $k_1,k_2,\cdots,k_m$ 全为零时才成立，则称向量 $\boldsymbol{\alpha}_1,\boldsymbol{\alpha}_2,\cdots,\boldsymbol{\alpha}_m$ 线性无关．

例 10　判断向量组 $\boldsymbol{\alpha}_1=(2,1,0)$，$\boldsymbol{\alpha}_2=(1,2,1)$，$\boldsymbol{\alpha}_3=(0,1,2)$ 的线性相关性．

解　设 $k_1\boldsymbol{\alpha}_1+k_2\boldsymbol{\alpha}_2+k_3\boldsymbol{\alpha}_3=\mathbf{0}$，则

$$k_1\begin{pmatrix}2\\1\\0\end{pmatrix}+k_2\begin{pmatrix}1\\2\\1\end{pmatrix}+k_3\begin{pmatrix}0\\1\\2\end{pmatrix}=\begin{pmatrix}0\\0\\0\end{pmatrix},$$

即

$$\begin{cases}2k_1+k_2=0,\\k_1+2k_2+k_3=0,\\k_2+2k_3=0.\end{cases}$$

由于以上方程组的系数行列式 $\begin{vmatrix}2&1&0\\1&2&1\\0&1&2\end{vmatrix}=4\neq0$，由克莱姆法则的推论知，此方程组只有零解，即 $k_1=k_2=k_3=0$，所以 $\boldsymbol{\alpha}_1,\boldsymbol{\alpha}_2,\boldsymbol{\alpha}_3$ 线性无关．

3. 极大线性无关组

定义 6　设向量组 $\boldsymbol{\alpha}_{i_1},\boldsymbol{\alpha}_{i_2},\cdots,\boldsymbol{\alpha}_{i_r}$ 是向量组 $\boldsymbol{\alpha}_1,\boldsymbol{\alpha}_2,\cdots,\boldsymbol{\alpha}_m$ 的部分向量组，若满足

（1）$\boldsymbol{\alpha}_{i_1},\boldsymbol{\alpha}_{i_2},\cdots,\boldsymbol{\alpha}_{i_r}$ 线性无关；

（2）$\boldsymbol{\alpha}_1,\boldsymbol{\alpha}_2,\cdots,\boldsymbol{\alpha}_m$ 中任一向量都可由 $\boldsymbol{\alpha}_{i_1},\boldsymbol{\alpha}_{i_2},\cdots,\boldsymbol{\alpha}_{i_r}$ 线性表示．

则称 $\boldsymbol{\alpha}_{i_1},\boldsymbol{\alpha}_{i_2},\cdots,\boldsymbol{\alpha}_{i_r}$ 是向量组 $\boldsymbol{\alpha}_1,\boldsymbol{\alpha}_2,\cdots,\boldsymbol{\alpha}_m$ 的一个极大线性无关组，简称极大无关组．

定义 7　向量组 $\boldsymbol{\alpha}_1,\boldsymbol{\alpha}_2,\cdots,\boldsymbol{\alpha}_m$ 的极大无关组中所含向量的个数称为该向量组的秩，记为 $R(\boldsymbol{\alpha}_1,\boldsymbol{\alpha}_2,\cdots,\boldsymbol{\alpha}_m)$．

极大线性无关组及秩

例 11　设有向量组 $\boldsymbol{\alpha}_1=(1,0,0)$，$\boldsymbol{\alpha}_2=(0,1,0)$，$\boldsymbol{\alpha}_3=(0,0,1)$，$\boldsymbol{\alpha}_4=(1,1,1)$，$\boldsymbol{\alpha}_5=(1,1,0)$，求向量组的一个极大无关组．

解　因为向量组 $\boldsymbol{\alpha}_1,\boldsymbol{\alpha}_2,\boldsymbol{\alpha}_3$ 线性无关，向量 $\boldsymbol{\alpha}_1,\boldsymbol{\alpha}_2,\boldsymbol{\alpha}_3,\boldsymbol{\alpha}_4,\boldsymbol{\alpha}_5$ 都可由 $\boldsymbol{\alpha}_1,\boldsymbol{\alpha}_2,\boldsymbol{\alpha}_3$ 线性表示，所以 $\boldsymbol{\alpha}_1,\boldsymbol{\alpha}_2,\boldsymbol{\alpha}_3$ 是所求的一个极大无关组，向量组的秩为 3．同样，向量组 $\boldsymbol{\alpha}_1,\boldsymbol{\alpha}_2,\boldsymbol{\alpha}_4$ 也线性无关，且向量 $\boldsymbol{\alpha}_1,\boldsymbol{\alpha}_2,\boldsymbol{\alpha}_3,\boldsymbol{\alpha}_4,\boldsymbol{\alpha}_5$ 都可由 $\boldsymbol{\alpha}_1,\boldsymbol{\alpha}_2,\boldsymbol{\alpha}_4$ 线性表示，所以 $\boldsymbol{\alpha}_1,\boldsymbol{\alpha}_2,\boldsymbol{\alpha}_4$ 也是所求的一个极大无关组，

向量组的秩为 3.

注:极大无关组可能不唯一,但它所包含向量的个数一定,即向量组的秩是一定的.

上面求向量组的秩和极大无关组用的是定义的方法. 对于给定的向量组,求它的秩和极大无关组的一般方法是什么呢? 下面的定理给了我们一个简捷的、行之有效的方法.

定理 3 给定向量组 $\boldsymbol{\alpha}_1,\boldsymbol{\alpha}_2,\cdots,\boldsymbol{\alpha}_m$,$\boldsymbol{A}$ 是以 $\boldsymbol{\alpha}_1,\boldsymbol{\alpha}_2,\cdots,\boldsymbol{\alpha}_m$ 为列构成的矩阵,若 $R(\boldsymbol{A})=r$,则 $R(\boldsymbol{\alpha}_1,\boldsymbol{\alpha}_2,\cdots,\boldsymbol{\alpha}_m)=r$. 若 D_r 为矩阵 $\boldsymbol{A}$ 的一个 r 阶非零子式,则 D_r 所在的列所对应的原来的向量即是向量组 $\boldsymbol{\alpha}_1,\boldsymbol{\alpha}_2,\cdots,\boldsymbol{\alpha}_m$ 的一个极大无关组.

例 12 设 $\boldsymbol{\alpha}_1=(1,2,1,3)$,$\boldsymbol{\alpha}_2=(4,-1,-5,-6)$,$\boldsymbol{\alpha}_3=(1,-3,-4,-7)$,$\boldsymbol{\alpha}_4=(2,1,-1,0)$,求向量组的秩及一个极大无关组.

解
$$\begin{pmatrix}1&4&1&2\\2&-1&-3&1\\1&-5&-4&-1\\3&-6&-7&0\end{pmatrix}\longrightarrow\begin{pmatrix}1&4&1&2\\0&-9&-5&-3\\0&-9&-5&-3\\0&-18&-10&-6\end{pmatrix}\longrightarrow\begin{pmatrix}1&4&1&2\\0&-9&-5&-3\\0&0&0&0\\0&0&0&0\end{pmatrix},$$
可见向量组的秩为 2,所以极大无关组包括两个向量,且 $\boldsymbol{\alpha}_1,\boldsymbol{\alpha}_2$ 为一个极大无关组(不唯一,如 $\boldsymbol{\alpha}_1,\boldsymbol{\alpha}_3$ 也是一个极大无关组).

五、线性方程组解的结构

在线性方程组解的判定中,我们介绍了用矩阵的初等行变换求解线性方程组的方法,并得到了一些结论. 当线性方程组有无穷多解时,怎样表示解的结构呢? 下面分别对齐次线性方程组和非齐次线性方程组进行讨论.

1. 齐次线性方程组解的结构

齐次线性方程组 $\boldsymbol{AX}=\boldsymbol{O}$ 的一个解称为它的解向量,其解向量有如下性质.

性质 1 若 $\boldsymbol{X}_1,\boldsymbol{X}_2$ 是方程组 $\boldsymbol{AX}=\boldsymbol{O}$ 的任意两个解,则 $\boldsymbol{X}_1+\boldsymbol{X}_2$ 也是 $\boldsymbol{AX}=\boldsymbol{O}$ 的解.

性质 2 若 $\boldsymbol{X}_1$ 是方程组 $\boldsymbol{AX}=\boldsymbol{O}$ 的一个解,则 $k\boldsymbol{X}_1$ 也是 $\boldsymbol{AX}=\boldsymbol{O}$ 的解,其中 k 为任意实数.

一般地,若 $\boldsymbol{X}_1,\boldsymbol{X}_2,\cdots,\boldsymbol{X}_s$ 是方程组 $\boldsymbol{AX}=\boldsymbol{O}$ 的 s 个解时,则 $k_1\boldsymbol{X}_1+k_2\boldsymbol{X}_2+\cdots+k_s\boldsymbol{X}_s$ 也是 $\boldsymbol{AX}=\boldsymbol{O}$ 的解,其中 $k_1,k_2,\cdots,k_s$ 是任意实数.

齐次线性方程组的解法

定义 8 若齐次线性方程组 $\boldsymbol{AX}=\boldsymbol{O}$ 的解向量 $\boldsymbol{\xi}_1,\boldsymbol{\xi}_2,\cdots,\boldsymbol{\xi}_s$ 满足:

(1) $\boldsymbol{\xi}_1,\boldsymbol{\xi}_2,\cdots,\boldsymbol{\xi}_s$ 线性无关;

(2) $\boldsymbol{AX}=\boldsymbol{O}$ 的每一个解都能由 $\boldsymbol{\xi}_1,\boldsymbol{\xi}_2,\cdots,\boldsymbol{\xi}_s$ 线性表示,

则称解向量 $\boldsymbol{\xi}_1,\boldsymbol{\xi}_2,\cdots,\boldsymbol{\xi}_s$ 为齐次线性方程组 $\boldsymbol{AX}=\boldsymbol{O}$ 的一个基础解系.

可以证明,若齐次线性方程组 $\boldsymbol{AX}=\boldsymbol{O}$ 的系数矩阵的秩 $R(\boldsymbol{A})=r<n$,则方程组一定有基础解系,并且基础解系中解向量的个数为 $n-r$,若设 $\boldsymbol{\xi}_1,\boldsymbol{\xi}_2,\cdots,\boldsymbol{\xi}_{n-r}$ 为齐次线性方程组 $\boldsymbol{AX}=\boldsymbol{O}$ 的基础解系,则齐次线性方程组 $\boldsymbol{AX}=\boldsymbol{O}$ 的通解(所有解)可表示为
$$\boldsymbol{X}=k_1\boldsymbol{\xi}_1+k_2\boldsymbol{\xi}_2+\cdots+k_{n-r}\boldsymbol{\xi}_{n-r},$$
其中 $k_1,k_2,\cdots,k_{n-r}$ 为任意实数.

如何求齐次线性方程组 $\boldsymbol{AX}=\boldsymbol{O}$ 的基础解系呢?

其一般步骤为

(1) 将齐次线性方程组的系数写成矩阵 $\boldsymbol{A}$,通过初等行变换化为行最简形矩阵;

(2) 把行最简形矩阵中非主元列所对应的变量作为自由未知量,写出方程组的一般解;

(3) 分别令自由未知量中一个为 1 其余全部为 0,求出 $n-r$ 个解向量,这 $n-r$ 个解向量就构成了方程组 $\boldsymbol{AX}=\boldsymbol{O}$ 的一个基础解系.

例 13　求齐次线性方程组

$$\begin{cases} x_1-x_2+5x_3-x_4=0, \\ x_1+x_2-2x_3+3x_4=0, \\ 3x_1-x_2+8x_3+x_4=0, \\ x_1+3x_2-9x_3+7x_4=0. \end{cases}$$

的一个基础解系和通解.

解　对系数矩阵 $\boldsymbol{A}$ 进行初等行变换:

$$\boldsymbol{A}=\begin{pmatrix} 1 & -1 & 5 & -1 \\ 1 & 1 & -2 & 3 \\ 3 & -1 & 8 & 1 \\ 1 & 3 & -9 & 7 \end{pmatrix} \xrightarrow[r_4-r_1]{\substack{r_2-r_1 \\ r_3-3r_1}} \begin{pmatrix} 1 & -1 & 5 & -1 \\ 0 & 2 & -7 & 4 \\ 0 & 2 & -7 & 4 \\ 0 & 4 & -14 & 8 \end{pmatrix} \xrightarrow{\substack{r_3-r_2 \\ r_4-2r_2}}$$

$$\begin{pmatrix} 1 & -1 & 5 & -1 \\ 0 & 2 & -7 & 4 \\ 0 & 0 & 0 & 0 \\ 0 & 0 & 0 & 0 \end{pmatrix} \xrightarrow[r_1+r_2]{\frac{1}{2}r_2} \begin{pmatrix} 1 & 0 & \frac{3}{2} & 1 \\ 0 & 1 & -\frac{7}{2} & 2 \\ 0 & 0 & 0 & 0 \\ 0 & 0 & 0 & 0 \end{pmatrix},$$

可见 $R(\boldsymbol{A})=2<4$,故其基础解系所含解向量的个数为 $n-r=4-2=2$,且同解方程组为

$$\begin{cases} x_1+\dfrac{3}{2}x_3+x_4=0, \\ x_2-\dfrac{7}{2}x_3+2x_4=0, \end{cases}$$

取 x_3,x_4 为自由未知量,得解

$$\begin{cases} x_1=-\dfrac{3}{2}x_3-x_4, \\ x_2=\dfrac{7}{2}x_3-2x_4, \end{cases}$$

分别取

$$\begin{pmatrix} x_3 \\ x_4 \end{pmatrix}=\begin{pmatrix} 1 \\ 0 \end{pmatrix},\begin{pmatrix} 0 \\ 1 \end{pmatrix},$$

解得

$$\begin{pmatrix} x_1 \\ x_2 \end{pmatrix}=\begin{pmatrix} -\dfrac{3}{2} \\ \dfrac{7}{2} \end{pmatrix},\begin{pmatrix} -1 \\ -2 \end{pmatrix},$$

从而得齐次线性方程组的一个基础解系

$$\xi_1=\begin{pmatrix}-\frac{3}{2}\\ \frac{7}{2}\\ 1\\ 0\end{pmatrix},\quad \xi_2=\begin{pmatrix}-1\\ -2\\ 0\\ 1\end{pmatrix},$$

原方程的通解为

$$\begin{pmatrix}x_1\\ x_2\\ x_3\\ x_4\end{pmatrix}=c_1\begin{pmatrix}-\frac{3}{2}\\ \frac{7}{2}\\ 1\\ 0\end{pmatrix}+c_2\begin{pmatrix}-1\\ -2\\ 0\\ 1\end{pmatrix},\text{其中 } c_1,c_2 \text{ 为任意常数.}$$

2. 非齐次线性方程组解的结构

设有非齐次线性方程组 $\boldsymbol{AX}=\boldsymbol{B}$,其中 $\boldsymbol{A}$ 为 $m\times n$ 矩阵,常数列 $\boldsymbol{B}=(b_1,b_2,\cdots,b_m)^{\mathrm{T}}$,其对应的齐次线性方程组为 $\boldsymbol{AX}=\boldsymbol{O}$.

非齐次线性方程组 $\boldsymbol{AX}=\boldsymbol{B}$ 的解具有下面的性质.

性质 3 设 $\boldsymbol{\eta}_1,\boldsymbol{\eta}_2$ 是 $\boldsymbol{AX}=\boldsymbol{B}$ 的解,则 $\boldsymbol{\eta}_1-\boldsymbol{\eta}_2$ 是 $\boldsymbol{AX}=\boldsymbol{O}$ 的解.

非齐次线性方程组的解法

性质 4 设 $\boldsymbol{\eta}$ 是 $\boldsymbol{AX}=\boldsymbol{B}$ 的解,$\boldsymbol{\xi}$ 是 $\boldsymbol{AX}=\boldsymbol{O}$ 的解,则 $\boldsymbol{\eta}+\boldsymbol{\xi}$ 是 $\boldsymbol{AX}=\boldsymbol{B}$ 的解.

关于非齐次线性方程组解的结构有以下定理.

定理 4 设 $\boldsymbol{\eta}_0$ 是非齐次线性方程组 $\boldsymbol{AX}=\boldsymbol{B}$ 的一个解,$\boldsymbol{\xi}_1,\cdots,\boldsymbol{\xi}_{n-r}$ 是对应齐次线性方程组的一个基础解系,则非齐次线性方程组 $\boldsymbol{AX}=\boldsymbol{B}$ 的通解为

$$\boldsymbol{\eta}=\boldsymbol{\eta}_0+k_1\boldsymbol{\xi}_1+k_2\boldsymbol{\xi}_2+\cdots+k_{n-r}\boldsymbol{\xi}_{n-r},\text{其中 } r=R(\boldsymbol{A}).$$

注:(1) 若能知道 $\boldsymbol{AX}=\boldsymbol{B}$ 的一个解向量 $\boldsymbol{\eta}_0$,以及 $\boldsymbol{AX}=\boldsymbol{O}$ 的一个基础解系,则可表示出 $\boldsymbol{AX}=\boldsymbol{B}$ 的所有解向量.

(2) 在非齐次线性方程组 $\boldsymbol{AX}=\boldsymbol{B}$ 有解的前提下,解唯一的充要条件是 $\boldsymbol{AX}=\boldsymbol{O}$ 只有零解. 若 $\boldsymbol{AX}=\boldsymbol{O}$ 有无穷多解,则 $\boldsymbol{AX}=\boldsymbol{B}$ 也有无穷多解.

由此,可以归纳出求解非齐次线性方程组 $\boldsymbol{AX}=\boldsymbol{B}$ 的一般步骤:

(1) 计算系数矩阵和增广矩阵的秩,求出 $\boldsymbol{AX}=\boldsymbol{B}$ 的一个特解 $\boldsymbol{\eta}_0$;

(2) 求出对应齐次线性方程组 $\boldsymbol{AX}=\boldsymbol{O}$ 的基础解系,得 $\boldsymbol{AX}=\boldsymbol{O}$ 的一个通解;

(3) 写出 $\boldsymbol{AX}=\boldsymbol{B}$ 的全部解.

例 14 求非齐次线性方程组

$$\begin{cases}x_1+2x_2-x_3+2x_4=1,\\ 2x_1+4x_2+x_3+x_4=5,\\ -x_1-2x_2-2x_3+x_4=-4\end{cases}$$

的通解.

解 $$\widetilde{\boldsymbol{A}}=\begin{pmatrix}1&2&-1&2&1\\ 2&4&1&1&5\\ -1&-2&-2&1&-4\end{pmatrix}\xrightarrow[r_3+r_1]{r_2-2r_1}\begin{pmatrix}1&2&-1&2&1\\ 0&0&3&-3&3\\ 0&0&-3&3&-3\end{pmatrix}\xrightarrow[\substack{r_3+3r_2\\ r_1+r_2}]{\frac{1}{3}r_2}\begin{pmatrix}1&2&0&1&2\\ 0&0&1&-1&1\\ 0&0&0&0&0\end{pmatrix},$$

可见 $R(\boldsymbol{A})=R(\tilde{\boldsymbol{A}})=2<4$，故方程组有无穷多解，且同解方程组为

$$\begin{cases}x_1+2x_2+x_4=2,\\ x_3\qquad\quad -x_4=1,\end{cases}$$

取 x_2,x_4 为自由未知量，解得

$$\begin{cases}x_1=2-2x_2-x_4,\\ x_3=1+x_4.\end{cases}$$

令 $x_2=x_4=0$ 得方程组的一个特解为

$$\boldsymbol{\eta}_0=\begin{pmatrix}2\\0\\1\\0\end{pmatrix}.$$

再取方程组对应的齐次线性方程组的同解方程组

$$\begin{cases}x_1=-2x_2-x_4,\\ x_3=x_4.\end{cases}$$

分别取

$$\begin{pmatrix}x_2\\x_4\end{pmatrix}=\begin{pmatrix}1\\0\end{pmatrix},\begin{pmatrix}0\\1\end{pmatrix},$$

得

$$\begin{pmatrix}x_1\\x_3\end{pmatrix}=\begin{pmatrix}-2\\0\end{pmatrix},\begin{pmatrix}-1\\1\end{pmatrix},$$

即得对应齐次线性方程组的基础解系

$$\boldsymbol{\xi}_1=\begin{pmatrix}-2\\1\\0\\0\end{pmatrix},\quad \boldsymbol{\xi}_2=\begin{pmatrix}-1\\0\\1\\1\end{pmatrix},$$

于是所求通解为

$$\boldsymbol{\eta}=\boldsymbol{\eta}_0+c_1\boldsymbol{\xi}_1+c_2\boldsymbol{\xi}_2,$$

即

$$\begin{pmatrix}x_1\\x_2\\x_3\\x_4\end{pmatrix}=\begin{pmatrix}2\\0\\1\\0\end{pmatrix}+c_1\begin{pmatrix}-2\\1\\0\\0\end{pmatrix}+c_2\begin{pmatrix}-1\\0\\1\\1\end{pmatrix},\text{其中 } c_1,c_2 \text{ 为任意常数.}$$

此题也可以用线性方程组解的个数的判别中用的方法得出方程组的通解. 在本例中得同解方程组

$$\begin{cases}x_1+2x_2+x_4=2,\\ x_3\qquad\quad -x_4=1,\end{cases}$$

取 x_2,x_4 为自由未知量，解得

测一测

$$\begin{cases} x_1 = 2-2x_2-x_4, \\ x_2 = x_2, \\ x_3 = 1+x_4, \\ x_4 = x_4, \end{cases}$$

写成向量形式为

$$\begin{pmatrix} x_1 \\ x_2 \\ x_3 \\ x_4 \end{pmatrix} = \begin{pmatrix} 2 \\ 0 \\ 1 \\ 0 \end{pmatrix} + x_2 \begin{pmatrix} -2 \\ 1 \\ 0 \\ 0 \end{pmatrix} + x_4 \begin{pmatrix} -1 \\ 0 \\ 1 \\ 1 \end{pmatrix},$$

即方程组的通解为

$$\begin{pmatrix} x_1 \\ x_2 \\ x_3 \\ x_4 \end{pmatrix} = \begin{pmatrix} 2 \\ 0 \\ 1 \\ 0 \end{pmatrix} + c_1 \begin{pmatrix} -2 \\ 1 \\ 0 \\ 0 \end{pmatrix} + c_2 \begin{pmatrix} -1 \\ 0 \\ 1 \\ 1 \end{pmatrix}, \text{其中 } c_1, c_2 \text{ 为任意常数.}$$

练一练

当 $a=$(　　)时,线性方程组 $\begin{pmatrix} a & -1 & -1 \\ 1 & a & 1 \\ -1 & 1 & a \end{pmatrix}\begin{pmatrix} x_1 \\ x_2 \\ x_3 \end{pmatrix} = \begin{pmatrix} 1 \\ 1 \\ 1 \end{pmatrix}$ 必有唯一解.

A. $a \neq 0,1,-1$　　B. $a \neq 0$　　C. $a \neq 1$　　D. $a \neq -1$

同步练习 4.5

1. 判断下列方程组解的情况:

$$\begin{cases} x_1+2x_2-x_3+2x_4=-1, \\ 2x_1-x_2-2x_3+2x_4=1, \\ x_1+7x_2-x_3+4x_4=2. \end{cases}$$

2. 求解下列线性方程组.

(1) $\begin{cases} x_1+x_2+2x_3-x_4=0, \\ 2x_1+x_2+x_3-x_4=0, \\ 2x_1+2x_2+x_3+2x_4=0; \end{cases}$　　(2) $\begin{cases} 2x+3y+z=4, \\ x-2y+4z=-5, \\ 3x+8y-2z=13, \\ 4x-y+9z=-6. \end{cases}$

3. 设有方程组 $\begin{cases} x_1+x_2+x_3=0, \\ ax_1+bx_2+cx_3=0, \\ a^2x_1+b^2x_2+c^2x_3=0. \end{cases}$

(1) a,b,c 满足何关系时,方程组仅有零解;

(2) a,b,c 满足何关系时,方程组有无穷解,并用基础解系表示全部解.

本章小结

一、行列式

1. 行列式的概念

(1) 二阶行列式和三阶行列式及其对角线法则

$$\begin{vmatrix} a_{11} & a_{12} \\ a_{21} & a_{22} \end{vmatrix} = a_{11}a_{22}-a_{12}a_{21}.$$

$$\begin{vmatrix} a_{11} & a_{12} & a_{13} \\ a_{21} & a_{22} & a_{23} \\ a_{31} & a_{32} & a_{33} \end{vmatrix} = a_{11}a_{22}a_{33}+a_{12}a_{23}a_{31}+a_{13}a_{21}a_{32}-a_{11}a_{23}a_{32}-a_{12}a_{21}a_{33}-a_{13}a_{22}a_{31}.$$

(2) n 阶行列式

$$D=\begin{vmatrix} a_{11} & a_{12} & \cdots & a_{1n} \\ a_{21} & a_{22} & \cdots & a_{2n} \\ \vdots & \vdots & & \vdots \\ a_{n1} & a_{n2} & \cdots & a_{nn} \end{vmatrix}$$ 称为 n 阶行列式.

其中 a_{ij}称为行列式 D 的第 i 行第 j 列的元素($i,j=1,2,\cdots,n$).

(3) 余子式和代数余子式

在 n 阶行列式中,把元素 a_{ij}所在的第 i 行和第 j 列划去后,留下的元素保持原来相对位置不变组成的二阶行列式称为元素 a_{ij}的余子式,记作 M_{ij};记 $A_{ij}=(-1)^{i+j}M_{ij}$,称为元素 a_{ij}的代数余子式.

2. 行列式的性质

(1) 行、列依次互换,行列式的值不变.

(2) 互换行列式的任意两行(列),行列式仅改变符号.

(3) 行列式中某一行(列)中所有元素乘以同一数 k,等于用数 k 乘以此行列式.

(4) 若行列式的某一行(列)的各元素是两数之和,则该行列式等于该行(列)的元素对应的两个行列式之和,其余各行(列)的元素与原行列式相同.

(5) 把行列式的某一行(列)的各元素乘以同一数后加到另一行(列)对应元素上去,行列式的值不变.

(6) 行列式等于它的任意一行(列)的各元素与对应的代数余子式的乘积之和.

(7) 行列式中,任一行(列)的各元素与另一行(列)相应元素的代数余子式的乘积之和等于零.

3. 行列式的计算

(1) 利用行列式的性质,把原行列式化为容易求值的行列式. 常用方法是把原行列式化为上(下)三角行列式求值.

(2) 利用行列式的性质,把行列式的某一行(列)的元素尽可能多地化成零,然后按该行(列)展开,把行列式的阶数降低,再求值.

4. 克莱姆法则

定理:若 n 元线性方程组$\begin{cases} a_{11}x_1+a_{12}x_2+\cdots+a_{1n}x_n=b_1, \\ a_{21}x_1+a_{22}x_2+\cdots+a_{2n}x_n=b_2, \\ \cdots\cdots\cdots\cdots \\ a_{n1}x_1+a_{n2}x_2+\cdots+a_{nn}x_n=b_n \end{cases}$的系数行列式

$$D=\begin{vmatrix} a_{11} & a_{12} & \cdots & a_{1n} \\ a_{21} & a_{22} & \cdots & a_{2n} \\ \vdots & \vdots & & \vdots \\ a_{n1} & a_{n2} & \cdots & a_{nn} \end{vmatrix}\neq 0,$$

则方程组有唯一解

$$x_1=\frac{D_1}{D},\quad x_2=\frac{D_2}{D},\quad \cdots,\quad x_n=\frac{D_n}{D}.$$

其中 $D_j=\begin{vmatrix} a_{11} & \cdots & a_{1,j-1} & b_1 & a_{1,j+1} & \cdots & a_{1n} \\ a_{21} & \cdots & a_{2,j-1} & b_2 & a_{2,j+1} & \cdots & a_{2n} \\ \vdots & & \vdots & \vdots & \vdots & & \vdots \\ a_{n1} & \cdots & a_{n,j-1} & b_n & a_{n,j+1} & \cdots & a_{nn} \end{vmatrix}$.

二、矩阵

1. 矩阵的概念

由 $m\times n$ 个数 $a_{ij}(i=1,2,\cdots,m;j=1,2,\cdots,n)$ 排成 m 行 n 列,并括以方括号(圆括号)的矩形数表,称为 $m\times n$ 矩阵.

具有相同行数和列数的矩阵称为同型矩阵.

若矩阵 $\boldsymbol{A}=(a_{ij})_{m\times n}$ 和矩阵 $\boldsymbol{B}=(b_{ij})_{m\times n}$ 为同型矩阵,且对应的元素相等,则称矩阵 $\boldsymbol{A}$ 与矩阵 $\boldsymbol{B}$ 相等,记作 $\boldsymbol{A}=\boldsymbol{B}$.

2. 几种特殊矩阵

(1) 方阵:矩阵的行数与列数相等时称为方阵.

(2) 行矩阵:只有一行的矩阵称为行矩阵.

(3) 列矩阵:只有一列的矩阵称为列矩阵.

(4) 零矩阵:元素都是零的矩阵称为零矩阵.

(5) 对角矩阵:如果方阵主对角线以外的元素都为零,则称其为对角矩阵.

(6) 单位矩阵:主对角线上的每个元素都为 1 的对角方阵,称为单位矩阵,记作 $\boldsymbol{E}$.

(7) 上(下)三角矩阵:主对角线下(上)方的元素全为零的方阵称为上(下)三角矩阵.

3. 矩阵的运算

(1) 矩阵的加(减):两个矩阵 $\boldsymbol{A}=(a_{ij})$,$\boldsymbol{B}=(b_{ij})$ 对应元素相加(或减)得到的 $m\times n$ 矩阵,称为矩阵 $\boldsymbol{A}$ 与矩阵 $\boldsymbol{B}$ 的和(差),记作 $\boldsymbol{A}+\boldsymbol{B}$(或 $\boldsymbol{A}-\boldsymbol{B}$).

矩阵的加法运算满足交换律与结合律.

(2) 数乘运算:以数 λ 乘矩阵 $\boldsymbol{A}$ 的每一个元素所得到的矩阵,称为数乘矩阵,记作 $\lambda\boldsymbol{A}$ 或 $\boldsymbol{A}\lambda$.

数乘运算满足结合律与分配律.

(3) 乘法运算:设矩阵 $\boldsymbol{A}=(a_{ij})_{m\times s}$,$\boldsymbol{B}=(b_{ij})_{s\times n}$,由 $c_{ij}=a_{i1}b_{1j}+a_{i2}b_{2j}+\cdots+a_{is}b_{sj}=\sum\limits_{k=1}^{s}a_{ik}b_{kj}(i=1,$

$2,\cdots,m;j=1,2,\cdots,n$)为元素的矩阵 $\boldsymbol{C}=(c_{ij})_{m\times n}$ 称为矩阵 $\boldsymbol{A}$ 与矩阵 $\boldsymbol{B}$ 的乘积,记作 $\boldsymbol{C}=\boldsymbol{AB}=(c_{ij})_{m\times n}$.

乘法运算满足结合律、数乘结合律、左分配律、右分配律.

(4) 转置运算:把 $m\times n$ 矩阵 $\boldsymbol{A}$ 的行与列依次互换,所得到的 $n\times m$ 矩阵称为 $\boldsymbol{A}$ 的转置矩阵,记作 $\boldsymbol{A}^{\mathrm{T}}$.

(5) 方阵的行列式:由 n 阶方阵 $\boldsymbol{A}$ 的元素所构成的行列式(各元素的位置不变),称为方阵 $\boldsymbol{A}$ 的行列式,记作 $|\boldsymbol{A}|$.

4. 逆矩阵

对于 n 阶方阵 $\boldsymbol{A}$,如果存在 n 阶方阵 $\boldsymbol{B}$,使得 $\boldsymbol{AB}=\boldsymbol{BA}=\boldsymbol{E}$. 则称方阵 $\boldsymbol{A}$ 是可逆的,并称 $\boldsymbol{B}$ 是 $\boldsymbol{A}$ 的逆矩阵,简称 $\boldsymbol{A}$ 的逆,记作 $\boldsymbol{A}^{-1}$,即 $\boldsymbol{A}^{-1}=\boldsymbol{B}$.

伴随矩阵:将 $\boldsymbol{A}$ 的每个元素 a_{ij} 换成其代数余子式 A_{ij},然后转置得到的矩阵.

可逆矩阵具有下列性质:

(1) 若 $\boldsymbol{A}$ 可逆,则 $\boldsymbol{A}^{-1}$ 也可逆,且 $(\boldsymbol{A}^{-1})^{-1}=\boldsymbol{A}$;

(2) 若 $\boldsymbol{A}$ 可逆,数 $\lambda\neq0$,则 $\lambda\boldsymbol{A}$ 也可逆,且 $(\lambda\boldsymbol{A})^{-1}=\frac{1}{\lambda}\boldsymbol{A}^{-1}$;

(3) 若 $\boldsymbol{A}$ 可逆,则 $|\boldsymbol{A}^{-1}|=|\boldsymbol{A}|^{-1}$;

(4) 若 $\boldsymbol{A},\boldsymbol{B}$ 是两个同阶可逆方阵,则 $\boldsymbol{AB}$ 也可逆,且 $(\boldsymbol{AB})^{-1}=\boldsymbol{B}^{-1}\boldsymbol{A}^{-1}$;

(5) 若 $\boldsymbol{A}$ 可逆,则 $\boldsymbol{A}^{\mathrm{T}}$ 也可逆,且 $(\boldsymbol{A}^{\mathrm{T}})^{-1}=(\boldsymbol{A}^{-1})^{\mathrm{T}}$.

逆矩阵求法:

n 阶方阵 $\boldsymbol{A}$ 可逆的充要条件是 $|\boldsymbol{A}|\neq0$,且 $\boldsymbol{A}^{-1}=\frac{1}{|\boldsymbol{A}|}\boldsymbol{A}^{*}$,其中 $\boldsymbol{A}^{*}$ 为 $\boldsymbol{A}$ 的伴随矩阵.

5. 矩阵的初等变换与矩阵的秩

(1) 对一个矩阵施行以下三种类型的变换,称为矩阵的初等行变换.

对称变换:互换矩阵第 i 行与第 j 行的位置,记作 $r_i\leftrightarrow r_j$;

数乘变换:用一个非零常数 k 乘以矩阵的第 i 行,记作 kr_i;

倍加变换:将矩阵第 i 行元素的 k 倍加到第 j 行上,记作 r_j+kr_i.

将以上定义中的行换成列,就称为矩阵的三种初等列变换,相应地记为 $c_i\leftrightarrow c_j$,kc_i 和 c_j+kc_i.

矩阵的初等行变换与初等列变换,统称矩阵的初等变换.

行阶梯形矩阵是指满足下面两个条件的形如阶梯的矩阵:若有零行,则零行全部在矩阵的下方;从第一行起,每一个非零元前面零的个数逐行增加.

(2) 用初等行变换求逆矩阵:设 $\boldsymbol{A}$ 为 n 阶可逆阵,$\boldsymbol{E}$ 为 n 阶单位阵,作 $n\times2n$ 矩阵 $(\boldsymbol{A}\mid\boldsymbol{E})$. 用 $\boldsymbol{A}^{-1}$ 左乘 $(\boldsymbol{A}\mid\boldsymbol{E})$,得 $\boldsymbol{A}^{-1}(\boldsymbol{A}\mid\boldsymbol{E})=(\boldsymbol{A}^{-1}\boldsymbol{A}\mid\boldsymbol{A}^{-1}\boldsymbol{E})=(\boldsymbol{E}\mid\boldsymbol{A}^{-1})$.

(3) 矩阵的秩

子式:在 $m\times n$ 矩阵 $\boldsymbol{A}$ 中,任取 k 行 k 列($k\leqslant\min\{m,n\}$),位于这些行列交叉处的元素按照原来的顺序构成的一个 k 阶行列式,称为矩阵 $\boldsymbol{A}$ 的一个 k 阶子式.

$m\times n$ 矩阵 $\boldsymbol{A}$ 中,不为零的子式的最高阶数称为矩阵 $\boldsymbol{A}$ 的秩.

用初等变换求矩阵的秩:把矩阵用初等行变换化为行阶梯形矩阵,行阶梯形矩阵中非零行的行数即是该矩阵的秩.

三、线性方程组

1. 定义:含 n 个未知数的线性方程组的一般形式为

$$\begin{cases}a_{11}x_1+a_{12}x_2+\cdots+a_{1n}x_n=b_1,\\a_{21}x_1+a_{22}x_2+\cdots+a_{2n}x_n=b_2,\\\cdots\cdots\cdots\cdots\\a_{m1}x_1+a_{m2}x_2+\cdots+a_{mn}x_n=b_m,\end{cases}$$

其中系数 a_{ij},常数 b_i 都是已知数,x_j 是未知量(未知数). 当右端常数项 $b_1,b_2,\cdots,b_m$ 不全为零时,称方程组为非齐次线性方程组;当常数项全为零时,即

$$\begin{cases}a_{11}x_1+a_{12}x_2+\cdots+a_{1n}x_n=0,\\a_{21}x_1+a_{22}x_2+\cdots+a_{2n}x_n=0,\\\cdots\cdots\cdots\cdots\\a_{m1}x_1+a_{m2}x_2+\cdots+a_{mn}x_n=0,\end{cases}$$

称为齐次线性方程组.

令

$$\boldsymbol{A}=\begin{pmatrix}a_{11}&a_{12}&\cdots&a_{1n}\\a_{21}&a_{22}&\cdots&a_{2n}\\\vdots&\vdots&&\vdots\\a_{m1}&a_{m2}&\cdots&a_{mn}\end{pmatrix},\quad \boldsymbol{X}=\begin{pmatrix}x_1\\x_2\\\vdots\\x_n\end{pmatrix},\quad \boldsymbol{B}=\begin{pmatrix}b_1\\b_2\\\vdots\\b_m\end{pmatrix},$$

方程组分别可以写成矩阵形式:$\boldsymbol{AX}=\boldsymbol{B}$,$\boldsymbol{AX}=\boldsymbol{O}$,其中 $\boldsymbol{A}$ 为线性方程组的系数矩阵,$\boldsymbol{X}$ 为未知量矩阵,$\boldsymbol{B}$ 为常数项矩阵.

增广矩阵:将系数矩阵 $\boldsymbol{A}$ 和常数项矩阵 $\boldsymbol{B}$ 合并构成的矩阵

$$\tilde{\boldsymbol{A}}=\begin{pmatrix}a_{11}&a_{12}&\cdots&a_{1n}&b_1\\a_{21}&a_{22}&\cdots&a_{2n}&b_2\\\vdots&\vdots&&\vdots&\vdots\\a_{m1}&a_{m2}&\cdots&a_{mn}&b_m\end{pmatrix}=(\boldsymbol{A}\mid\boldsymbol{B})$$

称为线性方程组 $\boldsymbol{AX}=\boldsymbol{B}$ 的增广矩阵.

2. 线性方程组解的判定

定理 1 设非齐次线性方程组为 $\boldsymbol{AX}=\boldsymbol{B}$,其中 $\boldsymbol{A}$ 为系数矩阵,$\tilde{\boldsymbol{A}}$ 为增广矩阵,$R(\boldsymbol{A})=r$,则方程组有解的充要条件是 $R(\boldsymbol{A})=R(\tilde{\boldsymbol{A}})$. 且:

(1) 当 $R(\boldsymbol{A})=R(\tilde{\boldsymbol{A}})=n$ 时,方程组有唯一解;

(2) 当 $R(\boldsymbol{A})=R(\tilde{\boldsymbol{A}})<n$ 时,方程组有无穷多组解;

(3) 当 $R(\boldsymbol{A})\neq R(\tilde{\boldsymbol{A}})$ 时,方程组无解.

定理 2 设齐次线性方程组 $\boldsymbol{AX}=\boldsymbol{O}$ 的系数矩阵为 $\boldsymbol{A}$,且 $R(\boldsymbol{A})=r$,则

(1) 当 $R(\boldsymbol{A})=n$ 时,该齐次线性方程组只有零解;

(2) 当 $R(\boldsymbol{A})<n$ 时,该齐次线性方程组有非零解,从而有无穷多组解.

3. n 维向量和向量组的线性相关性

定义 1 n 个实数 $a_1,a_2,\cdots,a_n$ 组成的有序数组 $\boldsymbol{\alpha}=(a_1,a_2,\cdots,a_n)$ 称为 n 维向量.

定义 2 设 $\boldsymbol{\alpha}_1,\boldsymbol{\alpha}_2,\cdots,\boldsymbol{\alpha}_m,\boldsymbol{\beta}$ 都是 n 维向量,若存在一组数 $k_1,k_2,\cdots,k_m$ 使得 $\boldsymbol{\beta}=k_1\boldsymbol{\alpha}_1+k_2\boldsymbol{\alpha}_2+\cdots+k_m\boldsymbol{\alpha}_m$,则称向量 $\boldsymbol{\beta}$ 是向量 $\boldsymbol{\alpha}_1,\boldsymbol{\alpha}_2,\cdots,\boldsymbol{\alpha}_m$ 的一个线性组合或称向量 $\boldsymbol{\beta}$ 可由向量 $\boldsymbol{\alpha}_1,\boldsymbol{\alpha}_2,\cdots,\boldsymbol{\alpha}_m$ 线性表示.

定义 3 设 $\boldsymbol{\alpha}_1,\boldsymbol{\alpha}_2,\cdots,\boldsymbol{\alpha}_m$ 都是 n 维向量,如果存在一组不全为零的数 $k_1,k_2,\cdots,k_m$,使 $k_1\boldsymbol{\alpha}_1+k_2\boldsymbol{\alpha}_2+\cdots+k_m\boldsymbol{\alpha}_m=\boldsymbol{0}$,则称向量组 $\boldsymbol{\alpha}_1,\boldsymbol{\alpha}_2,\cdots,\boldsymbol{\alpha}_m$ 线性相关,否则称它们线性无关.

定义 4 设向量组 $\boldsymbol{\alpha}_{i_1},\boldsymbol{\alpha}_{i_2},\cdots,\boldsymbol{\alpha}_{i_r}$ 是向量组 $\boldsymbol{\alpha}_1,\boldsymbol{\alpha}_2,\cdots,\boldsymbol{\alpha}_m$ 的部分向量组,若满足

(1) $\boldsymbol{\alpha}_{i_1},\boldsymbol{\alpha}_{i_2},\cdots,\boldsymbol{\alpha}_{i_r}$ 线性无关;

(2) $\boldsymbol{\alpha}_1,\boldsymbol{\alpha}_2,\cdots,\boldsymbol{\alpha}_m$ 中任一向量都可由 $\boldsymbol{\alpha}_{i_1},\boldsymbol{\alpha}_{i_2},\cdots,\boldsymbol{\alpha}_{i_r}$ 线性表示,

则称 $\boldsymbol{\alpha}_{i_1},\boldsymbol{\alpha}_{i_2},\cdots,\boldsymbol{\alpha}_{i_r}$ 是向量组 $\boldsymbol{\alpha}_1,\boldsymbol{\alpha}_2,\cdots,\boldsymbol{\alpha}_m$ 的一个极大线性无关组,简称极大无关组.

定义 5 向量组 $\boldsymbol{\alpha}_1,\boldsymbol{\alpha}_2,\cdots,\boldsymbol{\alpha}_m$ 的极大无关组中所含向量的个数称为该向量组的秩,记为 $R(\boldsymbol{\alpha}_1,\boldsymbol{\alpha}_2,\cdots,\boldsymbol{\alpha}_m)$.

4. 齐次线性方程组解的结构

(1) 齐次线性方程组 $\boldsymbol{AX}=\boldsymbol{O}$ 的一个解称为它的解向量,其解向量有如下性质.

性质 1 若 $\boldsymbol{X}_1,\boldsymbol{X}_2$ 是方程组 $\boldsymbol{AX}=\boldsymbol{O}$ 的任意两个解,则 $\boldsymbol{X}_1+\boldsymbol{X}_2$ 也是 $\boldsymbol{AX}=\boldsymbol{O}$ 的解.

性质 2 若 $\boldsymbol{X}_1$ 是方程组 $\boldsymbol{AX}=\boldsymbol{O}$ 的一个解,则 $k\boldsymbol{X}_1$ 也是 $\boldsymbol{AX}=\boldsymbol{O}$ 的解,其中 k 为任意实数.

(2) 基础解系

若齐次线性方程组 $\boldsymbol{AX}=\boldsymbol{O}$ 的解向量 $\boldsymbol{\xi}_1,\boldsymbol{\xi}_2,\cdots,\boldsymbol{\xi}_s$ 满足:$\boldsymbol{\xi}_1,\boldsymbol{\xi}_2,\cdots,\boldsymbol{\xi}_s$ 线性无关;$\boldsymbol{AX}=\boldsymbol{O}$ 的每一个解都能由 $\boldsymbol{\xi}_1,\boldsymbol{\xi}_2,\cdots,\boldsymbol{\xi}_s$ 线性表示,则称解向量 $\boldsymbol{\xi}_1,\boldsymbol{\xi}_2,\cdots,\boldsymbol{\xi}_s$ 为齐次线性方程组 $\boldsymbol{AX}=\boldsymbol{O}$ 的一个基础解系.

(3) 齐次线性方程组 $\boldsymbol{AX}=\boldsymbol{O}$ 的通解及其求法

若齐次线性方程组 $\boldsymbol{AX}=\boldsymbol{O}$ 的系数矩阵的秩 $R(\boldsymbol{A})=r<n$,则方程组一定有基础解系,并且基础解系中解向量的个数为 $n-r$,若设 $\boldsymbol{\xi}_1,\boldsymbol{\xi}_2,\cdots,\boldsymbol{\xi}_{n-r}$ 为齐次线性方程组 $\boldsymbol{AX}=\boldsymbol{O}$ 的基础解系,则齐次线性方程组 $\boldsymbol{AX}=\boldsymbol{O}$ 的通解(所有解)可表示为 $\boldsymbol{X}=k_1\boldsymbol{\xi}_1+k_2\boldsymbol{\xi}_2+\cdots+k_{n-r}\boldsymbol{\xi}_{n-r}$,其中 $k_1,k_2,\cdots,k_{n-r}$ 为任意实数.

求法:(1) 将齐次线性方程组的系数写成矩阵 $\boldsymbol{A}$,通过初等行变换化为行最简形矩阵;

(2) 把行最简形矩阵中非主元列所对应的变量作为自由未知量,写出方程组的一般解;

(3) 分别令自由未知量中一个为 1 其余全部为 0,求出 $n-r$ 个解向量,这 $n-r$ 个解向量就构成了方程组 $\boldsymbol{AX}=\boldsymbol{O}$ 的一个基础解系.

5. 非齐次线性方程组解的结构

非齐次线性方程组 $\boldsymbol{AX}=\boldsymbol{B}$ 的解具有下面的性质.

性质 3:设 $\boldsymbol{\eta}_1,\boldsymbol{\eta}_2$ 是 $\boldsymbol{AX}=\boldsymbol{B}$ 的解,则 $\boldsymbol{\eta}_1-\boldsymbol{\eta}_2$ 是 $\boldsymbol{AX}=\boldsymbol{O}$ 的解.

性质 4:设 $\boldsymbol{\eta}$ 是 $\boldsymbol{AX}=\boldsymbol{B}$ 的解,$\boldsymbol{\xi}$ 是 $\boldsymbol{AX}=\boldsymbol{O}$ 的解,则 $\boldsymbol{\eta}+\boldsymbol{\xi}$ 是 $\boldsymbol{AX}=\boldsymbol{B}$ 的解.

定理:设 $\boldsymbol{\eta}_0$ 是非齐次线性方程组 $\boldsymbol{AX}=\boldsymbol{B}$ 的一个解,$\boldsymbol{\xi}_1,\cdots,\boldsymbol{\xi}_{n-r}$ 是对应齐次线性方程组的一个基础解系,则非齐次线性方程组 $\boldsymbol{AX}=\boldsymbol{B}$ 的通解为

$$\boldsymbol{\eta}=\boldsymbol{\eta}_0+k_1\boldsymbol{\xi}_1+k_2\boldsymbol{\xi}_2+\cdots+k_{n-r}\boldsymbol{\xi}_{n-r},\text{其中 } r=R(\boldsymbol{A}).$$

求法:(1) 计算系数矩阵和增广矩阵的秩,求出 $\boldsymbol{AX}=\boldsymbol{B}$ 的一个特解 $\boldsymbol{\eta}_0$;

(2) 求出对应齐次线性方程组 $\boldsymbol{AX}=\boldsymbol{O}$ 的基础解系,得 $\boldsymbol{AX}=\boldsymbol{O}$ 的一个通解;

(3) 写出 $\boldsymbol{AX}=\boldsymbol{B}$ 的全部解.

习 题 四

一、选择题

1. 若$\begin{vmatrix} a_{11} & a_{12} \\ a_{21} & a_{22} \end{vmatrix}=a$,则$\begin{vmatrix} a_{12} & ka_{22} \\ a_{11} & ka_{21} \end{vmatrix}=$( ).

A. ka　　B. $-ka$　　C. k^2a　　D. $-k^2a$

2. 行列式$\begin{vmatrix} 8 & 6 & 5 \\ 4 & 1 & 7 \\ 3 & 9 & -2 \end{vmatrix}$的元素 a_{23}的代数余子式为( ).

A. 54　　B. −54　　C. −31　　D. 31

3. 已知四阶行列式中第 3 列元素依次是 1,3,−2,2,对应的余子式依次为 3,−2,1,1,则行列式的值为( ).

A. −5　　B. −3　　C. 3　　D. 5

4. $\boldsymbol{A},\boldsymbol{B}$ 为 n 阶方阵,则下列各式中成立的是( ).

A. $|\boldsymbol{A}^2|=|\boldsymbol{A}|^2$　　B. $\boldsymbol{A}^2-\boldsymbol{B}^2=(\boldsymbol{A}-\boldsymbol{B})(\boldsymbol{A}+\boldsymbol{B})$

C. $(\boldsymbol{A}-\boldsymbol{B})\boldsymbol{A}=\boldsymbol{A}^2-\boldsymbol{AB}$　　D. $(\boldsymbol{AB})^{\mathrm{T}}=\boldsymbol{A}^{\mathrm{T}}\boldsymbol{B}^{\mathrm{T}}$

5. 设方阵 $\boldsymbol{A},\boldsymbol{B},\boldsymbol{C}$ 满足 $\boldsymbol{AB}=\boldsymbol{AC}$,当 $\boldsymbol{A}$ 满足( )时,$\boldsymbol{B}=\boldsymbol{C}$.

A. $\boldsymbol{AB}=\boldsymbol{BA}$　　B. $|\boldsymbol{A}|\neq 0$

C. 方程组 $\boldsymbol{AX}=\boldsymbol{O}$ 有非零解　　D. $\boldsymbol{B},\boldsymbol{C}$ 可逆

6. 已知 $\boldsymbol{A}=\begin{pmatrix} 1 & 3 & 1 \\ 2 & 2 & 0 \\ 3 & 1 & 1 \end{pmatrix}$,则( ).

A. $\boldsymbol{A}^{\mathrm{T}}=\boldsymbol{A}$　　B. $\boldsymbol{A}^{-1}=\boldsymbol{A}^*$

C. $\boldsymbol{A}\begin{pmatrix} 1 & 0 & 0 \\ 0 & 0 & 1 \\ 0 & 1 & 0 \end{pmatrix}=\begin{pmatrix} 1 & 1 & 3 \\ 2 & 0 & 2 \\ 3 & 1 & 1 \end{pmatrix}$　　D. $\begin{pmatrix} 1 & 0 & 0 \\ 0 & 0 & 1 \\ 0 & 1 & 0 \end{pmatrix}\boldsymbol{A}=\begin{pmatrix} 1 & 1 & 3 \\ 2 & 0 & 2 \\ 3 & 1 & 1 \end{pmatrix}$

7. 下列结论正确的是( ).

A. 含有零元素的矩阵是零矩阵　　B. 所有元素都是 0 的矩阵为零矩阵

C. 零矩阵一定是方阵　　D. 若 $\boldsymbol{A},\boldsymbol{B}$ 均为零矩阵,则必有 $\boldsymbol{A}=\boldsymbol{B}$

8. n 阶方阵 $\boldsymbol{A}$ 可逆的充分必要条件是( ).

A. $R(\boldsymbol{A})=r<n$　　B. $\boldsymbol{A}$ 的列秩为 n

C. $\boldsymbol{A}$ 的每一个行向量都是非零向量　　D. $\boldsymbol{A}$ 的伴随矩阵存在

9. 设 n 元齐次线性方程组 $\boldsymbol{AX}=\boldsymbol{O}$ 的系数矩阵的秩为 r,则 $\boldsymbol{AX}=\boldsymbol{O}$ 有非零解的充分必要条件是( ).

A. $r=n$　　B. $r<n$　　C. $r\geqslant n$　　D. $r>n$

二、填空题

1. 设 $\boldsymbol{A}$ 为 $m\times n$ 矩阵,$R(\boldsymbol{A})=r<\min(m,n)$,则 $\boldsymbol{AX}=\boldsymbol{O}$ 有____个解,有____个线性无关的解.

2. 行列式 $\begin{vmatrix} 0 & 1 & 0 & \cdots & 0 \\ 0 & 0 & 2 & \cdots & 0 \\ \vdots & \vdots & \vdots & & \vdots \\ 0 & 0 & 0 & \cdots & n-1 \\ n & 0 & 0 & \cdots & 0 \end{vmatrix}$ =____.

3. 如果 $D=\begin{vmatrix} a_{11} & a_{12} & a_{13} \\ a_{21} & a_{22} & a_{23} \\ a_{31} & a_{32} & a_{33} \end{vmatrix}=M$，则 $D_1=\begin{vmatrix} a_{11} & a_{13}-3a_{12} & 3a_{12} \\ a_{21} & a_{23}-3a_{22} & 3a_{22} \\ a_{31} & a_{33}-3a_{32} & 3a_{32} \end{vmatrix}$ =____.

4. 若齐次线性方程组 $\begin{cases} x_1+2x_2+x_3=0, \\ 2x_2+5x_3=0, \\ -3x_1-2x_2+kx_3=0 \end{cases}$ 有非零解，则 $k=$________.

5. $(a_1,a_2,\cdots,a_n)\begin{pmatrix} b_1 \\ b_2 \\ \vdots \\ b_n \end{pmatrix}$ =________.

6. 若 $\boldsymbol{\alpha}_1=(1,1,1)^{\mathrm{T}}$，$\boldsymbol{\alpha}_2=(1,2,3)^{\mathrm{T}}$，$\boldsymbol{\alpha}_3=(1,3,t)^{\mathrm{T}}$ 线性相关，则 $t=$________.

7. 设矩阵 $\boldsymbol{A}$ 满足方程 $\boldsymbol{A}^2+3\boldsymbol{A}-5\boldsymbol{E}=\boldsymbol{O}$，则 $(\boldsymbol{A}-\boldsymbol{E})^{-1}=$__________.

8. 已知 $\boldsymbol{\alpha}=(1,2,3)$，$\boldsymbol{\beta}=\left(1,\frac{1}{2},\frac{1}{3}\right)$，且 $\boldsymbol{A}=\boldsymbol{\alpha}^{\mathrm{T}}\boldsymbol{\beta}$，则 $\boldsymbol{A}^n=$________.

9. 线性方程组 $\begin{cases} kx_1+2x_2+x_3=0, \\ 2x_1+kx_2=0, \\ x_1-x_2+x_3=0 \end{cases}$ 仅有零解的充分必要条件是________.

10. 当 $a=$________时，方程组 $\begin{cases} x_1+x_2+x_3=0, \\ -2x_1+x_3=-1, \\ x_1+3x_2+4x_3=a \end{cases}$ 有解.

三、计算题

1. 求下列行列式的值.

(1) $\begin{vmatrix} 2 & 8 & 10 \\ 3 & 12 & 15 \\ 12 & 32 & 20 \end{vmatrix}$；
(2) $\begin{vmatrix} 0 & 0 & 0 & 1 \\ 0 & 0 & 2 & 0 \\ 0 & 3 & 0 & 0 \\ 4 & 0 & 0 & 0 \end{vmatrix}$；

(3) $\begin{vmatrix} 5 & 0 & 4 & 2 \\ 1 & -1 & 2 & 1 \\ 4 & 1 & 2 & 0 \\ 1 & 1 & 1 & 1 \end{vmatrix}$；
(4) $\begin{vmatrix} 1 & 1 & 1 & 1 \\ a & 2 & b & 3 \\ a^2 & 4 & b^2 & 9 \\ a^3 & 8 & b^3 & 27 \end{vmatrix}$.

2. 证明下列等式.

(1) $\begin{vmatrix} a^2 & ab & b^2 \\ 2a & a+b & 2b \\ 1 & 1 & 1 \end{vmatrix}=(a-b)^3$;

(2) $\begin{vmatrix} ax+by & ay+bz & az+bx \\ ay+bz & az+bx & ax+by \\ az+bx & ax+by & ay+bz \end{vmatrix}=(a^3+b^3)\begin{vmatrix} x & y & z \\ y & z & x \\ z & x & y \end{vmatrix}$.

3. 计算下列矩阵.

(1) $\begin{pmatrix} 1 \\ 2 \\ 3 \end{pmatrix}(-1,\ 2)+\begin{pmatrix} 1 & 2 \\ -1 & 3 \\ 1 & 0 \end{pmatrix}$;

(2) $(1,2)\begin{pmatrix} -1 \\ 1 \end{pmatrix}$;

(3) $(x_1\ \ x_2\ \ x_3)\begin{pmatrix} a_{11} & a_{12} & a_{13} \\ a_{12} & a_{22} & a_{23} \\ a_{13} & a_{23} & a_{33} \end{pmatrix}\begin{pmatrix} x_1 \\ x_2 \\ x_3 \end{pmatrix}$;

(4) $\begin{pmatrix} 2 & 1 & 4 & 0 \\ 1 & -1 & 3 & 4 \end{pmatrix}\begin{pmatrix} 1 & 3 & 1 \\ 0 & -1 & 2 \\ 1 & -3 & 1 \\ 4 & 0 & -2 \end{pmatrix}$;

(5) $\begin{pmatrix} 1 & 1 & 1 \\ 1 & 1 & -1 \\ 1 & -1 & 1 \end{pmatrix}^3$.

4. 当 λ 取何值时,齐次线性方程组 $\begin{cases} (5-\lambda)x+2y+2z=0, \\ 2x+(6-\lambda)y=0, \\ 2x+(4-\lambda)z=0 \end{cases}$ 有非零解?

5. 证明.

(1) 单位矩阵是可逆的,且 $\boldsymbol{E}^{-1}=\boldsymbol{E}$;

(2) 零矩阵不可逆;

(3) 若 $\boldsymbol{A},\boldsymbol{B},\boldsymbol{C}$ 为同阶可逆方阵,则 $\boldsymbol{ABC}$ 也可逆,且 $(\boldsymbol{ABC})^{-1}=\boldsymbol{C}^{-1}\boldsymbol{B}^{-1}\boldsymbol{A}^{-1}$.

6. 求下列矩阵的逆矩阵.

(1) $\begin{pmatrix} 1 & 2 & -1 \\ 3 & 4 & -2 \\ 5 & -4 & 1 \end{pmatrix}$;

(2) $\begin{pmatrix} 2 & 1 & 0 & 0 \\ 0 & 2 & 1 & 0 \\ 0 & 0 & 2 & 1 \\ 0 & 0 & 0 & 2 \end{pmatrix}$.

7. 求下列方程或方程组的解.

(1) $\begin{pmatrix} 1 & 4 \\ -1 & 2 \end{pmatrix}\boldsymbol{X}\begin{pmatrix} 2 & 0 \\ -1 & 1 \end{pmatrix}=\begin{pmatrix} 3 & 1 \\ 0 & -1 \end{pmatrix}$;

(2) $\begin{cases} x_1+2x_2+3x_3=1, \\ 2x_1+2x_2+5x_3=2, \\ 3x_1+5x_2+x_3=3; \end{cases}$

(3) $\begin{cases} x_1+x_2+3x_3-x_4=-2, \\ x_2-x_3+x_4=1, \\ x_1+x_2+2x_3+2x_4=4, \\ x_1-x_2+x_3-x_4=0; \end{cases}$

(4) $\begin{cases} x_1+x_2+x_3+x_4+x_5=1, \\ x_1+2x_3+3x_4+2x_5=3, \\ 4x_1+5x_2+3x_3+2x_4+3x_5=2, \\ x_1+x_4+2x_5=1. \end{cases}$

8. 已知矩阵 $\boldsymbol{A}=\begin{pmatrix}1&1&2&a&3\\2&2&3&1&4\\1&0&1&1&5\\2&3&5&5&4\end{pmatrix}$ 的秩是 3,求 a 的值.

9. 设 $\boldsymbol{A}=\begin{pmatrix}a_1b_1&a_1b_2&\cdots&a_1b_n\\a_2b_1&a_2b_2&\cdots&a_2b_n\\\vdots&\vdots&&\vdots\\a_nb_1&a_nb_2&\cdots&a_nb_n\end{pmatrix}$,其中 $a_i,b_j\neq0,i,j=1,2,\cdots,n$,求 $R(\boldsymbol{A})$.

10. 已知线性方程组 $\boldsymbol{AX}=\boldsymbol{B}$ 的三个解为 $\boldsymbol{\eta}_1=(1,-1,1)^{\mathrm{T}},\boldsymbol{\eta}_2=(2,0,1,)^{\mathrm{T}},\boldsymbol{\eta}_3=(2,-1,2)^{\mathrm{T}}$,且 $R(\boldsymbol{A})=1$,求线性方程组 $\boldsymbol{AX}=\boldsymbol{B}$ 的通解.

11. 设有非齐次线性方程组

$$\begin{cases}\lambda x_1+\ x_2+\ x_3=1,\\x_1+\lambda x_2+\ x_3=\lambda,\\x_1+\ x_2+\lambda x_3=\lambda^2,\end{cases}$$

问 λ 为何值时,此方程组有唯一解、无解或无穷多解?

12. 设有方程组

$$\begin{cases}x_1-x_2=a_1,\\x_2-x_3=a_2,\\x_3-x_4=a_3,\\x_4-x_5=a_4,\\x_5-x_1=a_5,\end{cases}$$

证明:此方程组有解的充分必要条件为 $\sum\limits_{i=1}^{5}a_i=0$. 在有解的情形,求出它的一般解.

13. 设线性方程组 $\begin{cases}x_1+x_2=a_1,\\x_3+x_4=a_2,\\x_1+x_3=b_1,\\x_2+x_4=b_2,\end{cases}$ 其中 $a_1+a_2=b_1+b_2$,证明:该线性方程组有解,且其系数矩阵的秩为 3.

14. 在军事通信中,常将字符(信号)与数字对应,如:

a	b	c	d	e	f	g	…	x	y	z
1	2	3	4	5	6	7	…	24	25	26

例如 are 对应一矩阵 $\boldsymbol{B}=(1,18,5)$,但如果按这种方式传输,则很容易被敌方破译. 于是必须采取加密,即用一个约定的加密矩阵 $\boldsymbol{A}$ 乘以原信号 $\boldsymbol{B}$,传输信号为 $\boldsymbol{C}=\boldsymbol{AB}^{\mathrm{T}}$,收到信号的一方再将信号还原(破译)为 $\boldsymbol{B}^{\mathrm{T}}=\boldsymbol{A}^{-1}\boldsymbol{C}$. 如果敌方不知道加密矩阵,则很难破译. 设收到的信号为 $\boldsymbol{C}=(21,27,31)^{\mathrm{T}}$,并已知加密矩阵为 $\boldsymbol{A}=\begin{pmatrix}-1&0&1\\0&1&1\\1&1&1\end{pmatrix}$,问原信号 $\boldsymbol{B}$ 是什么?

15. 某工厂有三个车间，各车间相互提供产品（或劳务），今年各车间出厂产量及对其他车间的消耗系数如表 4-3 所示.

表 4-3

车间	车间			出厂产量(万元)	总产量(万元)
	1	2	3		
1	0.1	0.2	0.45	22	x_1
2	0.2	0.2	0.3	0	x_2
3	0.5	0	0.12	55.6	x_3

表中第一列消耗系数 0.1,0.2,0.5 表示第一车间生产一万元的产品需消耗第一、二、三车间 0.1 万元、0.2 万元、0.5 万元的产品；第二列、第三列类同，求今年各车间的总产量.

知识拓展链接（四）

我国古代的线性代数及现代应用

线性代数是代数学的一门分支，主要处理线性关系问题. 作为一个独立分支，线性代数在 20 世纪才形成，然而它的历史却源远流长. "鸡兔同笼"问题实际上就是一个简单的线性方程组求解的问题. 最古老的线性问题即是线性方程组的求解，可以追溯到公元 1 世纪中国古代的一部数学著作《九章算术》，在其方程这一篇中给出了线性方程组比较完整的解法，实质上相当于现代方法中的消元法，即对方程组的增广矩阵实施初等变换，消去未知量寻找方程组的解. 线性代数是一门应用十分广泛的学科，它将几何观点与代数思想相结合，通过抽象把一些具有共性的问题化归为一类问题，以通性求通解. 各种实际问题在大多数情况下可以线性化，建立线性模型来求解. 随着计算机技术的发展，线性模型通常可以很容易地求出解. 因此，线性代数成为了解决这些问题的有力工具被广泛使用. 比如，线性代数是机器学习算法背后的核心，是数据科学主要领域的强力支撑. 线性代数的应用已经深入到了自然科学、社会科学、工程技术、经济、管理等各个领域.

线性代数在经济生活中有大量的应用，下面我们研究一个连续投资问题.

某部门在今后五年内考虑给一列项目投资，已知：

项目 A，从第一年到第四年每年年初需要投资，并于次年末回收本利 115%；

项目 B，第三年初需要投资，到第五年末能回收本利 125%，但规定最大投资额不超过 4 万元；

项目 C，第二年初需要投资，到第五年末能回收本利 140%，但规定最大投资额不超过 3 万元；

项目 D，五年内每年初可购买公债，于当年末归还，并加利息 6%.

该部门现有资金 10 万元，问它应如何确定给这些项目每年的投资额，到第五年末拥有的资金的本利总额最大？

(1) 确定变量：这是一个连续投资问题，与时间有关. 但这里设法用线性规划方法静态地处理. 以 $x_{iA}, x_{iB}, x_{iC}, x_{iD}$ $(i=1,2,\cdots,5)$ 分别表示第 i 年年初给项目 A,B,C,D 的投资额. 它们都是待定的未知变量. 根据给定的条件，将变量列于表 4-4 中：

表 4-4

项目	1	2	3	4	5
A	x_{1A}	x_{2A}	x_{3A}	x_{4A}	
B			x_{3B}		
C		x_{2C}			
D	x_{1D}	x_{2D}	x_{3D}	x_{4D}	x_{5D}

(2) 投资额应等于手中拥有的资金额. 由于项目 D 每年都可以投资,并且当年末就能收回本息,所以该部门每年应把资金全部投出去,手中不应当有剩余的滞留资金. 因此,

第一年:该部门年初拥有 100 000 元,所以有:$x_{1A}+x_{1D}=100\ 000$.

第二年:因第一年给项目 A 的投资要到第二年末才能回收. 所以第二年初拥有资金额仅为项目 D 在第一年回收的本息 $x_{1D}(1+6\%)$. 于是第二年的投资分配是

$$x_{2A}+x_{2C}+x_{2D}=1.06x_{1D}.$$

第三年:第三年的资金额是从项目 A 第一年投资及项目 D 第二年投资中回收的本利总和:$x_{1A}(1+15\%)$ 及 $x_{2D}(1+6\%)$. 于是第三年的资金分配为

$$x_{3A}+x_{3B}+x_{3D}=1.15x_{1A}+1.06x_{2D}.$$

第四年:同以上分析,可得

$$x_{4A}+x_{4D}=1.15x_{2A}+1.06x_{3D}.$$

第五年:$x_{5D}=1.15x_{3A}+1.06x_{4D}$.

此外,由于对项目 B,C 的投资有限额的规定,即

$$x_{3B}\leqslant 40\ 000,$$

$$x_{2C}\leqslant 30\ 000.$$

(3) 目标函数:要求在第五年末该部门手中拥有的资金额达到最大,这个目标函数可表示为:$\max z=1.15x_{4A}+1.40x_{2C}+1.25x_{3B}+1.06x_{5D}$.

(4) 数学模型经过以上分析,这个与时间有关的投资问题可以用以下线性规划模型来描述:$\max z=1.15x_{4A}+1.40x_{2C}+1.25x_{3B}+1.06x_{5D}$,满足

$$\begin{cases} x_{1A}+x_{1D}=100\ 000, \\ -1.06x_{1D}+x_{2A}+x_{2C}+x_{2D}=0, \\ -1.15x_{1A}-1.06x_{2D}+x_{3A}+x_{3B}+x_{3D}=0, \\ -1.15x_{2A}-1.06x_{3D}+x_{4A}+x_{4D}=0, \\ -1.15x_{3A}-1.06x_{4D}+x_{5D}=0, \\ x_{2C}\leqslant 30\ 000, \\ x_{3B}\leqslant 40\ 000, \end{cases}$$

$$x_{iA},x_{iB},x_{iC},x_{iD}\geqslant 0,\quad i=1,2,\cdots,5.$$

(5) 计算得到:

第一年:$x_{1A}=34\ 783$ 元,$x_{1D}=65\ 217$ 元;

第二年：$x_{2A}=39\ 130$ 元，$x_{2C}=30\ 000$ 元，$x_{2D}=0$ 元；

第三年：$x_{3A}=0$ 元，$x_{3B}=40\ 000$ 元，$x_{3D}=0$；

第四年：$x_{4A}=45\ 000$ 元，$x_{4D}=0$ 元；

第五年：$x_{5D}=0$.

到第五年末该部门拥有资金总额为 143 750 元，即盈利 43.75%.

第五章

概率论与数理统计

案例 波利亚模型：假设罐中有 b 个黑球、r 个红球，每次试验随机取出一个球，然后将原球放回，并且再加入 c 个同色球和 d 个异色球，这样的随机试验模型称为波利亚模型. 求从罐中取出两个红球和一个黑球的概率.

从罐中取出两个红球和一个黑球，分三种情况：黑红红、红黑红、红红黑. 利用条件概率公式与乘法公式计算发现，以上三种情况的概率与黑球在第几次抽取有关. 该模型有以下几种特殊情况，可用于实际案例建模：

情况一：$c>0$，$d=0$ 时，每次取出球后都会增加下次取到同色球的概率，此时该模型称为传染病模型，同时还可用来解释贫富差距；

情况二：$c=0$，$d>0$ 时，每次取出球后都会降低下次取到同色球的概率，此时该模型称为安全模型. 该模型可解释为：每当事故发生（红色球被取出），就抓紧安全工作，则下次再发生事故的概率就会降低；而当事故没有发生时（黑色球被取出），安全工作就会放松，结果导致下次发生事故的概率增加.

概率论是从数量侧面研究随机现象及其统计规律性的数学分支，数理统计是对随机现象统计规律归纳的研究，就是利用概率论的结果，深入研究统计资料，观察这些随机现象并发现其内在的规律性，进而做出一定精确程度的判断，将这些研究结果加以归纳整理，形成数学模型. 本章简单介绍了概率论中的基本概念，在此基础上介绍了数理统计中的几个基本问题——参数估计、假设检验.

知识梳理

- 概率论与数理统计
  - 随机事件与概率
    - 随机事件的关系：包含、相等、并、交、差、互逆、互斥 } 重点、难点
    - 随机事件的运算：交换律、分配律、结合律、对偶律 } 重点
    - 概率的定义 } 重点
    - 概率的性质：非负性、正则性、可列可加性、单调性、加法公式、减法公式 } 重点、难点
    - 条件概率：$P(A|B)=P(AB)/P(B)$ } 重点、难点
    - 随机事件的独立性：若事件A、B相互独立，则$P(AB)=P(A)P(B)$ } 重点、难点
  - 随机变量及其分布
    - 随机变量及其分布函数 } 重点、难点
    - 离散型随机变量及其分布：分布律的性质 } 重点、难点
    - 连续型随机变量及其分布：概率密度的性质 } 重点、难点
    - 常见离散分布：两点分布、二项分布、泊松分布 } 重点
    - 常见连续分布：均匀分布、正态分布、指数分布 } 重点
  - 随机变量的数字特征
    - 随机变量的均值（期望）：期望的性质 } 重点、难点
    - 随机变量的方差：方差计算公式、方差的性质 } 重点、难点
    - 几种常用分布的期望与方差 } 重点
  - 数理统计的基本概念
    - 总体、样本、统计量 } 重点
    - 统计量的分布：卡方分布、t分布、F分布 } 重点、难点
  - 参数估计
    - 点估计
      - 无偏性
      - 有效性 } 重点、难点
    - 区间估计
      - 正态总体均值的区间估计
      - 正态总体方差的区间估计 } 重点、难点
  - 假设检验
    - 两类错误 } 重点、难点
    - 正态总体均值的假设检验 } 重点、难点
    - 正态总体方差的假设检验 } 重点、难点

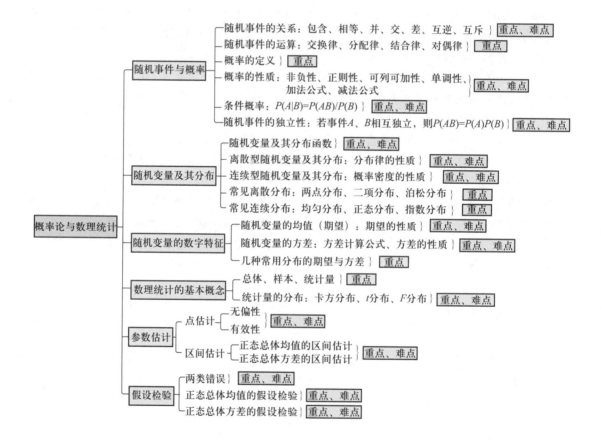

第一节 随机事件与概率

一、随机事件及其运算

（一）概念

自然界和生活中发生的现象多种多样，从发生的必然性的角度区分，可以分为两类：一类是条件完全确定结果的现象，即结果可以预先断言，称为**确定性现象**. 例如每天早晨太阳从东方升起；在标准大气压下，水加热到 100 ℃时一定沸腾等. 另一类是条件不能完全确定结果的现象，即结果无法预先断言，称为**随机现象**. 如掷一枚硬币，可能正面朝上，也可能反面朝上；掷骰子其结果有六种，事先不能断定会出现几点等. 随机现象的研究是建立在大量的重复试验或观察的基础之上的，人们发现随机现象的结果呈现某种规律性. 如大量重复抛掷硬币这一试验，会发现正面朝上的次数约占一半；多次重复掷一枚骰子，出现“1”点的次数约占$\frac{1}{6}$等. 这种在大量重复试验或观察中所呈现出的固有规律性就是**统计规律性**. 概率论是研究随机现象的模型（即概率分布）.

对在相同条件下可以重复的随机现象的观察、记录、实验称为**随机试验**，简称试验. 随机试验具有以下三个特点：

（1）可重复性——在相同条件下可重复进行；

（2）一次试验结果的随机性——在一次试验中可能出现不同的结果，预先无法断定；

（3）全部试验结果的可知性——所有可能的试验结果预先是可知的.

随机试验的每一个可能出现的结果称为一个**样本点**或**基本事件**，用字母 ω 表示，记作 ω_1，ω_2，…，全部样本点的集合称为**样本空间**，用字母 Ω 表示，记作 $\Omega=\{\omega_1,\omega_2,\cdots\}$. 即样本空间就是样本点的全体构成的集合，样本空间的元素就是试验的每个结果. 样本点是随机试验的最基本单元.

在试验中，可能出现也可能不出现的现象称为**随机事件**，简称事件，可由样本空间的（某些）子集来表示，记作大写字母 A,B,C 等. 样本空间 Ω 的仅包含一个样本点 ω 的单点子集 $\{\omega\}$ 也是一种随机事件，称为**基本事件**. 显然随机事件是一些基本事件的集合，基本事件是随机事件的特殊情况，若试验的结果是构成事件 A 的某个基本事件，则称事件 A 发生；否则称事件 A 不发生.

在每次试验中，一定发生的事件称为**必然事件**，显然它是全部基本事件的集合，记作 Ω；在每次试验中，一定不发生的事件称为**不可能事件**，显然它是空集，记作 $\varnothing$. 必然事件与不可能事件虽然不是随机事件，但为了讨论问题方便，把它们看作随机事件的特殊情况.

例 1 做试验：投掷一枚均匀骰子一次. 那么

（1）这个试验在相同条件下可以重复进行，且每次试验的可能结果为 6 个：出现 1 点、出现 2 点、出现 3 点、出现 4 点、出现 5 点、出现 6 点. 在每次试验前不能准确预言试验所出现的点数，但知道可能出现的全部点数，因而这个试验是随机试验.

（2）这个试验共有 6 个基本事件：设基本事件 ω_1 表示出现 1 点，基本事件 ω_2 表示出现 2

点，基本事件 ω_3 表示出现 3 点，基本事件 ω_4 表示出现 4 点，基本事件 ω_5 表示出现 5 点，基本事件 ω_6 表示出现 6 点，于是样本空间

$$\Omega=\{\omega_1,\omega_2,\omega_3,\omega_4,\omega_5,\omega_6\}.$$

（3）设事件 A 表示出现偶数点，它是基本事件 $\omega_2,\omega_4,\omega_6$ 的集合，于是

$$A=\{\omega_2,\omega_4,\omega_6\}.$$

若试验的结果是 ω_4，则称事件 A 发生；若试验的结果是 ω_1，则称事件 A 不发生.

（二）随机事件的关系与运算

1. 事件的包含与相等

设 A,B 为两个事件，若 A 发生必然导致 B 发生，则称事件 B 包含事件 A，或称事件 A 包含于事件 B，记作 $B\supset A$ 或 $A\subset B$. 显然有 $\varnothing\subset A\subset\Omega$. 如图 5-1 所示.

事件间的关系与运算

如一批产品中有合格品 100 件，次品 5 件，又在合格品中有 1% 是一级品. 从这批产品中任取一件，令 A 表示“取得一级品”，B 表示“取得合格品”，则 $A\subset B$.

若 $A\subset B$ 且 $B\subset A$，则称事件 A 与 B 相等，记作 $A=B\Leftrightarrow A\subset B$ 且 $B\subset A$.

2. 事件的和（并）

称事件“A 与 B 至少有一个发生”为事件 A 与事件 B 的和事件，也称 A 与 B 的并，记作 $A\cup B$. $A\cup B$ 发生意味着：或者事件 A 发生，或者事件 B 发生，或者事件 A 和 B 都发生. 如图 5-2 所示. 和事件概念可推广到有限多个或无限多个事件的情形. 显然 $A\subset(A\cup B)$，$B\subset(A\cup B)$. 若 $A\subset B$，则 $A\cup B=B$.

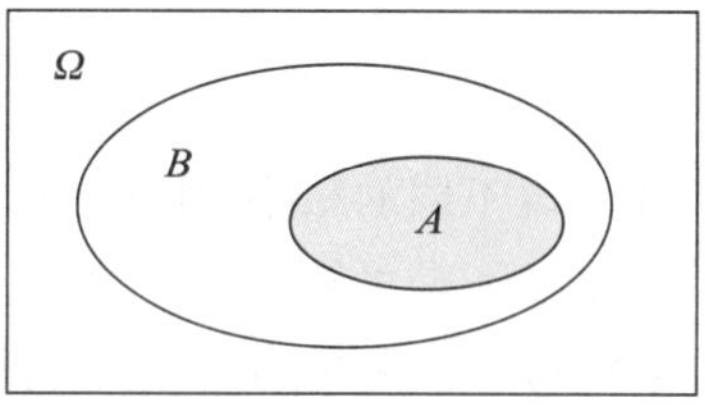

图 5-1

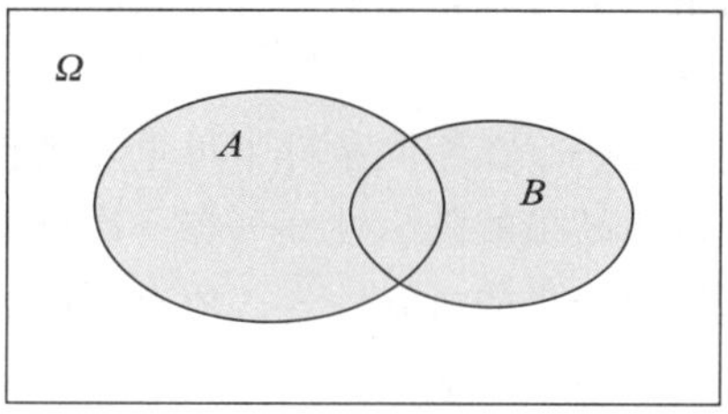

图 5-2

如：袋中有 5 个白球和 3 个黑球，从中任取 3 个球. 令 A 表示“取出的全是白球”，B 表示“取出的全是黑球”，C 表示“取出的球颜色相同”，则 $C=A\cup B$.

3. 事件的积（交）

称事件“A 与 B 同时发生”为事件 A 与事件 B 的积事件，也称 A 与 B 的交，记作 $A\cap B=AB$. 事件 AB 发生意味着：事件 A 发生且事件 B 发生. 如图 5-3 所示. 积事件概念可推广到有限多个或无限多个事件的情形. 显然 $AB\subset A$，$AB\subset B$. 若 $A\subset B$，则 $AB=A$.

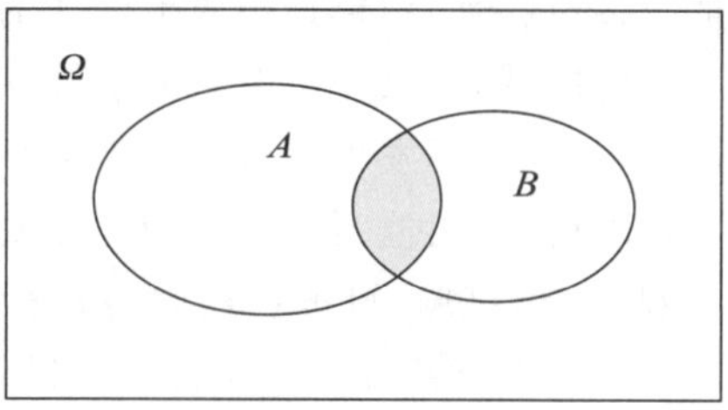

图 5-3

4. 事件的差

称事件“A 发生而 B 不发生”为事件 A 与事件 B 的差事件，记作 $A-B=\{x\mid x\in A$ 且 $x\notin B\}$.

注：在定义事件差的运算时，并未要求一定有 $B\subset A$. 显然 $A-B\subset A$. 若 $A\subset B$，则 $A-B=\varnothing$.

5. 事件的互斥（互不相容事件）

若事件 A 与事件 B 不能同时发生，即 $AB=\varnothing$，则称 A 与 B 为互斥事件（互不相容事件），如

图 5-4 所示. 对于 n 个事件 $A_1, A_2, \cdots, A_n$, 如果它们两两之间互不相容, 即 $A_iA_j=\varnothing(i\neq j, i,j=1,2,\cdots,n)$, 则称 $A_1,A_2,\cdots,A_n$ 互不相容. 基本事件两两互不相容.

6. 事件的互逆(对立事件)

称事件"A 不发生"为事件 A 的对立事件(或余事件, 或逆事件), 记作 $\bar{A}$. 如图 5-5 所示. 若事件 A,B 满足 $A\cup B=\Omega$, 且 $AB=\varnothing$, 则称 A 与 B 为互逆事件(对立事件). B 称为 A 的逆事件, 记作 $\bar{A}$, $\bar{A}=\Omega-A$. 显然 $\bar{\bar{A}}=A$, $\bar{\Omega}=\varnothing$, $\bar{\varnothing}=\Omega$, $A-B=A\bar{B}=A-AB$.

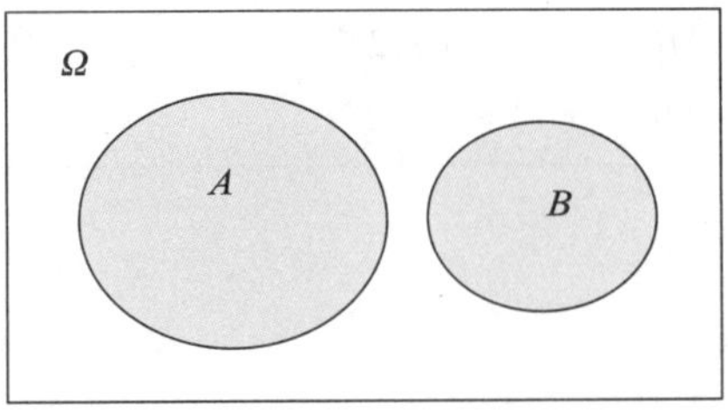

图 5-4

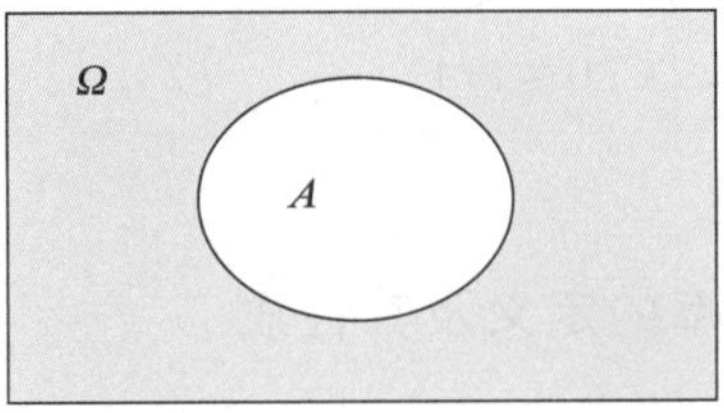

图 5-5

注: 若 A 与 B 为对立事件, 则 A 与 B 互不相容. 反之不一定成立.

在进行事件运算时, 经常要用到下述运算律, 设 A,B,C 为事件, 则有:

(1) 交换律: $A\cup B=B\cup A$, $A\cap B=B\cap A$.

(2) 分配律: $A\cup(B\cap C)=(A\cup B)\cap(A\cup C)$, $A\cap(B\cup C)=(A\cap B)\cup(A\cap C)$.

(3) 结合律: $A\cup(B\cup C)=(A\cup B)\cup C$, $(A\cap B)\cap C=A\cap(B\cap C)$.

(4) 对偶律(迪·摩根律): $\overline{A\cup B}=\bar{A}\cap\bar{B}$, $\overline{A\cap B}=\bar{A}\cup\bar{B}$.

(5) $A=AB\cup A\bar{B}$, $A\cup B=A\cup\bar{A}B$.

例 2 设 $\Omega=\{x\mid 0\leqslant x\leqslant 2\}$, $A=\left\{x\mid \frac{1}{2}<x\leqslant 1\right\}$, $B=\left\{x\mid \frac{1}{4}\leqslant x<\frac{3}{2}\right\}$, 表示下列事件.

(1) $\bar{A}B$; (2) $\bar{A}\cup B$; (3) $\overline{\bar{A}\bar{B}}$; (4) $\overline{AB}$.

解 $\bar{A}=\left\{x\mid 0\leqslant x\leqslant\frac{1}{2}\text{或 }1<x\leqslant 2\right\}$, $\bar{B}=\left\{x\mid 0\leqslant x<\frac{1}{4}\text{或}\frac{3}{2}\leqslant x\leqslant 2\right\}$.

(1) $\bar{A}B=\left\{x\mid \frac{1}{4}\leqslant x\leqslant\frac{1}{2}\text{或 }1<x<\frac{3}{2}\right\}$.

(2) $\bar{A}\cup B=\{x\mid 0\leqslant x\leqslant 2\}$.

(3) $\overline{\bar{A}\bar{B}}=\left\{x\mid \frac{1}{4}\leqslant x<\frac{3}{2}\right\}$.

(4) $\overline{AB}=\left\{x\mid 0\leqslant x\leqslant\frac{1}{2}\text{或 }1<x\leqslant 2\right\}$.

例 3 设 A,B,C 为三个随机事件, 试用这三个事件的运算关系表示下列事件.

(1) A 发生, B 与 C 都不发生.

(2) C 不发生, A,B 均发生.

(3) A,B,C 都发生.

(4) A,B,C 三个事件中至少有一个发生.

(5) A,B,C 三个事件中至少有两个发生.

(6) A,B,C 三个事件都不发生.

解 (1) $A\overline{B}\overline{C}$;(2) $AB\overline{C}$;(3) ABC;(4) $A\cup B\cup C$;(5) $AB\cup AC\cup BC$;(6) $\overline{A}\overline{B}\overline{C}$.

练一练

设 $\Omega=\{x\mid 0\leqslant x\leqslant 5\}$,$A=\{x\mid 1\leqslant x\leqslant 2\}$,$B=\{x\mid 0\leqslant x\leqslant 2\}$,则事件 AB 可表示为( ).

A. $AB=\{x\mid 1<x\leqslant 2\}$ B. $AB=\{x\mid 0\leqslant x\leqslant 2\}$

C. $AB=\{x\mid 0\leqslant x<1\}$ D. $AB=\{x\mid 1\leqslant x\leqslant 2\}$

二、概率的定义及其性质

随机事件在一次试验中可能发生,也可能不发生,但在大量的重复试验中,人们还是可以发现它是有内在规律性的.即它出现的可能性大小可以用一个满足一定要求的数量指标来刻画,这个数量指标就是随机事件的**概率**.

例 4 考虑"抛硬币"试验,我们将一枚硬币抛掷 5 次、50 次、500 次,各做 10 遍.得到数据如表 5-1 所示(其中 H 表示"正面朝上"这个事件,n_H 表示 H 发生的频数,$f_n(H)=\dfrac{n_H}{n}$表示 H 发生的频率).

表 5-1

实验序号	$n=5$		$n=50$		$n=500$	
	n_H	$f_n(H)$	n_H	$f_n(H)$	n_H	$f_n(H)$
1	2	0.4	22	0.44	251	0.502
2	3	0.6	25	0.50	249	0.498
3	1	0.2	21	0.42	256	0.512
4	5	1.0	25	0.50	253	0.506
5	1	0.2	24	0.48	251	0.502
6	2	0.4	21	0.42	246	0.492
7	4	0.8	18	0.36	244	0.488
8	2	0.4	24	0.48	258	0.516
9	3	0.6	27	0.54	262	0.524
10	3	0.6	31	0.62	247	0.494

表 5-2 历史数据

实验者	n	n_H	$f_n(H)$
德·摩根	2 048	1 061	0.518 1
蒲丰	4 040	2 048	0.506 9
K. 皮尔逊	12 000	6 019	0.501 6
K. 皮尔逊	24 000	12 012	0.500 5

从上述数据(表 5-2)中可以看出:频率具有波动性,即对于同样的 n,所得的 $f_n(H)$ 不尽相同;抛硬币次数较少时,频率波动的幅度较大,但随着试验次数的增多,频率 $f_n(H)$ 呈现出稳定性.即当 n 逐渐增大时 $f_n(H)$ 总是在 0.5 附近摆动,且逐渐稳定于 0.5.这是一个客观存在的事实,不随人们的主观意识而改变.这一规律就是频率的稳定性.

定义 1　在大量重复试验中,随机事件 A 发生的频率总是在某个确定的常数 p 附近摆动,且具有稳定性,就将这个常数称为事件 A 发生的概率值,记为 $P(A)$,即 $P(A)=p$.

性质

(1) 对每一个事件 A,有 $P(A)\geqslant 0$.(非负性)

(2) $P(\Omega)=1$(Ω 代表样本空间).(正则性)

(3) 设 A,B 是互不相容的事件,则有 $P(A\cup B)=P(A)+P(B)$.

可推广到多个随机事件:若 $A_1,A_2,\cdots$ 是一组两两互不相容的随机事件,则

$$P\left(\bigcup_{i=1}A_i\right)=\sum_{i=1}P(A_i).\text{(可列可加性)}$$

(4) 若对于事件 A,B,有 $A\supset B$,则 $P(A-B)=P(A)-P(B)$.(减法公式〈特定场合〉)

(5) 若对于事件 A,B,有 $A\supset B$,则 $P(A)\geqslant P(B)$.(单调性)

(6) 对任意事件 A,B,有 $P(A-B)=P(A)-P(AB)$.(减法公式〈一般场合〉)

(7) 对任一随机事件 A,有 $P(\overline{A})=1-P(A)$.

(8) 对任意两个事件 A,B,有 $P(A\cup B)=P(A)+P(B)-P(AB)$.(加法公式)

可以推广到多个事件,以事件 A,B,C 为例:

$$P(A\cup B\cup C)=P(A)+P(B)+P(C)-P(AB)-P(AC)-P(BC)+P(ABC).$$

例 5　如果从不包括大小王的 52 张扑克牌中随机抽取一张,那么取到红心(事件 A)的概率是 0.25,取到方块(事件 B)的概率是 0.25,问:取到红色牌的(事件 C)的概率是多少?

解　$C=A\cup B$,且 A 与 B 互斥.由性质(3)可知:

$$P(C)=P(A\cup B)=P(A)+P(B)=0.25+0.25=0.5.$$

例 6　某地区调查资料表明,在总户数中,购置全面屏电视机的户数占 90%,购置液晶平板电视机的户数占 80%,购置两种电视机的户数占 75%.现从中任意调查一户,求这户购置电视机的概率.

解　设 A="购置全面屏电视机",B="购置液晶平板电视机",则 $P(A)=0.9$,$P(B)=0.8$.既购置全面屏电视机又购置液晶平板电视机,即事件 A 和 B 同时发生,可用积事件 AB 表示,从而 $P(AB)=0.75$.

购置电视机,意味着在全面屏电视机和液晶平板电视机中至少购置一种电视机,即事件 A 和 B 至少有一个发生,可用和事件 $A\cup B$ 表示.从而由加法公式可得

$$P(A\cup B)=P(A)+P(B)-P(AB)=0.9+0.8-0.75=0.95.$$

所以任意调查一户购置电视机的概率为 95%.

根据概率的统计定义只能估计随机事件的概率,但是在一些特殊的随机试验中,我们可以计算事件的概率,这种试验就是下述的古典概型.

定义 2　进行随机试验时,若

(1) 只有有限个事件 $A_1,A_2,\cdots,A_n$ 可能发生(有限性);

(2) $A_1,A_2,\cdots,A_n$ 发生的可能性相等(等可能性).

具有上述性质的概型称为古典概型或等可能概型.

设在古典概型中，试验 E 共有 n 个基本事件，事件 A 包含了 m 个基本事件，则事件 A 发生的概率为

$$P(A)=\frac{m}{n}.$$

例 7 一批产品共 200 个，其中有 6 个废品. 解决下列问题.

(1) 这批产品的废品率(即任取一个产品是废品的概率)；

(2) 任取 3 个恰有 1 个废品的概率；

(3) 任取 3 个至少有 1 个废品的概率.

解 (1) 设 A="任取一个产品是废品"，则 $P(A)=\frac{6}{200}=0.03$.

(2) 设 A_1="任取 3 个恰有 1 个废品"，$P(A_1)=\frac{C_6^1C_{194}^2}{C_{200}^3}\approx 0.0855$.

(3) 设 A_0="任取 3 个至少有 1 个废品"，$P(A_0)=1-\frac{C_{194}^3}{C_{200}^3}\approx 0.0878$.

练一练

设 A,B 为两个随机事件，$P(A)=0.4$，$P(A\cup B)=0.8$，$P(AB)=0.2$，则 $P(B)=$( ).

A. 0.2 B. 0.6 C. 0.4 D. 0.8

三、条件概率

在解决许多概率问题时，往往需要在有某些附加信息(条件)下求事件的概率. 如：考虑有两个孩子的家庭，假定男女出生率一样，则两个孩子(依大小排列)的性别分别为(男，男)，(男，女)，(女，男)，(女，女)的可能性是一样的. 若记 A="随机抽取一个这样的家庭中有一男一女"，则 $P(A)=\frac{1}{2}$，但如果我们事先知道这个家庭至少有一个女孩，则上述事件的概率为$\frac{2}{3}$.

这两种情况下算出的概率不同，这也很容易理解，因为在第二种情况下我们多知道了一个条件 B="这个家庭中至少有一个女孩"，因此我们算得的概率是"在已知事件 B 发生的条件下，事件 A 发生"的概率，这个概率称为条件概率，记为 $P(A\mid B)$.

定义 3 设 A,B 是两个事件，且 $P(B)>0$，则称

$$P(A\mid B)=\frac{P(AB)}{P(B)}$$

为在事件 B 发生的条件下，事件 A 发生的条件概率.

同理可定义事件 B 的条件概率

$$P(B\mid A)=\frac{P(AB)}{P(A)}.$$

条件概率

例 8 在 1，2，3，4，5 这 5 个数中，每次取一个数，不放回，连续取两次，求在第 1 次取到偶数的条件下，第 2 次取到奇数的概率.

解 方法一：设 A="第 1 次取到偶数"，B="第 2 次取到奇数"，则

$$P(A)=\frac{2}{5},$$

$$P(AB)=\frac{2\times3}{5\times4}=\frac{3}{10},$$

所以
$$P(B\mid A)=\frac{P(AB)}{P(A)}=\frac{3/10}{2/5}=\frac{3}{4}.$$

方法二：考虑第 1 次抽样时的样本空间 $\Omega=\{1,2,3,4,5\}$，则第 1 次抽去一个偶数后，样本空间缩减为 $\Omega_A=\{1,3,5,i\}$，其中 i 取 2 或 4，在 Ω_A 中依古典概率公式计算得

$$P(B\mid A)=\frac{3}{4}.$$

例 9 设某种动物自出生起活 20 岁以上的概率为 80%，活 25 岁以上的概率为 40%. 如果现在有一个 20 岁的这种动物，求它能活 25 岁以上的概率.

解 设事件 A=“能活 20 岁以上”，事件 B=“能活 25 岁以上”，按题意，$P(A)=0.8$，由于 $B\subset A$，因此 $P(AB)=P(B)=0.4$，由条件概率定义得

$$P(B\mid A)=\frac{P(AB)}{P(A)}=\frac{0.4}{0.8}=0.5.$$

定理 1 由条件概率的定义，有

$$P(AB)=P(A)P(B\mid A)\quad (P(A)>0);$$
$$P(AB)=P(B)P(A\mid B)\quad (P(B)>0),$$

上述公式称为乘法公式，利用它们可计算两个事件同时发生的概率. 乘法公式可以推广到 n 个事件的情形

若 $P(A_1,A_2,\cdots,A_n)>0$，则

$$P(A_1\cdots A_n)=P(A_1)P(A_2\mid A_1)P(A_3\mid A_1A_2)\cdots P(A_n\mid A_1\cdots A_{n-1}).$$

例 10 有一张电影票，7 个人抓阄决定谁得到它，问第 $i(i=1,2,\cdots,7)$ 个人抓到票的概率是多少？

解 设 A_i=“第 i 个人抓到票”$(i=1,2,\cdots,7)$，显然

$$P(A_1)=\frac{1}{7},\quad P(\overline{A}_1)=\frac{6}{7},$$

如果第二个人抓到票的话，必须第一个人没有抓到票. 这就是说 $A_2\subset\overline{A}_1$，所以 $A_2=A_2\overline{A}_1$. 在第一个人没有抓到票的情况下，第二个人有希望在剩下的 6 个阄中抓到电影票，所以 $P(A_2\mid\overline{A}_1)=\frac{1}{6}$. 于是利用概率的乘法公式

$$P(A_2)=P(A_2\overline{A}_1)=P(\overline{A}_1)P(A_2\mid\overline{A}_1)=\frac{6}{7}\times\frac{1}{6}=\frac{1}{7}.$$

同理在前两个人没有抓到票的情况下，第三个人有希望在剩下的 5 个阄中抓到电影票

$$P(A_3)=P(\overline{A}_1\overline{A}_2A_3)=P(\overline{A}_1)P(\overline{A}_2\mid\overline{A}_1)P(A_3\mid\overline{A}_1\overline{A}_2)=\frac{6}{7}\times\frac{5}{6}\times\frac{1}{5}=\frac{1}{7}.$$

类似可得

$$P(A_4)=P(A_5)=P(A_6)=P(A_7)=\frac{1}{7}.$$

我们可以看到，第一个人和第二个人抓到电影票的概率一样. 事实上，每个人抓到的概率都一样. 这就是“抓阄不分先后原理”.

拓展:全概率公式

若 $B_1,B_2,\cdots,B_n$ 互不相容,且 $\bigcup\limits_{i=1}^{n}B_i=\Omega$,如果 $P(B_i)>0,i=1,2,\cdots,n$,则对任意事件 A 有

$$P(A)=\sum_{i=1}^{n}P(B_i)P(A\mid B_i).$$

贝叶斯公式

设 $B_1,B_2,\cdots,B_n$ 互不相容,且 $\bigcup\limits_{i=1}^{n}B_i=\Omega$,如果 $P(A)>0,P(B_i)>0,i=1,2,\cdots,n$,则

$$P(B_i\mid A)=\frac{P(B_i)P(A\mid B_i)}{\sum\limits_{j=1}^{n}P(B_j)P(A\mid B_j)},\quad i=1,2,\cdots,n.$$

例 11　某村麦种放在甲、乙、丙三个仓库保管,其保管数量分别占总数量的 40%,35%,25%,所保管麦种发芽率分别为 0.95,0.92,0.9.现将三个仓库的麦种全部混合,求其发芽率.

解　在所有麦种中任取一颗,设 A_1="取出甲仓库保管的麦种",A_2="取出乙仓库保管的麦种",A_3="取出丙仓库保管的麦种",B="取出发芽麦种",由题意可知

$$P(A_1)=0.4,P(A_2)=0.35,P(A_3)=0.25,$$

$$P(B\mid A_1)=0.95,P(B\mid A_2)=0.92,P(B\mid A_3)=0.9,$$

由于事件 A_1,A_2,A_3 互不相容,且 $A_1\cup A_2\cup A_3=\Omega$,由全概率公式可知

$$\begin{aligned}P(B)&=P(A_1)P(B\mid A_1)+P(A_2)P(B\mid A_2)+P(A_3)P(B\mid A_3)\\&=0.4\times0.95+0.35\times0.92+0.25\times0.9=0.927.\end{aligned}$$

故麦种发芽率为 92.7%.

练一练

设 $P(A)=\frac{1}{4},P(B\mid A)=\frac{1}{3},P(A\mid B)=\frac{1}{2}$,则 $P(AB)=($　　$)$.

A. $\frac{1}{6}$　　B. $\frac{1}{12}$　　C. $\frac{1}{8}$　　D. $\frac{1}{3}$

四、事件的独立性

设 A,B 是两个事件,一般而言 $P(A)\neq P(A\mid B)$,这表示事件 B 的发生对事件 A 的发生的概率有影响,只有当 $P(A)=P(A\mid B)$时才可以认为 B 的发生与否对 A 的发生毫无影响,称两事件是独立的.这时,由条件概率可知

$$P(AB)=P(B)P(A\mid B)=P(B)P(A)=P(A)P(B).$$

事件的独立性及乘法公式

由此,我们引出下面的定义:

定义 4　若两事件 A,B 满足:$P(AB)=P(A)P(B)$,则称 A,B 相互独立.

定理 2　若两事件 A,B 相互独立,则有 $\bar{A}$ 与 B、A 与 $\bar{B}$、$\bar{A}$ 与 $\bar{B}$ 也是独立的.

例 12　两门高射炮彼此独立地射击一架敌机,设甲炮击中敌机的概率为 0.9,乙炮击中敌机的概率为 0.8,求敌机被击中的概率.

解　设 A = "甲炮击中敌机"，B = "乙炮击中敌机"，那么"敌机被击中" $=A\cup B$.
因为 A 与 B 相互独立，所以

$$P(A\cup B)=P(A)+P(B)-P(AB)=P(A)+P(B)-P(A)P(B)$$
$$=0.9+0.8-0.9\times0.8=0.98.$$

注：事件的独立性与互斥的区别：互斥性表示两个事件不能同时发生，而独立性则表示它们彼此不影响.

测一测

练一练

设 A,B 相互独立，$P(A)=0.2$，$P(B)=0.6$，则 $P(A\mid B)=($　　$)$.

A. 0.12　　B. 0.6　　C. 0.2　　D. 0.4

同步练习 5.1

1. 设甲、乙两人进行象棋比赛，考虑事件 A = "甲胜乙负"，则 $\overline{A}$ 表示什么？

2. 从一批产品中每次取出一个产品进行检验（每次取出的产品不放回），事件 A_i 表示第 i 次取到合格品（$i=1,2,3$）. 试用 A_1,A_2,A_3 表示下列事件.

（1）B = "三次都取到合格品".

（2）C = "三次至少有一次取到合格品".

（3）D = "三次恰有一次取到合格品".

3. 已知 $P(\overline{A})=0.5$，$P(A\overline{B})=0.2$，$P(B)=0.4$，求：

（1）$P(AB)$；　（2）$P(A-B)$；　（3）$P(A\cup B)$；　（4）$P(\overline{A}\,\overline{B})$.

4. 管理系二年级 100 名学生中有男生（以 A 表示）80 人，来自北京的（以 B 表示）20 人，这 20 人中有男生 12 人，试求 $P(A)$，$P(B)$，$P(B\mid\overline{A})$，$P(\overline{A}\mid\overline{B})$.

第二节　随机变量及其分布

一、随机变量的概念

定义 1　设随机试验的每一个可能的结果（样本点）ω，变量 X 都有唯一的一个实数 $X(\omega)$ 与之对应，则称变量 $X(\omega)$ 为随机变量，通常用大写字母 X,Y,Z 等表示随机变量. 而表示随机变量所取的值时，一般用小写字母 x,y,z 表示.

注：随机变量因试验结果的不同而取不同的值，在试验之前只知道它可能取值的范围，而不能预先肯定它将取哪个值；随机变量取每个值和每个确定范围内的值有一定的概率.

随机变量的取值或取值范围表示随机事件（随机变量 X 本身不是事件）. 事件"正面向上"可

表示为$\{X=1\}$,其概率记为$P\{X=1\}$;事件“电子元件的寿命在 100 h 至 200 h 之间”可表示为$\{100\leqslant X\leqslant 200\}$,其概率记为$P\{100\leqslant X\leqslant 200\}$.

为了描述随机变量的概率分布,通常引入随机变量的分布函数.

定义 2 设 X 是一随机变量,则称函数

$$F(x)=P\{X\leqslant x\},\quad -\infty<x<+\infty$$

为 X 的分布函数,它表示事件$\{X\leqslant x\}$的概率.

分布函数的基本性质:

1. 单调性:$F(x)$为单调不减函数,即对任意 $x_1<x_2$,有 $F(x_1)\leqslant F(x_2)$.
2. 有界性:对任意的 x,有 $0\leqslant F(x)\leqslant 1$;且

$$F(-\infty)=\lim_{x\to-\infty}F(x)=0,\quad F(+\infty)=\lim_{x\to+\infty}F(x)=1.$$

3. 右连续性:$F(x)$右连续,即 $F(x+0)=F(x)$.

随机变量的概念与分类

分布函数 $F(x)$能全面完整地描述随机变量,概率分布是描述随机变量的重要工具之一.

对任意的 b,有 $P\{X\leqslant b\}=F(b)$,即 X 取值不超过任意实数 b 的概率等于其分布函数在这一点的函数值;对任意 $a<b$,有 $P\{a<X\leqslant b\}=F(b)-F(a)$,即 $X\in(a,b]$的概率等于其分布函数在该区间上的改变量.

按照随机变量的可能取值,可以将它们分为两个基本类型:若随机变量只能取有限个或无穷可列个数值,即随机变量的取值可以一一列举出来,则称为**离散型随机变量**;若随机变量可能取某一实数域区间上的所有值,则称为**连续型随机变量**.

二、离散型随机变量及其分布

定义 3 在样本空间 Ω 上,取值于实数域 $\mathbf{R}$,且只取有限个或可列无穷个数值的变量 $X=X(\omega)$称为离散型随机变量.

讨论离散型随机变量需要弄清楚两个方面:一是随机变量的所有可能取值;二是随机变量取这些可能值的概率.

定义 4 设离散型随机变量 X 的所有可能取值为 $x_i(i=1,2,\cdots)$,称

$$P(X=x_i)=p_i,i=1,2,\cdots$$

为 X 的概率分布或分布列,也称概率函数.

常用表格形式来表示 X 的概率分布:

X	x_1	x_2	$\cdots$	x_n	$\cdots$
p_i	p_1	p_2	$\cdots$	p_n	$\cdots$

由概率的性质可知,离散型随机变量 X 的分布具有下面的基本性质:

(1) 非负性:$p_i\geqslant 0,i=1,2,\cdots$;

(2) 正则性:$\sum\limits_{i=1}^{\infty}p_i=1$.

分布列及其基本性质

例 1 电子线路中装有两个并联的继电器.假设这两个继电器是否接通具有随机性,且彼此独立.已知每个电器接通的概率为 0.8,记 ξ 为线路中接通的继电器的个数.

求:(1) ξ 的分布列.

(2) 写出分布函数.

(3) 线路接通的概率.

解　(1) 记 $A_i=\{$第 i 个继电器接通$\}$,$i=1,2$. 由题意 A_1 和 A_2 相互独立,且 $P(A_1)=P(A_2)=0.8$. 从而 $\overline{A}_1$ 和 A_2、$\overline{A}_1$ 和 $\overline{A}_2$、A_1 和 $\overline{A}_2$ 也相互独立,且 $P(\overline{A}_1)=P(\overline{A}_2)=0.2$.

$\{\xi=0\}=$"两个继电器都没接通",$\{\xi=1\}=$"恰有一个继电器接通",$\{\xi=2\}=$"两个继电器都接通",所以

$$P(\xi=0)=P(\overline{A_1}\ \overline{A_2})=P(\overline{A_1})P(\overline{A_2})=0.2\times0.2=0.04,$$

$$P(\xi=1)=P(A_1\overline{A_2}+\overline{A_1}A_2)=0.8\times0.2+0.2\times0.8=0.32,$$

$$P(\xi=2)=P(A_1A_2)=0.8\times0.8=0.64,$$

显然 $P(\xi=0)+P(\xi=1)+P(\xi=2)=1$.

(2) 当 $x<0$ 时,$F(x)=P(\xi\leqslant x)=0$;

当 $0\leqslant x<1$ 时,$F(x)=P(\xi\leqslant x)=P(\xi=0)=0.04$;

当 $1\leqslant x<2$ 时,$F(x)=P(\xi\leqslant x)=P(\xi=0)+P(\xi=1)=0.36$;

当 $x\geqslant2$ 时,$F(x)=P(\xi\leqslant x)=P(\xi=0)+P(\xi=1)+P(\xi=2)=1$,

所以
$$F(x)=\begin{cases}0, & x<0,\\ 0.04, & 0\leqslant x<1,\\ 0.36, & 1\leqslant x<2,\\ 1, & x\geqslant2.\end{cases}$$

(3) 由于是并联电路,故有一个继电器接通则线路就接通,即$\{\xi\geqslant1\}=$"线路接通",所以 $P(\xi\geqslant1)=P(\xi=1)+P(\xi=2)=0.32+0.64=0.96$.

注:离散型随机变量的分布函数为阶梯函数,不连续点发生在随机变量取值的点.

练一练

已知随机变量 X 的分布列为

X	1	2	3
P	$\frac{1}{6}$	$\frac{2}{6}$	$\frac{3}{6}$

记 X 的分布函数为 $F(x)$,则 $F(2)=($　　$)$.

A. $\frac{1}{6}$　　B. $\frac{1}{3}$　　C. $\frac{1}{2}$　　D. 1

三、连续型随机变量及其分布

上述研究的离散型随机变量,它们的取值是有限个或无穷可列个. 而有相当多的随机变量,它们的取值是一切实数,或者是实数的某些子区间. 连续型随机变量就是这种类型.

例 2 一个半径为 2 m 的圆形靶,设击中靶上任一同心圆上的点的概率与该圆盘的面积成正比,并设射击都能中靶,以 X 表示弹着点与圆心的距离.试求随机变量 X 的分布函数(图 5-6).

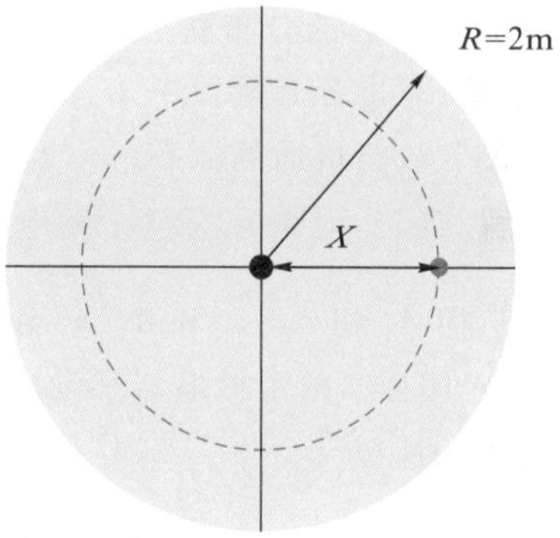

图 5-6

解 若 $x<0$,则 $\{X\leqslant x\}$ 是不可能事件,此时 $F(x)=P\{X\leqslant x\}=0$.

若 $0\leqslant x\leqslant 2$,由题意,$P\{0\leqslant X\leqslant x\}=kx^2$,其中 k 为常数.为了确定 k 的值,取 $x=2$,有 $P\{0\leqslant X\leqslant 2\}=k\cdot 2^2=4k$,又 $P\{0\leqslant X\leqslant 2\}=1$,从而 $k=\dfrac{1}{4}$,则

$$P\{0\leqslant X\leqslant x\}=\frac{1}{4}x^2,$$

于是当 $0\leqslant x<2$ 时,$F(x)=P\{X\leqslant x\}=P\{X<0\}+P\{0\leqslant X\leqslant x\}=\dfrac{1}{4}x^2$.

若 $x\geqslant 2$,由题意,$\{X\leqslant x\}$ 是必然事件,于是 $F(x)=P\{X\leqslant x\}=1$.

综上所述,即得 X 的分布函数为 $F(x)=\begin{cases}0, & x<0,\\ \dfrac{1}{4}x^2, & 0\leqslant x<2,\\ 1, & x\geqslant 2.\end{cases}$

另外,容易看出本例中的分布函数 $F(x)$,对于任意 x 可以写成形式 $F(x)=\int_{-\infty}^{x}f(t)\,\mathrm{d}t$.其中,$f(t)=\begin{cases}\dfrac{t}{2}, & 0<t<2,\\ 0, & 其他,\end{cases}$ 即 $F(x)$ 恰是非负函数 $f(t)$ 在区间 $(-\infty,x]$ 上的积分.

定义 5 设随机变量 X 的分布函数为 $F(x)$,如果存在定义在 $(-\infty,+\infty)$ 上的非负可积函数 $f(x)$,使得对于任意实数 x 有 $F(x)=P\{X\leqslant x\}=\int_{-\infty}^{x}f(t)\,\mathrm{d}t$,则称 X 为连续型随机变量,称 $f(x)$ 为 X 的概率密度函数,简称为概率密度或密度函数.

分布密度及其性质

由分布函数的性质,可以验证任一连续型随机变量的密度函数 $f(x)$ 和分布函数 $F(x)$ 必具备下列性质:

(1) 非负性:$\forall x\in(-\infty,+\infty)$,$f(x)\geqslant 0$.

(2) 规范性:$\int_{-\infty}^{+\infty}f(x)\,\mathrm{d}x=1$.

(3) $F(x)$ 在 $\mathbf{R}$ 上连续,且在 $f(x)$ 的连续点处有 $F'(x)=f(x)$,对连续型随机变量,分布函数和密度函数可以相互确定,因此密度函数也完全刻画了连续型随机变量的分布规律.

(4) 对一个连续型随机变量 X,若已知其密度函数 $f(x)$,则根据定义,可求得其分布函数 $F(x)$,同时,还可求得 X 的取值落在任意区间 $(a,b]$ 上的概率

$$P\{a<X\leqslant b\}=F(b)-F(a)=\int_{a}^{b}f(x)\,\mathrm{d}x.$$

(5) 连续型随机变量 X 取任一指定值 $a(a\in\mathbf{R})$ 的概率为 0.即 $P\{X=a\}=0$.故 X 在任一区间上取值的概率与是否包含区间端点无关.即

$$P\{a<X\leqslant b\}=P\{a\leqslant X\leqslant b\}=P\{a\leqslant X<b\}=P\{a<X<b\}.$$

例 3　设随机变量 ξ 表示某元件的长度，其密度函数为

$$p(x)=\frac{c}{1+x^2},\quad -\infty<x<+\infty.$$

试求(1) 常数 c；(2) ξ 的分布函数；(3) $P(0\leqslant\xi\leqslant1)$.

解　(1) 由密度函数的性质可知 $c\geqslant0$，$\int_{-\infty}^{+\infty}p(x)\mathrm{d}x=1$，即 $\int_{-\infty}^{+\infty}\frac{c}{1+x^2}\mathrm{d}x=1$，所以 $c=\frac{1}{\pi}$，于是密度函数为

$$p(x)=\frac{1}{\pi(1+x^2)},\quad -\infty<x<+\infty.$$

(2) $F(x)=\int_{-\infty}^{x}p(t)\mathrm{d}t=\int_{-\infty}^{x}\frac{1}{\pi(1+t^2)}\mathrm{d}t=\frac{1}{\pi}\arctan t\Big|_{-\infty}^{x}=\frac{1}{\pi}\arctan x+\frac{1}{2}$.

(3) $P(0\leqslant\xi\leqslant1)=F(1)-F(0)=\frac{1}{\pi}\arctan 1=\frac{1}{4}$.

练一练

设随机变量 X 的概率密度为 $f(x)=\begin{cases}\frac{a}{x^2}, & x>10,\\ 0, & x\leqslant10,\end{cases}$ 则常数 $a=$(　　).

A. -10　　B. $-\frac{1}{500}$　　C. $\frac{1}{500}$　　D. 10

四、常见的离散型分布

1. 0-1 分布(两点分布)

定义 6　以 X 表示进行一次试验事件 A 发生的次数，若离散型随机变量 X 的分布列为

$$P\{X=k\}=p^k(1-p)^{1-k},\quad 0<p<1,k=0,1,$$

则称随机变量 X 服从 0-1 分布(或两点分布)，记为 $B(1,p)$ 分布. 即 X 的分布列为

X	0	1
P	$1-p$	p

这种试验只有 2 个结果：A 或 $\bar{A}$ 这样的试验称为伯努利试验，比如产品是否合格，试验是否成功，今天是否下雨等. 总能定义一个随机变量为

$$X=\begin{cases}1, & \text{当 } A \text{ 发生时},\\ 0, & \text{当 } A \text{ 不发生时},\end{cases}$$

它的概率分布都可以用两点分布来描述.

常用的离散型分布

例 4　一批种子的发芽率为 95%，现从中任取一颗做发芽实验，定义随机变量如下：

$$X=\begin{cases}1, & \text{种子发芽},\\ 0, & \text{种子不发芽},\end{cases}$$

求 X 的分布列.

解 $P\{X=1\}=0.95, P\{X=0\}=0.05$. 即 X 服从两点分布.

2. 二项分布

定义 7 伯努利试验可以在相同的条件下重复进行 n 次,每次试验的结果互不影响,事件 A 发生的概率均为 p,则称这 n 次试验为 n 重伯努利试验.

若以 X 表示 n 重伯努利试验中事件 A 发生的次数,其分布列为

$$P\{X=k\}=C_n^k p^k(1-p)^{n-k}, \quad k=0,1,2,\cdots,n,$$

则称 X 服从参数为 n,p 的二项分布. 记作 $X\sim B(n,p)$.

例 5 某车间有 12 台相同型号的车床,各车床相互独立工作. 由于检修等方面的原因,每台车床处于停车的状态的概率为 $\frac{1}{3}$,求任一时刻车间里恰有两台车床处于停车状态的概率.

解 设 X:同一时刻停车的车床数,则 $X\sim B\left(12,\frac{1}{3}\right)$.

$$P\{X=2\}=C_{12}^2\left(\frac{1}{3}\right)^2\left(1-\frac{1}{3}\right)^{12-2}=C_{12}^2\frac{2^{10}}{3^{12}}\approx 0.127\,2.$$

例 6 设某批产品的次品率为 2%,从中有放回地抽取 100 个产品,试求(1) 恰有两个次品的概率;(2) 至少有两个次品的概率.

解 设 X:抽取的 100 个产品中的次品数,则 $X\sim B(100,0.02)$.

(1) $P\{X=2\}=C_{100}^2\times 0.02^2\times 0.98^{98}$.

(2) $P\{X\geqslant 2\}=1-P\{X=0\}-P\{X=1\}=1-C_{100}^0\times 0.02^0\times 0.98^{100}-C_{100}^1\times 0.02\times 0.98^{99}$.

3. 泊松(Poisson)分布

定义 8 若离散型随机变量 X 的分布列为

$$P(X=k)=\frac{\lambda^k}{k!}e^{-\lambda}, \quad k=0,1,2,\cdots,\lambda>0.$$

则称 X 服从参数为 λ 的泊松分布,记为 $X\sim P(\lambda)$.

泊松分布是一个常见分布,如:一段时间内到商场购物的人数,一页书上印刷的错误数,公共车站等车的人数等都服从泊松分布.

例 7 某商店中某种高级组合音响的月销售量服从参数为 $\lambda=4$ 的泊松分布,试求:该种组合音响的月销售量在 5 套及以上的概率.

解 $P(X\geqslant 5)=1-P(X\leqslant 4)=1-\sum\limits_{k=0}^{4}\frac{4^k}{k!}e^{-4}=1-\frac{103}{3}e^{-4}$.

练一练

设随机变量 $X\sim B(4,0.2)$,则 $P(X>3)=$(　　).

A. 0.001 6　　B. 0.027 2　　C. 0.409 6　　D. 0.819 2

五、常见的连续型分布

1. 均匀分布

定义 9 如果连续型随机变量 X 的分布密度函数为

$$f(x)=\begin{cases}\dfrac{1}{b-a}, & a<x<b,\\ 0, & 其他,\end{cases}$$

常用的连续型分布

分布函数为

$$F(x)=\begin{cases}0, & x<a,\\ \dfrac{x-a}{b-a}, & a\leqslant x<b,\\ 1, & x\geqslant b.\end{cases}$$

则称 X 服从区间 $[a,b]$ 上的均匀分布.记 $X\sim U[a,b]$.

例 8　设随机变量 X 在区间 $[1,6]$ 上服从均匀分布,则方程 $x^2-Xx+1=0$ 有实根的概率是多少?

解　由已知条件知 X 的概率密度为

$$f(x)=\begin{cases}\dfrac{1}{5}, & 1\leqslant x\leqslant 6,\\ 0, & 其他,\end{cases}$$

方程有实根则要求 $X^2-4\geqslant 0$,而

$$P\{X^2-4\geqslant 0\}=P\{X\geqslant 2\}=\int_2^6\frac{1}{5}\mathrm{d}x=\frac{4}{5},$$

所以方程有实根的概率为 $\dfrac{4}{5}$.

2. 正态分布

定义 10　若连续型随机变量 X 的密度函数为

$$f(x)=\frac{1}{\sqrt{2\pi}\sigma}\mathrm{e}^{-\frac{(x-\mu)^2}{2\sigma^2}},\quad -\infty<x<+\infty,\quad -\infty<\mu<+\infty,\quad \sigma>0.$$

分布函数为

$$F(x)=\frac{1}{\sqrt{2\pi}\sigma}\int_{-\infty}^{x}\mathrm{e}^{-\frac{(t-\mu)^2}{2\sigma^2}}\mathrm{d}t,-\infty<x<+\infty,-\infty<\mu<+\infty,\sigma>0.$$

则称 X 服从参数为 μ,σ^2 的正态分布.记 $X\sim N(\mu,\sigma^2)$.

正态分布的密度函数如图 5-7 所示,密度曲线关于直线 $x=\mu$ 对称,且

$$f_{\max}=f(\mu)=\frac{1}{\sqrt{2\pi}\sigma},$$

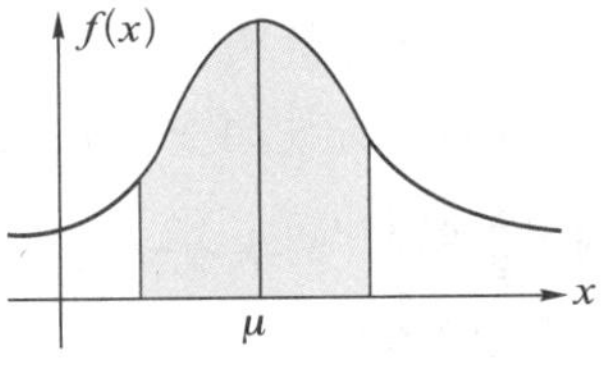

图 5-7

$f(x)$ 在 $x=\mu\pm\sigma$ 处有拐点;曲线以 x 轴为渐近线.

当参数 σ 的值不变,改变 μ 的值时,分布曲线的形状不变,对称轴的位置改变,图形沿着 x 轴平移.当参数 μ 的值不变,改变 σ 的值时,对称轴的位置不变,曲线的形状改变,σ 越大,曲线越平坦,σ 越小,曲线越陡峻.将 μ 称为位置参数,σ 称为形状参数.

特别地,当 $\mu-0,\sigma^2=1$ 时的正态分布称为标准正态分布,其密度函数为

$$\phi(x)=\frac{1}{\sqrt{2\pi}}\mathrm{e}^{-\frac{x^2}{2}}(-\infty<x<+\infty),$$

分布函数为

$$\Phi(x)=\frac{1}{\sqrt{2\pi}}\int_{-\infty}^{x}\mathrm{e}^{-\frac{t^2}{2}}\mathrm{d}t,$$

且有如下性质：

(1) $\Phi(0)=0.5$.

(2) $\Phi(-x)=1-\Phi(x)$.

(3) 若 $X\sim N(\mu,\sigma^2)$，其分布函数为 $F(x)$，则随机变量

$$Y=\frac{X-\mu}{\sigma}\sim N(0,1),F(x)=P\{X\leqslant x\}=\Phi\left(\frac{x-\mu}{\sigma}\right).$$

书后附有标准正态分布表供查阅 $\Phi(x)$ 的值.

例 9 (1) 若 $Z\sim N(0,1)$，则 $\Phi(0.5)=0.691\ 5$.

(2) $P\{1.32<Z<2.43\}=\Phi(2.43)-\Phi(1.32)=0.992\ 5-0.906\ 6=0.085\ 9$.

例 10 一种电子元件的使用寿命 X（单位：小时）服从正态分布 $N(100,15^2)$，某仪器上装有 3 个这种元件，3 个元件损坏与否是相互独立的. 求：使用的最初 90 小时内无一元件损坏的概率.

解 由题意 $X\sim N(100,15^2)$，则

$$P\{X>90\}=1-P\{X\leqslant 90\}=1-\Phi\left(\frac{90-100}{15}\right)\approx\Phi(0.67)=0.748\ 6.$$

设“使用的最初 90 小时无一元件损坏”为事件 A，则 $P(A)=0.748\ 4^3\approx 0.425$.

3. 指数分布

定义 11 若连续型随机变量 X 的密度函数为

$$f(x)=\begin{cases}\lambda\mathrm{e}^{-\lambda x}, & x>0,\\ 0, & \text{其他},\end{cases}$$

分布函数为

$$F(x)=\begin{cases}1-\mathrm{e}^{-\lambda x}, & x>0,\\ 0, & \text{其他},\end{cases}$$

则称 X 服从参数为 λ 的指数分布. 记 $X\sim E(\lambda)$，$\lambda>0$.

例 11 统计调查表明，英格兰在 1875 年至 1951 年期间，在矿山发生 10 人或 10 人以上死亡的两次事故之间的时间 T（以日计）服从参数为 $\frac{1}{241}$ 的指数分布. 试求 $P(50<T<100)$.

测一测

解 由题意 $T\sim E\left(\frac{1}{241}\right)$，从而

$$P(50<T<100)=F(100)-F(50)=\mathrm{e}^{-\frac{50}{241}}-\mathrm{e}^{-\frac{100}{241}}\approx 0.152\ 3.$$

练一练

设随机变量 X 的概率密度为 $f(x)=\frac{1}{2\sqrt{2\pi}}\mathrm{e}^{-\frac{(x+1)^2}{8}}$，则 X 服从（　　）.

A. $N(-1,2)$　　B. $N(-1,4)$　　C. $N(-1,8)$　　D. $N(-1,16)$

同步练习 5.2

1. 在 $n=5$ 的伯努利试验中，设随机事件 A 在一次试验中出现的概率为 p，令 ξ="5 次试验中事件 A 出现的次数". 写出 ξ 的分布列.

2. 设离散型随机变量 ξ 的分布列为

ξ	0	1	2
p_i	0.3	0.5	0.2

求其分布函数，并求 $F(3)$.

3. 一种灯泡，规定其使用寿命超过 1 000 小时为正品，否则为次品，已知有一大批这种灯泡，其次品率为 0.2，现从这批灯泡中随机抽取 20 只做寿命试验，求 20 只灯泡中恰有 4 只次品的概率.

4. 某商店出售某一种商品，其月销量 $X\sim P(4)$，问该商店在月初进货时至少要库存多少件这种商品，才能以 0.998 的概率满足顾客的需要？

5. 设随机变量 ξ 的密度函数为

$$p(x)=\begin{cases}\dfrac{2}{\pi}\sqrt{1-x^2}, & -1\leqslant x\leqslant 1,\\ 0, & \text{其他},\end{cases}$$

求其分布函数 $F(x)$.

6. 设随机变量 ξ 的分布函数为

$$F(x)=\begin{cases}0, & x\leqslant 0,\\ Ax^2, & 0<x\leqslant 1,\\ 1, & x>1,\end{cases}$$

求：(1) 常数 A. (2) ξ 落在 $\left[-1,\dfrac{1}{2}\right)$ 上的概率. (3) ξ 的密度函数.

7. 设 $\xi\sim N(0,1)$，求 $P\{\xi\geqslant 0\}$，$P\{0<\xi\leqslant 5\}$，$P\{|\xi|<3\}$，$P\{\xi>3\}$，$P\{-1<\xi<3\}$.

第三节　随机变量的数字特征

前面讨论了随机变量的分布函数，从中知道随机变量的分布函数能完整地描述随机变量的统计规律性. 但在许多实际问题中，人们并不需要去全面考察随机变量的变化情况，而只要知道它的某些数字特征即可.

例如：要比较不同班级的学习成绩通常就是比较考试的平均成绩；检查一批灯泡的质量，在一定条件下，只需看这批灯泡的使用寿命；又如，两批同型灯泡，平均寿命相同，如何鉴别哪一批灯泡好些呢？这就要看每批灯泡寿命数分布的集中程度. 描述随机变量的平均值和偏离程度的某些数字特征在理论和实践上都具有重要的意义,它们能更直接、更简洁、更清晰和更实用地反映出随机变量的本质.

本节将要讨论随机变量常用的两个数字特征:数学期望(均值)、方差.

一、随机变量的数学期望

定义 1 设 ξ 是离散型随机变量,其概率分布为

$$P\{\xi=x_i\}=p_i, i=1,2,\cdots,$$

若 $\sum_{i=1}^{\infty} x_i p_i$ 绝对收敛 $\left(\sum_{i=1}^{\infty} |x_i| p_i<+\infty\right)$,则称该级数为随机变量 ξ 的数学期望(或均值),记作 $E(\xi)$,即 $E(\xi)=\sum_{i=1}^{\infty} x_i p_i$.

随机变量函数的数学期望与数学期望的性质

从定义可以看出,$E(\xi)$ 是由随机变量的分布列所确定的一个实数,当 ξ 独立地取较多的值时,这些值的平均值稳定在随机变量的数学期望上. ξ 的取值可依某种次序一一列举,同一种随机变量的列举次序可以有所不同,当改变列举次序时它的均值应是不变的,这意味着 $E(\xi)=\sum_{i=1}^{\infty} x_i p_i$ 的求和次序可以改变,而其和保持不变,由无穷级数的理论知道,必须有 $\sum_{i=1}^{\infty} x_i p_i$ 绝对收敛,才能保证它的和不受求和次序的影响.

随机变量的数学期望反映了随机变量取值的平均状况,由于试验前并不确定随机变量的取值,所以数学期望也只是一种"期望"而已,它可以作为试验之前的一个估算值,与通常所说的"平均数"是有区别的.

定义 2 设 ξ 为一个连续型随机变量,密度函数为 $p(x)$,当 $\int_{-\infty}^{+\infty} |x| p(x)\mathrm{d}x$ 收敛时,称 $E(\xi)=\int_{-\infty}^{+\infty} xp(x)\mathrm{d}x$ 为 ξ 的数学期望.

ξ 的均值 $E(\xi)$ 是 ξ 的可能取值关于概率的平均,这里要求 $\int_{-\infty}^{+\infty} |x| p(x)\mathrm{d}x$ 收敛的道理与离散型随机变量一样.

例 1 按规定,某车站每天 8:00 ~ 9:00, 9:00 ~ 10:00 都恰有一辆客车到站,但到站的时刻是随机的,且两者到站的时间相互独立. 其规律为

到站时刻	8:10 9:10	8:30 9:30	8:50 9:50
p_k	$\frac{1}{6}$	$\frac{3}{6}$	$\frac{2}{6}$

一旅客 8:00 到站,求他的平均等车时间.

解 设旅客的等车时间为 X(单位:min),则 X 的分布列为

X	10	30	50
p_k	$\frac{1}{6}$	$\frac{3}{6}$	$\frac{2}{6}$

平均等车时间即 X 的数学期望：$E(X)=10\times\frac{1}{6}+30\times\frac{3}{6}+50\times\frac{2}{6}\approx 33.33(\text{min})$.

例 2　某电子装置的寿命 X 的概率密度为 $f(x)=\begin{cases}\frac{1}{\theta}e^{-\frac{x}{\theta}}, & x>0,\\ 0, & x\leqslant 0\end{cases}$ $\theta>0$，求其平均寿命.

解　$E(X)=\int_{-\infty}^{+\infty}xf(x)\,dx=\int_{0}^{+\infty}x\cdot\frac{1}{\theta}e^{-\frac{x}{\theta}}dx=\theta$.

数学期望的性质

(1) 设 C 是常数，则 $E(C)=C$；

(2) 若 k 是常数，则 $E(k\xi)=kE(\xi)$；

(3) $E(\xi_1\pm\xi_2)=E(\xi_1)\pm E(\xi_2)$；

(4) 若 ξ_1 与 ξ_2 相互独立，则 $E(\xi_1\xi_2)=E(\xi_1)E(\xi_2)$.

推广　$E\left(\sum_{i=1}^{n}a_i\xi_i+b\right)=\sum_{i=1}^{n}a_iE(\xi_i)+b$.

若 $\xi_1,\xi_2,\cdots,\xi_n$ 相互独立，则 $E(\xi_1\cdot\xi_2\cdots\xi_n)=\prod_{i=1}^{n}E(\xi_i)$.

例 3　已知随机变量 X 的数学期望 $E(X)=-2$，求期望 $E(3X-7)$.

解　$E(3X-7)=E(3X)-E(7)=3E(X)-7=-13$.

定理　设 Y 是随机变量 X 的函数：$Y=g(X)$（g 是连续函数）.

(1) X 是离散型随机变量，它的分布列为 $p_k=P\{X=x_k\}$，$k=1,2,\cdots$，若 $\sum_{k=1}^{\infty}g(x_k)p_k$ 绝对收敛，则有 $E(Y)=E[g(X)]=\sum_{k=1}^{\infty}g(x_k)p_k$.

(2) X 是连续型随机变量，它的概率密度为 $f(x)$，若 $\int_{-\infty}^{+\infty}g(x)f(x)\,dx$ 绝对收敛，则有 $E(Y)=E[g(X)]=\int_{-\infty}^{+\infty}g(x)f(x)\,dx$.

定理的意义在于：当我们求 $E(Y)$ 时，不必知道 Y 的分布而只需知道 X 的分布就可以了.

例 4　设随机变量 X 的分布列为

X	-1	0	1	2
p	0.3	0.2	0.4	0.1

令 $Y=2X+1$，求 $E(Y)$.

解

$$E(Y)=(2\times(-1)+1)\times 0.3+(2\times 0+1)\times 0.2+(2\times 1+1)\times 0.4+(2\times 2+1)\times 0.1=1.6.$$

随机变量的数学期望是对随机变量取值水平的综合评价，可以反映变量取值的平均程度，但仅用数学期望描述一个变量的取值情况是远不够的，随机变量取值的稳定性是分析随机现象性质的另一个十分重要的指标.

练一练

已知随机变量 X 的分布函数为

$$F(x)=\begin{cases}0, & x<0,\\ \dfrac{x}{4}, & 0\leqslant x<4,\\ 1, & x\geqslant 4,\end{cases}$$

则 $E(X)=(\quad)$.

A. 1　　B. 1.5　　C. 2　　D. $+\infty$

二、随机变量的方差

定义 3　设 ξ 是一个随机变量，若 $E[(\xi-E(\xi))]^2$ 存在，则称它为 ξ 的方差，记为

$$D(\xi)=E[\xi-E(\xi)]^2.$$

方差的算术平方根 $\sqrt{D(\xi)}$ 称为标准差或均方差，它与 ξ 具有相同的度量单位，在实际应用中经常使用. 方差刻画了随机变量 ξ 的取值与均值的偏离程度，它的大小可以衡量随机变量取值的稳定性.

从方差的定义易见：若 ξ 的取值比较集中，则方差较小；若 ξ 的取值比较分散，则方差较大. 利用均值的性质，易得计算方差的一个简化公式：

$$D(\xi)=E(\xi^2)-[E(\xi)]^2.$$

方差

方差的性质

(1) 设 C 常数，则 $D(C)=0$；

(2) 若 ξ 是随机变量，C 是常数，则 $D(C\xi)=C^2D(\xi)$；

(3) $D(\xi+b)=D(\xi)$，$D(k\xi+b)=k^2D(\xi)$；

(4) 设 ξ,η 是两个随机变量，若 ξ,η 相互独立，则 $D(\xi\pm\eta)=D(\xi)+D(\eta)$.

例 5　设掷两颗骰子，用 ξ,η 分别表示第一、第二颗骰子出现的点数，求两颗骰子出现点数之差的方差.

解　令 ξ,η 分别表示第一、第二颗骰子出现的点数，则 ξ 与 η 同分布，分布列为 $P(\xi=k)=P(\eta=k)=\dfrac{1}{6}$，$k=1,2,3,4,5,6$，$E(\xi)=E(\eta)=\dfrac{7}{2}$，$E(\xi^2)=(1^2+2^2+3^2+4^2+5^2+6^2)\times\dfrac{1}{6}=\dfrac{91}{6}$，$D(\xi)=E(\xi^2)-(E(\xi))^2=\dfrac{91}{6}-\left(\dfrac{7}{2}\right)^2=\dfrac{35}{12}$，故 $D(\xi-\eta)=D(\xi)+D(\eta)=2\times\dfrac{35}{12}=\dfrac{35}{6}$.

练一练

若随机变量 X 的分布列为 $P(X=1)=0.4, P(X=2)=0.6$，则其方差 $D(X)=($　　$)$.

A. 1.6　　B. 2.8　　C. 2.56　　D. 0.24

三、几种常用分布的期望与方差

1. 两点分布

设 ξ 的分布列为 $P(\xi=1)=p, P(\xi=0)=1-p$，则 $E(\xi)=p, D(\xi)=p(1-p)$.

2. 二项分布

设 $\xi\sim B(n,p)$，则 $E(\xi)=np, D(\xi)=np(1-p)$.

3. 泊松分布

设 $\xi\sim P(\lambda)$，则 $E(\xi)=\lambda, D(\xi)=\lambda$.

4. 均匀分布

设 $\xi\sim U[a,b]$，则 $E(\xi)=\frac{1}{2}(a+b), D(\xi)=\frac{1}{12}(b-a)^2$.

5. 正态分布

设 $\xi\sim N(\mu,\sigma^2)$，则 $E(\xi)=\mu, D(\xi)=\sigma^2$.

6. 指数分布

设 $\xi\sim E(\lambda)$，则 $E(\xi)=\frac{1}{\lambda}, D(\xi)=\frac{1}{\lambda^2}$.

同步练习 5.3

1. 设 ξ 服从二项分布 $B(n,p)$，求(1) $E(2\xi-1)$；(2) $D(2\xi-1)$.

2. 某射手有 3 发子弹，射一次命中的概率为 $\frac{2}{3}$，如果命中了就停止射击，否则一直独立射到子弹用尽. 求：(1) 耗用子弹数 ξ 的分布列；(2) $E(\xi), D(\xi)$.

3. 设随机变量 ξ 的密度函数为

$$p(x)=\begin{cases} a+bx, & 0\leqslant x\leqslant 1, \\ 0, & \text{其他}, \end{cases} \text{且已知 } E(\xi)=\frac{7}{12}.$$

试求：(1) 常数 a,b 的值；(2) $P\left(\xi>\frac{1}{2}\right)$.

4. 设随机变量 X 服从标准正态分布，求随机变量 $Y=aX+b$ 的均值(其中 $a>0$).

5. 已知 100 个产品中有 10 个次品，求任意取出的 5 个产品中的次品数的均值.

6. 一个螺丝钉的质量是随机变量，均值为 10 g，标准差为 1 g. 100 个一盒的同型号螺丝钉重量的均值和标准差各为多少？(假设每个螺丝钉的质量都不受其他螺丝钉质量的影响.)

7. 一批零件中有 9 个合格品与 3 个废品，在安装机器时，从这批零件中任取一个，如果取出的是废品就不再放回去了，求在取到合格品以前，已经取出的废品数的均值与方差.

第四节 数理统计的基本概念

数理统计作为一门学科诞生于19世纪末20世纪初,是具有广泛应用的一个数学分支.它以概率论为基础,根据试验或观察得到的数据来研究随机现象,以便对研究对象的客观规律性做出合理的估计和判断.

由于大量随机现象必然呈现出它的规律性,故理论上只要对随机现象进行足够多次观察,研究对象的规律性就一定能清楚地呈现出来,但实际上人们常常无法对所研究的对象的全体(或总体)进行观察,而只能抽取其中的部分(或样本)进行观察或试验以获得有限的数据.

一、总体、样本与统计量

定义1 在数理统计中把研究对象的全体称为总体,组成总体的每一个单元称为个体,被抽取到的所有个体的集合称为样本,样本中所有个体的总数称为样本的容量.

例1 某工厂为了检测出厂的十万只灯泡的寿命,随机抽取了1 000只灯泡进行检测.

其中的“十万只灯泡”就是总体,其中的“每一个灯泡”就是一个个体,被抽取到的“1 000只灯泡”就是样本.数理统计的主要任务就是通过对样本的观测统计来推断总体的性质.我们希望通过调查这1 000只灯泡的寿命来确定这批产品(十万只灯泡)是否合格.

在进行统计抽样时,由于调查具有破坏性(如检测灯泡寿命、检验炸弹的威力等)或者总体所包含的个体数量非常庞大(如调查全国人均消费水平、股票指数的变化)等原因,不可能对所有个体进行观测,而只能抽取其中一部分样本进行观测.从总体中抽取样本时,为了使抽取的样本具有代表性,通常要求:

(1) 抽取方法应使总体中每一个个体被抽到的机会是均等的;

(2) 每次抽取都是独立的,即每次抽样结果不影响其他各次抽样结果,也不受其他各次抽样结果的影响.

简单随机样本

满足以上两点的抽样方法称为简单随机抽样,由简单随机抽样得到的样本叫做简单随机样本.今后我们凡提到抽样及样本都是指简单随机抽样和简单随机样本.

人们通常只关心总体的一个或几个指标,这些指标可用随机变量来表示.如检测灯泡寿命时,寿命可用随机变量ξ表示.在对样本进行观测时,每个个体的取值结果都是一个随机变量.如果样本包含n个个体,则这n个个体的指标可视为n个随机变量,常用$(\xi_1,\xi_2,\cdots,\xi_n)$来表示.样本观测的结果就是这些随机变量的取值,常用$(x_1,x_2,\cdots,x_n)$来表示.在例1中,样本可表示为$(\xi_1,\xi_2,\cdots,\xi_{1\,000})$,$(x_1,x_2,\cdots,x_{1\,000})$是样本$(\xi_1,\xi_2,\cdots,\xi_{1\,000})$的取值.

样本来自总体,自然带有总体的信息,从而可以从这些信息出发去研究总体的某些特征(分布或分布中的参数).另一方面,由样本研究总体可以省时省力(特别是针对破坏性的抽样试验而言).我们称通过总体ξ的一个样本$\xi_1,\xi_2,\cdots,\xi_n$对总体ξ的分布进行推断的问题为统计推断问题.

样本是总体的代表与反映.但在抽取样本后,我们并不立即利用样本进行推断,而需对样本进行一番“加工”和“提炼”,把样本中包含的人们关心的信息集中起来,这便是针对不同问题构造出样本的某种函数,这种函数在统计中称为统计量.

上述例1中如希望知道全体灯泡的平均寿命,一个简单的方法就是用样本$(\xi_1,\xi_2,\cdots,\xi_{1\,000})$的平均寿命$\dfrac{\xi_1+\xi_2+\cdots+\xi_{1\,000}}{1\,000}$去估计总体的平均寿命.在此过程中,称$\dfrac{\xi_1+\xi_2+\cdots+\xi_{1\,000}}{1\,000}$为统计量.

定义2　设$(X_1,X_2,\cdots,X_n)$为总体X的一个容量为n的样本,$T(X_1,X_2,\cdots,X_n)$是样本的一个实值函数,它不包含总体X的任何未知参数,则称$T(X_1,X_2,\cdots,X_n)$为样本$(X_1,X_2,\cdots,X_n)$的统计量.

注:统计量通常不含未知参数,而且作为随机变量的函数,它也是一个随机变量.

从结构关系上讲,总体、样本和统计量之间应该具有这样的关系:总体是指所要研究的全部事物,样本是从总体中随机抽取的,样本在一定程度上反映总体,统计量是样本的函数,来描述样本,同时也可以借助于统计量对总体进行统计推断.

统计量

常用的统计量有:

(1) 样本均值:$\bar{X}=\dfrac{1}{n}\sum\limits_{i=1}^{n}X_i$,其观测值为$\bar{x}=\dfrac{1}{n}\sum\limits_{i=1}^{n}x_i$.

(2) 样本方差:$S^2=\dfrac{1}{n-1}\sum\limits_{i=1}^{n}(X_i-\bar{X})^2$,其观测值为$s^2=\dfrac{1}{n-1}\sum\limits_{i=1}^{n}(x_i-\bar{x})^2$.

样本均方差(标准差):$S=\sqrt{\dfrac{1}{n-1}\sum\limits_{i=1}^{n}(X_i-\bar{X})^2}$,其观测值为$s=\sqrt{\dfrac{1}{n-1}\sum\limits_{i=1}^{n}(x_i-\bar{x})^2}$.

它们的观测值用相应的小写字母表示.通常,$\bar{X}$反映总体X取值的平均水平,S^2或S反映总体X取值的离散程度,即总体波动大小.

例如,我们获得了如下三个样本:

样本A:3,4,5,6,7;样本B:1,3,5,7,9;样本C:1,5,9.

明显可见它们的“分散”程度是不同的:样本A在这三个样本中比较密集,而样本C比较分散,这一直觉可以用样本方差来表示.这三个样本的均值都是5,即$\bar{x}_A=\bar{x}_B=\bar{x}_C=5$,而样本容量$n_A=5,n_B=5,n_C=3$,从而它们的样本方差分别为

$$s_A^2=\frac{1}{5-1}[(3-5)^2+(4-5)^2+(5-5)^2+(6-5)^2+(7-5)^2]=\frac{10}{4}=2.5.$$

$$s_B^2=\frac{1}{5-1}[(1-5)^2+(3-5)^2+(5-5)^2+(7-5)^2+(9-5)^2]=\frac{40}{4}=10.$$

$$s_C^2=\frac{1}{3-1}[(1-5)^2+(5-5)^2+(9-5)^2]=\frac{32}{2}=16.$$

由此可见$s_C^2>s_B^2>s_A^2$,这与直觉是一致的,它们反映了取值的分散程度.用样本标准差表示:$s_A=1.58$,　$s_B=3.16$,　$s_C=4$,同样有$s_C>s_B>s_A$.

由于样本方差(或样本标准差)很好地反映了总体方差(或标准差)的信息,因此若当方差σ^2未知时,常用S^2去估计,而总体标准差σ常用样本标准差S去估计.

二、统计量的分布

1. 常见分布

统计量$T(X_1,X_2,\cdots,X_n)$是随机变量,其概率分布又称抽样分布,这些分布在数理统计中起

重要作用.

定义 3 对于总体 X 和给定的实数 $\alpha(0<\alpha<1)$,若实数 λ_α 满足不等式

$$P\{X\geq\lambda_\alpha\}=\alpha,$$

则称 λ_α 为 X 分布的上 α 分位点.

(1) U 统计量及其分布

定理 1 设 $X\sim N(\mu,\sigma^2)$,$(X_1,X_2,\cdots,X_n)$ 是 X 的一个样本,则

$$\bar{X}\sim N\left(\mu,\frac{1}{n}\sigma^2\right) \text{或} U=\frac{\bar{X}-\mu}{\sigma/\sqrt{n}}\sim N(0,1),$$

称 $U=\dfrac{\bar{X}-\mu}{\sigma/\sqrt{n}}$ 为 U 统计量.

标准正态分布的上 α 分位点记为 μ_α,即

$$P(U\geq\mu_\alpha)=1-P(U\leq\mu_\alpha)=1-\Phi(\mu_\alpha)=\alpha(\text{图 5-8}),$$

即 $\Phi(\mu_\alpha)=1-\alpha$.

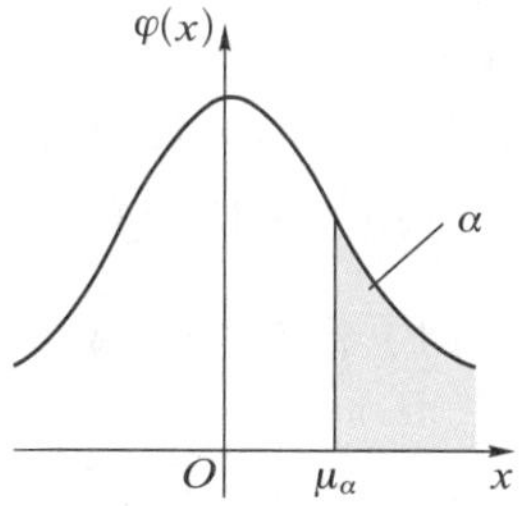

图 5-8

对于给定的 α,查标准正态分布表可求出 μ_α. 如 $\mu_{0.025}=1.96$,$\mu_{0.05}=1.645$,利用正态分布的对称性,有 $\mu_\alpha=-\mu_{1-\alpha}$,于是 $\mu_{0.95}=-\mu_{0.05}=-1.645$.

例 2 设总体 $X\sim N(40,25)$,抽取容量为 36 的样本,求 $P\{38\leq\bar{X}\leq43\}$.

解 设容量为 36 的样本均值为 $\bar{X}$,则 $\bar{X}\sim N\left(40,\frac{25}{36}\right)$,$\frac{\bar{X}-40}{5/6}\sim N(0,1)$.

$$\begin{aligned}P\{38\leq\bar{X}\leq43\}&=P\left\{\frac{38-40}{5/6}\leq\frac{\bar{X}-40}{5/6}\leq\frac{43-40}{5/6}\right\}=\Phi\left(\frac{3}{5/6}\right)-\Phi\left(\frac{-2}{5/6}\right)\\&=\Phi(3.6)+\Phi(2.4)-1\\&=0.9998+0.9918-1=0.9916.\end{aligned}$$

(2) χ^2 统计量及其分布

定义 4 设$(X_1,X_2,\cdots,X_n)$为取自正态总体 $X\sim N(0,1)$ 的样本且相互独立,则称

$$\chi^2=X_1^2+X_2^2+\cdots+X_n^2$$

为自由度为 n 的χ^2 统计量,记作$\chi^2\sim\chi^2(n)$. 其图形如图 5-9 所示.

由于用χ^2 分布的概率密度计算较为困难,对不同的自由度 n 及不同的数 $\alpha(0<\alpha<1)$,书后附了χ^2 分布表. 类似于标准正态分布,我们称满足

$$P(\chi^2(n)>\chi_\alpha^2(n))=\int_{\chi_\alpha^2(n)}^{+\infty}p(y)\,\mathrm{d}y=\alpha$$

的点$\chi_\alpha^2(n)$为χ^2 分布的上 α 分位点或上侧临界值,简称上 α 点,其几何意义如图 5-10 所示. 这里 $p(y)$是χ^2 分布的概率密度. 显然,在自由度 n 取定以后,$\chi_\alpha^2(n)$的值只与 α 有关.

若 $n=21$,$\alpha=0.05$ 时,由附表可查得,$\chi_{0.05}^2(21)=32.671$.

定理 2 设$(X_1,X_2,\cdots,X_n)$为取自正态总体 $X\sim N(\mu,\sigma^2)$的样本且相互独立,则

$$\frac{\sum\limits_{i=1}^{n}(X_i-\mu)^2}{\sigma^2}\sim\chi^2(n),$$

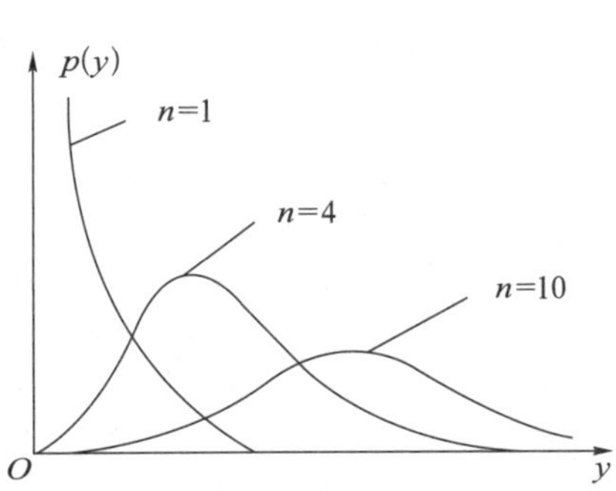

图 5-9

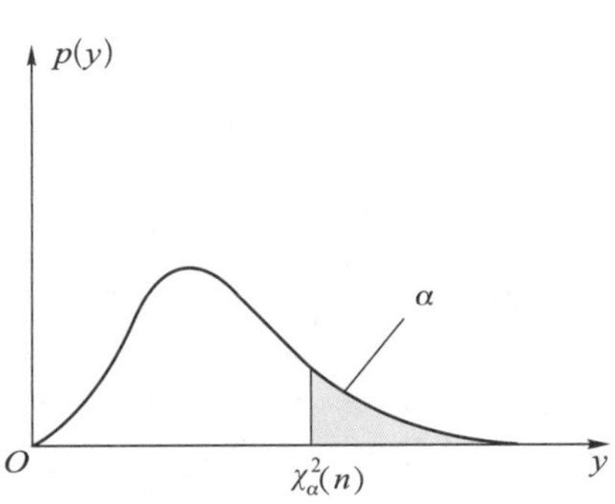

图 5-10

$$\frac{\sum_{i=1}^{n}(X_i-\bar{X})^2}{\sigma^2}\sim\chi^2(n-1).$$

例 3　设 $X_1,X_2,\cdots,X_{10}$是来自总体 $N(0,0.09)$的样本,求 $P\left\{\sum_{i=1}^{10}X_i^2>1.44\right\}$.

解　因为$\mu=0,\sigma^2=0.09$,所以

$$\frac{1}{\sigma^2}\sum_{i=1}^{10}(X_i-\mu)^2=\frac{\sum_{i=1}^{10}X_i^2}{0.09}\sim\chi^2(10),$$

查表可得

$$P\left\{\sum_{i=1}^{10}X_i^2>1.44\right\}=P\left\{\frac{\sum_{i=1}^{10}X_i^2}{0.09}>16\right\}=0.1.$$

(3) t 分布

定义 5　设 $\xi\sim N(0,1),\eta\sim\chi^2(n)$,且 ξ 与 η 相互独立,则称随机变量

$$T=\frac{\xi}{\sqrt{\frac{\eta}{n}}}$$

为服从自由度为 n 的 t 分布,记作 $T\sim t(n)$.

其图形如图 5-11 所示,其形状类似标准正态分布的概率密度的图形.当 n 较大时,t 分布近似于标准正态分布.

对于给定的 $\alpha(0<\alpha<1)$,称满足条件

$$P(t(n)>t_\alpha(n))=\int_{t_\alpha(n)}^{+\infty}f(t)\,\mathrm{d}t=\alpha$$

的点 $t_\alpha(n)$为 t 分布的上 α 分位点或上侧临界值,简称上 α 点,其几何意义如图 5-12 所示.

在附表中给出了 t 分布临界值表.若 $n=15,\alpha=0.05$ 时,查 t 分布表有

$$t_{0.05}(15)=1.7531,t_{\frac{0.05}{2}}(15)=2.1315,$$

利用 t 分布的对称性,有 $t_\alpha(n)=-t_{1-\alpha}(n)$.

(4) F 分布

定义 6　设 $\xi\sim\chi^2(k_1),\eta\sim\chi^2(k_2)$,且相互独立,那么随机变量

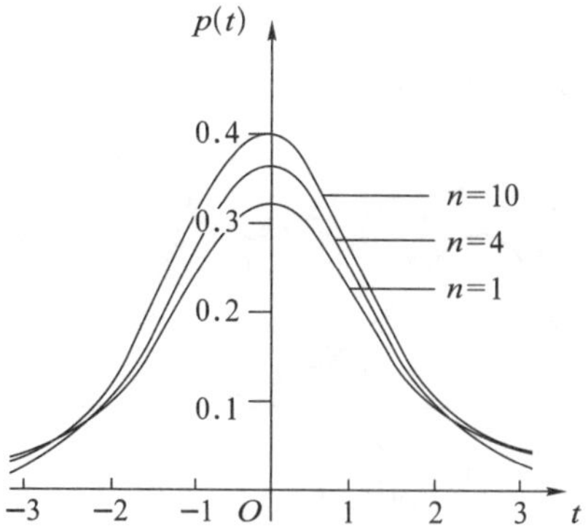

图 5-11

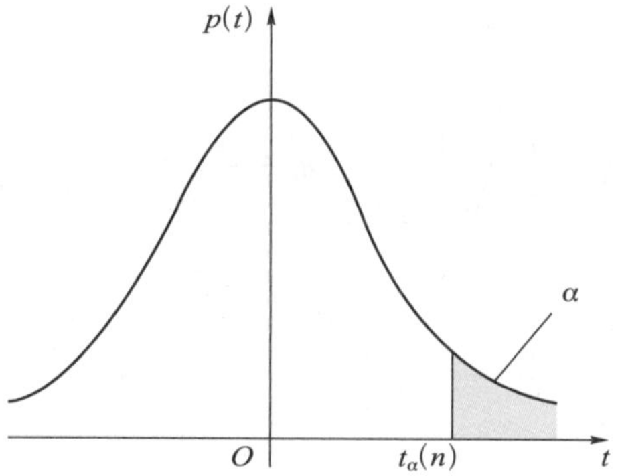

图 5-12

$$F(k_1,k_2)=\frac{\xi/k_1}{\eta/k_2}$$

所服从的分布称为 F 分布,记 $F\sim F(k_1,k_2)$. 其中,分子上的自由度 k_1 叫做第一自由度,分母上的自由度 k_2 叫做第二自由度.

对于给定的 $\alpha(0<\alpha<1)$,称满足条件

$$P(F\geqslant F_\alpha(k_1,k_2))=\alpha$$

的点 $F_\alpha(k_1,k_2)$ 为 F 分布的上 α 分位点或上侧临界值,简称上 α 点. 几何意义如图 5-13 所示:

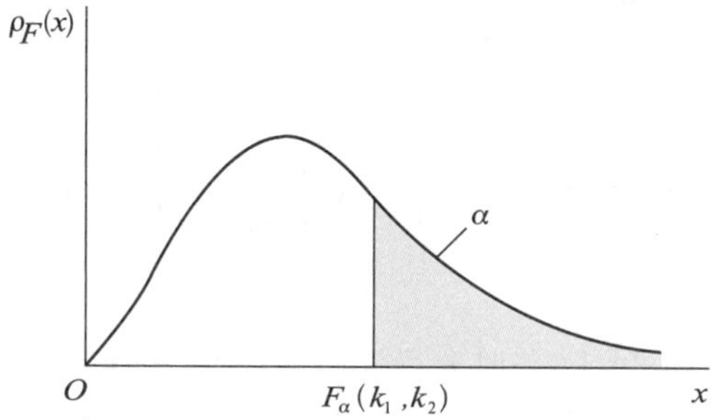

图 5-13

查 F 分布表可得:① $F_{0.05}(6,10)=3.22$;② $F_{0.01}(6,10)=5.39$.

有公式:$F_\alpha(k_1,k_2)=\dfrac{1}{F_{1-\alpha}(k_2,k_1)}$,如 $F_{0.99}(8,15)=\dfrac{1}{F_{0.01}(15,8)}=\dfrac{1}{5.52}=0.1812$.

2. 关于分布的几个性质

性质 1 χ^2 分布关于自由度 n 具有可加性.

设 $\xi\sim\chi^2(n_1)$,$\eta\sim\chi^2(n_2)$ 且相互独立,则 $\xi+\eta\sim\chi^2(n_1+n_2)$.

性质 2 设 $(\xi_1,\xi_2,\cdots,\xi_n)$ 为来自总体 $\xi\sim N(\mu,\sigma^2)$ 的样本,则

(1) 样本均值 $\bar{\xi}$ 与样本方差 S^2 相互独立;

(2) $\bar{\xi}\sim N\left(\mu,\dfrac{\sigma^2}{n}\right)$;

(3) $\dfrac{(n-1)S^2}{\sigma^2}=\dfrac{\sum\limits_{i=1}^{n}(\xi_i-\bar{\xi})^2}{\sigma^2}\sim\chi^2(n-1)$.

性质 3　设$(\xi_1,\xi_2,\cdots,\xi_n)$为来自总体$\xi\sim N(\mu,\sigma^2)$的样本,则统计量

$$\frac{\bar{\xi}-\mu}{\frac{S}{\sqrt{n}}}\sim t(n-1).$$

性质 4　设$(\xi_1,\xi_2,\cdots,\xi_m)$为来自总体$\xi\sim N(\mu_1,{\sigma_1}^2)$的样本,$(\eta_1,\eta_2,\cdots,\eta_n)$为来自总体$\eta\sim N(\mu_2,{\sigma_2}^2)$的样本,且两样本相互独立,则统计量

$$\frac{S_\xi^2/\sigma_1^2}{S_\eta^2/\sigma_2^2}\sim F(m-1,n-1).$$

例 4　在总体为$\xi\sim N(80,400)$中随机抽取容量为 100 的样本,求样本均值与总体均值之差的绝对值大于 3 的概率.

解　由$\xi\sim N(80,400)$可知样本均值$\bar{\xi}\sim N(80,4)$,故所求概率为

$$\begin{aligned}P\{\,|\bar{\xi}-80|>3\}&=P\{\bar{\xi}>83\}+P\{\bar{\xi}<77\}=1-\Phi\left(\frac{83-80}{2}\right)+\Phi\left(\frac{77-80}{2}\right)\\&=1-\Phi(1.5)+\Phi(-1.5)=0.1336.\end{aligned}$$

练一练

设$(\xi_1,\xi_2,\cdots,\xi_9)$为来自总体$\xi\sim N(\mu_1,\sigma_1^2)$的样本,$(\eta_1,\eta_2,\cdots,\eta_{10})$为来自总体$\eta\sim N(\mu_2,\sigma_2^2)$的样本,且两样本相互独立,则统计量$\dfrac{S_\xi^2/\sigma_1^2}{S_\eta^2/\sigma_2^2}\sim$(　　).

A. $F(10,9)$　　B. $F(9,10)$　　C. $F(8,9)$　　D. $F(7,10)$

同步练习 5.4

1. 设有一组样本观测值

$$86,53,42,16,35,74,62,96.$$

求样本均值$\bar{X}$,样本方差S^2.

2. 查表求值:$\mu_{0.05}$,$\chi_{0.95}^2(15)$,$\chi_{0.05}^2(15)$,$t_{0.01}(10)$,$t_{0.9}(8)$,$F_{0.05}(12,15)$,$F_{0.95}(15,12)$.

第五节　参数估计

上一节,我们讲了数理统计的基本概念,从这一节开始,我们研究数理统计的重要内容之一——统计推断.

所谓统计推断,就是根据从总体中抽取得的一个简单随机样本对总体进行分析和推断.即由

样本来推断总体,或者由部分推断总体——这就是数理统计的核心内容.它的基本问题包括两大类:一类是估计理论,另一类是假设检验.而估计理论又分为参数估计与非参数估计,参数估计又分为点估计和区间估计,这里我们主要研究参数估计这一部分内容.参数估计就是利用从总体抽样中得到的信息来估计总体的某些参数或参数的某些函数.

一、点估计

定义 1 设 θ 为总体 X 分布函数中的未知参数或总体的某些未知的数字特征,$(X_1,X_2,\cdots,X_n)$是来自 X 的一个样本,$(x_1,x_2,\cdots,x_n)$是相应的一个样本值,点估计问题就是构造一个适当的统计量 $\hat{\theta}(X_1,X_2,\cdots,X_n)$,用其观察值 $\hat{\theta}(x_1,x_2,\cdots,x_n)$作为未知参数 θ 的近似值,我们称 $\hat{\theta}(X_1,X_2,\cdots,X_n)$为参数 θ 的估计量,$\hat{\theta}(x_1,x_2,\cdots,x_n)$为参数 θ 的估计值,在不至于混淆的情况下,统称为点估计.

由于估计量是样本的函数,因此对于不同的样本值,θ 的估计值往往是不同的.因为样本不同程度地反映总体的信息,自然可以想到用样本数字特征作为总体相应的数字特征的点估计量:

(1) 以样本均值 $\overline{X}$ 作为总体均值的点估计量,即 $E(\hat{X})=\overline{X}$.

(2) 以样本方差 S^2 作为总体方差的点估计量,即$D(\hat{X})=S^2$.

这样求估计量的方法称为样本数字特征法.这是统计中最常用的一种估计法,它不需要知道总体的分布形式.

例 1 设总体 X 的概率密度函数为

$$f(x)=\begin{cases}\theta x^{\theta-1}, & 0<x<1,\\ 0, & 其他,\end{cases}$$

用样本数字特征法求未知参数 θ.

解 总体 X 的数学期望为 $E(X)=\int_0^1 x\theta x^{\theta-1}\mathrm{d}x=\dfrac{\theta}{\theta+1}$,由样本数字特征法知,$E(X)=\overline{X}$,故$\dfrac{\hat{\theta}}{\hat{\theta}+1}=\overline{X}$,从而

$$\hat{\theta}=\frac{\overline{X}}{1-\overline{X}}.$$

对于同一参数,用不同的估计方法求出的估计量可能不同,用相同的方法也可能得到不同的估计量,也就是说,同一参数可能具有多种估计量,而且,原则上讲,其中任何统计量都可以作为未知参数的估计量,那么采用哪一个估计量为好呢?这就涉及估计量的评价问题.

练一练

设 $X\sim U(a,b)$,a,b 为未知参数,$X_1,X_2,\cdots,X_n$ 是取自 X 的样本,则 a 的估计量为(　　),b 的估计量为(　　).

A. $\overline{X}$　　B. $\overline{X}-\sqrt{3}S_n$　　C. $\overline{X}+\sqrt{3}S_n$　　D. $2\sqrt{3}S_n$

二、估计量的评选标准

1. 无偏性

设 $\hat{\theta}$ 是未知参数 θ 的估计量，则 $\hat{\theta}$ 是一个随机变量，对于不同的样本值就会得到不同的估计值，我们总希望估计值在 θ 的真实值左右徘徊，而若其数学期望恰等于 θ 的真实值，就产生无偏性这个标准.

定义 2　设 $\hat{\theta}=\hat{\theta}(X_1,X_2,\cdots,X_n)$ 是未知参数 θ 的估计量，若 $E(\hat{\theta})$ 存在，且有 $E(\hat{\theta})=\theta$，则称 $\hat{\theta}$ 是 θ 的无偏估计量，称 $\hat{\theta}$ 具有无偏性.

在科学技术中，$E(\hat{\theta})-\theta$ 称为以 $\hat{\theta}$ 作为 θ 的估计的系统偏差，无偏估计的实际意义就是没有系统偏差.

例 2　设 X 是任一总体，$(X_1,X_2,\cdots,X_n)$ 为 X 的样本，证明：$\bar{X}$ 和 S^2 分别是 $E(X)$ 和 $D(X)$ 的无偏估计量.

证明　由于样本中的各个变量 X_i 与总体 X 同分布且相互独立，因而：

$$E(X_i)=E(X),D(X_i)=D(X),i=1,2,\cdots,n,$$

$$E(\bar{X})=E\left(\frac{1}{n}\sum_{i=1}^{n}X_i\right)=\frac{1}{n}\sum_{i=1}^{n}E(X_i)=\frac{1}{n}\sum_{i=1}^{n}E(X)=E(X).$$

所以 $\bar{X}$ 是 $E(X)$ 的无偏估计.

$$D(\bar{X})=D\left(\frac{1}{n}\sum_{i=1}^{n}X_i\right)=\frac{1}{n^2}\sum_{i=1}^{n}D(X_i)=\frac{1}{n^2}\sum_{i=1}^{n}D(X)=\frac{1}{n}D(X),$$

$$E(S^2)=E\left(\frac{1}{n-1}\sum_{i=1}^{n}(X_i-\bar{X})^2\right)=\frac{1}{n-1}\left(\sum_{i=1}^{n}E(X_i^2)-nE(\bar{X}^2)\right)$$

$$=\frac{1}{n-1}[nE(X^2)-n(D(\bar{X})+(E(\bar{X}))^2)]=\frac{1}{n-1}[nE(X^2)-D(X)-n(E(X))^2]$$

$$=\frac{1}{n-1}[nD(X)-D(X)]=D(X).$$

所以 S^2 是 $D(X)$ 的无偏估计.

例 3　设 X 是任一总体，$(X_1,X_2,\cdots,X_n)$ 为 X 的样本，证明 $Y=\sum_{i=1}^{n}c_iX_i\left(\sum_{i=1}^{n}c_i=1\right)$ 是 $E(X)$ 的无偏估计.

证明　$E(Y)=E\left(\sum_{i=1}^{n}c_iX_i\right)=\sum_{i=1}^{n}c_iE(X)=E(X)\sum_{i=1}^{n}c_i=E(X).$

由此可见对于同一个未知参数，可能有多个无偏估计量. 那么，究竟哪个无偏估计更好、更合理，就取决于哪个估计量的观察值更接近真实值，即哪个估计量的观察值更密集地分布在真实值的附近. 我们知道，方差反映了随机变量取值的分散程度. 所以无偏估计以方差最小者为最好、最合理. 为此引入了估计量的有效性概念.

2. 有效性

定义 3　设 $\hat{\theta}_1=\hat{\theta}_1(X_1,X_2,\cdots,X_n)$ 与 $\hat{\theta}_2=\hat{\theta}_2(X_1,X_2,\cdots,X_n)$ 都是 θ 的无偏估计量，若有 $D(\hat{\theta}_1)<D$

$(\hat{\theta}_2)$,则称 $\hat{\theta}_1$ 比 $\hat{\theta}_2$ 有效.

例 4 已知 X_1, X_2, X_3 是总体 X 的一个样本,$\bar{X}$ 为样本均值,判断统计量$\frac{1}{3}X_1+\frac{2}{3}X_3$ 是否为总体数学期望 $E(X)$的无偏估计量,若它是总体数学期望 $E(X)$的无偏估计量,则评价它与样本均值 $\bar{X}$ 哪一个更有效.

解 $E\left(\frac{1}{3}X_1+\frac{2}{3}X_3\right)=E\left(\frac{1}{3}X_1\right)+E\left(\frac{2}{3}X_3\right)=\frac{1}{3}E(X_1)+\frac{2}{3}E(X_3)=\frac{1}{3}E(X)+\frac{2}{3}E(X)=E(X)$.

所以$\frac{1}{3}X_1+\frac{2}{3}X_3$ 是 $E(X)$的无偏估计.

$$D\left(\frac{1}{3}X_1+\frac{2}{3}X_3\right)=D\left(\frac{1}{3}X_1\right)+D\left(\frac{2}{3}X_3\right)=\frac{1}{9}D(X_1)+\frac{4}{9}D(X_3)=\frac{1}{9}D(X)+\frac{4}{9}D(X)=\frac{5}{9}D(X),$$

$$D(\bar{X})=D\left(\frac{1}{3}\sum_{i=1}^{3}X_i\right)=\frac{1}{9}(D(X_1)+D(X_2)+D(X_3))=\frac{1}{3}D(X).$$

可见 $D(\bar{X})<D\left(\frac{1}{3}X_1+\frac{2}{3}X_3\right)$,故 $\bar{X}$ 更有效.

例 5 证明:作为 $E(X)$的无偏估计量,$\bar{X}$ 比 $Y=\sum_{i=1}^{n}c_iX_i\left(\sum_{i=1}^{n}c_i=1\right)$有效.

证明 $D(\bar{X})=\frac{1}{n}D(X),D(Y)=\sum_{i=1}^{n}c_i^2D(X)=D(X)\sum_{i=1}^{n}c_i^2,$

$$\sum_{i=1}^{n}c_i^2=\sum_{i=1}^{n}\left[\left(c_i-\frac{1}{n}\right)+\frac{1}{n}\right]^2=\sum_{i=1}^{n}\left(c_i-\frac{1}{n}\right)^2+\sum_{i=1}^{n}\frac{2}{n}\left(c_i-\frac{1}{n}\right)+\sum_{i=1}^{n}\frac{1}{n^2}$$

$$=\sum_{i=1}^{n}\left(c_i-\frac{1}{n}\right)^2+\frac{2}{n}\sum_{i=1}^{n}c_i-\frac{2}{n}+\frac{1}{n}=\sum_{i=1}^{n}\left(c_i-\frac{1}{n}\right)^2+\frac{1}{n}>\frac{1}{n}.$$

所以 $D(\bar{X})<D(Y)$,得证.

练一练

设总体 X 的均值为 μ,方差为 σ^2,且 $\sigma^2\neq 0$. X_1,X_2,X_3 是取自总体 X 的样本. $\hat{\mu}_1=\frac{1}{3}(X_1+X_2+X_3)=\bar{X}$,$\hat{\mu}_2=\frac{1}{2}X_1+\frac{1}{3}X_2+\frac{1}{6}$,则总体均值 μ 的估计量(　　)更有效.

A. $\hat{\mu}_1$　　B. $\hat{\mu}_2$　　C. 无法确定　　D. $\hat{\mu}_1$ 或 $\hat{\mu}_2$

三、区间估计

1. 区间估计的概念

参数的点估计只是给出未知参数 θ 的一个近似值,无法知道估计的误差的大小,这对实际工作来说是不方便的,而区间估计正好弥补了点估计的这个缺陷. 区间估计是指由两个统计量 $\hat{\theta}_1$,$\hat{\theta}_2$ 组成一个区间,对于一个具体问题得到的样本值,便给出一个具体的区间$(\hat{\theta}_1,\hat{\theta}_2)$,使参数 θ 尽可能地落在该区间内. 事实上,由于 $\hat{\theta}_1,\hat{\theta}_2$ 是两个统计量,所以$(\hat{\theta}_1,\hat{\theta}_2)$实际上是一个随机区间,它覆盖 θ(即 $\theta\in(\hat{\theta}_1,\hat{\theta}_2)$),就是一个随机事件,而 $P\{\theta\in(\hat{\theta}_1,\hat{\theta}_2)\}$就反映了这个区间估计的可信程度;另一方面,区间长度 $\hat{\theta}_2-\hat{\theta}_1$ 也是一个随机变量,$E(\hat{\theta}_2-\hat{\theta}_1)$反映了区间估计的精确程度. 我们自然希望可信程度越大越好,反映精确程度的区间长度越小越好. 但在实际问题中,二者常常不能兼顾. 为此,这里引入置信区间的概念,并给出在一定可信程度的前提下求置信区间的方法,使区间的平均长度最短.

定义 4　设总体 X 的分布函数 $F(x)$含有一个未知参数 θ,对于给定的 $\alpha(0<\alpha<1)$,若由样本$(X_1,X_2,\cdots,X_n)$确定的两个统计量 $\theta_1(X_1,X_2,\cdots,X_n)$和 $\theta_2(X_1,X_2,\cdots,X_n)$满足

$$p\{\theta_1\leqslant\theta\leqslant\theta_2\}=1-\alpha,$$

则称$[\theta_1,\theta_2]$为 θ 的置信度为 $1-\alpha$ 的置信区间,$1-\alpha$ 称为置信度或置信水平,θ_1 称为双侧置信区间的置信下限,θ_2 称为置信上限.

定义中,等式的意义在于:若反复抽样多次,每个样本值确定一个区间(θ_1,θ_2),每个这样的区间要么包含 θ 的真值,要么不包含 θ 的真值,在这样多的区间中,包含 θ 真值的约占 $1-\alpha$,不包含 θ 真值的约仅占 α. 比如,$\alpha=0.005$,反复抽样 1 000 次,则得到的 1 000 个区间中不包含 θ 真值的区间约为 5 个.

置信区间的长度表示估计结果的精确性,置信水平表示估计结果的可靠性. 对于置信水平为 $1-\alpha$ 的置信区间(θ_1,θ_2),一方面置信水平 $1-\alpha$ 越大,估计的可靠性越高;另一方面区间(θ_1,θ_2)的长度越小,估计的精确性越好. 但这两方面通常是矛盾的,提高可靠性通常会使精确性下降(区间长度变大),而提高精确性通常会使可靠性下降($1-\alpha$ 变小),所以要找两方面的平衡点.

例 6　将全班学生看为一个总体,用 X 表示身高,$X\sim N(\mu,\sigma^2)$,σ^2 为已知,μ 为未知,$(X_1,X_2,\cdots,X_n)$是来自 X 的一个样本,求 μ 的置信度为 $1-\alpha$ 的置信区间.

解　已知 $\bar{X}$ 是 μ 的无偏估计,且有 $U=\dfrac{\bar{X}-\mu}{\sigma/\sqrt{n}}\sim N(0,1)$.

据标准正态分布的 α 分位点的定义有

$$P(-\mu_{\frac{\alpha}{2}}\leqslant U\leqslant\mu_{\frac{\alpha}{2}})=1-\alpha,$$

即 $P\left(\bar{X}-\dfrac{\sigma}{\sqrt{n}}\mu_{\frac{\alpha}{2}}\leqslant\mu\leqslant\bar{X}+\dfrac{\sigma}{\sqrt{n}}\mu_{\frac{\alpha}{2}}\right)=1-\alpha.$

所以 μ 的置信度为 $1-\alpha$ 的置信区间为

$$\left(\bar{X}-\frac{\sigma}{\sqrt{n}}\mu_{\frac{\alpha}{2}},\bar{X}+\frac{\sigma}{\sqrt{n}}\mu_{\frac{\alpha}{2}}\right),\text{简写为}\left(\bar{X}\pm\frac{\sigma}{\sqrt{n}}\mu_{\frac{\alpha}{2}}\right).$$

比如 $\alpha=0.05$ 时,$1-\alpha=0.95$,查表得:$\mu_{0.025}=1.96$,因此 $\sigma=1$,$n=16$,$\bar{x}=5.4$ 时 μ 的置信度为 0.95 的置信区间为$\left(5.4\pm\dfrac{1}{\sqrt{16}}\times1.96\right)$,即$(4.91,5.89)$.

注:此时该区间已不再是随机区间了,我们可称它为置信度为 0.95 的置信区间,其含义是指"该区间包含 μ"这一陈述的可信程度为 95%. 因为此时该区间可能包含 μ,可能不包含 μ.

然而,置信度为 $1-\alpha$ 的置信区间并不是唯一的. 以上述案例来说,若给定 $\alpha=0.05$,则又有

$$P\left\{-\mu_{0.04}<\frac{\bar{X}-\mu}{\sigma/\sqrt{n}}<\mu_{0.01}\right\}=0.95,$$

即

$$P\left\{\bar{X}-\mu_{0.01}\frac{\sigma}{\sqrt{n}}<\mu<\bar{X}+\mu_{0.04}\frac{\sigma}{\sqrt{n}}\right\}=0.95,$$

故$\left(\bar{X}-\mu_{0.01}\frac{\sigma}{\sqrt{n}},\bar{X}+\mu_{0.04}\frac{\sigma}{\sqrt{n}}\right)$也是$\mu$的置信度为$1-\alpha$的置信区间.

两者相比较,可知第一次确定的置信区间长度较短,说明精度较高,结果为优. 易知,对于正态分布那样概率密度的图形是单峰对称的情况,当样本容量固定时,取对称区间时,区间长度最短,结果最优.

通过上述例子,可以得到寻求未知参数θ的置信区间的一般步骤为

(1) 寻求一个样本$(X_1,X_2,\cdots,X_n)$的函数$W(X_1,X_2,\cdots,X_n;\theta)$;它包含待估参数$\theta$,而不包含其他未知参数,并且$W$的分布已知,且不依赖于任何未知参数. 这一步通常是根据θ的点估计及抽样分布得到的.

(2) 对于给定的置信度$1-\alpha$,定出两个常数a,b,使$p\{a\leqslant W\leqslant b\}=1-\alpha$. 这一步通常由抽样分布的分位数定义得到.

(3) 从$a\leqslant W\leqslant b$中得到等价不等式$\underline{\theta}\leqslant\theta\leqslant\bar{\theta}$,其中:$\underline{\theta}=\underline{\theta}(X_1,X_2,\cdots,X_n)$,$\bar{\theta}=\bar{\theta}(X_1,X_2,\cdots,X_n)$都是统计量,则$(\theta_1,\theta_2)$就是$\theta$的一个置信度为$1-\alpha$的置信区间.

函数$W(X_1,X_2,\cdots,X_n;\theta)$的构造,通常可以从$\theta$的点估计着手考虑. 许多常用的正态总体参数的置信区间可以用上述步骤推得.

2. 单个正态总体参数的区间估计

(1) 正态总体均值μ的区间估计

① 若已知$\sigma^2=\sigma_0^2$,求未知参数μ的置信区间.

选择统计量$U=\frac{\bar{X}-\mu}{\sigma/\sqrt{n}}\sim N(0,1)$,$\mu$的置信水平为$1-\alpha$的置信区间为:$\left(\bar{X}-\frac{\sigma}{\sqrt{n}}\mu_{\frac{\alpha}{2}},\bar{X}+\frac{\sigma}{\sqrt{n}}\mu_{\frac{\alpha}{2}}\right)$.

② 若σ^2未知,求未知参数μ的置信区间.

选择统计量$t=\frac{\bar{X}-\mu}{s/\sqrt{n}}\sim t(n-1)$,可得$P\left\{\bar{X}-t_{\frac{\alpha}{2}}\frac{s}{\sqrt{n}}<\mu<\bar{X}+t_{\frac{\alpha}{2}}\frac{s}{\sqrt{n}}\right\}=1-\alpha$,$\mu$的置信水平为$1-\alpha$的置信区间为:$\left(\bar{X}-t_{\frac{\alpha}{2}}\frac{s}{\sqrt{n}},\bar{X}+t_{\frac{\alpha}{2}}\frac{s}{\sqrt{n}}\right)$.

例 7 某车间生产滚珠,从长期的实践中知,滚珠的直径X服从正态分布$N(\mu,0.06)$,从某天的产品中随机地抽出6个,测得其直径(单位:mm)为

$$14.6,15.1,14.9,14.8,15.2,15.1.$$

求当$\alpha=0.05$时μ的置信度为$1-\alpha$的置信区间.

解 由题意$n=6$,$\sigma^2=0.06$,计算得样本均值$\bar{X}=14.95$. 选取统计量$U=\frac{\bar{X}-\mu}{\sigma/\sqrt{n}}\sim N(0,1)$,则

μ 的置信度为 $1-\alpha$ 的置信区间为 $\left(\bar{X}-\frac{\sigma}{\sqrt{n}}\mu_{\frac{\alpha}{2}},\bar{X}+\frac{\sigma}{\sqrt{n}}\mu_{\frac{\alpha}{2}}\right)$，查表得 $\mu_{\frac{\alpha}{2}}=\mu_{0.025}=\mu_{0.975}=1.96$，带入数据求出置信区间为(14.754,15.146).

(2) 正态总体方差 σ^2 的区间估计

① 已知 $\mu=\mu_0$，求未知参数 σ^2 的置信区间.

选择统计量 $\chi^2=\sum_{i=1}^{n}\frac{(X_i-\mu)^2}{\sigma^2}\sim\chi^2(n)$，据 χ^2 分布分位数的定义，有

$$P\{\chi^2>\chi^2_{\frac{\alpha}{2}}(n)\}=\frac{\alpha}{2},P\{\chi^2\leqslant\chi^2_{1-\frac{\alpha}{2}}(n)\}=\frac{\alpha}{2},$$

所以

$$P\{\chi^2_{1-\frac{\alpha}{2}}(n)<\chi^2\leqslant\chi^2_{\frac{\alpha}{2}}(n)\}=1-\alpha,$$

从而

$$P\left\{\frac{\sum_{i=1}^{n}(X_i-\mu)^2}{\chi^2_{\frac{\alpha}{2}}(n)}\leqslant\sigma^2\leqslant\frac{\sum_{i=1}^{n}(X_i-\mu)^2}{\chi^2_{1-\frac{\alpha}{2}}(n)}\right\}=1-\alpha,$$

故 σ^2 的置信度为 $1-\alpha$ 的置信区间为

$$\left(\frac{\sum_{i=1}^{n}(X_i-\mu)^2}{\chi^2_{\frac{\alpha}{2}}(n)},\frac{\sum_{i=1}^{n}(X_i-\mu)^2}{\chi^2_{1-\frac{\alpha}{2}}(n)}\right).$$

② μ 未知，求未知参数 σ^2 的置信区间.

选择统计量 $\chi^2=\frac{(n-1)S^2}{\sigma^2}\sim\chi^2(n-1)$，可得 $P\left\{\frac{(n-1)S^2}{\chi^2_{\frac{\alpha}{2}}(n-1)}<\sigma^2<\frac{(n-1)S^2}{\chi^2_{1-\frac{\alpha}{2}}(n-1)}\right\}=1-\alpha$，故 σ^2 的置信度为 $1-\alpha$ 的置信区间为

$$\left(\frac{(n-1)S^2}{\chi^2_{\frac{\alpha}{2}}(n-1)},\frac{(n-1)S^2}{\chi^2_{1-\frac{\alpha}{2}}(n-1)}\right).$$

注：当分布不对称时，如 χ^2 分布和 F 分布，习惯上仍然取其对称的分位点来确定置信区间，但所得区间不是最短的.

例 8　五次标定吸收塔的吸收液流量(单位：m^3/hr)为

$$5.84,5.76,6.03,5.90,5.87.$$

已知吸收液流量服从正态分布. 试求置信水平为95%时，总体方差 σ^2 的置信区间.

解　样本均值：$\bar{X}=\frac{1}{5}(5.84+5.76+6.03+5.90+5.87)=5.88.$

测一测

样本方差：$S^2=\frac{\sum_{i=1}^{n}X_i^2-n\bar{X}^2}{n-1}=0.00975.$

选取统计量 $\chi^2=\frac{(n-1)S^2}{\sigma^2}$，查 χ^2 分布表知 $\chi^2_{0.025}(4)=0.484$，$\chi^2_{0.975}(4)=11.1$.

故置信水平为95%时，总体方差 σ^2 的置信区间为

$$\left(\frac{(n-1)S^2}{\chi^2_{\frac{\alpha}{2}}(n-1)},\frac{(n-1)S^2}{\chi^2_{1-\frac{\alpha}{2}}(n-1)}\right)=(0.00351,0.08057).$$

练一练

设总体 $X\sim N(\mu,\sigma^2)$，

(1) μ 已知，则 σ^2 的置信度为 $1-\alpha$ 的置信区间为(   ).

(2) μ 未知，则 σ^2 的置信度为 $1-\alpha$ 的置信区间为(   ).

(3) σ^2 已知，则 μ 的置信度为 $1-\alpha$ 的置信区间为(   ).

(4) σ^2 未知，则 μ 的置信度为 $1-\alpha$ 的置信区间为(   ).

A. $\left(\bar{X}-\frac{\sigma}{\sqrt{n}}\mu_{\frac{\alpha}{2}},\bar{X}+\frac{\sigma}{\sqrt{n}}\mu_{\frac{\alpha}{2}}\right)$ B. $\left(\bar{X}-t_{\frac{\alpha}{2}}\frac{s}{\sqrt{n}},\bar{X}+t_{\frac{\alpha}{2}}\frac{s}{\sqrt{n}}\right)$

C. $\left(\frac{\sum\limits_{i=1}^{n}(X_i-\mu)^2}{\chi^2_{\frac{\alpha}{2}}(n)},\frac{\sum\limits_{i=1}^{n}(X_i-\mu)^2}{x^2_{1-\frac{\alpha}{2}}(n)}\right)$ D. $\left(\frac{(n-1)S^2}{\chi^2_{\frac{\alpha}{2}}(n-1)},\frac{(n-1)S^2}{\chi^2_{1-\frac{\alpha}{2}}(n-1)}\right)$

同步练习 5.5

1. 设总体的一组样本观测值为(单位:mm)

$$482,493,457,471,510,446,435,418,394,469.$$

试用样本数字特征法估计测量值的均值和方差.

2. 设总体 $\xi\sim N(\mu,1)$，(X_1,X_2,X_3) 是 ξ 的样本.

(1) 证明：

$$\hat{\mu}_1=\frac{1}{2}X_1+\frac{1}{4}X_2+\frac{1}{4}X_3,\hat{\mu}_2=\frac{1}{3}X_1+\frac{1}{3}X_2+\frac{1}{3}X_3,\hat{\mu}_3=\frac{2}{5}X_1+\frac{2}{5}X_2+\frac{1}{5}X_3$$

都是 μ 的无偏估计.

(2) $\hat{\mu}_1,\hat{\mu}_2,\hat{\mu}_3$ 三个估计中哪一个最有效?

3. 连续标定重铬酸钾溶液的浓度(用摩尔浓度$\times10^{-4}$表示)得到如下结果：

$$1.22,1.23,1.18,1.31,1.25,1.22,1.24.$$

若总体方差为 $49\times10^{-10}\mathrm{M}^2$，试求置信水平为 95% 时，均值 μ 的置信区间.

4. 对铝的密度(单位:$\mathrm{g/cm^3}$)进行 16 次测量，测得样本均值 $\bar{X}=2.705$，样本标准差 $S=0.029$. 设样本来自总体 $\xi\sim N(\mu,\sigma^2)$，求：

(1) 置信度为 0.95 的 μ 的置信区间；

(2) 置信度为 0.95 的 σ^2 的置信区间.

第六节 假设检验

统计推断的另一类重要问题是假设检验. 在总体的分布函数完全未知或只知其形式但不知

其参数的情况下，为了推断总体的某些性质，提出某些关于总体的假设. 例如，提出总体服从泊松分布的假设；又如，对于正态总体提出均值等于 μ_0 的假设. 假设检验就是根据样本对所提出的假设做出判断：是接受，还是拒绝.

例 1　某车间用一台包装机包装葡萄糖，包得的袋装糖重是一个随机变量，它服从正态分布. 当机器正常时，其均值为 0.5 kg，标准差为 0.015 kg. 某日开工后为检验包装机是否正常，随机地抽取它所包装的糖 9 袋，称得净重为

0.497，0.506，0.518，0.524，0.498，0.511，0.520，0.515，0.512，问机器是否正常？

分析：用 μ 和 σ 分别表示这一天袋装糖重总体 X 的均值和标准差，由长期实践可知，标准差较稳定，我们设 $\sigma=0.015$，则 $X\sim N(\mu,0.015^2)$，其中 μ 未知.

问题：根据样本值判断 $\mu=0.5$ 还是 $\mu\neq 0.5$. 提出两个假设：

$$H_0:\mu=\mu_0=0.5 \text{ 和 } H_1:\mu\neq\mu_0.$$

这是两个对立假设. 然后，我们给出一个合理的法则，根据这一法则，利用已知样本做出判断，决定是接受假设 H_0（拒绝假设 H_1），还是拒绝假设 H_0（接受假设 H_1）. 如果做出的判断是接受 H_0，则 $\mu=\mu_0$，即认为机器工作是正常的，否则，认为是不正常的.

因为 $\bar{X}$ 是 μ 的无偏估计量，因此，如果假设 H_0 为真，则 $|\bar{x}-\mu_0|$ 不应太大. 若 $|\bar{x}-\mu_0|$ 过分大，我们就怀疑假设 H_0 的正确性而拒绝 H_0. 考虑到当 H_0 为真时，$\dfrac{\bar{x}-\mu_0}{\sigma/\sqrt{n}}\sim N(0,1)$，衡量 $|\bar{x}-\mu_0|$ 的大小可归结为衡量 $\dfrac{\bar{x}-\mu_0}{\sigma/\sqrt{n}}$ 的大小. 基于上面的想法，我们可选定一个适当的正数 k，当观察值 $\bar{x}$ 满足 $\left|\dfrac{\bar{x}-\mu_0}{\sigma/\sqrt{n}}\right|\geqslant k$ 时，拒绝假设 H_0. 反之，当观察值 $\bar{x}$ 满足 $\left|\dfrac{\bar{x}-\mu_0}{\sigma/\sqrt{n}}\right|<k$ 时，接受假设 H_0.

然而，由于做出判断的依据是一个样本，当实际上 H_0 为真时仍可能做出拒绝 H_0 的判断，这是一种错误. 我们无法排除这类错误的可能性，因此自然希望将犯这类错误的概率控制在一定限度之内，即给出一个较小的数 $\alpha(0<\alpha<1)$，使犯这类错误的概率不超过 α，即使得

$$P\{\text{拒绝 } H_0 \mid H_0 \text{ 为真}\}\leqslant\alpha,$$

允许犯这类错误的概率最大为 α，上述不等式取等号，即令

$$P\left\{\left|\frac{\bar{X}-\mu_0}{\sigma/\sqrt{n}}\right|\geqslant k\right\}=\alpha,$$

由于当 H_0 为真时，$U=\dfrac{\bar{X}-\mu_0}{\sigma/\sqrt{n}}\sim N(0,1)$，由标准正态分布分位点的定义得 $k=\mu_{\alpha/2}$，当 $\dfrac{|\bar{x}-\mu_0|}{\sigma/\sqrt{n}}\geqslant\mu_{\alpha/2}$ 时，拒绝 H_0，当 $\dfrac{|\bar{x}-\mu_0|}{\sigma/\sqrt{n}}<\mu_{\alpha/2}$ 时，接受 H_0. 数 α 称为显著性水平，上面关于 $\bar{x}$ 与 μ_0 有无显著差异的判断是在显著性水平 α 之下做出的. 统计量 $U=\dfrac{\bar{X}-\mu_0}{\sigma/\sqrt{n}}$ 称为检验统计量. H_0 称为原假设或零

假设,H_1 称为备择假设.

当检验统计量取某个区域中的值时,我们拒绝原假设,即上例中当 $\dfrac{|\bar{x}-\mu_0|}{\sigma/\sqrt{n}} \geqslant \mu_{\alpha/2}$ 时,拒绝 H_0,这样的区域称为拒绝域.

形如 $\mu \neq \mu_0$ 的备择假设 H_1,表示 μ 的取值可能大于 μ_0,也可能小于 μ_0,称为双边备择假设,形如这样的检验称为双边假设检验.

例 2 某企业职工上月平均奖金为 402 元,本月随机抽取 50 人来调查,其平均奖金为 412.4 元.现假定本月职工收入服从正态分布 $N(\mu,35^2)$,问在 0.05 的显著性水平下,能否认为该企业职工平均奖金本月比上月有明显提高?

解 我们只关心职工收入有没有提高,则建立如下假设

$$H_0:\mu=402, H_1:\mu>402,$$

形如这样的检验称为右边检验.类似,有时我们需要检验假设

$$H_0:\mu=402, H_1:\mu<402,$$

形如这样的检验称为左边检验.右边检验和左边检验统称为单边检验.

检验统计量

$$z=\frac{\bar{X}-\mu_0}{\sigma/\sqrt{n}}=\frac{412.4-402}{35/\sqrt{50}}=2.101.$$

取显著性水平 $\alpha=0.05$,由标准正态分布表,得 $z_{0.05}=1.65$.从而拒绝 H_0,即认为该企业职工平均奖金本月比上月有明显提高.

综上所述,可得处理参数的假设检验问题的步骤如下:

(1) 根据事件问题的要求,提出原假设 H_0 和备择假设 H_1;

(2) 给定显著性水平 α 以及样本容量 n;

(3) 确定检验统计量以及拒绝域的形式;

(4) 按 $P\{$拒绝 $H_0 \mid H_0$ 为真$\}=\alpha$ 求出拒绝域;

(5) 取样,根据样本观测值确定接受还是拒绝 H_0.

下面就正态总体参数各种不同情况的假设检验给出相应结论.

假设样本 $X_1,X_2,\cdots,X_n$ 来自正态总体 $X\sim N(\mu,\sigma^2)$,样本均值为 $\bar{x}$,样本方差为 S^2,样本均方差为 s.

一、关于正态总体均值的假设检验(表 5-3)

表 5-3

条件	原假设 H_0	备择假设 H_1	统计量及其分布	在显著性水平 α 下关于 H_0 的拒绝域
已知 $\sigma=\sigma_0$	$\mu=\mu_0$	$\mu\neq\mu_0$	$U=\dfrac{\bar{X}-\mu_0}{\sigma_0/\sqrt{n}}\sim N(0,1)$	$\lvert U\rvert\geqslant\mu_{\frac{\alpha}{2}}$
	$\mu\leqslant\mu_0$	$\mu>\mu_0$		$U\geqslant\mu_\alpha$
	$\mu\geqslant\mu_0$	$\mu<\mu_0$		$U\leqslant-\mu_\alpha$

续表

条件	原假设 H_0	备择假设 H_1	统计量及其分布	在显著性水平 α 下关于 H_0 的拒绝域
σ 未知	$\mu=\mu_0$	$\mu\neq\mu_0$	$t=\dfrac{\overline{X}-\mu_0}{s/\sqrt{n}}\sim t(n-1)$	$\lvert t\rvert\geqslant t_{\frac{\alpha}{2}}(n-1)$
	$\mu\leqslant\mu_0$	$\mu>\mu_0$		$t\geqslant t_{\alpha}(n-1)$
	$\mu\geqslant\mu_0$	$\mu<\mu_0$		$t\leqslant -t_{\alpha}(n-1)$

例 3　抽取某地区粮食样品 9 个，测得其中六六六（六氯环已烷）的平均值为 0.325 mg/kg，标准差为 0.068 mg/kg. 食品安全国家标准规定，粮食中六六六残留量≤0.3 mg/kg. 假定粮食中六六六残留量服从正态分布，问该地区粮食中六六六残留量是否超标？

解　依题意建立假设

$$H_0:\mu\leqslant 0.3,\quad H_1:\mu>0.3,$$

根据检验统计量

$$t=\frac{\bar{x}-\mu_0}{s/\sqrt{n}}=\frac{0.325-0.3}{0.068/\sqrt{9}}=1.1029.$$

若取显著性水平 $\alpha=0.05$，则由 t 分布表，得 $t_{0.05}(8)=1.860$. 从而不能拒绝 H_0，即没有足够的证据说明该地区粮食中六六六残留量超标.

假如我们增加样本容量，如抽取样品 25 个，还是得到一样的数据，那么

$$t=\frac{\bar{x}-\mu_0}{s/\sqrt{n}}=\frac{0.325-0.3}{0.068/\sqrt{25}}=1.8382.$$

还取显著性水平 $\alpha=0.05$，则由 t 分布表，得 $t_{0.05}(24)=1.711$. 从而拒绝 H_0，即说明该地区粮食中六六六残留量超标.

得到两个相反的结果，说明假设检验的结果是依赖于所抽取的样本的. 样本不同，结果很有可能是不一样的.

练一练

对于正态总体均值的假设检验，当总体方差未知时，设计的检验统计量服从（　　）.

A. χ^2 分布　　B. F 分布　　C. t 分布　　D. 标准正态分布

二、关于正态总体方差的假设检验（表 5-4）

表 5-4

条件	原假设 H_0	备择假设 H_1	统计量及其分布	在显著性水平 α 下关于 H_0 的拒绝域
已知 $\mu=\mu_0$	$\sigma^2=\sigma_0^2$	$\sigma^2\neq\sigma_0^2$	$\chi^2=\dfrac{1}{\sigma_0^2}\sum\limits_{i=1}^{n}(X_i-\mu_0)^2\sim\chi^2(n)$	$\chi^2\leqslant\chi^2_{1-\frac{\alpha}{2}}(n)$ 或 $\chi^2\geqslant\chi^2_{\frac{\alpha}{2}}(n)$
	$\sigma^2\leqslant\sigma_0^2$	$\sigma^2>\sigma_0^2$		$\chi^2\geqslant\chi^2_{\alpha}(n)$
	$\sigma^2\geqslant\sigma_0^2$	$\sigma^2<\sigma_0^2$		$\chi^2\leqslant\chi^2_{1-\alpha}(n)$

续表

条件	原假设 H_0	备择假设 H_1	统计量及其分布	在显著性水平 α 下关于 H_0 的拒绝域
μ 未知	$\sigma^2=\sigma_0^2$	$\sigma^2\neq\sigma_0^2$	$\chi^2=\dfrac{(n-1)S^2}{\sigma_0^2}\sim\chi^2(n-1)$	$\chi^2\leqslant\chi^2_{1-\frac{\alpha}{2}}(n-1)$ 或 $\chi^2\geqslant\chi^2_{\frac{\alpha}{2}}(n-1)$
	$\sigma^2\leqslant\sigma_0^2$	$\sigma^2>\sigma_0^2$		$\chi^2\geqslant\chi^2_{\alpha}(n-1)$
	$\sigma^2\geqslant\sigma_0^2$	$\sigma^2<\sigma_0^2$		$\chi^2\leqslant\chi^2_{1-\alpha}(n-1)$

例 4 某厂生产的某种型号的电池，其使用寿命（单位：h）$X\sim N(\mu,\sigma^2)$，其中 $\sigma^2=5\ 000$. 今有一批这种电池，从生产情况看，使用寿命波动性较大，为判断这种看法是否符合实际，从中随机抽取 26 只电池，测出使用寿命，得到样本方差为 7 200，问根据这个数据是否能够推断这批电池的使用寿命的波动性比以往有显著性变化？取 $\alpha=0.02$.

解 所检验的假设为：$H_0:\sigma^2=5\ 000$，$H_1:\sigma^2\neq5\ 000$，此时 $\sigma_0^2=5\ 000$，$n=26$.

查表得 $\chi^2_{\frac{\alpha}{2}}(n-1)=\chi^2_{0.01}(25)=44.314$，$\chi^2_{1-\frac{\alpha}{2}}(n-1)=\chi^2_{0.99}(25)=11.524$，

$$\frac{(n-1)s^2}{\sigma_0^2}=\frac{25\times7\ 200}{5\ 000}=36.$$

由于 $11.524<36<44.314$，因此，接受 H_0，即认为这批电池的使用寿命的波动性较以往没有显著变化.

例 5 根据设计要求，某零件的内径标准差不得超过 0.30（单位：cm），现从该产品中随意抽验了 25 件，测得样本标准差为 0.36，问检验结果是否说明该产品的标准差明显增大（显著性水平为 0.05）？

测一测

解 这个案例针对的是另一个参数 σ^2 的假设检验，仍然采用假设检验的基本方法，假设：

$$H_0:\sigma^2=\sigma_0^2,\qquad H_1:\sigma^2>\sigma_0^2.$$

总体方差 σ^2 是用样本方差 S^2 来估计的，可选用检验统计量 $\chi^2=\dfrac{(n-1)S^2}{\sigma_0^2}$，

$$\chi^2=\frac{(n-1)S^2}{\sigma_0^2}=\frac{(25-1)\times0.36^2}{0.30^2}=34.56.$$

显著性水平 $\alpha=0.05$ 时，$\chi^2_{\alpha}(n-1)=36.4$，因此，不能拒绝原假设 H_0，即没有理由认为该产品的标准差超过了 0.30 cm.

练一练

对于正态总体方差的假设检验，当总体均值未知时，设计的检验统计量服从（　　）.

A. χ^2 分布　　B. F 分布　　C. t 分布　　D. 标准正态分布

同步练习 5.6

1. 某车间加工的钢轴直径 $\xi\sim N(\mu,\sigma^2)$，根据长期积累的资料，已知 $\sigma=0.012$（cm）. 按照

设计要求,钢轴直径的均值应该是 $\mu=0.150$(cm).现从一批钢轴中抽查 75 件测得它们直径的样本均值为 0.154(cm),问这批钢轴的直径是否符合设计要求($\alpha=0.05$)?

2. 从一批矿砂中抽取 5 个样品,测得它们的镍含量(单位:%)如下:

$$3.25,3.27,3.24,3.26,3.24.$$

设镍含量服从正态分布,问:能否认为这批矿砂中镍含量的平均值为 3.25($\alpha=0.05$)?

3. 今加工一批工件,已知工件长度 $X\sim N(\mu,1.1^2)$,其标准长度为 32.05,现从中抽出 6 件,测得它们的长度为:32.56,29.66,31.64,30.00,31.87,31.03,试问这批零件是否符合要求(显著性水平 $\alpha=0.05$)?

4. 某厂生产镍合金线,其抗拉强度的均值为 10 620(kg/mm^2),今改进工艺后生产一批镍合金线,抽取 10 根,测得抗拉强度(kg/mm^2)为:10 512,10 623,10 668,10 554,10 776,10 707,10 557,10 581,10 666,10 670.认为抗拉强度服从正态分布,取 $\alpha=0.05$,问新生产的镍合金线的抗拉强度是否比过去生产的合金线抗拉强度要高?

5. 某厂生产的一种保险丝,其熔化时间(单位:ms)$\xi\sim N(\mu,\sigma^2)$,在正常情况下,标准差 $\sigma=20$.现从某天生产的保险丝中抽取 25 个样品,测量熔化时间,计算得到样本均值为 $\overline{X}=62.24$,样本方差 $S^2=404.77$,问这批保险丝熔化时间的标准差与正常情况相比是否有显著差异($\alpha=0.05$)?

本章小结

一、随机事件的关系与运算

1. 随机事件的关系分为:包含、相等、并、交、差、互逆、互斥.

2. 运算:交换律、分配律、结合律以及对偶律.

对偶律(迪·摩根律):$\overline{A\cup B}=\overline{A}\cap\overline{B}$,$\overline{A\cap B}=\overline{A}\cup\overline{B}$.

二、随机事件的概率

1. 定义:在大量重复试验中,随机事件 A 发生的频率总是在某个确定的常数 p 附近摆动,且具有稳定性,就将这个常数称为事件 A 发生的概率值,记为 $P(A)$,即 $P(A)=p$.

2. 性质:非负性、正则性、单调性.

加法公式:对任意两个事件 A,B,有 $P(A\cup B)=P(A)+P(B)-P(AB)$.

若 A,B 是互不相容的事件,则有 $P(A\cup B)=P(A)+P(B)$.

减法公式:对任意两个事件 A,B,有 $P(A-B)=P(A)-P(AB)$,$P(\overline{A})=1-P(A)$.

3. 古典概型:$P(A)=\dfrac{m}{n}$.

三、条件概率与事件的独立性

条件概率公式:$P(A\mid B)=\dfrac{P(AB)}{P(B)}$,$P(B)>0$.

乘法公式:$P(AB)=P(B)P(A\mid B)\ (P(B)>0)$.

独立性：若两事件 A,B 满足 $P(AB)=P(A)P(B)$，则称 A,B 相互独立.

分清互斥与独立的区别：互斥是指两个事件或多个事件不能同时发生，独立是指一个事件发生对其他事件没有影响.

四、随机变量

1. 分布函数：函数 $F(x)=P\{X\leqslant x\}(-\infty<x<+\infty)$ 称为随机变量 X 的分布函数.

分布函数的性质：单调性、有界性、右连续性.

2. 离散型随机变量

概率分布：$P(X=x_i)=p_i(i=1,2,\cdots)$ 称为 X 的概率分布或分布列，也称概率函数.

概率分布性质：非负性、正则性.

常见离散分布：两点分布、二项分布、泊松分布.

3. 连续型随机变量

概率密度：$F(x)=P\{X\leqslant x\}=\int_{-\infty}^{x}f(t)\,\mathrm{d}t$，称 $f(x)$ 为 X 的概率密度函数.

概率密度性质：非负性、规范性、$P\{a<X\leqslant b\}=F(b)-F(a)=\int_{a}^{b}f(x)\,\mathrm{d}x$.

常见连续分布：

(1) 均匀分布 $X\sim U(a,b)$.

(2) 正态分布 $X\sim N(\mu,\sigma^2)$.

$$f(x)=\frac{1}{\sqrt{2\pi}\sigma}\mathrm{e}^{-\frac{(x-\mu)^2}{2\sigma^2}},-\infty<x<+\infty,-\infty<\mu<+\infty,\sigma>0.$$

$$F(x)=\frac{1}{\sqrt{2\pi}\sigma}\int_{-\infty}^{x}\mathrm{e}^{-\frac{(t-\mu)^2}{2\sigma^2}}\mathrm{d}t,-\infty<x<+\infty,-\infty<\mu<+\infty,\sigma>0.$$

标准正态分布 $X\sim N(0,1)$.

$$\varphi(x)=\frac{1}{\sqrt{2\pi}}\mathrm{e}^{-\frac{x^2}{2}}(-\infty<x<+\infty),\quad \Phi(x)=\frac{1}{\sqrt{2\pi}}\int_{-\infty}^{x}\mathrm{e}^{-\frac{t^2}{2}}\mathrm{d}x.$$

(3) 指数分布 $X\sim E(\lambda)$.

五、随机变量的数字特征

1. 期望

离散型：$E(\xi)=\sum_{i=1}^{\infty}x_ip_i$. 连续型：$E(\xi)=\int_{-\infty}^{+\infty}xp(x)\,\mathrm{d}x$.

2. 方差

$D(\xi)=E[\xi-E(\xi)]^2=E(\xi^2)-[E(\xi)]^2$.

3. 期望与方差的性质

4. 常用分布的期望与方差

(1) 两点分布：$P(\xi=1)=p,P(\xi=0)=1-p$，则 $E(\xi)=p,D(\xi)=p(1-p)$.

(2) 二项分布：$\xi\sim B(n,p)$，则 $E(\xi)=np,D(\xi)=np(1-p)$.

(3) 泊松分布：$\xi\sim P(\lambda)$，则 $E(\xi)=\lambda,D(\xi)=\lambda$.

(4) 均匀分布：$\xi\sim U[a,b]$，则 $E(\xi)=\frac{1}{2}(a+b),D(\xi)=\frac{1}{12}(b-a)^2$.

(5) 正态分布：$\xi\sim N(\mu,\sigma^2)$，则 $E(\xi)=\mu,D(\xi)=\sigma^2$.

(6) 指数分布：$\xi\sim E(\lambda)$，则 $E(\xi)=\frac{1}{\lambda}$，$D(\xi)=\frac{1}{\lambda^2}$.

六、常用统计量及其分布

1. U 统计量及其分布

设 $X\sim N(\mu,\sigma^2)$，$(X_1,X_2,\cdots,X_n)$ 是 X 的一个样本，则有 $\overline{X}\sim N\left(\mu,\frac{1}{n}\sigma^2\right)$ 和 $U=\frac{\overline{X}-\mu}{\sigma/\sqrt{n}}\sim N(0,1)$，$U=\frac{\overline{X}-\mu}{\sigma/\sqrt{n}}$称为 U 统计量. $P(X\geqslant\mu_\alpha)=\alpha$.

2. χ^2 统计量及其分布

设$(X_1,X_2,\cdots,X_n)$为取自正态总体 $X\sim N(0,1)$的样本，则称$\chi^2=X_1^2+X_2^2+\cdots+X_n^2$ 为自由度为 n 的χ^2 统计量，记作$\chi^2\sim\chi^2(n)$. $P(\chi^2(n)>\chi_\alpha^2(n))=\int_{\chi_\alpha^2(n)}^{+\infty}p(y)\,\mathrm{d}y=\alpha$.

3. t 统计量及其分布

设 $\xi\sim N(0,1)$，$\eta\sim\chi^2(n)$，且 ξ 与 η 相互独立，则称随机变量 $T=\frac{\xi}{\sqrt{\frac{\eta}{n}}}$服从自由度为 n 的 t 分布，记作 $T\sim t(n)$. $P(t(n)>t_\alpha(n))=\int_{t_\alpha(n)}^{+\infty}f(t)\,\mathrm{d}t=\alpha$.

4. F 统计量及其分布

设 $\xi\sim\chi^2(k_1)$，$\eta\sim\chi^2(k_2)$，且 ξ 与 η 相互独立，那么随机变量 $F(k_1,k_2)=\frac{\xi/k_1}{\eta/k_2}$所服从的分布称为 F 分布，记 $F\sim F(k_1,k_2)$. $P(F\geqslant F_\alpha(k_1,k_2))=\alpha$.

5. 分布的性质

(1) χ^2 分布的可加性：设 $\xi\sim\chi^2(n_1)$，$\eta\sim\chi^2(n_2)$且相互独立，则 $\xi+\eta\sim\chi^2(n_1+n_2)$.

(2) 设$(\xi_1,\xi_2,\cdots,\xi_n)$为来自总体 $\xi\sim N(\mu,\sigma^2)$的样本，则 $\overline{\xi}\sim N\left(\mu,\frac{\sigma^2}{n}\right)$，

$$\frac{(n-1)S^2}{\sigma^2}=\frac{\sum_{i=1}^{n}(\xi_i-\overline{\xi})^2}{\sigma^2}\sim\chi^2(n-1).$$

(3) 设$(\xi_1,\xi_2,\cdots,\xi_n)$为来自总体 $\xi\sim N(\mu,\sigma^2)$的样本，则统计量$\frac{\overline{\xi}-\mu}{S/\sqrt{n}}\sim t(n-1)$.

七、参数估计

1. 点估计：以样本均值 $\overline{X}$ 作为总体均值的点估计量，即 $E\hat{X}=\overline{X}$；以样本方差 S^2 作为总体方差的点估计量，即 $D\hat{X}=S^2$.

2. 估计量的评选标准：无偏性、有效性.

3. 区间估计：通过从总体中抽取的样本，根据一定精确度的要求，构造出适当的区间作为总体的分布参数的真值所在范围的估计.

(1) 正态总体均值 μ 的区间估计(置信水平为 $1-\alpha$)

$\sigma^2=\sigma_0^2$ 已知，选 $U=\dfrac{\bar{X}-\mu}{\sigma/\sqrt{n}}\sim N(0,1)$，$\mu$ 的置信区间为$\left(\bar{X}-\dfrac{\sigma}{\sqrt{n}}\mu_{\frac{\alpha}{2}},\bar{X}+\dfrac{\sigma}{\sqrt{n}}\mu_{\frac{\alpha}{2}}\right)$.

σ^2 未知，选 $t=\dfrac{\bar{X}-\mu}{s/\sqrt{n}}\sim t(n-1)$，$\mu$ 的置信区间为$\left(\bar{X}-t_{\frac{\alpha}{2}}\dfrac{s}{\sqrt{n}},\bar{X}+t_{\frac{\alpha}{2}}\dfrac{s}{\sqrt{n}}\right)$.

(2) 正态总体方差 σ^2 的区间估计(置信水平为 $1-\alpha$)

$\mu=\mu_0$ 已知，选 $\chi^2=\sum\limits_{i=1}^{n}\dfrac{(X_i-\mu)^2}{\sigma^2}\sim\chi^2(n)$，$\sigma^2$ 的置信区间为$\left(\dfrac{\sum\limits_{i=1}^{n}(X_i-\mu)^2}{\chi^2_{1-\frac{\alpha}{2}}(n)},\dfrac{\sum\limits_{i=1}^{n}(X_i-\mu)^2}{\chi^2_{\frac{\alpha}{2}}(n)}\right)$.

μ 未知，选 $\chi^2=\dfrac{(n-1)S^2}{\sigma^2}\sim\chi^2(n-1)$，$\sigma^2$ 的置信区间为：$\left(\dfrac{(n-1)S^2}{\chi^2_{\frac{\alpha}{2}}(n-1)},\dfrac{(n-1)S^2}{\chi^2_{1-\frac{\alpha}{2}}(n-1)}\right)$.

八、假设检验

根据问题的需要选择原假设和备择假设；选取合适的统计量，这个统计量的选取要使得在原假设成立时，其分布为已知；由实测样本计算出统计量的值，并根据显著性水平进行检验，做出拒绝或接受原假设的判断.

1. 关于正态总体均值的假设检验

$\sigma^2=\sigma_0^2$ 已知，选 $U=\dfrac{\bar{X}-\mu}{\sigma/\sqrt{n}}\sim N(0,1)$，针对不同假设，拒绝域不同.

σ^2 未知，选 $t=\dfrac{\bar{X}-\mu}{s/\sqrt{n}}\sim t(n-1)$，针对不同假设，拒绝域不同.

2. 关于正态总体方差的假设检验

$\mu=\mu_0$ 已知，选 $\chi^2=\sum\limits_{i=1}^{n}\dfrac{(X_i-\mu)^2}{\sigma^2}\sim\chi^2(n)$，针对不同假设，拒绝域不同.

μ 未知，选 $\chi^2=\dfrac{(n-1)S^2}{\sigma^2}\sim\chi^2(n-1)$，针对不同假设，拒绝域不同.

习 题 五

一、选择题

1. 设 A,B 互不相容，且 $P(A)>0,P(B)>0$，则有(　　).

A. $P(B|A)>0$　　B. $P(A|B)=P(A)$

C. $P(A|B)=0$　　D. $P(AB)=P(A)P(B)$

2. 设事件 A,B,C 相互独立，且 $0<P(C)<1$，则下列四对事件中，不相互独立的是(　　).

A. $\overline{A\cup B}$与 C　　B. $\overline{A}C$ 与 $\overline{C}$　　C. $\overline{A-B}$与 $\overline{C}$　　D. $\overline{AB}$与 $\overline{C}$

3. 每次试验成功率为 $p(0<p<1)$，进行重复试验，直到第十次试验才取得 4 次成功的概率为(　　).

A. $C_{10}^4p^4(1-p)^6$　B. $C_9^3p^4(1-p)^6$　C. $C_9^4p^4(1-p)^5$　D. $C_9^3p^3(1-p)^6$

4. 设样本 $X_1,X_2,\cdots,X_9$ 来自总体 $X\sim N(1,9)$，则(　　).

A. $\dfrac{\bar{X}-1}{3}\sim N(0,1)$　B. $\bar{X}-1\sim N(0,1)$

C. $\dfrac{\bar{X}-1}{9}\sim N(0,1)$　D. $\dfrac{\bar{X}-1}{\sqrt{3}}\sim N(0,1)$

5. 设 $X_1,X_2,\cdots,X_n$ 是来自总体 $X\sim N(0,1)$ 的样本，则服从 $\chi^2(n-1)$ 的是(　　).

A. $\sum\limits_{i=1}^{n}X_i^2$　B. S^2　C. $(n-1)\bar{X}^2$　D. $(n-1)S^2$

6. 设总体 $X\sim N(\mu,\sigma^2)$，σ^2 已知，$X_1,X_2,\cdots,X_n$ 为取自 X 的样本观察值，现在显著水平 $\alpha=0.05$ 下接受了 $H_0:\mu=\mu_0$. 若将 α 改为 0.01，下列结论中正确的是(　　).

A. 必拒绝 μ_0　B. 必接受 μ_0

C. 犯第一类错误概率变大　D. 犯第二类错误概率变小

二、填空题

1. 设 $P(A)=0.2$，$P(A\cup B)=0.6$，若 A,B 互斥，则 $P(B)=$____；若 A,B 独立，则 $P(B)=$________.

2. 设 10 件产品中含有 4 件次品，今从中任取 2 件，发现其中一件是次品，则另一件也是次品的概率为________.

3. 设随机变量 $X\sim N(-1,\sigma^2)$，且 $P\{-3<X<-1\}=0.4$，则 $P\{X\geqslant 1\}=$____.

4. 已知随机变量 X 的密度函数为 $f(x)=\dfrac{1}{\sqrt{\pi}}e^{-x^2+2x-1}$，则 $E(X)=$____，$D(X)=$____.

5. 设 $X_1,X_2,\cdots,X_n$ 为取自总体 X 的样本，若 $\hat{\mu}=\dfrac{1}{2}X_1+\dfrac{1}{4}X_2+cX_3$ 是 $\mu=E(X)$ 的一个无偏估计量，则常数 $c=$________.

6. 设总体 $X\sim N(\mu,\sigma^2)$，其中 μ,σ^2 未知，$\bar{X},S^2$ 分别为样本 $X_1,X_2,\cdots,X_n$ 的均值与方差，则 μ 的置信度为 90% 的置信区间为__________.

三、计算题

1. 从一批灯泡中任取一个测试其使用寿命 t(单位:h). 设事件 A,B,C 为 $A=\{t\mid 0\leqslant t<1\,000\}$，$B=\{t\mid 500\leqslant t\leqslant 800\}$，$C=\{t\mid t>750\}$. 写出 $\bar{A}$，AB，$B\cup C$，$A\cup C$.

2. 袋内装有 5 个白球和 3 个黑球，从中任取两球.

(1) 设事件 A 为“取到的都是白球”，求 $P(A)$；

(2) 设事件 B 为“恰取到 1 只黑球”，求 $P(B)$.

3. 从 1—10 这 10 个自然数中任取一数.

(1) 求随机试验的样本空间；

(2) 设事件 A 为“任取的一数是偶数”，求 $P(A)$；

(3) 设事件 B 为"任取的一数是 5 的倍数",求 $P(B)$.

4. 由长期统计资料得知,某地区 4 月份下雨(记作事件 A)的概率为$\frac{4}{15}$,刮风(记作事件 B)的概率为$\frac{7}{15}$,既刮风又下雨的概率为$\frac{1}{10}$,求 $P(B|A)$ 和 $P(A|B)$.

5. 甲、乙两人射击,已知甲击中的概率为 0.8,乙击中的概率为 0.7,两人同时射击,并假定中靶与否是独立的,求:

(1) 两人都中靶的概率;

(2) 甲中乙不中的概率;

(3) 甲不中乙中的概率;

(4) 至少有一人中靶的概率.

6. 设离散型随机变量 X 的分布列是

X	0	1	2	3
P	0.1	0.6	0.1	0.2

求 X 的分布函数.

7. 设 X 的分布函数为

$$F(x)=\begin{cases}0, & x<0,\\ \dfrac{x}{3}, & 0\leqslant x<1,\\ \dfrac{2}{3}, & 1\leqslant x<3,\\ 1, & 3\leqslant x.\end{cases}$$

试求:(1) $P\{2<X\leqslant 4\}$;(2) $P\{X\leqslant 3\}$;(3) $P\left\{X>\frac{1}{2}\right\}$.

8. 设连续型随机变量 X 的分布函数为 $F(x)=\begin{cases}A+B\mathrm{e}^{-2x}, & x\geqslant 0,\\ C, & x<0.\end{cases}$

(1) 求常数 A,B,C;

(2) 密度函数 $f(x)$ 及 $P\{-2\leqslant X\leqslant 1\}$.

9. 从某大学到火车站途中有 6 个交通岗,假设在各个交通岗是否遇到红灯相互独立,并且遇到红灯的概率都是$\frac{1}{3}$.

(1) 设 X 为汽车行驶途中遇到的红灯数,求 X 的分布列;

(2) 求汽车行驶途中至少遇到 5 次红灯的概率.

10. 设 $\xi\sim N(10,2^2)$,求 $P\{10<\xi<13\}$,$P\{\xi>13\}$,$P\{|\xi-10|<2\}$.

11. 在抽样调查结果中表明,考生的数学成绩(百分制)近似服从正态分布,平均成绩为 72 分,96 分以上的占总考生人数的 2.3%,试求考生的数学成绩在 60 分至 84 分之间的概率.

12. 设随机变量 ξ 之密度函数为

$$p(x)=\begin{cases}1+x, & -1\leqslant x\leqslant 0,\\ 1-x, & 0<x\leqslant 1,\\ 0, & \text{其他}.\end{cases}$$

求 $E(\xi),D(\xi)$.

13. 已知随机变量 $\xi\sim B(n,p)$，且 $E(\xi)=12,D(\xi)=8$，求 n,p.

14. 在总体 $N(52,6.3^2)$ 中随机抽取一容量为 36 的样本，求样本均值 $\bar{\xi}$ 落在 50.8 至 53.8 之间的概率.

15. 在总体 $N(80,20^2)$ 中随机抽取一容量为 100 的样本，求样本均值与总体均值的差的绝对值大于 3 的概率.

16. 设总体 $X\sim N(150,400)$，$Y\sim N(125,625)$ 且相互独立，现从两总体中分别抽取容量为 5 的样本，样本均值分别为 $\bar{X},\bar{Y}$，求 $P\{\bar{X}-\bar{Y}\leqslant 0\}$.

17. 设 $X_1,X_2,\cdots,X_n$ 是取自总体 X 的一个样本，其中 X 是服从区间 $(0,\theta)$ 的均匀分布，其中 $\theta>0$ 未知，用样本数字特征法求 θ 的估计量，并判断它是否为无偏估计.

18. 某炼铁厂炼出的铁水含碳量（单位：%）服从正态分布 $N(\mu,\sigma^2)$，根据长期积累的资料，已知 $\sigma=0.108$，现测量 5 炉铁水，测得含碳量为

$$4.28,4.40,4.42,4.35,4.37.$$

求总体均值 μ 的置信度为 0.95 的置信区间.

19. 设某种清漆的 9 个样品，其干燥时间（单位：小时）分别为

$$6.0,5.7,5.8,6.5,7.0,6.3,5.6,6.1,5.0.$$

设干燥时间总体服从正态分布 $N(\mu,\sigma^2)$，求 μ 的置信度为 0.95 的置信区间.

20. 从一批零件中抽取 16 件，测得它们的直径（单位：mm）的数据如下：

$$12.15,12.12,12.01,12.08,12.09,12.16,12.03,12.01,$$
$$12.06,12.13,12.07,12.11,12.08,12.01,12.03,12.06.$$

设这批零件的直径服从正态分布 $N(\mu,\sigma^2)$，试求：

(1) 置信度为 0.95 的 μ 的置信区间；

(2) 置信度为 0.90 的 σ^2 的置信区间.

21. 设某厂生产一种灯管，其寿命 $X\sim N(m,200^2)$，由以往经验知平均寿命 $m=1\,500$ 小时，现采用新工艺后，在所生产的灯管中抽取 25 只，测得平均寿命为 1 675 小时，问采用新工艺后，灯管寿命是否有显著提高 $(\alpha=0.05)$？

22. 已知某一试验，其温度 $X\sim N(\mu,\sigma^2)$，现测量了温度的五个值为

$$1\,250,1\,265,1\,245,1\,260,1\,275.$$

问是否可以认为 $\mu=1\,277\,(\alpha=0.05)$？

23. 从切割机切割所得金属棒中，随机抽取 15 根，测得长度（单位：cm）为

$$10.5,10.6,10.1,10.4,10.5,10.3,10.3,10.2,$$
$$10.9,10.6,10.8,10.5,10.7,10.2,10.7.$$

设金属棒长度 $\xi\sim N(\mu,\sigma^2)$. 问：

（1）是否可以认为金属棒长度的平均值 $\mu=10.5$（显著性水平 $\alpha=0.05$）？

（2）是否可以认为金属棒长度的标准差 $\sigma=0.15$（显著性水平 $\alpha=0.05$）？

知识拓展链接（五）

“狼来了”故事的启示

“狼来了”的故事讲的是一个小孩每天到山上放羊，山里有狼出没. 第一天，他在山上喊：“狼来了！狼来了！”，山下的村民闻声便去打狼，可到山上，发现狼没有来；第二天仍是如此；第三天，狼真的来了，可无论小孩怎么喊叫，也没有人来救他，因为前两次他说了谎，人们不再相信他了. 现在用贝叶斯公式来分析此寓言中村民对这个小孩的可信程度是如何下降的.

首先记事件 A 为“小孩说谎”，记事件 B 为“小孩可信”，不妨设村民过去对这个小孩的印象为

$$P(B)=0.8, P(\bar{B})=0.2.$$

我们现在用贝叶斯公式来求 $P(B|A)$，亦即这个小孩说了一次谎后，村民对他可信程度的改变. 在贝叶斯公式中我们要用到概率 $P(A|B)$ 和 $P(A|\bar{B})$，这两个概率的含义是：前者为“可信”(B)的孩子“说谎”(A)的可能性，后者为“不可信”($\bar{B}$)的孩子“说谎”(A)的可能性. 在此不妨设

$$P(A|B)=0.1, P(A|\bar{B})=0.5.$$

第一次村民上山打狼，发现狼没有来，即小孩说了谎(A). 村民根据这个信息，对这个小孩的可信程度改变为（用贝叶斯公式）

$$P(B|A)=\frac{P(B)P(A|B)}{P(B)P(A|B)+P(\bar{B})P(A|\bar{B})}=\frac{0.8\times0.1}{0.8\times0.1+0.2\times0.5}=0.444,$$

这表明村民上了一次当后，对这个小孩的可信程度由原来的 0.8 调整为 0.444，此时

$$P(B)=0.444, P(\bar{B})=0.556.$$

在此基础上，我们再一次用贝叶斯公式来计算 $P(B|A)$，亦即这个小孩第二次说谎后，村民对他的可信程度改变为

$$P(B|A)=\frac{P(B)P(A|B)}{P(B)P(A|B)+P(\bar{B})P(A|\bar{B})}=\frac{0.444\times0.1}{0.444\times0.1+0.556\times0.5}=0.138,$$

这表明村民经过两次上当，对这个小孩的可信程度已经从 0.8 下降到了 0.138，如此低的可信度，村民听到第三次呼救时怎么会再上山打狼呢？

以上分析说明说谎一次，会有人相信，但是已经产生了信任危机，一而再再而三地说谎，只会让信任变成怀疑. 诚信是人的根本，不要随意欺骗他人，否则最后受伤的还是自己.

第六章

数值计算初步

案例 用乙醇水溶液分离废弃农作物中的木质素，考察了三个因素（溶剂浓度、温度和时间）对木质素的影响，因素水平如下表 6-1 所示．请设计正交试验，确定因素主次和优方案．

表 6-1

水平	(A)溶剂浓度/%	(B)反应温度/℃	(C)保温时间/h
1	60	140	3
2	80	160	2
3	100	180	1

上述问题就是正交试验设计问题．

在科学和工程技术研究中，许多实际问题归结成的数学模型往往非常复杂，难以求得其精确解，这时我们就必须采用近似计算方法去计算，在今天，随着计算机的广泛应用，熟练地运用计算机进行科学计算已成为工程技术人员的一项基本技能，这就要求人们掌握适用于计算机使用的数值计算方法，求出问题的数值解答．本章介绍了试验的误差分析，影响试验结果的因素主次，确定试验因素与结果之间存在的近似函数关系，确定最优试验方案与配方及运用计算机进行科学计算等方面的知识．

知识梳理

- 数值计算初步
  - 误差理论
    - 误差的来源
    - 误差的概念 } 重点、难点
    - 误差的传递 } 难点
  - 方程求根
    - 方程求根的二分法 } 重点、难点
    - 牛顿迭代法 } 重点、难点
  - 拉格朗日插值公式
    - 插值多项式的构造 } 重点、难点
  - 曲线拟合的最小二乘法
    - 直线拟合 } 重点、难点
    - 抛物线拟合 } 重点、难点
    - 将非多项式曲线拟合转化为线性拟合 } 难点
  - 优选实验设计
    - 单因素优选法
      - 黄金分割法
      - 分数法 } 重点、难点
    - 双因素优选法
      - 对开法 } 重点、难点
      - 平行线法
      - 旋升法
  - 正式实验设计
    - 正交表 } 重点
    - 正交实验设计的基本步骤 } 重点、难点
    - 单指标正交试验设计及其结果的直观分析 } 重点、难点
    - 多指标正交试验设计及其结果的直观分析
    - 有交互作用的正交实验设计及其结果的直观分析
    - 混合水平的正交实验设计及其结果的直观分析

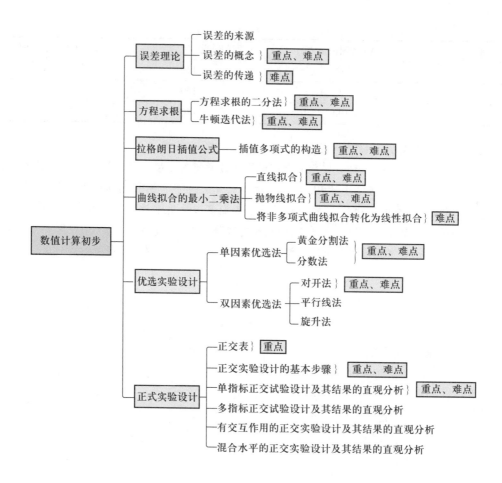

第一节 误差理论

一、误差的来源

用数值方法求解数学问题,不可避免地会产生误差. 误差产生的原因一般有以下几种:

1. 模型误差

把数学模型与实际问题之间出现的误差称为模型误差.

例如,求一个鸡蛋的表面积,首先要建立数学模型,可以用球的表面积近似计算,也可以用椭球的表面积近似计算,但这两种模型都有误差.

2. 测量误差

由于测量手段的限制,在实际测量中,总会产生误差,这种误差称为测量误差.

例如用刻度尺、游标卡尺、天平、直流电流表等进行的测量都会存在一定的误差.

3. 截断误差(方法误差)

由于实际运算只能完成有限项或有限步运算,因此要将需用极限或无穷过程进行的运算有限化,对无穷过程进行截断,这样产生的误差称为截断误差.

例如,用梯形公式求定积分 $I=\int_a^b f(x)\mathrm{d}x$,近似公式为 $I\approx\frac{b-a}{2}[f(a)+f(b)]$. 这种数学模型的精确解与数值方法的精确解之间的误差称为截断误差. 这种误差是方法固有的,因此又叫方法误差.

4. 舍入误差

由于计算机的字长有限,进行数值计算的过程中,对计算得到的中间结果数据要使用"四舍五入"或其他规则取近似值,因而使计算过程有误差,这种误差称为舍入误差.

注:误差与错误不同,错误是应该而且可以避免的,而误差是不可能绝对避免的. 从试验的原理,试验所用的仪器及仪器的调整,到对物理量的每次测量,都不可避免地存在误差,并贯穿于整个试验始终.

二、误差的基本概念

定义 1 数学上称测定的数值或其他近似值与真值的差为误差.

对于同一个数学问题,采用不同的方法会得出不同的结果,衡量某一方法优劣的标准之一,是看其结果的误差是否较小. 一般度量误差的标准有两种形式:

1. 绝对误差与绝对误差限

定义 2 设 x^* 是某量的近似值,x 是它的真值,则称 $\Delta x=x^*-x$ 为近似值 x^* 的绝对误差,简称误差.

由于 x 是未知的,因此 Δx 一般也是求不出来的,但是如果能够求出 x^* 误差的一个范围

$$|\Delta x^*|=|x^*-x|\leqslant\delta(x^*).$$

则称 $\delta(x^*)$ 为近似值 x^* 的绝对误差限,简称误差限,一般记作 ε. 例:若取 $\pi^*=3.14$ 为 $\pi=3.14159\cdots$

的近似值,则 $|\Delta\pi^*|=|\pi^*-\pi|\leqslant 0.002$,于是 $\delta(\pi^*)=0.002$ 可作为 π 的绝对误差限. 有了绝对误差限就可以知道真值 π 的范围:

$$3.14-0.002\leqslant\pi\leqslant 3.14+0.002.$$

绝对误差限不是唯一的,但越小越好,同时,绝对误差限的大小并不能完全表示近似值的好坏,也就是说,绝对误差限不能精确刻画一个近似值的精确程度. 例如,测量一段路程,其长度为 $y^*=1\,000$ m,误差为 5 m;另外,测量一条 $x^*=10$ m 的跑道,误差为 1 m. 虽然两次测量误差限不相同,但显然后者的精确度差多了.

练一练

已知测量某长方形场地的长为 $a=100\pm0.5$(m),则其长的绝对误差限为( ).

A. -0.5　　B. 0.5　　C. 100.5　　D. 99.5

2. 相对误差与相对误差限

相对误差指的是测量所造成的绝对误差与被测量真值之比乘以 100% 所得的数值,以百分数表示. 一般来说,相对误差更能反映测量的可信程度.

定义 3 设 x^* 是某量的测量值或者近似值,x 是它的真值,则称

$$E_r(x^*)=\frac{x^*-x}{x}\times100\% \text{ 为 } x^* \text{ 的相对误差.}$$

在实际计算中,因为真值一般不容易得到甚至不能得到,所以公式中的分母 x 在计算中用 x^* 替代,若 $|E_r(x^*)|\leqslant\delta_r(x^*)$,则称 $\delta_r(x^*)$ 为 x^* 的相对误差限,一般记作 ε_r.

在科学实验中,由于绝对误差和相对误差一般都无法知道,所以通常将绝对误差限 ε 和相对误差限 ε_r 分别看作是绝对误差和相对误差,在表示符号上也可不加区分.

前面提到路程和跑道测量中的跑道的测量值 $x^*=10$ 的相对误差限为

$$E_r(x^*)=\frac{\Delta x^*}{x}\times100\%=\frac{1}{10}\times100\%=10\%.$$

路程测量值 $y=1\,000\pm5$ 的近似值 $y^*=1\,000$ 的相对误差限为

$$E_r(y^*)=\frac{\Delta y^*}{y}\times100\%=\frac{5}{1\,000}\times100\%=0.5\%.$$

由此可见,相对误差限愈小,近似程度愈高.

例 1 已知由试验测得水在 20 ℃时的密度 $\rho=997.9\ \text{kg/m}^3$,又已知其相对误差为 0.05%,试求 ρ 所在的范围.

解 因为

$$E_r(\rho)=\frac{\Delta(\rho)}{\rho}=\frac{\Delta(\rho)}{997.9}=0.05\%,$$

所以

$$\Delta(\rho)=997.9\times0.05\%=0.5\ \text{kg/m}^3.$$

所以 ρ 所在的范围为 $997.4\ \text{kg/m}^3<\rho<998.4\ \text{kg/m}^3$.

练一练

已知测量某长方形场地的长为 $a=100\pm0.5$(m),则其长的相对误差限为( ).

A. -0.5%　　B. 0.5%　　C. 100.5%　　D. 99.5%

三、误差的传递

许多试验数据是由几个直接测量值按照一定的函数关系计算得到的间接测量值，由于每个直接测量值都有误差，所以间接测量值也必然有误差，如何根据直接测量值的误差来计算间接测量值的误差，这就是误差传递的问题.

设间接测量值与直接测量值之间存在函数 $u=f(x_1,x_2,\cdots,x_n)$，其中 u 是间接测量值；x_i 是直接测量值，$i=1,2,3,\cdots,n$.

对上式进行全微分，可得 $\Delta u=\dfrac{\partial f}{\partial x_1}\Delta x_1+\dfrac{\partial f}{\partial x_2}\Delta x_2+\cdots+\dfrac{\partial f}{\partial x_n}\Delta x_n$.

这是绝对误差的传递公式. 它表明间接测量或函数的误差是直接测量值各项分误差之和，而分误差的大小又取决于直接测量误差 Δx_i 和误差传递系数$\dfrac{\partial f}{\partial x_i}$，考虑到绝对误差有正有负，存在有正负抵消的可能，所以从最保险的角度出发，将上式中各分误差都取绝对值，这时函数的误差最大. 所以函数或间接测量值的绝对误差为

$$\Delta u=\sum_{i=1}^{n}\left|\frac{\partial f}{\partial x_i}\Delta x_i\right|.$$

相对误差的计算公式为

$$\varepsilon_r(u)=\frac{\Delta u}{u}\times 100\%=\sum_{i=1}^{n}\left|\frac{\partial f}{\partial x_i}\frac{\Delta x_i}{u}\right|\times 100\%.$$

间接测量值或函数的真值 u_t 可以表示为 $u_t=u\pm\Delta u$.

例 2　已测得某正方形场地的长和宽的近似值都是 $l=100$ m，已知 $|\Delta l|\leqslant 0.2$ m，试求面积 $A=l^2$ 的绝对误差限与相对误差限.

解　因为 $A=l^2$，所以 A 的绝对误差限为

$$\Delta A=A'\cdot\Delta l=2l\cdot\Delta l=2\times100\times0.2=40(\text{m}^2).$$

相对误差限为 $\varepsilon_r=\dfrac{|\Delta A|}{|A|}\times100\%=\dfrac{40}{100\times100}\times100\%\approx0.4\%$.

例 3　已测得某场地长 l 的近似值为 $l=110$ m，宽 d 的近似值为 $d=80$ m，已知 $|\Delta l|\leqslant0.2$ m，$|\Delta d|\leqslant0.1$ m，试求面积 $A=ld$ 的绝对误差限与相对误差限.

解　因 $A=ld$，得误差传递系数为$\dfrac{\partial A}{\partial l}=d$，$\dfrac{\partial A}{\partial d}=l$，所以 A 的绝对误差限为 $\Delta A=d\Delta l+l\Delta d=80\times0.2+110\times0.1=27(\text{m}^2)$.

相对误差限为

$$\varepsilon_r=\frac{|\Delta A|}{|A|}\times100\%=\frac{27}{110\times80}\times100\%\approx0.31\%.$$

测一测

值得注意的是，在利用误差传递公式时，要将间接测量值放在函数方程的左边，将直接测量值放在等式的右边，然后再对直接测量值求偏导，得到误差传递系数，如果将间接测量值放在等式的右边，这时计算出来的结果是不正确的.

练一练

已知测量某长方形场地的长为 $a=100\pm0.5$，宽为 $b=80\pm0.4$，则其面积的绝对误差为(　).

A. 80　　B. 100　　C. 40　　D. 50

同步练习 6.1

1. 设 x 的相对误差为 2%，求 x^n 的相对误差.
2. 已知测量某长方形场地的长为 $a=110$ m，宽为 $b=80$ m. 若 $|a^*-a|\leqslant0.1(\text{m})$，$|b^*-b|\leqslant0.1(\text{m})$，试求其面积的绝对误差限和相对误差限.
3. 若 $x_1=1.03\pm0.01$，$x_2=0.45\pm0.01$，估计 $y=(x_1)^2+\frac{1}{2}x_2$ 的误差，并求 y 的近似值.
4. 如果用电表测得一个电阻两端的电压和通过的电流分别是 $V=110\pm2(\text{V})$，$I=20\pm0.5(\text{A})$，试运用欧姆定律 $R=\frac{V}{I}$，估计 R 的绝对误差和相对误差，并求这个电阻值 R 的近似值.

第二节　方程求根

如果 $f(x)$ 是 n 次多项式

$$f(x)=a_nx^n+a_{n-1}x^{n-1}+\cdots+a_1x+a_0(a_n\neq0),$$

则称相应的方程为 n 次代数方程.

如果 $f(x)$ 中含有三角函数、对数函数等其他超越函数，则称相应的方程为超越方程.

方程 $f(x)=0$ 的解通常称为方程的根，或称函数 $f(x)$ 的零点.

求方程的根，首先要回答的问题是根的存在性，即方程有没有根？如果有根，有几个根？

对于代数方程，由代数基本定理知，其根（实根和复根）的个数与次数相同. 对于超越方程，情况比较复杂，此处不做讨论.

很多实际问题要求方程 $f(x)=0$ 的根. 但事实上我们至今能找到精确解的方程非常有限，很多的方程我们虽然能确定其解存在，但是要找到其精确解往往不太可能，更多的是找到近似解，所以求某些方程的根的过程，可以看做是根的精确化过程，即当求出方程 $f(x)=0$ 的一个根的存在区间后，取根的存在区间内的任何一值作为根的近似，然后设法将根的近似值进一步精确化，直到满足精度要求为止，下面介绍两种求根的近似值的方法.

一、二分法

由连续函数的特性可知：若 $f(x)$ 在闭区间 $[a,b]$ 上连续，且 $f(a)\cdot f(b)<0$，则 $f(x)$ 在 (a,b) 内至少有一个实根.

假设 $f(x)$ 为闭区间 $[a,b]$ 上的连续函数，且在开区间 (a,b) 内有唯一的单实根 ξ，下面给出求实根 ξ 的近似值的方法(图 6-1).

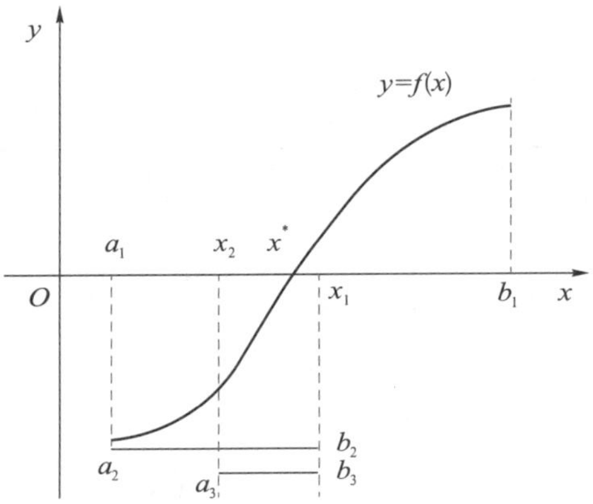

图 6-1

取区间 $[a,b]$ 的中点 $x_0=\dfrac{a+b}{2}$，考察区间 $[a,x_0]$ 及 $[x_0,b]$ 中哪一个为有根区间，即检查 $f(x_0)$ 与 $f(b)$ 是否同号，如果确系同号，说明所求根 ξ 在区间 $[a,x_0]$ 中，即新的有根区间为 $[a,x_0]$，这时令 $a_1=a,b_1=x_0$；否则 ξ 在区间 $[x_0,b]$ 中，即新的有根区间为 $[x_0,b]$，这时令 $a_1=x_0,b_1=b$，即不管出现哪种情形，新的有根区间 $[a_1,b_1]$ 的长度仅为原有根区间的一半.

对于新的有根区间 $[a_1,b_1]$ 又可施行同样的做法，即中点 $x_1=\dfrac{a_1+b_1}{2}$ 将区间 $[a_1,b_1]$ 再分为两半，然后判定所求的根 ξ 在 x_1 的哪一侧，从而确定出新的有根区间 $[a_2,b_2]$，其长度为 $[a_1,b_1]$ 的一半.

如此反复二分下去，即可得出一系列有根区间 $[a_1,b_1],[a_2,b_2],\cdots,[a_k,b_k]$，其中每一个区间都是前一个区间的一半，因此，二分 k 次后的有根区间 $[a_k,b_k]$ 的长度为 $b_k-a_k=\dfrac{b-a}{2^k}$. 由此可见如果二分过程无限地继续下去，这些有根区间必收缩于点 ξ，该点就是所求的根. 第 k 次二分后，若取有根区间的中点 $x_k=\dfrac{a_k+b_k}{2}$ 作为根的近似值，则在二分过程中，可以获得一个近似根数列 $\{x_k\}$，该数列必以根 ξ 为极限.

不过在实际计算时，我们不可能完成这种无穷过程，而且也没有必要，因为数值计算结果允许有一定的误差. 下面我们讨论误差的大小，由于

$$|\xi-x_k|\leqslant\frac{b_k-a_k}{2}=\frac{b-a}{2^{k+1}}.$$

所以，只要二分足够多次，即 k 充分大，便有 $|\xi-x_k|\leqslant\varepsilon$，这里 ε 为事先给定的精度，再注意到 $|\xi-x_k|\leqslant\dfrac{b_k-a_k}{2}$，所以在实际计算时，只要某个有根区间的长度小于 ε，我们就可以停止计算，并取该区间的中点作为根 ξ 的近似值.

上述求根的方法被称为方程求根的二分法，简称为二分法.

例 1　求 $f(x)=x^3-2x-5=0$ 在区间 $[2,3]$ 之间的根，精度 $\varepsilon=0.008$.

解 $f(2)\times f(3)=(-1)\times16<0$,所以$(2,3)$是$f(x)$的有根区间.

因精度$\varepsilon=0.008$,即要求$\frac{3-2}{2^{k+1}}<0.008$,计算后得$k>5$,所以取二分次数$k=6$,具体计算过程列表6-2如下:

表 6-2

k	有根区间	有根区间的中点	$f(x)$
	(2,3)	2.5	5.625
1	(2,2.5)	2.25	1.890 625
2	(2.00,2.25)	2.125	0.345 703
3	(2.00,2.125)	2.062 5	-0.351 318
4	(2.062 5,2.125)	2.093 75	-0.008 942
5	(2.093 75,2.125)	2.109 375	0.166 836
6	(2.093 75,2.109 375)	2.101 562 5	

所以$x=\frac{2.109\ 375+2.093\ 75}{2}=2.101\ 562\ 5$即为所求方程的近似解.

练一练

用二分法求$f(x)=x^3-2x-5=0$在区间$[2,3]$之间的根,则第二次对分的有根区间为(　　).

A. (2,2.5)　　B. (2.5,3)　　C. (2.00,2.25)　　D. (2.25,2.5)

二、牛顿迭代法

二分法的优点是算法简单及近似根序列一定收敛,其缺点是它只能用于求实根,下面再介绍一种常用的求方程近似根的方法——牛顿迭代法.牛顿迭代法对于解析函数的方程求根是一种有效的方法,特别适用于高次代数方程和超越函数方程,其特点是程序简单,只要初值适当,收敛速度较快.

牛顿迭代法的基本思想是将非线性方程$f(x)=0$逐次线性化.若已知x_0为方程的初始近似根,则将函数$f(x)$在x_0的邻域展开成泰勒级数,并取其线性部分

$$f(x)\approx f(x_0)+f'(x_0)(x-x_0),$$

即此方程在x_0的邻域内近似地展开为

$$f(x)\approx f(x_0)+f'(x_0)(x-x_0)=0.$$

若$f'(x_0)\neq0$,则有$x_1=x_0-\frac{f(x_0)}{f'(x_0)}$.

然后将x_1取代x_0,重复计算,得到第二次迭代近似根x_2,如此下去,直到满足精度要求,迭代终止判别依据为$|x_{k+1}-x|<\varepsilon$,因x的真实值一般不容易得到,所以用$|x_{k+1}-x_k|<\varepsilon$做迭代终止判别依据.

牛顿迭代法的几何意义为(图6-2):

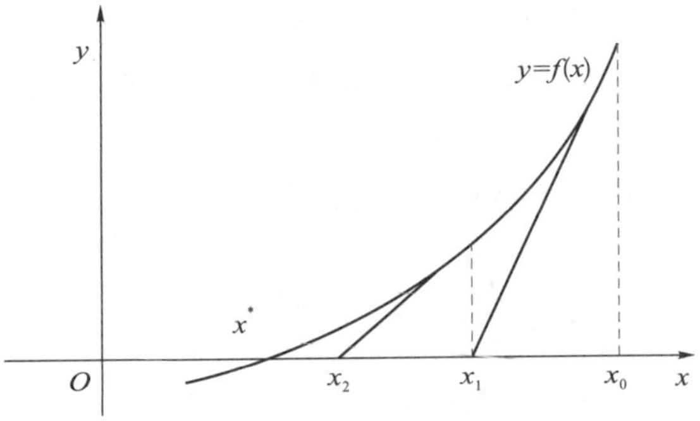

图 6-2

已知非线性方程 $f(x)=0$ 的根的近似值为 x_n，我们用曲线 $y=f(x)$ 在点 x_n 的切线

$$Y(x)=f(x_n)+(x-x_n)f'(x_n) \tag{6-1}$$

作为曲线 $y=f(x)$ 的近似表达式，求方程 $Y(x)=0$ 的根，将其记为 x_{n+1} 得

$$x_{n+1}=x_n-\frac{f(x_n)}{f'(x_n)}, \tag{6-2}$$

并以 x_{n+1} 作为方程 $f(x)=0$ 的根的近似值. 这样一来，只要我们给定方程 $f(x)=0$ 的根的初始近似值 x_0，由公式(6-2)反复迭代就可得到一个近似根数列 $\{x_n\}$，可以证明：只要该近似根数列收敛，就可断言其极限值必是 $f(x)=0$ 的根. 但是，由于有时初始值选择不当，由式(6-2)所得到的迭代数列不收敛，为此，我们给出下面的定理：

定理 若 $f(x)$ 满足：

(1) 在 $[a,b]$ 存在二阶导数，且 $f''(x)$ 在该区间上不变号；

(2) $f'(x)$ 在区间 $[a,b]$ 上不等于零；

(3) $f(a)\cdot f(b)<0$；

(4) $x_0\in[a,b]$，且有 $f(x_0)\cdot f''(x_0)>0$.

则由递推公式(6-2)而得到的数列 $\{x_n\}$ 收敛于 $f(x)=0$ 在区间 $[a,b]$ 内的唯一根 ξ，用上述公式(6-2)求 $f(x)=0$ 的近似根的方法被称为牛顿迭代法，也叫切线法.

为了防止迭代发散，我们对迭代过程还可附加一项要求，即保证函数值的绝对值单调减少

$$|f(x_{n+1})|<|f(x_n)|.$$

满足这项要求的方法称为“下山法”.

例 2 用牛顿法求方程 $f(x)=x^3+4x^2-10=0$ 在 $[1,2]$ 内的一个实根，取初始近似值 $x_0=1.5$. 绝对误差限为 10^{-4}.

解 $f(x)=x^3+4x^2-10=0$，$f'(x)=3x^2+8x$，所以迭代公式为：

$$x_{n+1}=x_n-\frac{f(x_n)}{f'(x_n)}=x_n-\frac{x_n^3+4x_n^2-10}{3x_n^2+8x_n},$$

列表 6-3 计算如下：

表 6-3

n	0	1	2	3
x_n	1.5	1.373 333 3	1.365 261 99	1.365 230 01

测一测

因 $|1.36523001-1.36526199|=0.00003198<1\times10^{-4}$，所以得实根 $\xi\approx1.36523$.

例 3 用牛顿法求 $\sqrt{115}$ 的近似值，要求绝对误差限为 10^{-6}.

解 为求 $x=\sqrt{115}$，需解方程：$x^2-115=0$.

令 $f(x)=x^2-115$，构造牛顿迭代公式

$$x_{n+1}=x_n-\frac{f(x_n)}{f'(x_n)}=x_n-\frac{x_n^2-115}{2x_n}=\frac{x_n+\dfrac{115}{x_n}}{2}.$$

取初始值 $x_0=10$ 按迭代公式迭代 4 次便得到

$$|x_4-x_3|=|10.723805-10.723805|<10^{-6},$$

即精度满足题目要求的结果，见下表 6-4.

表 6-4

n	0	1	2	3	4
x_n	10	10.75	10.723 837	10.723 805	10.723 805

所以 $\sqrt{115}\approx10.723805$.

练一练

用牛顿法求方程 $f(x)=x^2+4x-10=0$ 在 $[-1,2]$ 内的一个实根，取初始近似值 $x_0=0$. 则 $x_2=$（ ）.

A. $\dfrac{5}{2}$ B. $\dfrac{5}{4}$ C. $\dfrac{5}{16}$ D. $\dfrac{5}{8}$

同步练习 6.2

1. 用二分法求方程 $x^3-2x^2-4x-7=0$ 在区间 $[3,4]$ 内的根，误差不超过 $\dfrac{1}{2}\times10^{-3}$.

2. 证明 $1-x-\sin x=0$ 在 $[0,1]$ 内有一个根，使用二分法求误差不大于 $\dfrac{1}{2}\times10^{-4}$ 的根，需要迭代多少次？

3. 用牛顿迭代法求方程 $x^3-3x-1=0$ 在初始值 $x_0=2$ 邻近的一个正根，要求 $|x_{k+1}-x_k|<10^{-3}$.

4. 试用牛顿迭代法求方程 $x^3+2x^2+10x-20=0$ 的根，要求精确到 10^{-5}.

第三节 拉格朗日插值公式

在许多实际问题中，我们只知道函数在某些点 x_i（称为节点）处的取值，不知道具体解析表达式，从而对于 x_i 以外的点（即非节点）处的函数 $f(x)$ 的值一无所知，为了获得函数在非节点处的函数值，就需要我们设法构造一个尽可能简单的函数（如多项式函数）$g(x)$ 来近似代替函数

$f(x)$,为了得到近似函数 $g(x)$,我们自然要求它在节点 x_i 处的函数值与 $f(x)$ 在该点处的函数值 y_i 相同,更确切地说,我们要研究下列问题:

已知函数 $y=f(x)$ 在 $n+1$ 个相异节点 $x_i(i=0,1,2,\cdots,n)$ 处的函数值 $y_i=f(x_i)(i=0,1,2,\cdots,n)$,求一个次数不高于 n 的多项式 $P_n(x)$,并使其满足插值条件

$$P_n(x_i)=f(x_i)(i=0,1,2,\cdots,n). \tag{6-3}$$

点 x_i 被称为插值节点,y_i 称为插值节点处的函数值. $y=f(x)$ 称为被插函数,$P_n(x)$ 称为插值多项式,这样的问题称为插值问题.

一、插值多项式的存在唯一性

$f(x)$ 的满足插值条件(6-3)的多项式 $P_n(x)$ 若存在,则必是唯一的. 事实上,若 $p(x)$,$q(x)$ 都是满足插值条件的次数不超过 n 的多项式,且两者不相等,则多项式 $p(x)-q(x)$ 也是次数不超过 n 的多项式,并且

$$p(x_i)-q(x_i)=y_i-y_i=0(i=1,2,\cdots,n).$$

由此可知,$p(x)-q(x)$ 至少具有 $n+1$ 个零点,这与它是次数不超过 n 的多项式矛盾. 故唯一性得证.

二、插值多项式的构造

为了构造 $y=f(x)$ 的满足插值条件(6-3)的次数不超过 n 的多项式 $P_n(x)$,我们设

$$P_n(x)=y_0l_0(x)+y_1l_1(x)+\cdots+y_nl_n(x). \tag{6-4}$$

为使 $P_n(x_i)=y_i(i=1,2,\cdots,n)$,我们要求

$$l_i(x_j)=\begin{cases}1, & i=j,\\ 0, & i\neq j.\end{cases}$$

并称 $l_i(x)$ 为插值基函数. 它们均是次数不超过 n 的多项式,显然,插值基函数 $l_i(x)$ 有 n 个零点:$x_0,x_1,\cdots,x_{i-1},x_{i+1},\cdots,x_n$. 因此,$l_i(x)$ 可写成如下形式

$$l_i(x)=A(x-x_0)(x-x_1)\cdots(x-x_{i-1})(x-x_{i+1})\cdots(x-x_n),$$

其中 A 为待定常数,又因为 $l_i(x_i)=1$,所以

$$1=A(x_i-x_0)(x_i-x_1)\cdots(x_i-x_{i-1})(x_i-x_{i+1})\cdots(x_i-x_n).$$

$$A=\frac{1}{(x_i-x_0)(x_i-x_1)\cdots(x_i-x_{i-1})(x_i-x_{i+1})\cdots(x_i-x_n)}.$$

因此

$$l_i(x)=\frac{(x-x_0)(x-x_1)\cdots(x-x_{i-1})(x-x_{i+1})\cdots(x-x_n)}{(x_i-x_0)(x_i-x_1)\cdots(x_i-x_{i-1})(x_i-x_{i+1})\cdots(x_i-x_n)}.$$

所以

$$P_n(x)=\sum_{i=0}^{n}y_il_i(x)=\sum_{i=0}^{n}y_i\prod_{\substack{j=0\\ i\neq j}}^{n}\frac{(x-x_j)}{(x_i-x_j)}. \tag{6-5}$$

式(6-5)也叫做 n 次拉格朗日插值公式.

特别地,当 $n=1$ 时,拉格朗日插值公式为一次多项式,称为线性插值公式,即

$$p_1(x)=y_0\frac{x-x_1}{x_0-x_1}+y_1\frac{x-x_0}{x_1-x_0}.$$

当 $n=2$ 时有

$$p_2(x)=y_0\frac{(x-x_1)(x-x_2)}{(x_0-x_1)(x_0-x_2)}+y_1\frac{(x-x_0)(x-x_2)}{(x_1-x_0)(x_1-x_2)}+y_2\frac{(x-x_0)(x-x_1)}{(x_2-x_0)(x_2-x_1)},$$

称其为二次插值或抛物插值公式.

例 1 取节点 $x_0=0,x_1=1$ 和 $x_0=0,x_1=\frac{1}{2},x_2=1$ 对函数 $y=e^{-x}$ 建立线性和抛物插值公式.

解 (1) 将 $x_0=0,x_1=1$ 代入 $y=e^{-x}$ 得 $y_0=1,y_1=e^{-1}$,代入线性插值公式得

$$p_1(x)=1-0.632\ 120\ 6x.$$

(2) 将 $x_0=0,x_1=\frac{1}{2},x_2=1$ 及 $y_0=1,y_1=e^{-\frac{1}{2}},y_2=e^{-1}$ 代入抛物插值公式得

$$p_2(x)=1-0.941\ 756\ 8x+0.309\ 636\ 2x^2.$$

利用 e^{-x} 的线性插值和抛物插值公式分别计算 e^{-x} 在 $x=0.2$ 处的近似值,得 $p_1(0.2)=0.873\ 58$, $p_2(0.2)=0.824\ 03$, $e^{-0.2}=0.818\ 73$.

显然,$p_2(0.2)$ 比 $p_1(0.2)$ 更接近于 $e^{-0.2}$,一般地,二次插值要比一次插值更精确些,但要注意:并不是插值多项式的次数愈高愈精确,反而随着插值多项式次数的增高,计算量的增大,受舍入误差的影响就会增大. 实践证明,在大范围内使用高次插值,逼近效果往往是不理想的,因此,实践中常用的是分段线性插值或分段抛物插值.

例 2 已知丙苯黏度随温度变化数据如表 6-5:

表 6-5

t/℃	40	45	55	75
$\mu/(\times10^{-3}$ Pa · s)	0.68	0.64	0.56	0.45

测一测

分别用二次插值和三次插值求出 70 ℃时的黏度.

解 (1) 二次插值,取最接近 70 ℃的三个节点值(45,0.64),(55,0.56),(75,0.45)代入二次插值公式

$$p_2(x)=y_0\frac{(x-x_1)(x-x_2)}{(x_0-x_1)(x_0-x_2)}+y_1\frac{(x-x_0)(x-x_2)}{(x_1-x_0)(x_1-x_2)}+y_2\frac{(x-x_0)(x-x_1)}{(x_2-x_0)(x_2-x_1)}$$

$$=0.64\frac{(x-55)(x-75)}{(45-55)(45-75)}+0.56\frac{(x-45)(x-75)}{(55-45)(55-75)}+0.45\frac{(x-45)(x-55)}{(75-45)(75-55)}$$

$$=1.206\ 25-0.016\ 333\ 3x+0.000\ 083\ 333\ 3x^2.$$

所以 $p_2(70)=0.471\ 25$.

(2) 三次插值则要取四个节点(40,0.68),(45,0.64),(55,0.56),(75,0.45),代入三次插值公式

$$p_3(x)=y_0\frac{(x-x_1)(x-x_2)(x-x_3)}{(x_0-x_1)(x_0-x_2)(x_0-x_3)}+y_1\frac{(x-x_0)(x-x_2)(x-x_3)}{(x_1-x_0)(x_1-x_2)(x_1-x_3)}+$$

$$y_2\frac{(x-x_0)(x-x_1)(x-x_3)}{(x_2-x_0)(x_2-x_1)(x_2-x_3)}+y_3\frac{(x-x_0)(x-x_1)(x-x_2)}{(x_3-x_0)(x_3-x_1)(x_3-x_2)},$$

化简得

$$p_3(x)=0.724\,686+0.007\,416\,67x-0.000\,333\,333x^2+2.380\,95\times10^{-6}x^3.$$

所以 $p_3(70)=0.466\,786$.

练一练

有下列三点(1.5,0.25),(2,2),(2.5,4.25)所确定的插值多项式的次数是(　).

A. 一次　　B. 二次　　C. 三次　　D. 四次

同步练习 6.3

1. 已知数据表 6-6 如下：

表 6-6

x_i	1	2	3
y_i	1	4	9

求数据表的二次插值多项式.

2. 求一个四次多项式,使其通过五个点(−2,−3),(−1,−1),(0,1),(1,3),(2,29).

3. 利用函数 $y=\sqrt{x}$ 在 $x=0,1,4$ 时的值求一个二次插值函数,并利用二次插值函数计算$\sqrt{2}$的值.

第四节　曲线拟合的最小二乘法

在许多实际问题中,自变量 x 和因变量 y 之间的函数关系往往不知道. 但我们能够通过实验测得它们在节点 $x_i(i=1,2,\cdots,n)$ 上的对应值 $y_i(i=1,2,\cdots,n)$. 由这些数值,可以按拉格朗日插值方法构造出一个次数不超过 $n-1$ 的插值多项式 $P_{n-1}(x)$ 来逼近函数 $y=f(x)$. 但是由于测量工具及实验设备的限制,所测得的函数值 $y_i(i=1,2,\cdots,n)$ 总会有误差. 这就是说,所给的数据点 $(x_i,y_i)(i=1,2,\cdots,n)$ 未必都在曲线 $y=f(x)$ 上,但由于大多数点基本上反映了 y 与 x 之间的对应规律,因此,所求的近似曲线 $y=\varphi(x)$ 不必要求 $\varphi(x_i)=y_i$,但要求所给数据点 $(x_i,y_i)(i=1,2,\cdots,n)$ 尽可能在其附近. 这样,我们就有理由认为这条曲线是 $y=f(x)$ 的逼近曲线,也称其为拟合曲线. 要做数据点 $(x_i,y_i)(i=1,2,\cdots,n)$ 的拟合曲线,我们一般先在平面直角坐标系中找出所给的数据点 $(x_i,y_i)(i=1,2,\cdots,n)$ 的图形,称这一图形为散点图. 其次,观察散点图上的大多数点近似地在哪一条曲线附近,并凭经验确定出这条曲线的一般形式(该曲线方程应含有一些待定参数). 最后,根据“让所有点均离其最近”这一原则具体地求出这条曲线.

下面介绍几种曲线拟合的方法与步骤.

一、直线拟合

若所给的数据点 $(x_i,y_i)(i=1,2,\cdots,n)$ 近似在某直线附近,我们可设拟合曲线的一般形式为

$$y=a+bx, \tag{6-6}$$

其中 a,b 为待定系数.

为使所求曲线方程(6-6)满足:使所有数据点$(x_i,y_i)(i=1,2,\cdots,n)$尽量靠近一直线,我们自然要求 a,b 使总误差

$$Q=\sum_{i=1}^{n}[y_i-(a+bx_i)]^2 \tag{6-7}$$

达到最小,因此必有

$$\frac{\partial Q}{\partial a}=0,\quad \frac{\partial Q}{\partial b}=0.$$

于是得方程组

$$\begin{cases}\sum\limits_{i=1}^{n}2[y_i-(a+bx_i)]\cdot(-x_i)=0,\\ \sum\limits_{i=1}^{n}2[y_i-(a+bx_i)]\cdot(-1)=0.\end{cases}$$

即

$$\begin{cases}na+\left(\sum\limits_{i=1}^{n}x_i\right)b=\sum\limits_{i=1}^{n}y_i,\\ \left(\sum\limits_{i=1}^{n}x_i\right)a+\left(\sum\limits_{i=1}^{n}x_i^2\right)b=\sum\limits_{i=1}^{n}x_iy_i.\end{cases} \tag{6-8}$$

可以证明方程组(6-8)的解 a,b 就是使式(6-7)达到最小的解. 上述方法通常称为最小二乘法.

例 1 经实验测得某物理量 x,y 的 5 对数据如表 6-7,用最小二乘法求其拟合曲线.

表 6-7

x_i	165	123	150	123	141
y_i	187	126	172	125	148

解 首先在坐标纸上描出散点图(图 6-3).

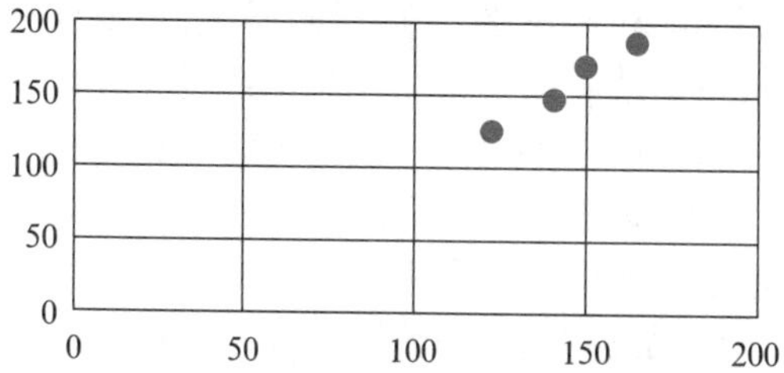

图 6-3

发现其近似地在一直线上,为此,假设拟合曲线为 $y=a+bx$,为将数据点代入方程组得(6-8),将所给数据处理如表 6-8:

代入方程组得(6-8)得

表 6-8

						求和
x_i	165	123	150	123	141	702
y_i	187	126	172	125	148	758
$(x_i)^2$	27 225	15 129	22 500	15 129	19 881	99 864
x_iy_i	30 855	15 498	25 800	15 375	20 868	108 396

$$\begin{cases}5a+702b=758,\\702a+99\,864b=108\,396,\end{cases}$$

解之得 $a=-60.939\,2, b=1.518\,3$.

所以 $y=-60.939\,2+1.518\,3x$ 为所求的拟合曲线.

练一练

经实验测得某物理量(x,y)的 50 对数据，画出其散点图后，发现其数据点近似地在一直线上，则其拟合曲线最合适的假设形式为（　　）.

A. $y=a+bx$　　B. $y=a+bx+cx^2$　　C. $y=ae^{bx}$　　D. $y=a+\dfrac{b}{x}$

二、抛物线拟合

若给定的数据点$(x_i,y_i)(i=1,2,\cdots,n)$的散点图近拟为一条抛物线，我们就设拟合曲线的一般形式为

$$y=a+bx+cx^2, \tag{6-9}$$

此时称为抛物线拟合（也称二次拟合），要求 a,b,c 使总误差

$$Q=\sum_{i=1}^{n}(y_i-(a+bx_i+cx_i^2))^2 \tag{6-10}$$

为最小. 与上面完全类似地讨论可得，抛物函数(6-9)使式(6-10)达到最小的就是如下方程组的解：

$$\begin{cases}na+\left(\sum\limits_{i=1}^{n}x_i\right)b+\left(\sum\limits_{i=1}^{n}x_i^2\right)c=\sum\limits_{i=1}^{n}y_i,\\\left(\sum\limits_{i=1}^{n}x_i\right)a+\left(\sum\limits_{i=1}^{n}x_i^2\right)b+\left(\sum\limits_{i=1}^{n}x_i^3\right)c=\sum\limits_{i=1}^{n}x_iy_i,\\\left(\sum\limits_{i=1}^{n}x_i^2\right)a+\left(\sum\limits_{i=1}^{n}x_i^3\right)b+\left(\sum\limits_{i=1}^{n}x_i^4\right)c=\sum\limits_{i=1}^{n}x_i^2y_i.\end{cases} \tag{6-11}$$

例 2　已知实验数据如表 6-9：

表 6-9

i	0	1	2	3	4	5	6	7	8
x_i	1	3	4	5	6	7	8	9	10
y_i	10	5	4	2	1	1	2	3	4

试用最小二乘法求它的二次拟合多项式.

解 设拟合曲线方程为

$$y=a+bx+cx^2,$$

将所给数据处理列表 6-10 如下:

表 6-10

i	x_i	y_i	x_i^2	x_i^3	x_i^4	x_iy_i	$x_i^2y_i$
0	1	10	1	1	1	10	10
1	3	5	9	27	81	15	45
2	4	4	16	64	256	16	64
3	5	2	25	125	625	10	50
4	6	1	36	216	1 296	6	36
5	7	1	49	343	2 401	7	49
6	8	2	64	512	4 096	16	128
7	9	3	81	729	6 561	27	243
8	10	4	100	1 000	10 000	40	400
求和	53	32	381	3 017	25 317	147	1 025

代入方程组(6-11),得

$$\begin{cases}9a+53b+381c=32,\\53a+381b+3017c=147,\\381a+3\,017b+25\,317c=1\,025,\end{cases}$$

求解得

$$a=13.\,459\,7,b=-3.\,605\,3,c=0.\,267\,6.$$

故该数据组的二次拟合多项式为 $y=13.\,459\,7-3.\,605\,3x+0.\,267\,6x^2$.

三、将非多项式曲线拟合转化为线性拟合

在许多实际问题中,变量之间的关系并不总是线性关系或抛物关系,它们可能是双曲关系或指数关系,我们可以通过某种变量替换成线性关系来处理.

(1) 若某组给定的数据点$(x_i,y_i)(i=1,2,\cdots,n)$的散点图近似为一条双曲线(如图 6-4),我们就设拟合曲线的一般形式为

$$\frac{1}{y}=a+\frac{b}{x}.$$

如果我们令$\frac{1}{y}=z,\frac{1}{x}=t$,则有 $z=a+bt$,此时 a,b 可按线性最小二乘问题求出.

(2) 若某组给定的数据点$(x_i,y_i)(i=1,2,\cdots,n)$的散点图近似为指数函数图像(图 6-5),则设拟合曲线的一般形式为 $y=ae^{bx}$(a,b 为待定系数),将其两边取对数,得

$$\ln y=\ln a+bx.$$

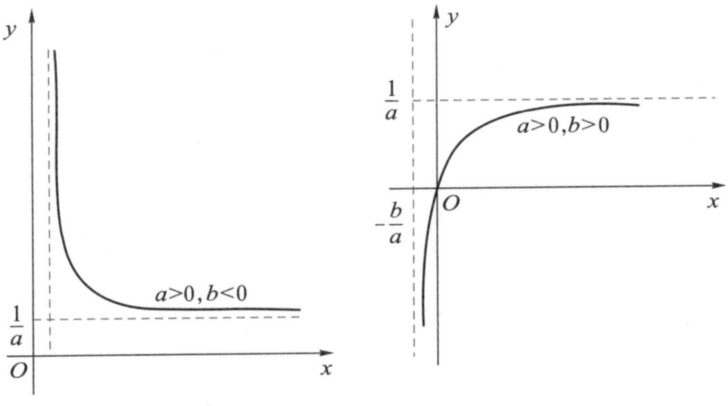

图 6-4

令 $\ln y=z,\ln a=A$,得 $z=A+bx$,则 A,b 可按线性最小二乘问题求出.

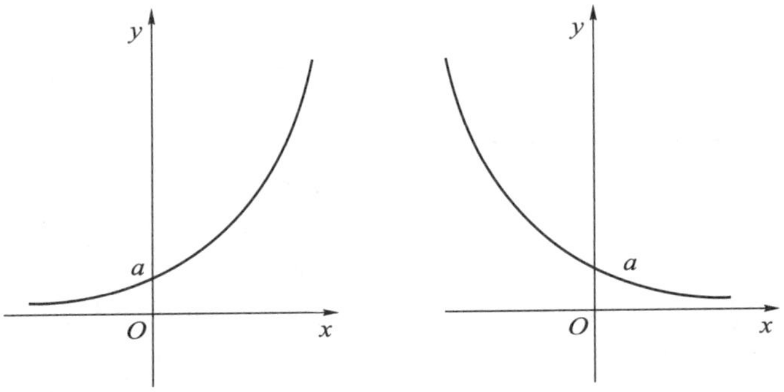

$a>0,b>0$ $a>0,b>0$

图 6-5

例 3 某化学反应实验所得生成物的浓度与时间的关系如表 6-11,试确定浓度与时间的经验公式.

表 6-11

t	1	2	3	4	5	6	7	8	9	10	11	12	13	14	15	16
y	4	6.4	8	8.8	9.22	9.5	9.7	9.86	10	10.2	10.32	10.42	10.5	10.55	10.58	10.6

解 (1) 画散点图(图 6-6)如下.

(2) 选择关联函数的形式.

解法一:

根据图形走势,可设想 $y=F(x)$ 是双曲线型函数,即

$$\frac{1}{y}=a+\frac{b}{t}.$$

线性化变换:

令 $Y=\frac{1}{y}, X=\frac{1}{t}$, 则 $Y=a+bX$.

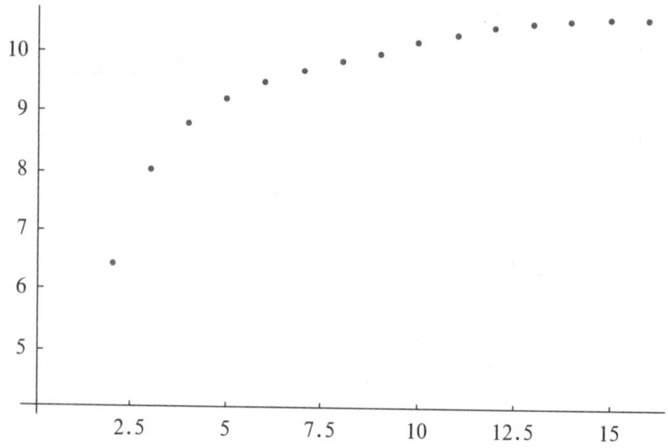

图 6-6

列表 6-12 进行计算：

表 6-12

t	y	$X=\frac{1}{t}$	$Y=\frac{1}{y}$	X^2	XY
1	4	1	0. 250 0	1. 000 0	0. 250 0
2	6. 4	0. 5	0. 156 3	0. 250 0	0. 078 1
3	8	0. 333 3	0. 125 0	0. 111 1	0. 041 7
4	8. 8	0. 250 0	0. 113 6	0. 062 5	0. 028 4
5	9. 22	0. 200 0	0. 108 5	0. 040 0	0. 021 7
6	9. 5	0. 166 7	0. 105 3	0. 027 8	0. 017 5
7	9. 7	0. 142 9	0. 103 1	0. 020 4	0. 014 7
8	9. 86	0. 125 0	0. 101 4	0. 015 6	0. 012 7
9	10	0. 111 1	0. 100 0	0. 012 3	0. 011 1
10	10. 2	0. 100 0	0. 098 0	0. 010 0	0. 009 8
11	10. 32	0. 090 9	0. 096 9	0. 008 3	0. 008 8
12	10. 42	0. 083 3	0. 096 0	0. 006 9	0. 008 0
13	10. 5	0. 076 9	0. 095 2	0. 005 9	0. 007 3
14	10. 55	0. 071 4	0. 094 8	0. 005 1	0. 006 8
15	10. 58	0. 066 7	0. 094 5	0. 004 4	0. 006 3
16	10. 6	0. 062 5	0. 094 3	0. 003 9	0. 005 9
求和	148. 65	3. 380 7	1. 832 9	1. 584 3	0. 528 9

代入方程组(6-8),得

$$\begin{cases}16a+3.3807b=1.8329,\\3.3807a+1.5843b=0.5289.\end{cases}$$

解得:

$$\begin{cases}a=0.08017,\\b=0.1627.\end{cases}$$

则拟合曲线为 $\frac{1}{y}=0.08017+\frac{0.1627}{t}$.

即 $y=\frac{t}{0.08017t+0.1627}=F_1(t)$,误差为 $\delta_1=y_i-F_1(t_i)$,$i=1,2,\cdots,16$.

下图是散点图与拟合曲线在同一坐标系下的图示(图 6-7).

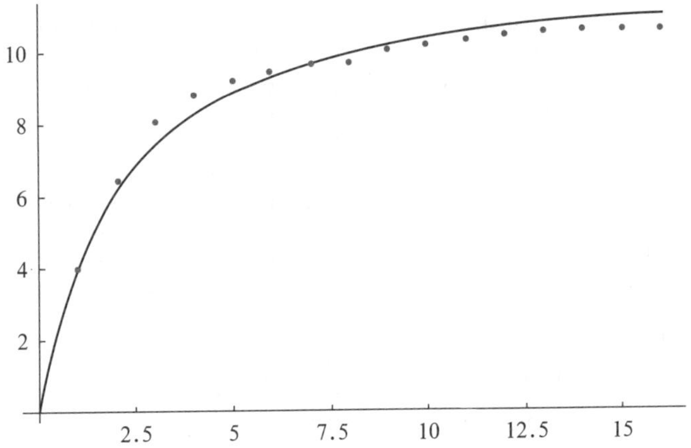

图 6-7

解法二:

另外,根据散点图 6-6 知,符合给定数据的函数还可选指数函数 $y=ae^{b/t}$,两边取对数得:$\ln y=\ln a+\frac{b}{t}$,令 $Y=\ln y$,$A=\ln a$,$X=\frac{1}{t}$,得线性函数 $Y=A+bX$,用相同的方法列表 6-13 计算:

表 6-13

t	y	$X=\frac{1}{t}$	$Y=\ln y$	X^2	XY
1	4	1	1.386 294	1	1.386 294
2	6.4	0.5	1.856 298	0.25	0.928 149
3	8	0.333 333	2.079 442	0.111 111	0.693 147
4	8.8	0.25	2.174 752	0.062 5	0.543 688
5	9.22	0.2	2.221 375	0.04	0.444 275
6	9.5	0.166 667	2.251 292	0.027 778	0.375 215

续表

t	y	$X=\frac{1}{t}$	$Y=\ln y$	X^2	XY
7	9. 7	0. 142 857	2. 272 126	0. 020 408	0. 324 589
8	9. 86	0. 125	2. 288 486	0. 015 625	0. 286 061
9	10	0. 111 111	2. 302 585	0. 012 346	0. 255 843
10	10. 2	0. 1	2. 322 388	0. 01	0. 232 239
11	10. 32	0. 090 909	2. 334 084	0. 008 264	0. 212 189
12	10. 42	0. 083 333	2. 343 727	0. 006 944	0. 195 311
13	10. 5	0. 076 923	2. 351 375	0. 005 917	0. 180 875
14	10. 55	0. 071 429	2. 356 126	0. 005 102	0. 168 295
15	10. 58	0. 066 667	2. 358 965	0. 004 444	0. 157 264
16	10. 6	0. 062 5	2. 360 854	0. 003 906	0. 147 553
求和	148. 65	3. 380 729	35. 260 17	1. 584 347	6. 530 988

代入方程组(6-8),得

$$\begin{cases}16A+3.380\ 729b=35.260\ 17,\\3.380\ 729A+1.584\ 347b=6.530\ 988,\end{cases}$$

解得 $A=2.427\ 03$, $b=-1.056\ 68$,则 $a=e^A=11.325\ 2$.

所以函数为 $y=11.325\ 2e^{-\frac{1.056\ 68}{t}}=F_2(t)$,误差为 $\delta_2=y_i-F_2(t_i)$, $i=1,2\cdots,16$.

下图是散点图与拟合曲线 $y=11.325\ 2e^{-\frac{1.056\ 68}{t}}$ 在同一坐标系下的图示(图 6-8).

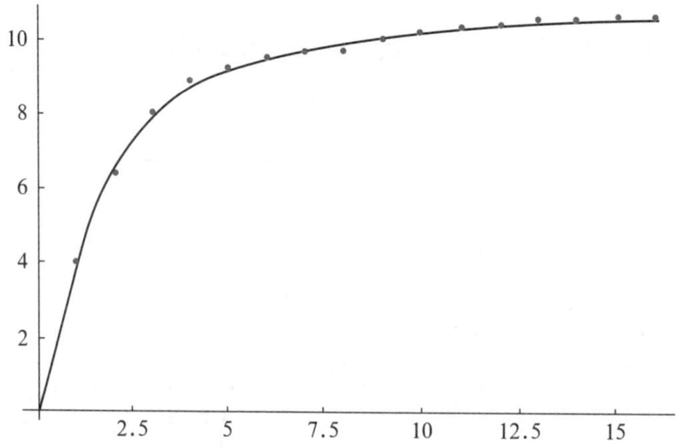

图 6-8

从图形看,似乎第二种拟合效果更好一点. 到底哪一种拟合效果好,下面给出判断拟合曲线的好坏的标准.

四、线性相关系数与相关指数

曲线拟合处理的是随机变量问题，观察值 x 与 y 不存在确定性函数关系，而只是一种相关关系. 线性最小二乘法只适宜处理变量 x 与 y 具有相关性的问题，但在线性最小二乘法应用过程中，并不需要限制两个变量之间一定具有线性相关关系，就是说即使平面图上一堆杂乱无章的散点，也可用此方法给它们配一个直线方程模型. 显然这样做是毫无意义的. 我们说只有当两个变量大致显示出线性关系时才适宜用直线模型去拟合数据，于是必须给出一个数量性指标描述两个变量线性关系的密切程度，这个指标叫做相关系数，通常记作 r，其表达式为

$$r=\frac{l_{xy}}{\sqrt{l_{xx}l_{yy}}}=\frac{\sum(x_i-\bar{x})(y_i-\bar{y})}{\sqrt{\sum(x_i-\bar{x})^2\sum(y_i-\bar{y})^2}}.$$

下面利用散点图具体说明，当 r 取各种不同数值时散点的分布情形（图 6-9）.

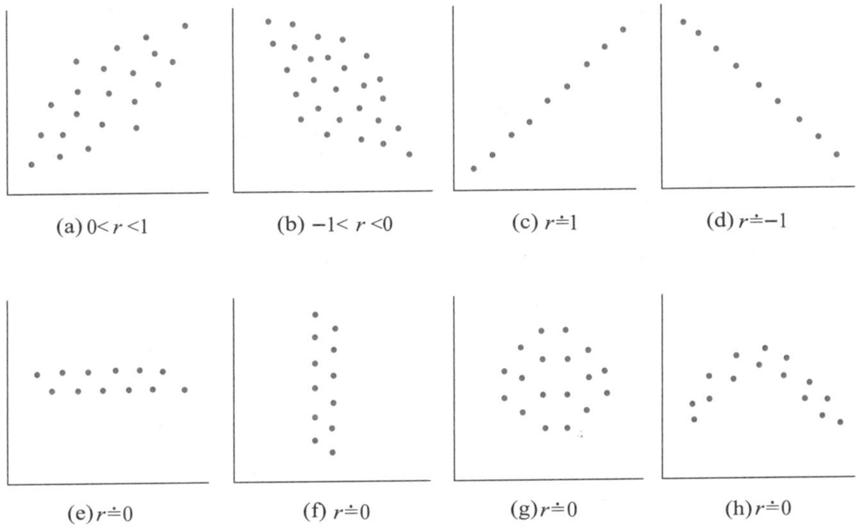

图 6-9

（1）$r=0$，此时 $l_{xy}=0$，因此 $b=0$，即根据最小二乘法确定的直线平行于 x 轴，这说明 y 的变化与 x 无关，此时 x 与 y 毫无线性关系，通常这时散点分布是完全不规则的.

（2）$0<|r|<1$，这是绝大多数情形，x 与 y 之间存在一定的线性关系. 当 $|r|$ 越接近于 1，说明线性相关越大，也就是散点与直线越接近.

（3）$|r|=1$，所有数据都在直线上，此时，x,y 完全相关，实际上此时 x,y 间存在确定的线性函数关系.

必须指出，相关系数只表示 x 与 y 之间线性关系的密切程度，当 r 很小或为零时，并不表示 x 与 y 之间不存在其他关系. 若 x 与 y 之间呈某种曲线关系，可以对它进行线性处理，变换成为 $Y=A+BX$ 直线方程模型，此时可以用相关系数来讨论新变量 X,Y 之间的线性相关程度，但是，新变量 X,Y 之间的线性相关程度并不能说明原始数据 x,y 与非线性模型拟合效果的优劣. 因此，对于非线性模型拟合的效果常用另一指标——相关指数来衡量，记作 R^2：

$$R^2=1-\frac{\sum(y_i-\hat{y}_i)^2}{\sum(y_i-\bar{y}_i)^2}.$$

其中 y_i 为未经线性变换的原始数据，$\hat{y}_i$ 是非线性模型的计算值，$\bar{y}_i$ 是原始数据的平均值，显然 $R^2\leqslant 1$，R^2 值越接近于 1，拟合效果越好，当 $R^2=1$ 时，说明实测点完全落在拟合曲线上.

测一测

下面用两种方法判断上例中的拟合效果.

(1) 残差平方和 Q

最小二乘法原理就是寻找残差平方和最少的曲线作为拟合曲线，所以计算两个模型的 Q 值，Q 值小者为优，见表 6-14.

表 6-14

时间	实验值	拟合值 F_1	拟合值 F_2	误差 1(δ_1)	误差 2(δ_1)	Q_1	Q_2
1. 000 00	4. 000 00	4. 120 14	3. 936 76	-0. 120 14	0. 063 24	0. 014 43	0. 004 00
2. 000 00	6. 400 00	6. 194 44	6. 677 20	0. 205 56	-0. 277 20	0. 042 25	0. 076 84
3. 000 00	8. 000 00	7. 443 61	7. 963 05	0. 556 39	0. 036 95	0. 309 56	0. 001 37
4. 000 00	8. 800 00	8. 278 32	8. 696 05	0. 521 68	0. 103 95	0. 272 15	0. 010 81
5. 000 00	9. 220 00	8. 875 48	9. 167 85	0. 344 52	0. 052 15	0. 118 70	0. 002 72
6. 000 00	9. 500 00	9. 323 86	9. 496 52	0. 176 14	0. 003 48	0. 031 02	0. 000 01
7. 000 00	9. 700 00	9. 672 92	9. 738 48	0. 027 08	-0. 038 48	0. 000 73	0. 001 48
8. 000 00	9. 860 00	9. 952 35	9. 923 98	-0. 092 35	-0. 063 98	0. 008 53	0. 004 09
9. 000 00	10. 000 00	10. 181 11	10. 070 70	-0. 181 11	-0. 070 70	0. 032 80	0. 005 00
10. 000 00	10. 200 00	10. 371 83	10. 189 64	-0. 171 83	0. 010 36	0. 029 53	0. 000 11
11. 000 00	10. 320 00	10. 533 27	10. 287 99	-0. 213 27	0. 032 01	0. 045 48	0. 001 02
12. 000 00	10. 420 00	10. 671 69	10. 370 68	-0. 251 69	0. 049 32	0. 063 35	0. 002 43
13. 000 00	10. 500 00	10. 791 70	10. 441 16	-0. 291 70	0. 058 84	0. 085 09	0. 003 46
14. 000 00	10. 550 00	10. 896 72	10. 501 96	-0. 346 72	0. 048 04	0. 120 22	0. 002 31
15. 000 00	10. 580 00	10. 989 41	10. 554 94	-0. 409 41	0. 025 06	0. 167 62	0. 000 63
16. 000 00	10. 600 00	11. 071 82	10. 601 51	-0. 471 82	-0. 001 51	0. 222 62	0. 000 00
求和	148. 650 00	149. 368 69	148. 618 49	-0. 718 69	0. 031 51	1. 564 09	0. 116 28

$Q_1=1.56409$，$Q_2=0.11628$，因为 $Q_1>Q_2$，所以模型二优于模型一.

(2) 相关指数 R^2

根据 R^2 的计算公式，算出

$$R_1^2=1-\frac{\sum_{i=1}^{16}(y_i-F_1(t_i))^2}{\sum_{i=1}^{16}(y_i-\bar{y}_i)^2}=0.9712;\quad R_2^2=1-\frac{\sum_{i=1}^{16}(y_i-F_2(t_i))^2}{\sum_{i=1}^{16}(y_i-\bar{y}_i)^2}=0.9976.$$

因为 $R_2^2>R_1^2$，所以模型二优于模型一.

从比较的角度看容易找出较优者，但对于一个问题来说绝对数值没有标准可以依据，对于不同问题，其数量级可以相差很大. 而相关指数 R^2 越接近于 1 者为可靠. 所以一般用 R^2 来判断模型优劣更可靠.

同步练习 6.4

1. 某化学反应其反应物的浓度随时间变化的数据如表 6-15：

表 6-15

时间	5	10	15	20	25	30	35	40	45	50	55
浓度	1.27	2.16	2.86	3.44	3.87	4.15	4.37	4.51	4.58	4.62	4.64

用最小二乘法求 $y=f(t)$.

2. 观测物体的直线运动,得以下数据(表 6-16)：

表 6-16

时间(t/s)	0	0.9	1.9	3.0	3.9	5.0
距离(s/m)	0	10	30	50	80	110

用最小二乘法拟合求运动方程.

3. 给定一组数据(表 6-17),用 $y=ae^{bx}$ 的函数去拟合,求出待定系数.

表 6-17

x	1	2	3	4	5	6	7	8
y	15.3	20.5	27.4	36.6	49.1	65.6	87.8	117.6

4. 给定一组数据(表 6-18),试用最小二乘法分别用一次及二次多项式拟合表中数据,并比较哪一种情况更符合所给定的实验数据.

表 6-18

x	1.36	1.49	1.73	1.81	1.95	2.16	2.28	2.48
y	14.094	16.069	16.844	17.378	18.435	19.949	20.963	22.495

5. 已知苯的汽化热随温度变化的数据如表 6-19：

表 6-19

温度(℃)	60	80	100	120	140	160	180
汽化热(J/kg)	97.5	94.5	91.0	87.5	83.0	79.0	74.0

试求:65 ℃、170 ℃、185 ℃下的汽化热.

第五节 优选试验设计

在生产和科学试验中,人们为了达到优质、高产、低消耗的目的,需要对有关因素(如配方、配比、工艺操作条件等)的最佳点进行选择,所有这些选择最佳点的问题,都称之为优选问题.

所谓优选法就是根据生产和科研中的不同问题,利用数学原理,合理地安排试验点,减少试验次数,以求迅速地找到最佳点的一类科学方法. 优选法可以解决那些试验指标与因素间不能用数学形式表达,或虽有表达式但很复杂的那些问题.

一、单因素优选法

常假定$f(x)$是定义区间(a,b)的单峰函数①,但$f(x)$的表达式是不知道的,只有从试验中才能得出在某一点x_0的数值$f(x_0)$. 应用单因素优选法,就是用尽量少的试验次数来确定$f(x)$的最大值的近似位置. 这里$f(x)$指的是试验结果,区间(a,b)表示的是试验因素的取值范围. 而优选法的工作原理来源于来回调试法.

1. 来回调试法

设函数$y=f(x)$是$[a,b]$上的单峰函数(或单谷函数②),$x_1<x_2$为试验区间$[a,b]$上两点,即$a\leqslant x_1<x_2\leqslant b$,$x^*$是它的最优点. 那么:

(1) 若$f(x_1)$优于$f(x_2)$,则$x^*\in(a,x_2)$;

(2) 若$f(x_1)$劣于$f(x_2)$,则$x^*\in(x_1,b)$;

(3) 若$f(x_1)=f(x_2)$,则$x^*\in(x_1,x_2)$.

如图 6-10 所示,选取一点x_1做试验得$f(x_1)$,再取一点x_2做试验得$f(x_2)$,假定$x_1<x_2$,如果$f(x_1)<f(x_2)$,称x_2为好点,x_1为差点,且差点x_1将区间分割为(a,x_1)和(x_1,b),则最大值肯定不在区间(a,x_1)内,因此只需考虑在包含好点x_2的区间(x_1,b)内求最大值的问题. 再在(x_1,b)内取一点x_3,做试验得$f(x_3)$,如果$x_2<x_3$,而$f(x_2)>f(x_3)$,称x_2为好点,x_3为差点,同样用差点x_3将区间(x_1,b)分割为(x_1,x_3)和(x_3,b),则在包含好点x_2的区间(x_1,x_3)内取一点x_4,……,不断做下去,通过来回调试,范围越缩越小,总可以找$f(x)$的最大值.

注:其中包含好点的区间一般称为存优区间. 如:(x_1,b),(x_1,x_3).

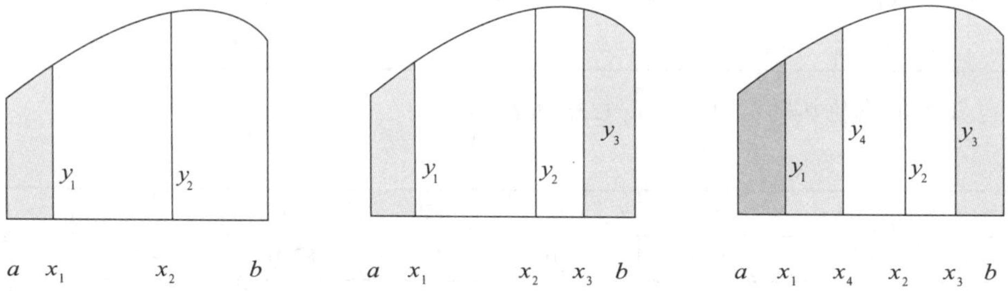

图 6-10

这种方法取点是相当任意的,只要取在上次剩下的范围内就行了(图 6-10);那么怎样取x_1,x_2,…,可以最快地接近客观上存在的最优点呢? 也就是怎样安排试验点的方法是最好的? 在选择试点的过程中,应遵守以下两个原则:

① 公平原则——使两个试点关于区间$[a,b]$的中点对称.

② 继承原则——每次舍去的区间占舍去前的区间的比例数相同.

下面介绍几种减少试验次数的试验方法.

---

① 在所考虑的区间中只有一个严格局部极大值的实值函数.

② 在所考虑的区间中只有一个严格局部极小值的实值函数.

2. 黄金分割法(0.618 法)

所谓黄金分割指的是把长为 L 的线段分为两部分，使其中一部分对于全部之比等于另一部分对于该部分之比，这个比例就是 0.618 033 988 7…，它的三位有效近似值就是 0.618，所以黄金分割法又称为 0.618 法.

黄金分割法(图 6-11)，就是将第一个试验点 x_1 安排在试验范围内的 0.618 处(距左端点 a)，即 $x_1=a+(b-a)\times0.618$，得到试验结果 $f(x_1)$；再取 x_1 关于区间 (a,b) 的中点的对称点 x_2，即：$x_2=b-(b-a)\times0.618=a+(b-x_1)=a+(b-a)\times0.382$.

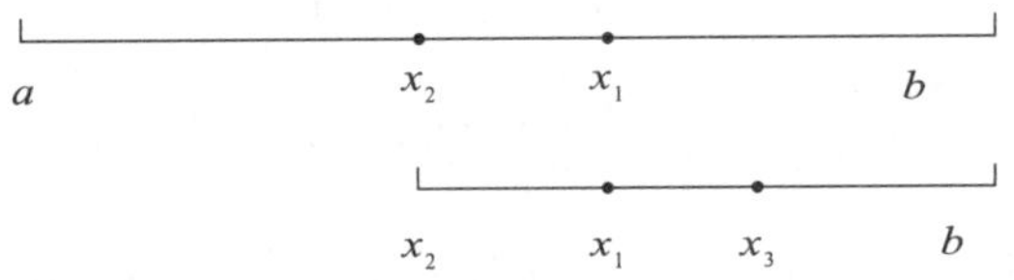

图 6-11

做一次试验，得到试验结果 $f(x_2)$；比较结果 $f(x_1)$ 和 $f(x_2)$ 哪个大，如果 $f(x_1)$ 大，就去掉 (a,x_2)，如图 6-11 所示，在留下的 (x_2,b) 中已有了一个试验点 x_1，然后再用以上的求对称点的方法求试点 x_3 做下去，一直做到达到要求为止.

在黄金分割法中，不论是哪一步，所有相互比较的两个试验点都在所在区间的两个黄金分割点上，即 0.618 和 0.382 处，而且这两个点一定是相互对称的.

例 1　为了达到某种产品的质量指标，需要加入一种材料. 已知其最佳加入量在 1 000 ~ 2 000 g 的某一点，求最佳加入量.

解　黄金分割法实验设计如下：

选取第一个试验点 x_1 在试验范围的 0.618 处，

$$x_1=a+(b-a)\times0.618=1\ 000+(2\ 000-1\ 000)\times0.618=1\ 618\ \text{g}.$$

根据试点选择的公平原则，在实验区间中取第二个试验点 x_2 与 x_1 对称，

$$x_2=a+b-x_1=2\ 000+1\ 000-1\ 618=1\ 382\ \text{g}.$$

比较试验(1)与试验(2)的结果，如果试验(1)较好，则去掉 $(1\ 000,x_2)$，存优区间为 $(x_2,2\ 000)$.

在 $(x_2,2\ 000)$ 中 x_1 关于区间中点的对称点为 x_3，

$$x_3=x_2+2\ 000-x_1=1\ 382+2\ 000-1\ 618=1\ 764\ \text{g}.$$

比较试验(1)与试验(3)的结果，如果试验(3)较好，则去掉 (x_2,x_1)，存优区间为 $(x_1,2\ 000)$，在 $(x_1,2\ 000)$ 中取 x_3 关于区间中点的对称点 x_4，比较试验(3)(4)的结果，去掉效果差的那个试验点以外的范围，留下包含好点在内的范围，作为新的试验范围，……如此反复，直到得到较好的试验结果为止.

练一练

为了达到某种产品的质量指标，需要加入一种材料. 已知其最佳加入量在 1 000 ~ 2 000 g 的某一点，采用黄金分割法找最佳试点，则第一个试点的加入量为(　　).

A. 1 000　　B. 1 500　　C. 1 618　　D. 2 000

黄金分割法是确定试点的有效方法,但是在试验点只能取整数的情况,或者受条件限制试验次数有限的情况时,则不适用了,所以接下来介绍分数法.

3. 分数法

在介绍分数法之前,引进如下数列:

$$1,1,2,3,5,8,13,21,34,55,89,144,\cdots,$$

该数列称为斐波那契数列,有下述递推关系:

$$F_0=1,F_1=1,F_2=2,$$
$$F_{n+2}=F_n+F_{n+1},n\geqslant 1,$$

并且$\frac{F_{n+1}}{F_{n+2}}$是连分数$\frac{1}{2},\frac{2}{3},\frac{3}{5},\frac{5}{8},\frac{8}{13},\frac{13}{21},\frac{21}{34},\frac{34}{55},\frac{55}{89},\frac{89}{144},\cdots$,而且$\lim\limits_{n\to\infty}\frac{F_{n+1}}{F_{n+2}}=0.618\ 033\ 988\ 7\cdots$,则黄金分割法中计算第一个试点的系数0.618也可用分数来表示,即$x_1=a+(b-a)\times\frac{F_{n+1}}{F_{n+2}}$.

例如在配制某清洗液时,要优选某材料的加入量,其加入量用150 mL的量杯来计算,该量杯的量程分为15格,每格代表10 mL,由于量杯是锥形的,所以每格的高度不等,很难量出几毫升或几点几毫升,因此不便用0.618法.这时,可将试验范围定为0~130 mL,中间正好有13格,就以$\frac{8}{13}$代替0.618.第一次试验点在第8格处,即80 mL处,第二次试验点选在其对称点处,即50 mL处,然后来回调试便可找到满意的结果.

在使用分数法进行单因素优选时,应根据试验区间选择合适的分数,所选择的分数不同,试验次数也不一样.有时试验范围中的份数不够分数中的分母数,例如10份,这时,可以有两种方法来解决,一种是分析一下能否缩小试验范围,如能减少两份,则可用$\frac{5}{8}$,如果不能缩小,就可用第二种方法,即添三个数,凑足13份,应用$\frac{8}{13}$.

例2 某化学反应的温度为120~200 ℃,用分数法得到最佳温度为150 ℃,问是如何优选的?做了几次试验?

解 试验区间为[120,200],将区间等分为8份.

第一个试验点x_1在试验区间的$\frac{5}{8}$处,即

$$x_1=120+(200-120)\times 5/8=170.$$

第二个试验点x_2与x_1对称,则

$$x_2=200+120-170=150.$$

比较试验(1)和(2)的结果,试验(2)较好,则在[120,170]内优选,在[120,170]内取x_2的对称点x_3,则$x_3=170+120-150=140$.

比较试验(2)和(3)的结果,仍然是试验(2)较好,则在[140,170]内优选,在[140,170]内取x_2的对称点x_4,则$x_4=170+140-150=160$.

比较试验(2)和(4)的结果,仍是试验(2)好,则在[140,160]内优选,在[140,160]内取x_2的对称点x_5,则$x_5=160+140-150=150$.

所以150为最佳反应温度,且共做了4次试验.

在受条件限制试验次数有限的情况下,采用分数法较好.

练一练

某化学反应的温度为 120～200 ℃，用分数法得到最佳温度为 150 ℃，问第一个试验点在试验区间的（　　）处.

A. $\frac{1}{2}$　　B. $\frac{2}{3}$　　C. $\frac{5}{8}$　　D. $\frac{8}{13}$

4. 对分法

前面介绍的几种方法都是先做两个试验，再通过比较找出最佳点位置的倾向性来不断缩小试验范围，最后找到最优点，但不是所有的问题都要先做两点，有时可以只做一个试验. 例如，称量质量为 20～60 g 的某种样品时，第一次砝码的质量为 40 g，如果砝码偏轻，则可判断样品的质量为 40～60 g，于是第二次砝码的质量为 50 g，如果砝码又偏轻了，则可判断样品的质量为 50～60 g，接下来砝码的质量应为 55 g，如此称下去，直到天平平衡为准. 称量过程如图 6-12 所示.

图 6-12

这个称量过程中就使用了对分法，每个试验点的位置都在试验区间的中点，每做一次试验，试验区间长度就缩短一半，可见对分法不仅分法简单，而且能很快地逼近最优点. 但不是所有的问题都能用对分法，只有符合以下两个条件的时候才能用对分法.

（1）要有一个标准（或具体指标），对分法每次只有一个试验，如果没有一个标准，就无法鉴别试验结果是好是坏，在上述例子中，天平是否平衡就是一个标准.

（2）要预知该因素对指标的影响规律，也就是说，能够从一个试验的结果直接分析出该因素的值是取大了还是取小了，如果没有这一条件就不能确定舍去哪段，保留哪段，也就无从下手做下一次试验. 对于上例，可以根据天平倾斜的方向来判断是砝码重，还是样品重，进而可以判断样品的质量范围，即试验区间.

5. 抛物线法

不管是 0.618 法，还是分数法，都只是比较两个试验结果的好坏，而不考虑试验的实际值，即目标函数值. 而抛物线法是根据已得的三个试验数据，找到这三个点的抛物线方程，然后求出该抛物线的极大值，作为下次试验的根据. 具体方法如下：

（1）在三个试验点 x_1, x_2, x_3（且 $x_1<x_2<x_3$）分别得试验值 y_1, y_2, y_3，根据拉格朗日插值法可以得到一个二次函数，该函数的图形是一条抛物线.

（2）设上述二次函数在 x_4 取得最大值，这时

$$x_4=\frac{1}{2}\frac{y_1(x_2^2-x_3^2)+y_2(x_3^2-x_1^2)+y_3(x_1^2-x_2^2)}{y_1(x_2-x_3)+y_2(x_3-x_1)+y_3(x_1-x_2)}. \tag{6-12}$$

（3）在 $x=x_4$ 处做试验，得试验结果 y_4. 如果假定 y_1, y_2, y_3, y_4 中的最大值是 y_i，则取它的相邻的左右两点 y_{i-1}, y_{i+1} 或者 y_{i+1}, y_{i+2} 或者 y_{i-2}, y_{i-1}，将这三点记为 y_1', y_2', y_3'，则根据这三点又可得到一条抛物线方程，如此继续下去，直到找到函数的极大点（或它的充分邻近的一个点被找到为止）.

抛物线法常常用在 0.618 法或分数法取得一些数据的情况，这时能收到更好的效果. 此外，还建议做完了 0.618 法或分数法的试验后，用最后三个数据按抛物线法求出 x_4，并计算这个抛物线在点 x_4 处的数值，预先估计一下在点 x_4 处的试验结果，然后将这个数值与已经试得的最佳值

做比较,以此作为是否在点 x_4 处再做一次试验的依据.

例 3 在测定某离心泵效率 η 与流量 Q 之间关系曲线的试验中,已经测得三组数据如表所示,如何利用抛物线法尽快地找到最高效率点?

离心泵效率 η 与流量 Q 的试验数据如表 6-20:

表 6-20

流量 $Q/(\mathrm{L/s})$	8	20	32
效率 $\eta/\%$	50	75	70

解 首先根据这三组数据,确定抛物线的极值点,即下一试验点的位置. 为了表示方便,流量用 x 表示,效率用 y 表示,于是由上述公式(6-12)得 $x_4=24$.

所以,接下来的试验应在流量为 24 L/s 时进行. 试验表明,在该处离心泵效率 $\eta=78\%$,该效率已经非常理想了,试验一次成功.

在抛物线法中,主要是确定抛物线方程和抛物线的最大值,这些都可以利用 Excel 来求解. 以例题为例,先在 Excel 中画出散点图,然后选择菜单“图表”,打开“添加趋势线”对话框,在“类型”标签中选择“多项式”类型,阶数为 2,在“选项”标签中选中“显示公式”,确定后即可得到如图 6-13 所示的抛物线和方程. 然后利用 Excel 中的“规划求解”工具求出该抛物线方程的最大值,即为公式(6-12)中的 x_4.

二、双因素优选法

双因素优选问题,就是要迅速找到二元函数 $z=f(x,y)$ 的最大值,及其对应的 (x,y) 点的问题,这里 x,y 代表的是双因素. 假定处理的是单峰问题,也就是把 xOy 平面作为水平面,试验结果 z 看成这一点的高度,这样的图形就像一座山,双因素优选法的几何意义是找出该山峰的最高点. 如果在水平面上画出该山峰的等高线(z 值相等的点构成的曲线在 xOy 上的投影),如图 6-14 所示,最里边的一圈等高线即为最优点.

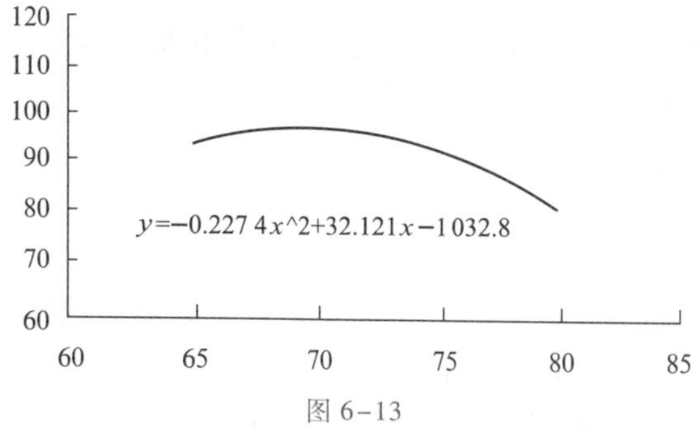

图 6-13

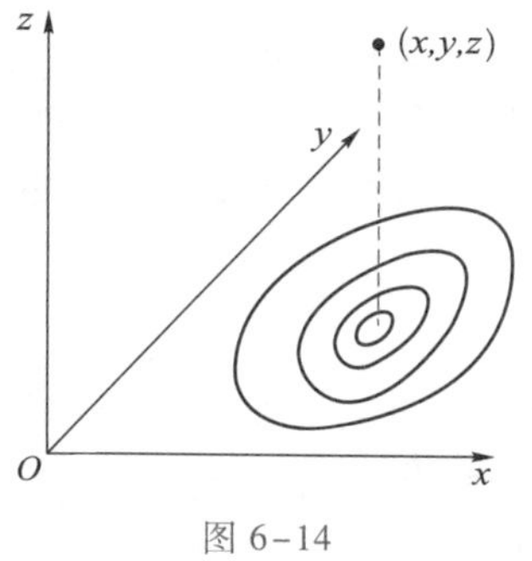

图 6-14

下面介绍几种常用的双因素优选法.

1. 对开法

在直角坐标系中画出一矩形代表优选范围:$a<x<b, c<y<d$.

在中线 $x=(a+b)/2$ 上用单因素法找最大值,设最大值在 P 点. 再在中线 $y=(c+d)/2$ 上用单因素法找最大值,设为 Q 点. 比较 P 和 Q 的结果,如果 Q 大,去掉 $x<(a+b)/2$ 部分,否则去掉 $y<(c+d)/2$ 部分. 再用同样的方法来处理余下的半个矩形,不断地去其一半,逐步地得到所需要的结果. 优选过程如图 6-15 所示.

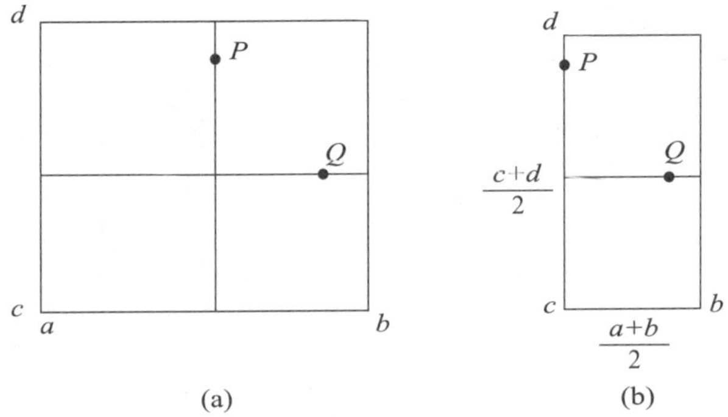

图 6-15

需要指出的是,如果 P,Q 两点的试验结果相等(或无法辨认好坏),这说明 P 和 Q 点位于同一条等高线上,所以可以将图上的下半块和左半块都去掉,仅留下右上部分. 所以当两点试验数据的可分辨性十分接近时,可直接去掉试验范围的 $\frac{3}{4}$.

例 4　某化工厂试制磺酸钡,其原料磺酸是磺化油经乙醇水溶液萃取出来的. 试验目的是选择乙醇水溶液的合适浓度和用量,使分离出的磺酸最多. 根据经验,乙醇水溶液的浓度变化范围为 50% ~90%(体积百分比),用量变化范围为 30% ~70%(质量百分比).

解　用对开法优选,如图 6-16 所示,先将乙醇用量固定在 50%,用 0.618 法,求得 A 点较好,即浓度为 80%;然后将浓度固定在 70%,用 0.618 法优选,结果 B 点较好,如图6-16(a)所示. 比较 A 点与 B 点的试验结果,A 点比 B 点好,于是丢掉下半部分. 在剩下的范围内再上下对折,将浓度固定于 80%,对用量进行优选,结果还是 A 点最好,如图 6-16(b)所示. 于是 A 点即为所求. 即乙醇水溶液浓度为 80%,用量为 50%.

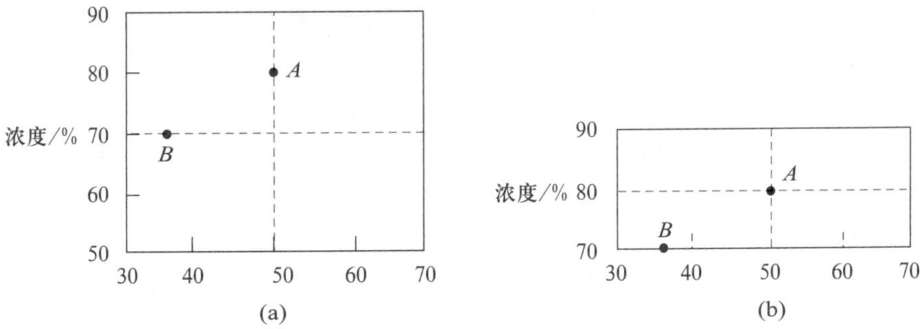

图 6-16

2. 旋升法

如图 6-17 所示,在直角坐标系中画出一矩形代表优选范围

$$a<x<b, c<y<d.$$

先在一条中线,例如 $x=(a+b)/2$ 上,用单因素优选法求得最大值,假定在 P_1 点取得最大,然

后过 P_1 点作水平线，在这条水平线上进行单因素优选，找到最大值，假定在 P_2 处取得最大值，如图 6-17(a)所示，这时应去掉通过 P_1 点的直线所分开的不含 P_2 点的部分；又在通过 P_2 的垂线上找最大值，假定在 P_3 处取得最大值，如图 6-17(b)所示，此时应去掉 P_2 的上部分，继续做下去，直到找到最优点.

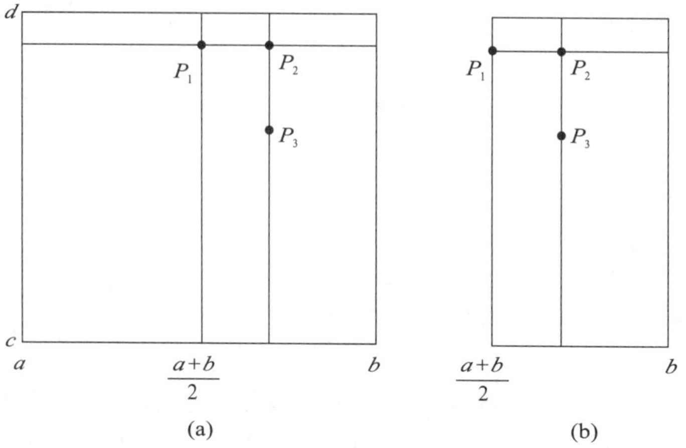

图 6-17

在这个方法中，每一次单因素优选时，都是将另一因素固定在前一次优选所得最优点的水平上，故也称为“从好点出发法”.

在这个方法中，哪些因素放在前面，哪些因素放在后面，对于选优的速度影响很大，一般按各因素对试验结果影响的大小排序，往往能较快得到满意的结果.

例 5 阿托品是一种抗胆碱药. 为了提高产量降低成本，利用优选法选择合适的酯化工艺条件. 根据分析，主要影响因素为温度与时间，其试验范围为，温度：55～75 ℃，时间：30～310 min.

解 (1) 先固定温度为 65 ℃，用单因素优选时间，得最优时间为 150 min，其收率为 41.6%.

(2) 固定时间为 150 min，用单因素优选法优选温度，得最优温度为 67 ℃，其收率为 51.6%(去掉小于 65 ℃部分).

(3) 固定温度为 67℃，对时间进行单因素优选，得最优时间为 80 min，其收率为 56.9%(去掉 150 min 上半部).

(4) 再固定时间为 80 min，又对温度进行优选，这时温度的优选范围为 65～75 ℃. 优选结果还是 67 ℃. 到此试验结束，可以认为最好的工艺条件为温度 67 ℃，时间 80 min，得率 56.9%.

优选过程如图 6-18 所示.

3. 平行线法

两个因素中，一个(例如 x)易于调整，另一个(例如 y)不易调整，则建议用“平行线法”，先将 y 固定在范围 (c,d) 的 0.618 处，即取

$$y=c+(d-c)\times 0.618,$$

用单因素法找最大值，假定在 P 点取得这一值，再把 y 固定在范围 (c,d) 的 0.382 处，即取

测一测

$$y=c+(d-c)\times 0.382.$$

用单因素法找最大值，假定在 Q 点取得这一值，比较 P,Q 的结果，如果 P 好，则去

掉 Q 点下面部分，即去掉 $y<c+(d-c)\times0.382$ 的部分（否则去掉 P 点上面的部分），再用同样的方法处理余下的部分，如此继续，如图 6-19 所示.

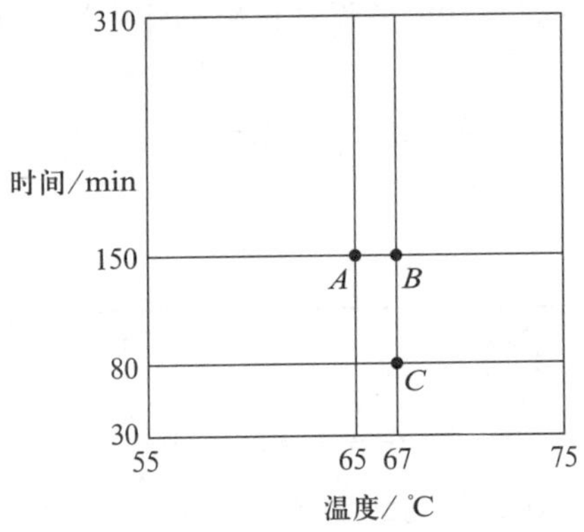

图 6-18

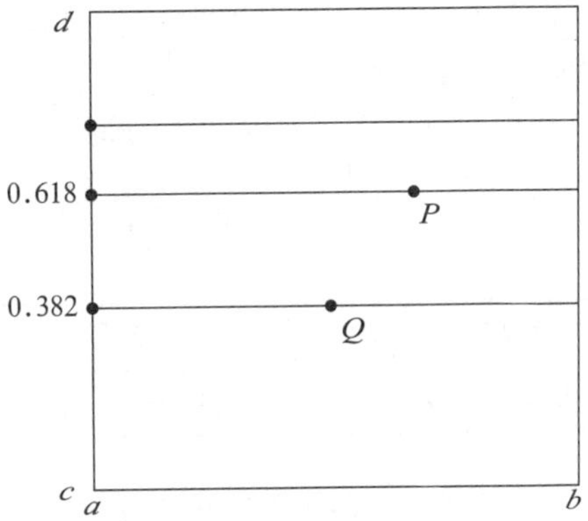

图 6-19

注：因素 y 的取点方法不一定要按 0.618 法，也可以固定在其他合适的地方.

练一练

某化工厂试制磺酸钡，其原料磺酸是磺化油经乙醇水溶液萃取出来的. 试验目的是选择乙醇水溶液的合适浓度和用量，使分离出的磺酸最多. 根据经验，乙醇水溶液的浓度变化范围为 50% ~90%（体积百分比），用量变化范围为 30% ~70%（质量百分比），实验范围如图 6-20 所示：

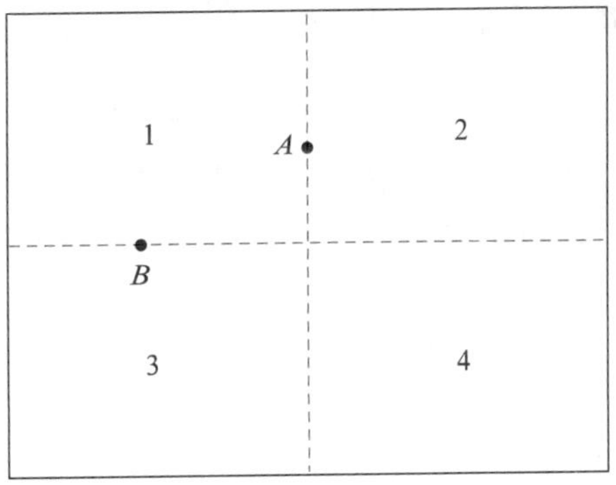

图 6-20

采用对开法，得 B 点的实验结果比 A 点的实验结果好，则应去掉部分（　）.

A. 1 和 2　　B. 3 和 4　　C. 1 和 3　　D. 2 和 4

同步练习 6.5

1. 已知某合成试验的反应温度范围为 340 ~ 420 ℃，通过单因素优选法得到：温度为 400 ℃时，产品的合成率最高. 如果使用的是 0.618 法，问优选过程是如何进行的，共需做多少次试验？假设在试验范围内合成率是温度的单峰函数.

2. 某厂在制作某种饮料时，需要加入白砂糖，为了工人操作和投料的方便，白砂糖的加入以桶为单位，经初步摸索，加入量在 3 ~ 8 桶范围中优选. 由于桶数只宜取整数，采用分数法进行单因素优选，优选结果为 6 桶，试问优选过程是如何进行的？假设在试验范围内试验指标是白砂糖桶数的单峰函数.

3. 某厂在某电解工艺技术改进时，希望提高电解率，做了初步的试验，结果如表 6-21 所示. 试利用抛物线法确定下一个试验点.

表 6-21

电解质温度 x/℃	65	74	80
电解率/%	94.3	98.9	81.5

4. 要将 200 mL 的某酸性溶液中和到中性(可用 pH 试纸判断)，已知需加入 20 ~ 80 mL 的某碱溶液，试问使用哪种单因素优选法可以较快地找到最合适的碱液用量(55 mL)，并说明优选过程.

5. 某产品的质量受反应温度和反应时间两个因素的影响，已知温度范围为 20 ~ 100 ℃，时间范围为 30 ~ 160 min，试选用一种双因素优选法进行优选，并简单说明可能的优选过程. 假设产品质量是温度和时间的单峰函数.

第六节 正交试验设计

引例 柠檬酸硬脂酸单甘酯是一种新型的食品乳化剂，它是柠檬酸与硬脂酸单甘酯在一定的真空度下，通过酯化反应制得，现对其合成工艺进行优化，以提高乳化剂的乳化能力. 乳化能力测定方法是：将产物加入油水混合物中，经充分地混合、静置分层后，将乳状液层所占的体积百分比作为乳化能力. 根据探索性试验，确定的因素与水平如表 6-22 所示，假定因素间无交互作用.

表 6-22 因素水平表

水平	(A)温度/℃	(B)酯化时间/h	(C)催化剂种类
1	130	3	甲
2	120	2	乙
3	110	4	丙

在科学试验中，影响试验指标的要素或原因称为因素，比如温度、酯化时间、催化剂种类.

科学试验中因素所取的考察点称为水平，比如温度取 130，120，110 就是 3 个水平.

在工业生产和科学研究的实践中，所需要考察的因素往往比较多，而且因素的水平数也常常多于 2 个，如果对每个因素的每个水平都相互搭配进行全面试验，试验次数是惊人的，例如，对于 3 因素 3 水平的试验，若在每个因素的每个水平搭配(或称水平组合)上只做 1 次试验，就要做 $3^3=27$ 次试验，对于 4 因素 4 水平的试验，全面试验次数至少为 $4^4=256$ 次试验，对于 5 因素 4 水平的试验，全面试验次数至少为 $4^5=1\,024$ 次试验. 可见，随着因素数的增加，试验次数增加得更快,如果用正交试验设计来安排试验,则试验次数会大大减少,而且统计分析的计算也将变得简单.

正交试验设计简称正交设计,它是利用正交表科学地安排与分析多因素试验的方法,是最常用的试验设计方法之一. 接下来介绍在正交试验设计中必不可少的工具——正交表.

一、正交表

正交表是一种特殊的表格,它是正交设计中安排试验和分析试验结果的基本工具.

1. 等水平正交表

(1) 等水平正交表记号

所谓等水平正交表,就是各因素的水平数是相等的. 下面看两张常用的等水平正交表,见表6-23 与表6-24.

表 6-23 正交 $L_8(2^7)$

试验号	列号						
	1	2	3	4	5	6	7
1	1	1	1	1	1	1	1
2	1	1	1	2	2	2	2
3	1	2	2	1	1	2	2
4	1	2	2	2	2	1	1
5	2	1	2	1	2	1	2
6	2	1	2	2	1	2	1
7	2	2	1	1	2	2	1
8	2	2	1	2	1	1	2

表 6-24 正交表 $L_9(3^4)$

试验号	列号			
	1	2	3	4
1	1	1	1	1
2	1	2	2	2
3	1	3	3	3
4	2	1	2	3
5	2	2	3	1
6	2	3	1	2
7	3	1	3	2
8	3	2	1	3
9	3	3	2	1

两表中的 $L_8(2^7)$,$L_9(3^4)$ 是正交表的记号,等水平的正交表可用如下符号表示:

$$L_n(r^m),$$

其中,L 为正交表代号,n 为正交表横行数(需要做的试验次数),r 为因素水平数,m 为正交表纵列数(最多能安排的因数个数).

所以正交表 $L_8(2^7)$ 总共有 8 行、7 列(见表 6-22),如果用它来安排正交试验,则最多可以安排 7 个 2 水平的因素,试验次数为 8,而 7 因素 2 水平的全面试验次数为 $2^7=128$ 次,显然正交试验能大大地减少试验次数.

部分等水平正交表记号如下:

2 水平正交表:$L_4(2^3)$,$L_8(2^7)$,$L_{12}(2^{11})$,$L_{16}(2^{15})$,…;

3 水平正交表:$L_9(3^4)$,$L_{18}(3^7)$,$L_{27}(3^{13})$,…;

4 水平正交表:$L_{16}(4^5)$,$L_{32}(4^9)$,$L_{64}(4^{21})$,…;

5 水平正交表:$L_{25}(5^6)$,$L_{50}(5^{11})$,$L_{100}(5^{31})$,….

(2) 等水平正交表特点

上述等水平正交表都具有以下两个重要的性质.

① 表中任一列,不同的数字出现的次数相同. 也就是说每个因素的每一个水平都重复相同的次数. 例如,在表 $L_8(2^7)$ 中不同数字(或称水平)只有“1”“2”两个,在每列中它们各出现 4 次;表 $L_9(3^4)$ 中,不同数字“1”“2”“3”在每列中各出现 3 次.

② 表中任意两列,把同一行的两个数字看成有序数字对时,所有可能的数字对(或称水平搭配)出现的次数相同. 这里所指的数字对实际上是每两个因素组成的全面试验方案. 例如,在表 $L_8(2^7)$ 中的任意两列中,同一行的所有可能有序数字对为(1,1),(1,2),(2,1),(2,2),共 4 种,它们各出现 $2(8/2^2)$ 次;表 $L_9(3^4)$ 的任意两列中,同一行的所有可能有序数字对为(1,1),(1,2),(1,3),(2,1),(2,2),(2,3),(3,1),(3,2),(3,3),共有 9 种,它们各出现 $1(9/3^2)$ 次.

两个性质合称为“正交性”,这使试验点在试验范围内排列整齐、规律,也使试验点在试验范围内散布均匀,即“整齐可比、均衡分散”.

2. 混合水平正交表

在实际的科学实践中,有时由于试验条件限制,某因素不能取多个水平;有时需要重点考察的因素可多取一些水平,而其他因素的水平数可适当减少. 针对这些情况就产生了混合水平正交表. 混合水平正交表就是各因素的水平数不完全相同的正交表,如 $L_8(4^1\times2^4)$ 就是一个混合水平正交表(表 6-25).

表 6-25 正交表 $L_8(4^1\times2^4)$

试验号	列号				
	1	2	3	4	5
1	1	1	1	1	1
2	1	2	2	2	2
3	2	1	1	2	2
4	2	2	2	1	1
5	3	1	2	1	2

续表

试验号	列号				
	1	2	3	4	5
6	3	2	1	2	1
7	4	1	2	2	1
8	4	2	1	1	2

正交表 $L_8(4^1\times2^4)$ 也可以简写为 $L_8(4\times2^4)$，它共有 8 行、5 列，用这个正交表安排试验，要做 8 次试验，最多可安排 5 个因素，其中 1 个是 4 水平因素（第 1 列），4 个是 2 水平因素（第 2 ~ 5 列）. 以 $L_8(4^1\times2^4)$ 为例，可以看出混合水平正交表也有两个重要性质.

① 表中任一列，不同的数字出现的次数相同. 在表 $L_8(4^1\times2^4)$ 中，第 1 列有 1，2，3，4 四个数字，它们各出现 2 次；第 2 ~ 5 列，只有 1，2 两个数字，在每列中它们各出现 4 次.

② 每两列，同行两个数字组成的各种不同的水平搭配出现的次数是相同的，但不同的两列间所组成的水平搭配种类及出现次数是不完全相同的. 例如，在表 $L_8(4^1\times2^4)$ 中，第 1 列是 4 水平的列，它与其他任何一个 2 水平列所组成的同行数字对一共有 8 种：(1，1)，(1，2)，(2，1)，(2，2)，(3，1)，(3，2)，(4，1)，(4，2)，它们各出现 1 次；第 2 ~ 5 列都是 2 水平列，它们任两列组成的同行数字对为(1，1)，(1，2)，(2，1)，(2，2)，共 4 种，它们各出现 2 次.

从这两个性质可以看出，用混合水平的正交表安排试验时，每个因素的各水平之间的搭配也是均衡的. 其他混合水平正交表有：$L_{12}(3^1\times2^4)$，$L_{12}(6^1\times2^4)$，$L_{16}(4^1\times2^{12})$，$L_{16}(4^2\times2^9)$，$L_{16}(4^3\times2^6)$，$L_{16}(4^4\times2^3)$，$L_{18}(2^1\times3^7)$，$L_{18}(6^1\times3^6)$，$L_{20}(5^1\times2^8)$，$L_{24}(3^1\times4^1\times2^4)$ 等.

二、正交试验设计的优点

它的主要优点表现在如下几个方面.

(1) 在所有试验方案中均匀地挑选出代表性强的少数试验方案.

(2) 通过对这些少数试验方案的试验结果进行统计分析，可以推出较优的方案，而且所得到的较优方案往往不包含在这些少数试验方案中.

(3) 对试验结果做进一步的分析，可以得到试验结果之外的更多信息. 例如，各试验因素对试验结果影响的重要程度、各因素对试验结果的影响趋势等.

三、正交试验设计的基本步骤

正交试验设计总的来说包括两部分：一是试验设计，二是数据处理. 基本步骤可简单归纳如下.

1. 明确试验目的，确定评价指标

任何一个试验都是为了解决某一个问题，或为了得到某些结论而进行的，所以任何一个正交试验都应该有一个明确的目的，这是正交试验设计的基础.

试验指标是表示试验结果特性的值，如产品的产量、产品的纯度等，可以用它来衡量或考核试验效果.

2. 挑选因素,确定水平

影响试验指标的因素很多,但由于试验条件所限,我们往往不可能全面考察,所以应对实际问题进行具体分析,并根据试验目的,选出主要因素,略去次要因素,以减少要考察的因素数. 如果对问题了解不够,可以适当多取一些因素. 确定因素的水平数时,一般尽可能使因素的水平数相等,以方便试验数据处理. 最后列出因素水平表.

以上两点主要靠专业知识和实践经验来确定,是正交试验设计能够顺利完成的关键.

3. 选正交表,进行表头设计

根据因素数和水平数来选择合适的正交表. 一般要求,因素数≤正交表列数,因素水平数与正交表对应的水平数一致,在满足上述条件的前提下,选择较小的表. 例如,对于 4 因素 3 水平的试验,满足要求的表有 $L_9(3^4)$,$L_{27}(3^{13})$ 等,一般可以选择 $L_9(3^4)$,但是如果要求精度高,并且试验条件允许,可以选择较大的表.

表头设计就是将试验因素安排到所选正交表相应的列中.

4. 明确试验方案,进行试验,得到结果

根据正交表和表头设计确定每号试验的方案,然后进行试验得到以试验指标形式表示的试验结果 .

5. 对试验结果进行统计分析

对正交试验结果的分析,通常采用两种方法:一种是直观分析法(或称极差分析法),另一种是方差分析法. 通过试验结果分析可以得到因素主次顺序、优方案等有用信息.

6. 进行验证试验,做进一步分析

优方案是通过统计分析得出的,还需要进行试验验证,以保证优方案与实际一致,否则还需要进行新的正交试验.

四、单指标正交试验设计及其结果的直观分析

根据试验指标的个数,可把正交试验设计分为单指标试验设计与多指标试验设计,下面通过引例说明如何用正交表进行单指标正交设计,以及如何对试验结果进行直观分析.

引例 柠檬酸硬脂酸单甘酯是一种新型的食品乳化剂,它是柠檬酸与硬脂酸单甘酯在一定的真空度下,通过酯化反应制得,现对其合成工艺进行优化,以提高乳化剂的乳化能力. 乳化能力测定方法:将产物加入油水混合物中,经充分地混合、静置分层后,将乳状液层所占的体积百分比作为乳化能力. 根据探索性试验,确定的因素与水平如表 6-22 所示,假定因素间无交互作用.

注意:为了避免人为因素导致的系统误差,确定因素的 1 水平、2 水平、3 水平,最好不要简单地完全按因素水平数值由小到大或由大到小的顺序排列,应按“随机化”的方法处理,例如用抽签的方法,将 3 h 定为 B_1,2 h 定为 B_2,4 h 定为 B_3.

解 本题中试验的目的是提高产品的乳化能力,试验的指标为单指标,即乳化能力,因素和水平是已知的,所以可以从正交表的选取开始进行试验设计和直观分析.

(1) 选正交表

本例是一个 3 水平的试验,因此要选用 $L_n(3^m)$ 型正交表,本例共有 3 个因素,且不考虑因素间的交互作用,所以要选一张 $m\geqslant3$ 的表,而 $L_9(3^4)$ 是满足条件 $m\geqslant3$ 的最小的 $L_n(3^m)$ 型正交表,故选用正交表 $L_9(3^4)$ 来安排试验.

(2) 表头设计

本例不考虑因素间的交互作用,只需将各因素分别安排在正交表 $L_9(3^4)$ 上方与列号对应的位置上,一般一个因素占有一列,不同因素占有不同的列(可以随机排列),就得到所谓的表头设计(表 6-26).

表 6-26 表头设计

	A	空列	B	C
列号	1	2	3	4

不放置因素或交互作用的列称为空白列(简称空列),空白列在正交设计的方差分析中也称为误差列,一般最好留至少一个空白列.

(3) 明确试验方案

完成了表头设计之后,只要把正交表中各列上的数字 1,2,3 分别看成是该列所填因素在各个试验中的水平数,这样正交表的每一行就对应着一个试验方案,即各因素的水平组合,如表 6-27所示. 注意,空白列对试验方案没有影响.

表 6-27 试验方案

试验号	A	空列	B	C	试验方案
1	1	1	1	1	$A_1B_1C_1$
2	1	2	2	2	$A_1B_2C_2$
3	1	3	3	3	$A_1B_3C_3$
4	2	1	2	3	$A_2B_2C_3$
5	2	2	3	1	$A_2B_3C_1$
6	2	3	1	2	$A_2B_1C_2$
7	3	1	3	2	$A_3B_3C_2$
8	3	2	1	3	$A_3B_1C_3$
9	3	3	2	1	$A_3B_2C_1$

例如,对于第 7 号试验,试验方案为 $A_3B_3C_2$,它表示反应条件为:温度 110 ℃、酯化时间 4 h、乙种催化剂.

(4) 按规定的方案做试验,得出试验结果

按正交表的各试验号中规定的水平组合进行试验,本例总共要做 9 个试验,将试验结果(指标)填写在表的最后一列中,如表 6-28.

表 6-28 试验方案及试验结果分析

试验号	A	空列	B	C	乳化能力
1	1	1	1	1	0.56
2	1	2	2	2	0.74

续表

试验号	A	空列	B	C	乳化能力
3	1	3	3	3	0.57
4	2	1	2	3	0.87
5	2	2	3	1	0.85
6	2	3	1	2	0.82
7	3	1	3	2	0.67
8	3	2	1	3	0.64
9	3	3	2	1	0.66

在进行试验时,应注意以下几点:第一,必须严格按照规定的方案完成每一号试验,因为每一号试验都从不同角度提供有用信息,即使其中有某号试验事先根据专业知识可以肯定其试验结果不理想,但仍然需要认真完成该号试验;第二,试验进行的次序没有必要完全按照正交表上试验号码的顺序,可按抽签方法随机决定试验进行的顺序,事实上,试验顺序可能对试验结果有影响(例如,试验中由于先后实验操作熟练的程度不同带来的误差干扰,以及外界条件所引起的系统误差),把试验顺序打"乱",有利于消除这一影响;第三,做试验时,试验条件的控制要力求严格,尤其是在水平的数值差别不大时. 例如在本例中,因素 B 的 $B_1=3$ h,$B_2=2$ h,$B_3=4$ h,在以 $B_2=2$ h 为条件的某一个试验中,就必须严格认真地令 $B_2=2$ h,若因为粗心造成 $B_2=2.5$ h 或者 $B_2=3$ h,那就将使整个试验失去正交试验设计的特点,使后续的结果分析丧失了必要的前提条件,因而得不到正确的结论.

(5) 实验结果分析

采用直观分析法(或称极差分析法),计算极差,确定因素的主次顺序,首先引入三个符号.

K_i:表示任一列上水平号为 i(本例中 $i=1,2$ 或 3)时所对应的试验结果之和. 例如,在表6-28中,在 B 因素所在的第 3 列上,第 1,6,8 号试验中 B 取 B_1 水平,所以 K_1 为第 1,6,8 号试验结果之和,即 $K_1=0.56+0.82+0.64=2.02$;第 2,4,9 号试验中 B 取 B_2 水平,所以 K_2 为第 2,4,9 号试验结果之和,即 $K_2=0.74+0.87+0.66=2.27$;第 3,5,7 号试验中 B 取 B_3 水平,所以 K_3 为第 3,5,7 号试验结果之和,即 $K_3=0.57+0.85+0.67=2.09$. 同理可以计算出其他列中的 K_i,结果如表6-29所示.

k_i:$k_i=K_i/s$,其中 s 为任一列上各水平出现的次数,所以 k_i 表示任一列上因素取水平 i 时所得试验结果的算术平均值. 例如,在本例中 $s=3$,在 A 因素所在的第 1 列中,$k_1=\dfrac{1.87}{3}=0.623$,$k_2=\dfrac{2.54}{3}=0.847$,$k_3=\dfrac{1.97}{3}=0.657$. 同理可以计算出其他列中的 k_i 结果如表 6-29 所示.

R:称为极差,在任一列上 $R=\max\{k_1,k_2,k_3\}-\min\{k_1,k_2,k_3\}$. 例如,在第 1 列上,$R=0.847-0.623=0.224$.

一般来说,各列的极差是不相等的,这说明各因素的水平改变对试验结果的影响是不相同的,极差越大,表示该列因素的数值在试验范围内的变化,对试验指标的数值有更大的影响. 所以极差最大的那一列,就是因素的水平对试验结果影响最大的因素,也就是最主要的因素.

在本例中，由于 $R_A>R_B>R_C$，所以各因素从主到次的顺序为：A（温度），B（酯化时间），C（催化剂种类）.

表 6-29　试验方案及试验结果分析

试验号	A	空列	B	C	乳化能力
1	1	1	1	1	0.56
2	1	2	2	2	0.74
3	1	3	3	3	0.57
4	2	1	2	3	0.87
5	2	2	3	1	0.85
6	2	3	1	2	0.82
7	3	1	3	2	0.67
8	3	2	1	3	0.64
9	3	3	2	1	0.66
K_1	1.87	2.1	2.02	2.07	
K_2	2.54	2.23	2.27	2.23	
K_3	1.97	2.05	2.09	2.08	
k_1	0.623	0.7	0.673	0.69	
k_2	0.847	0.743	0.757	0.743	
k_3	0.657	0.683	0.697	0.693	
极差 R	0.224	0.06	0.084	0.053	
因素主次顺序	A,B,C				
优方案	$A_2B_2C_2$				

有时空白列的极差比其他所有因素的极差都要大，说明因素之间可能存在不可忽略的交互作用，或者漏掉了对试验结果有重要影响的其他因素. 所以，在进行结果分析时，尤其是对所做的试验没有足够的认知时，最好将空白列的极差一并计算出来，从中也可以得到一些有用的信息.

（6）优方案的确定

优方案是指在所做的试验范围内，各因素较优的水平组合. 各因素优水平的确定与试验指标有关，若指标越大越好，则应选取使指标大的水平，即各列 K_i（或 k_i）中最大的那个值对应的水平；反之，若指标越小越好，则应选取使指标小的那个水平.

在本例中，试验指标是乳化能力，指标越大越好，所以应挑选每个因素的 K_1,K_2,K_3（或 k_1，k_2,k_3）中最大的值对应的那个水平，由于：

A 因素列：$K_2>K_3>K_1$；

B 因素列：$K_2>K_3>K_1$；

C 因素列：$K_2>K_3>K_1$，

所以优方案为 $A_2B_2C_2$，即反应温度 120 ℃，酯化时间 2 h，乙种催化剂.

另外，实际确定优方案时，还应区分因素的主次，对于主要因素，一定要按有利于指标的要求选取最好的水平，而对于不重要的因素，由于其水平改变对试验结果的影响较小，则可以根据有利于降低消耗、提高效率等目的来考虑别的水平. 例如，本例的 C 因素的重要性排在末尾，因此，假设丙种催化剂比乙种催化剂更廉价、易得，则可以将优方案中的 C_2 换为 C_3，于是优方案就变为 $A_2B_2C_3$，正好是正交表中的第 4 号试验，它是已做过的 9 个试验中乳化能力最好的试验方案，也是比较好的方案.

本例中，通过直观分析（或极差分析）得到的优方案 $A_2B_2C_2$，并不包含在正交表中已做过的 9 个试验方案中，这正体现了正交试验设计的优越性.

（7）进行验证试验，做进一步的分析

上述优方案是通过理论分析得到的，但它实际上是不是真正的优方案还需要做进一步的验证. 首先，将优方案 $A_2B_2C_2$ 与正交表中最好的第 4 号试验 $A_2B_2C_3$ 做对比试验，若方案 $A_2B_2C_2$ 比第 4 号试验的试验结果更好，通常就可以认为 $A_2B_2C_2$ 是真正的优方案，否则第 4 号试验 $A_2B_2C_3$ 就是所需的优方案. 若出现后一种情况，一般来说可能是没有考虑交互作用或者试验误差较大所引起的，需要做进一步的研究，可能还有提高试验指标的潜力.

上述优方案是在给定的因素和水平的条件下得到的，若不限定给定的水平，有可能得到更好的试验方案，所以当所选的因素和水平不恰当时，该优方案也有可能达不到试验的目的，不是真正意义上的优方案，这时就应该对所选的因素和水平进行适当的调整，以找到新的更优方案. 我们可以将因素水平作为横坐标，以它的试验指标的平均值为纵坐标，画出因素与指标的关系图——趋势图.

在画趋势图时要注意，对于数量因素（如本例中的温度和时间），横坐标上的点不能按水平号顺序排列，而应按水平的实际大小顺序排列，并将各坐标点连成折线图，这样就能从图中很容易地看出指标随因素数值增大时的变化趋势；如果是属性因素（如本例中的催化剂种类），由于不是连续变化的数值，则可不考虑横坐标顺序，也不用将坐标点连成折线.

从图 6-21 也可以看出，当反应温度 $A_2=120$ ℃，酯化时间 $B_2=2$ h，选用乙种催化剂（C_2）时产品乳化能力最好，即优方案为 $A_2B_2C_2$. 从趋势图还可以看出：酯化时间并不是越长越好，当酯化时间少于 3 h 时，产品的乳化能力有随反应时间减少而提高的趋势，所以适当减少酯化时间也许会找到更优的方案. 因此，根据趋势图可以对一些重要因素的水平做适当调整，选取更优的水平，再安排一批新的试验. 新的正交试验可以只考虑一些主要因素，次要因素则可固定在某个较

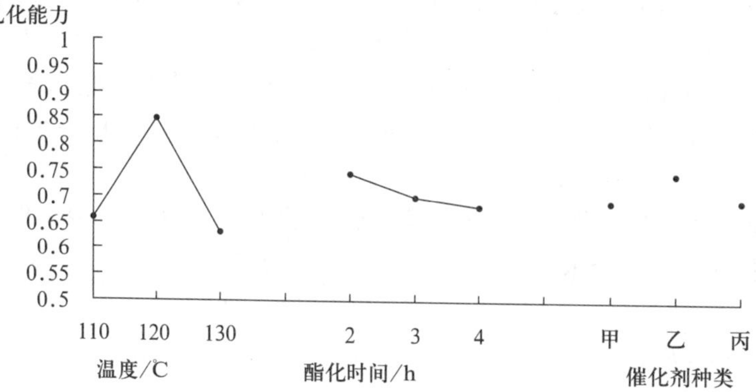

图 6-21 趋势图

好的水平上，另外还应考虑漏掉的交互作用或重要因素，所以新一轮正交试验的因素数和水平将会更合理，也会得到更优的试验方案.

练一练

正交设计优水平的选择原则是(　　).

A. 极差越大对应的水平数为优水平

B. 极差越小对应的水平数为优水平

C. 与极差没有关系

D. 以上说法都不对

五、多指标正交试验设计及其结果的直观分析

在实际生产和科学试验中，整个试验结果的好坏往往不是一个指标能全面评判的，所以多指标的试验设计是一类很常见的方法. 由于在多指标试验中，不同指标的重要程度常常是不一致的，各因素对不同指标的影响程度也不完全相同，所以多指标试验的结果分析比较复杂一些. 下面介绍两种解决多指标正交试验的分析方法：综合平衡法和综合评分法.

1. 综合平衡法

综合平衡法是先对每个指标分别进行单指标的直观分析，得到每个指标的影响因素主次顺序和最佳水平组合，然后根据理论知识和实际经验，对各指标的分析结果进行综合比较和分析，得出较优方案. 下面通过一个例子来说明这种方法.

例 1　在用乙醇溶液提取葛根中有效成分的试验中，为了提高葛根中有效成分的提取率，对提取工艺进行优化试验，需要考察三项指标：提取物得率（为提取物质量与葛根质量之比）、提取物中葛根总黄酮含量、总黄酮中葛根素含量. 三个指标都是越大越好，根据前期探索性试验，决定选取 3 个相对重要的因素——乙醇浓度、液固比（乙醇溶液与葛根质量之比）和提取剂回流次数进行正交试验，它们各有 3 个水平，具体数据如表 6-30 所示，不考虑因素间的交互作用，试进行分析，找出较好的提取工艺条件.

表 6-30　因素水平表

水平	(A)乙醇浓度/%	(B)液固比	(C)回流次数
1	80	7	1
2	60	6	2
3	70	8	3

解　这是一个 3 因素 3 水平的试验，由于不考虑交互作用，所以可选用正交表 $L_9(3^4)$ 来安排试验. 表头设计、试验方案及试验结果如表 6-31 所示.

与单指标试验的分析方法相同，先对各指标分别进行直观分析，得出因素的主次和优方案（结果如表 6-32 所示），并且画出各因素与各指标的趋势图（如图 6-22 所示）.

由表 6-32 可以看出，对于不同的指标而言，不同因素的影响程度是不一样的，所以将 3 个因

素对 3 个指标影响的重要性的主次顺序统一起来是行不通的.

表 6-31 试验方案及试验结果

试验号	A	B	空列	C	提取物得率/%	葛根总黄酮含量/%	葛根素含量/%
1	1	1	1	1	6.2	5.1	2.1
2	1	2	2	2	7.4	6.3	2.5
3	1	3	3	3	7.8	7.2	2.6
4	2	1	2	3	8	6.9	2.4
5	2	2	3	1	7	6.4	2.5
6	2	3	1	2	8.2	6.9	2.5
7	3	1	3	2	7.4	7.3	2.8
8	3	2	1	3	8.2	8	3.1
9	3	3	2	1	6.6	7	2.2

表 6-32 试验结果分析

指标		A	B		C
提取物得率/%	K_1	21.4	21.6	22.6	19.8
	K_2	23.2	22.6	22	23
	K_3	22.2	22.6	22.2	24
	k_1	7.13	7.2	7.53	6.6
	k_2	7.73	7.53	7.33	7.67
	k_3	7.4	7.53	7.4	8
	极差 R	1.8	1	0.6	4.2
	因素主次	C,A,B			
	优方案	$C_3A_2B_2$ 或 $C_3A_2B_3$			
葛根总黄酮含量/%	K_1	18.6	19.3	20	18.5
	K_2	20.2	20.7	20.2	20.5
	K_3	22.3	21.1	20.9	22.1
	k_1	6.2	6.43	6.67	6.17
	k_2	6.73	6.9	6.73	6.83
	k_3	7.43	7.03	6.97	7.37
	极差 R	3.7	1.8	0.7	3.6
	因素主次	A,C,B			
	优方案	$A_3C_3B_3$			

续表

指标		A	B		C
葛根素含量/%	K_1	7.2	7.3	7.7	6.8
	K_2	7.4	8.1	7.1	7.8
	K_3	8.1	7.3	7.9	8.1
	k_1	2.4	2.43	2.57	2.27
	k_2	2.47	2.7	2.37	2.6
	k_3	2.7	2.43	2.63	2.7
	极差 R	0.9	0.8	0.8	1.3
	因素主次	C,A,B			
	优方案	$C_3A_3B_2$			

不同指标所对应的优方案也是不同的，但是通过综合平衡法可以得到综合的优方案. 具体平衡过程如下.

因素 A：对于后两个指标都是取 A_3 好，而且对于葛根总黄酮含量，A 因素是最主要的因素，在确定优水平时应重点考虑；对于提取物得率则是取 A_2 好，从趋势图或 $K_i(k_i)$ 可以看出 A 取 A_2，A_3 时提取物得率相差不大，而且从极差可以看出，A 为较次要的因素. 所以根据多数倾向和 A 因素对不同指标的重要程度，选取 A_3.

因素 B：对于提取物得率，取 B_2 或 B_3 基本相同，对于葛根总黄酮含量取 B_3 好，对于葛根素含量则是取 B_2 好. 另外，对于这三个指标而言，B 因素都是处于末位的次要因素，所以 B 取哪一个水平对 3 个指标的影响都比较小，这时可以本着降低消耗的原则，选取 B_2，以减少溶剂耗量.

因素 C：对 3 个指标来说，都是以 C_3. 为最佳水平，所以取 C_3.

综合上述的分析，优方案为 $A_3B_2C_3$，即乙醇浓度 70%，液固比 6，回流 3 次.

在进行综合平衡时，可以依据四条原则：第一，某个因素可能对某个指标是主要因素，但对另外的指标则可能是次要因素，那么在确定该因素的优水平时，应首先选取作为主要因素时的优水平；第二，若某因素对各指标的影响程度相差不大，这时可按“少数服从多数”的原则，选取出现次数较多的优水平；第三，当因素各水平相差不大时，可依据降低消耗、提高效率的原则选取合适的水平；第四，若各试验指标的重要程度不同，则在确定因素优水平时应首先满足相对重要的指标. 在具体运用这几条原则时，仅仅根据其中的一条可能确定不了优水平，所以应将几条综合在一起分析.

可见，综合平衡法要对每一个指标都单独进行分析，所以计算分析的工作量大，但是同时也可以从试验结果中获得较多的信息. 多指标的综合平衡有时是比较困难的，仅仅依据数学的分析往往得不到正确的结果，所以还要结合专业知识和经验，得到符合实际的优方案.

2. 综合评分法

综合评分法是根据各个指标的重要程度，对得出的试验结果进行分析，给每一个试验评出一个分数，作为这个试验的总指标，然后根据这个总指标（分数），利用单指标试验结果的直观分析法做进一步的分析，从而确定较好的试验方案. 显然，这个方法的关键是如何评分，下面介绍几种评分方法.

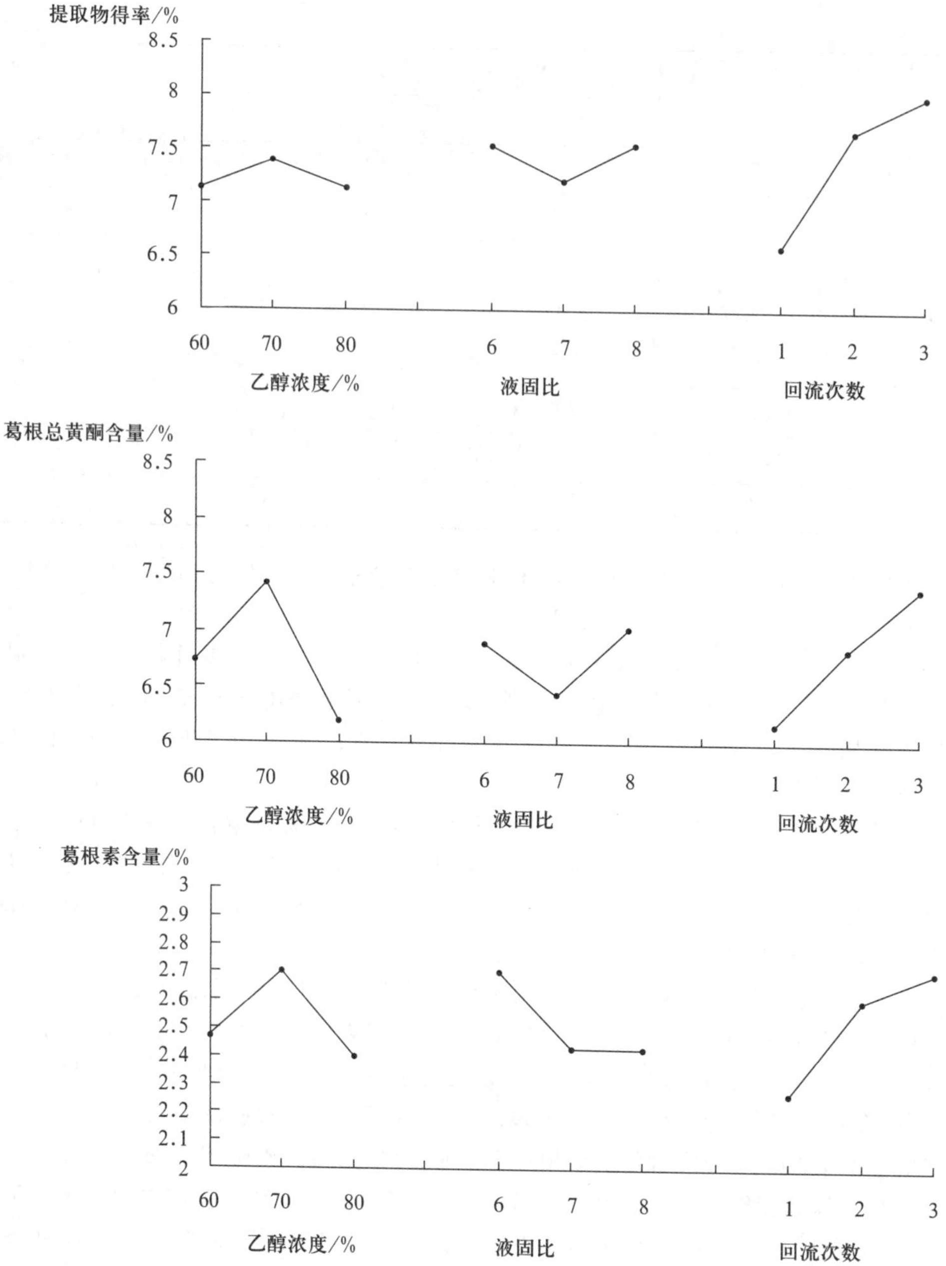

图 6-22 趋势图

(1) 对每号试验结果的各个指标统一权衡,综合评价,直接给出每一号试验结果的综合分数.

(2) 先对每号试验的每个指标按一定的评分标准评出分数,若各指标的重要性是一样的,则可以将同一号试验中各指标的分数的总和作为该号试验的总分数.

(3) 先对每号试验的每个指标按一定的评分标准评出分数,若各指标的重要性不相同,此时要先确定各指标相对重要性的权数,然后求加权和作为该号试验的总分数.

第一种评分方法常常用在各试验指标很难量化的试验中,比如评判某种食品的好坏,需要从色、香、味、口感等方面进行综合评定，这时就需要有丰富经验的专家能将各个指标综合起来，给每号试验结果评出一个综合分，然后再进行单指标的分析. 所以，这种方法的可靠性在很大程度上取决于试验者或专家的理论知识和实践经验.

对于后两种评分方法，最关键的是如何对每个指标评出合理的分数. 如果指标是定性的，则可以依靠经验和专业知识直接给出一个分数，这样非数量化的指标就转换为数量化指标，使结果分析变得更容易；对于定量指标，有时指标值本身就可以作为分数，如回收率、纯度等；但不是所有的指标值本身都能作为分数，这时就可以使用“隶属度”来表示分数，隶属度的计算方法见例 2.

例 2　玉米淀粉改性制备高取代度的三乙酸淀粉酯的试验中，需要考察两个指标，即取代度和酯化率，这两个指标都是越大越好，试验的因素和水平如表 6-33 所示，不考虑因素之间的交互作用，试验目的是为了找到使取代度和酯化率都高的试验方案.

表 6-33　因素水平表

水平	(A)反应时间/h	(B)吡啶用量/g	(C)乙酸酐用量/s
1	3	150	100
2	4	90	70
3	5	120	130

解　这是一个 3 因素 3 水平的试验，由于不考虑交互作用，所以可选用正交表 $L_9(3^4)$ 来安排试验.

表头设计、试验方案及试验结果如表 6-34 所示.

表 6-34　试验方案及试验结果

试验号	A	B	空列	C	取代度	酯化率/%	取代度隶属度	酯化率隶属度	综合分
1	1	1	1	1	2.96	65.7	1	1	1
2	1	2	2	2	2.18	40.36	0	0	0
3	1	3	3	3	2.45	54.31	0.35	0.55	0.47
4	2	1	2	3	2.7	41.09	0.67	0.03	0.29
5	2	2	3	1	2.49	56.29	0.4	0.63	0.54
6	2	3	1	2	2.41	43.23	0.29	0.11	0.18
7	3	1	3	2	2.71	41.43	0.68	0.04	0.3
8	3	2	1	3	2.42	56.29	0.31	0.63	0.5
9	3	3	2	1	2.83	60.14	0.83	0.78	0.8
K_1	1.47	1.59	1.68	2.34					
K_2	1.01	1.04	1.09	0.48					
K_3	1.6	1.45	1.31	1.26					
极差 R	0.59	0.55	0.59	1.86					

续表

试验号	A	B	空列	C	取代度	酯化率/%	取代度隶属度	酯化率隶属度	综合分
因素主次	C,A,B								
优方案	$C_1A_3B_1$								

例中有两个指标:取代度和酯化率,这里将两个指标都转换成它们的隶属度,用隶属度来表示分数.隶属度的计算方法如下:

$$\text{指标隶属度}=\frac{\text{指标值}-\text{指标最小值}}{\text{指标最大值}-\text{指标最小值}}.$$

可见,指标最大值的隶属度为1,而指标最小值的隶属度为0,所以0≤指标隶属度≤1.如果各指标的重要性一样,就可以直接将各指标的隶属度相加作为综合分数,否则求出加权和作为综合分数.

本例中的两个指标的重要性不一样,根据实际要求,取代度和酯化率的权重分别取0.4和0.6,于是每号试验的综合分数=取代度隶属度×0.4+酯化率隶属度×0.6,满分为1.00.评分结果和以综合分数作为总指标进行的直观分析如表6-34所示.可以看出,这里分析出来的优方案$C_1A_3B_1$不包括在已经做过的9个试验中,所以应按照这个方案做一次验证试验,看是否比正交表中1号试验的结果更好,从而确定真正最好的试验方案.

可见,综合评分法是将多指标的问题,通过适当的评分方法,转换成了单指标的问题,使结果的分析计算变得简单方便.但是,结果分析的可靠性,主要取决于评分的合理性,如果评分标准、评分方法不合适,指标的权数不恰当,所得到的结论就不能反映全面情况,所以如何确定合理的评分标准和各指标的权数,是综合评分的关键,这有赖于专业知识、经验和实际要求,单纯从数学上是无法解决的.

在实际应用中,如果遇到多指标的问题,究竟是采用综合平衡法还是综合评分法,视具体情况而定,有时可以将两者结合起来,以便比较和参考.

练一练

多指标正交实验的分析方法有综合评分和(　　).

A. 综合平衡　　B. 综合分析　　C. 综合计算　　D. 综合计数

六、有交互作用的正交试验设计及其结果的直观分析

在前面讨论的正交试验设计及结果分析中,仅考虑了每个因素的单独作用,但是在许多试验中不仅要考虑各个因素对试验指标所起的作用,还要考虑因素间的交互作用对试验结果的影响.

1. 交互作用的判别

下面说明如何判别因素间的交互作用.

设有两个因素A和B,它们各取两个水平A_1,A_2和B_1,B_2,这样A,B共有4种水平组合,在每种组合下各做一次试验,试验结果如表6-35.显然,当$B=B_1$时,A由A_1变到A_2使试验指标增加10,当$B=B_2$时,A由A_1变到A_2使试验指标减小15,可见因素A由A_1变到A_2时,试验指标变化

趋势相反，与 B 取哪一个水平有关；类似地，当因素 B 由 B_1 变到 B_2 时，试验指标变化趋势也相反，与 A 取哪一个水平有关，这时，可以认为 A 与 B 之间有交互作用. 如果将表 6-35 中的数据描述在图中(图 6-23)，可以看到两条直线是明显相交的，这是交互作用很强的一种表现.

表 6-36 和图 6-24 给出了一个无交互作用的例子. 由表 6-36 可以看出，A 或 B 对试验指标的影响与另一个因素取哪一个水平无关. 在图 6-23 中两直线是互相平行的，但是由于试验误差的存在，如果两直线近似相互平行，也可以认为两因素间无交互作用，或交互作用可以忽略.

表 6-35 判别交互作用的试验数据表(1)

	A_1	A_2
B_1	25	35
B_2	30	15

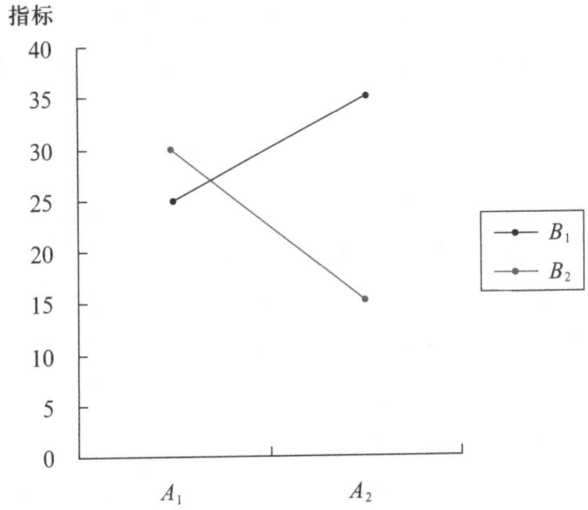

图 6-23 有交互作用

表 6-36 判别交互作用的试验数据表(2)

	A_1	A_2
B_1	25	35
B_2	15	30

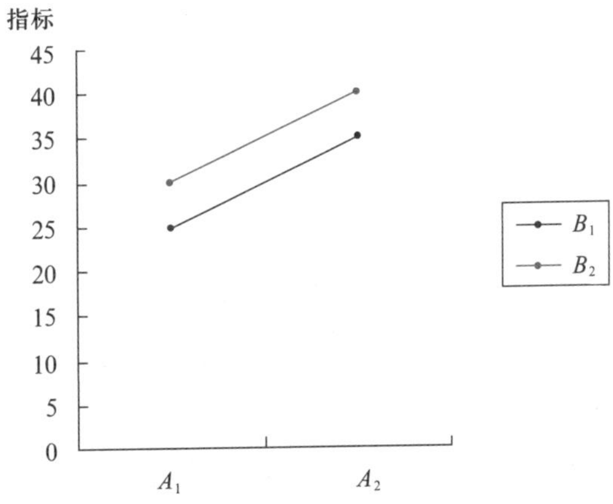

图 6-24 无交互作用

2. 有交互作用的正交试验设计及其结果的直观分析

例 3 用石墨炉原子吸收分光光度计法测定食品中的铅含量,为提高测定灵敏度,希望吸光度大. 为提高吸光度,对 A(灰化温度/℃)、B(原子化温度/℃)和 C(灯电流/mA)三因素进行了考察,并考虑交互作用 $A\times B$,$A\times C$,各因素及水平见表 6-37. 试进行正交试验,找出最优水平组合.

表 6-37 因素水平表

水平	A	B	C
1	300	1 800	8
2	700	2 400	10

解 (1) 选表

这是一个 3 因素 2 水平的试验,但是还有两个交互作用,在选正交表时应将交互作用看成因素,所以本例应按照 5 因素 2 水平的情况来选正交表,于是可以选择满足这一条件的最小正交表 $L_8(2^7)$ 来安排正交试验.

(2) 表头设计

由于交互作用被看作是影响因素,所以在正交表中应该占有相应的列,称为交互作用列. 但是交互作用列是不能随意安排的,一般可以通过两种方法来安排.

第一种方法是查所选正交表对应的交互作用表,表 6-38 就是正交表 $L_8(2^7)$ 对应的交互作用表. 表 6-38 中写了两种列号,一种列号是带括号的,它们表示因素所在的列号;另一种列号是不带括号的,它们表示交互作用的列号. 根据表 6-38 就可以查出正交表 $L_8(2^7)$ 中任何两列的交互作用列. 例如,要查第 2 列和第 5 列的交互作用列,先在表对角线上找到列号(2)和(5),然后从(2)向右横看,从(5)向上竖看,交叉的数字为 7,即为它们的交互作用列,所以如果将 A,B 分别放在正交表的第 2 列和第 5 列,则 $A\times B$ 应该放在第 7 列. 类似地,从该表中还可查出其他两列间的交互作用列.

表 6-38 $L_8(2^7)$ 两列间的交互作用

列号( )	列号						
	1	2	3	4	5	6	7
(1)	(1)	3	2	5	4	7	6
(2)		(2)	1	6	7	4	5
(3)			(3)	7	6	5	4
(4)				(4)	1	2	3
(5)					(5)	3	2
(6)						(6)	1
(7)							(7)

第二种方法是直接查对应正交表的表头设计表,表 6-39 就是正交表 $L_8(2^7)$ 的表头设计表,它实质上是根据交互作用表整理出来的,使用起来更方便.

在本例中,总共有 3 个因素,根据表 6-39 可知,可以将 A,B,C 依次安排在 1,2,4 列,而交互

作用 $A\times B$, $A\times C$ 分别安排在第 3 列和第 5 列上.

表 6-39　$L_8(2^7)$ 表头设计

因素数	列号						
	1	2	3	4	5	6	7
3	A	B	$A\times B$	C	$A\times C$	$B\times C$	
4	A	B	$A\times B$ $C\times D$	C	$A\times C$ $B\times D$	$B\times C$ $A\times D$	D
4	A	B $C\times D$	$A\times B$	C $B\times D$	$A\times C$	D $B\times C$	$A\times D$
5	A $D\times E$	B $C\times D$	$A\times B$ $C\times E$	C $B\times D$	$A\times C$ $B\times E$	D $A\times E$ $B\times C$	E $A\times D$

(3) 明确试验方案,进行试验,得到试验结果

表头设计完之后,根据 A, B, C 三个因素所在的列,就可以确定本例中的 8 个试验方案. 注意,交互作用虽然也占有相应的列,但它们与空白列一样,对确定试验方案不起任何作用.

按正交表规定的试验方案进行试验,测定试验结果,试验方案与试验结果 $y_i(i=1,2,\cdots,8)$ 见表 6-40.

表 6-40　试验方案与试验结果分析

试验号	A	B	$A\times B$	C	$A\times C$	空列	空列	吸光度 y_i
	1	2	3	4	5	6	7	
1	1	1	1	1	1	1	1	0.484
2	1	1	1	2	2	2	2	0.448
3	1	2	2	1	1	2	2	0.532
4	1	2	2	2	2	1	1	0.516
5	2	1	2	1	2	1	2	0.472
6	2	1	2	2	1	2	1	0.48
7	2	2	1	1	2	2	1	0.554
8	2	2	1	2	1	1	2	0.552
K_1	1.98	1.884	2.038	2.042	2.048	2.024	2.034	
K_2	2.058	2.154	2	1.996	1.99	2.014	2.004	
极差 R	0.078	0.27	0.038	0.046	0.058	0.01	0.03	
因素主次	$B, A, A\times C, C, A\times B$							

(4) 实验数据分析,计算极差、确定因素主次

极差计算结果和因素主次见表 6-40,注意,虽然交互作用对试验方案没有影响,但应将它们看作因素,所以在排因素主次顺序时,应该包括交互作用.

(5) 优方案的确定

如果不考虑因素间的交互作用,根据指标越大越好,可以得到优方案为 $A_2B_2C_1$. 但是根据上一步排出的因素主次,可知交互作用 $A\times C$ 比因素 C 对试验指标的影响更大,所以要确定 C 的优水平,应该按因素 A,C 各水平搭配好坏来确定. 两因素的搭配表见表 6-41.

表 6-41 因素 A,C 水平搭配表

要素	A_1	A_2
C_1	$(y_1+y_3)/2=(0.484+0.532)/2=0.508$	$(y_5+y_7)/2=(0.472+0.554)/2=0.513$
C_2	$(y_2+y_4)/2=(0.448+0.516)/2=0.482$	$(y_6+y_8)/2=(0.480+0.552)/2=0.516$

比较表 6-41 中的四个值,0.516 最大,所以取 A_2C_2 好,从而优方案为 $A_2B_2C_2$,即灰化温度 700 ℃、原子化温度 2 400 ℃、灯电流 10 mA. 显然,不考虑交互作用和考虑交互作用时的优方案不完全一致,这正反映了因素间交互作用对试验结果的影响.

最后就有交互作用的正交试验设计补充说明如下:

① 在进行表头设计时,一般来说,表头上第一列最多只能安排一个因素或一个交互作用,不允许出现混杂(一列安排多个因素或交互作用);对于重点要考虑的因素和交互作用,不能与任何交互作用混杂,而让次要的因素或交互作用混杂. 所以,当考察的因素和交互作用比较多时,表头设计就比较麻烦,为避免混杂可以选择较大的正交表,如果选择小表,则不可避免会出现混杂.

② 两个因素间的交互作用称为一级交互作用;3 个或 3 个以上因素的交互作用,称为高级交互作用. 例如,三个因素 A,B,C 的高级交互作用可记作 $A\times B\times C$. 在绝大多数的实际问题中,高级交互作用都可以忽略,一般只需要考察少数几个一级交互作用,其余大部分一级交互作用也是可以忽略的,至于哪些交互作用应该忽略,则要依据专业知识和实践经验来判断.

③ 两水平因素之间的交互作用只占一列,而三水平因素之间的交互作用则占两列,r 水平两因素间的交互作用要占 $r-1$ 列. 表 6-42 是 $L_{27}(3^{13})$ 表头设计的一部分,由该表可以看出,当因素数和水平数均为 3 时,交互作用 $(B\times C)_1$ 和 $(B\times C)_2$ 分别在第 8,11 列,所以交互作用 $B\times C$ 对指标影响的大小应用第 8,11 两列来计算. 所以当因素的水平数 ≥3 时,交互作用的分析比较复杂,不便用直观分析法,通常都用方差分析法.

表 6-42 $L_{27}(3^{13})$ 表头设计(部分)

因素数	列号												
	1	2	3	4	5	6	7	8	9	10	11	12	13
3	A	B	$(A\times B)_1$	$(A\times B)_2$	C	$(A\times C)_1$	$(A\times C)_2$	$(B\times C)_1$			$(B\times C)_2$		

④ 若试验不考虑交互作用,则表头设计可以是任意的. 例如:在例 2 中对 $L_9(3^4)$ 的表头设计,表 6-43 所列的各种方案都是可用的.

在试验之初不考虑交互作用而选用较大的正交表,空列较多时,最好仍与有交互作用时一样,按规定进行表头设计. 例如,对于 4 因素 2 水平的试验,若暂时不考虑交互作用,建议参考表 6-39,将 4 个因素依次安排在 1,2,4,7 列(或 1,2,4,6 列),只不过将交互作用列先视为空列,待试验结束后再加以判定.

表 6-43　$L_9(3^4)$ 表头设计方案

方案	列号			
	1	2	3	4
1	*A*	*B*	*C*	空
2	空	*A*	*B*	*C*
3	*C*	空	*A*	*B*
4	*B*	*C*	空	*A*
⋮	⋮	⋮	⋮	⋮

练一练

用 $L_8(2^7)$ 进行正交实验设计，若因素 A 和 B 安排在第 1,2 列，则 $A\times B$ 应排在第(　　)列.

A. 3　　B. 4　　C. 5　　D. 6

七、混合水平的正交试验设计及其结果的直观分析

在实际问题中，由于具体情况不同，有时各因素的水平数是不相同的，这就是混合水平的多因素试验问题. 混合水平的正交试验设计方法主要有两种：一是直接利用混合水平的正交表；二是采用拟水平法，即将混合水平问题转换为等水平的问题.

1. 直接利用混合水平的正交表

例 4　某人造板厂进行胶压板制造工艺的试验，以提高胶压板的性能，因素及水平如表 6-44，胶压板的性能指标采用综合评分的方法，分数越高越好，忽略因素间的交互作用.

表 6-44　因素水平表

水平	(*A*)压力/atm	(*B*)温度/℃	(*C*)时间/min
1	8	95	9
2	10	90	12
3	11		
4	12		

解　本问题中有 3 个因素，一个因素有 4 个水平，另外两个因素都为 2 个水平，可以选用混合水平正交表 $L_8(4^1\times2^4)$. 因素 A 有 4 个水平，应安排在第 1 列，B 和 C 都为 2 个水平，可以放在后 4 列中的任何两列上，本例将 B,C 依次放在第 2,3 列上，第 4,5 列为空列. 本例的试验方案、试验结果如表 6-45 所示.

表 6-45　试验结果及其直观分析

试验号	*A*	*B*	*C*	空列	空列	得分
1	1	1	1	1	1	2
2	1	2	2	2	2	6
3	2	1	1	2	2	4

续表

试验号	A	B	C	空列	空列	得分
4	2	2	2	1	1	5
5	3	1	2	1	2	6
6	3	2	1	2	1	8
7	4	1	2	2	1	9
8	4	2	1	1	2	10
K_1	8	21	24	23	24	
K_2	9	29	26	27	26	
K_3	14					
K_4	19					
k_1	4	5.2	6	5.8	6	
k_2	4.5	7.2	6.5	6.8	6.5	
k_3	7					
k_4	9.5					
极差 R	5.5	2	0.5	1	0.5	
因素主次	A,B,C					
优方案	$A_4B_2C_1$ 或 $A_4B_2C_2$					

由于 C 因素是对试验结果影响较小的次要因素，它取不同的水平对试验结果的影响很小，如果从经济的角度考虑，可取 9 min，所以优方案也可以为 $A_4B_2C_1$，即压力 12 atm、温度 90 ℃、时间 9 min.

上述的分析计算与前述方法基本相同，但是由于各因素的水平数不完全相同，所以在计算 k_1,k_2,k_3,k_4 时与等水平的正交设计不完全相同. 例如，A 因素有 4 个水平，每个水平出现两次，所以在计算 k_1,k_2,k_3,k_4 时，应当是相应的 K_1,K_2,K_3,K_4 分别除以 2 得到的；而对于因素 B,C，它们都只有 2 个水平，每个水平出现四次，所以 k_1,k_2 应当是相应的 K_1,K_2 分别除以 4 得到.

还应注意，在计算极差时，应该根据 k_i（i 表示水平号）来计算，即 $R=\max\{k_i\}-\min\{k_i\}$，不能根据 K_i 计算极差. 这是因为，对于 A 因素，K_1,K_2,K_3,K_4 分别是 2 个指标值之和，而对于 B,C 两因素，K_1,K_2 分别是 4 个指标值之和，所以只有根据平均值 k_i 求出的极差才有可比性.

本例中没有考虑因素间的交互作用，但混合水平正交表也是可以安排交互作用的，不过表头设计比较麻烦，一般可以直接参考对应的表头设计表.

2. 拟水平法

拟水平法是将混合水平的问题转化成等水平问题来处理的一种方法，下面举例说明.

例 5 某制药厂为提高某种药品的合成率，决定对缩合工序进行优化，因素水平表如表 6-46 所示，忽略因素间的交互作用.

分析：这是一个 4 因素的试验，其中 3 个因素是 3 水平，1 个因素是 2 水平，可以套用混合水平正交表 $L_{18}(2^1\times3^7)$，需要做 18 次试验. 假如 C 因素也有 3 个水平，则本例就变成了 4 因素 3 水平的问题,如果忽略因素间的交互作用,就可以选用等水平正交表 $L_9(3^4)$,只需要做 9 次试验. 但是实际上因素 C 只能取 2 个水平,不能够不切实际地安排出第 3 个水平. 这时可以根据实际经验,将 C 因素较好的一个水平重复一次,使 C 因素变成 3 水平的因素. 在本例中,如果 C 因素的第 2 水平比第 1 水平好,就可将第 2 水平重复一次作为第 3 水平(表 6-46),由于这个第 3 水平是虚拟的,故称为拟水平.

表 6-46 因素水平表

水平	(A)温度/℃	(B)甲醇钠量/ml	(C)醛状态	(D)缩合剂量/ml
1	35	3	固	0.9
2	25	5	液	1.2
3	45	4	液	1.5

解 C 因素虚拟出一个水平之后,就可以选用正交表 $L_9(3^4)$ 来安排试验,试验结果及分析见表 6-47.

表 6-47 试验结果及其直观分析

试验号	A	B	C	D	合成率/%	(合成率-70)/%
1	1	1	1(1)	1	69.2	-0.8
2	1	2	2(2)	2	71.8	1.8
3	1	3	3(2)	3	78	8
4	2	1	2(2)	3	74.1	4.1
5	2	2	3(2)	1	77.6	7.6
6	2	3	1(1)	2	66.5	-3.5
7	3	1	3(2)	2	69.2	-0.8
8	3	2	1(1)	3	69.7	-0.3
9	3	3	2(2)	1	78.8	8.8
K_1	9	2.5	-4.6	15.6		
K_2	8.2	9.1	29.5	-2.5		
K_3	7.7	13.3		11.8		
k_1	3	0.8	-1.5	15.6		
k_2	2.7	3	4.9	-2.5		
k_3	2.6	4.4		11.8		
极差 R	0.4	3.6	6.4	6		
因素主次	C,D,B,A					
优方案	$C_2D_1B_3A_1$					

在本例中,为了简化计算,将试验结果都减去了 70%,这种简化不会影响到因素主次顺序和

优方案的确定.

测一测

在试验结果的分析计算中应注意,因素 C 的第 3 水平实际上与第 2 水平是相等的,所以应重新安排正交表第 3 列中 C 因素的水平,将 3 水平改成 2 水平(结果如表 6-47 所示),于是 C 因素所在的第 3 列只有 1,2 两个水平,其中 2 水平出现 6 次. 所以求和时只有 K_1,K_2,求平均值时 $k_1=K_1/3$,$k_2=K_2/6$. 其他列的 K_1,K_2,K_3 与 k_1,k_2,k_3 的计算方法与例 1 一致.

在计算极差时,应该根据 k_i(i 表示水平号)来计算,即 $R=\max\{k_i\}-\min\{k_i\}$,不能根据 K_i 计算极差,这是因为,对于 C 因素,K_1 是 2 个指标值之和,K_2 是 6 个指标值之和,而对于 A,B,D 三因素,K_1,K_2,K_3 分别是 3 个指标值之和,所以只有根据平均值 k_i 求出的极差才有可比性.

在确定优方案时,由于合成率越高越好,因素 A,B,D 的优水平可以根据 K_1,K_2,K_3 与 k_1,k_2,k_3 的大小顺序取较大的 K_i 或 k_i 所对应的水平,但是对于因素 C,就不能根据 K_1,K_2 的大小来选择优水平,而是应根据 k_1,k_2 的大小来选择优水平. 所以本例的优方案为 $C_2D_1B_3A_1$,即醛为液态、缩合剂量 0.9 ml、甲醇钠量 4 ml、温度 35 ℃.

由上面的讨论可知,拟水平法不能保证整个正交表均衡搭配,只具有部分均衡搭配的性质. 这种方法不仅可以对一个因素虚拟水平,也可以对多个因素虚拟水平,使正交表的选用更方便、灵活.

同步练习 6.6

1. 用乙醇水溶液分离废弃农作物中的木质素(表 6-48),考察了三个因素(溶剂浓度、反应温度和保温时间)对木质素的影响,因素水平如下表所示. 将因素 A,B,C 依次安排在正交表 $L_9(3^4)$ 第 1,2,3 列,不考虑因素间的交互作用. 9 个试验结果 y(得率/%)依次为:5.3,5.0,4.9,5.4,6.4,3.7,3.9,3.3,2.4. 试用直观分析法确定因素主次和优方案,并画出趋势图.

表 6-48

水平	(A)溶剂浓度/%	(B)反应温度/℃	(C)保温时间/h
1	60	140	3
2	80	160	2
3	100	180	1

2. 采用直接还原法制备超细铜粉的研究中,需要考察的影响因素有反应温度、Cu^{2+} 与氨水质量比和 $CuSO_4$ 溶液浓度,通过初步试验确定的因素水平如表 6-49:

表 6-49

水平	(A)反应温度/℃	(B)Cu^{2+} 与氨水质量比	(C)$CuSO_4$ 溶剂浓度/%
1	70	1 : 0.1	0.125
2	80	1 : 0.5	0.5
3	90	1 : 1.5	1.0

试验指标有两个:(1) 转化率,越高越好;(2) 铜粉松密度,越小越好. 用正交表 $L_9(3^4)$ 安排试验,将 3 个因素依次放在 1,2,3 列上,不考虑因素间的交互作用,9 次试验结果依次

如下表 6-50：

表 6-50

转化率/%	40.26	40.46	61.79	60.15	73.97	91.31	73.52	87.19	97.26
铜粉松密度/(g/ml)	2.008	0.693	1.769	1.296	1.613	2.775	1.542	1.115	1.824

试用综合平衡法对结果进行分析，找出最好的试验方案.

3. 通过正交试验对木犀草素的 β^- 环糊精包合工艺进行优化，需要考察的因素及水平如表 6-51：

表 6-51

水平	(*A*)原料配比	(*B*)包合温度/℃	(*C*)包合时间/h
1	1 : 1	50	3
2	1.5 : 1	70	1
3	2 : 1	60	5

试验结果有两个：包合率和包合物收率，这两个指标均是越大越好. 用正交表 $L_9(3^4)$ 安排试验，将 3 个因素依次放在第 1,2,3 列上，不考虑因素间的交互作用，9 次试验结果依次如表 6-52：

表 6-52

包合率/%	12.01	15.86	16.95	8.60	13.71	7.22	6.54	7.78	5.43
包合物收率/%	61.80	84.31	80.15	67.23	77.26	76.53	58.61	78.12	77.60

这两个指标的重要性不同，如果化为数量，包合率与包合物收率重要性之比为 3 : 2，试通过综合评分法确定优方案.

4. 为了通过正交试验寻找从某矿物中提取稀土元素的最优工艺条件，使稀土元素的提取率最高，选取的因素水平如表 6-53：

表 6-53

水平	因素		
	A	*B*	*C*
	酸用量	水用量	反应时间
1	25	20	1
2	20	40	2

需要考虑的交互作用有：$A\times B$，$A\times C$，$C\times B$，如果将 A，B，C 分别安排在正交表 $L_8(2^7)$ 的 1,2,4 列上，试验结果依次为：1.01，1.33，1.13，1.06，1.03，0.80，0.76，0.56. 试用直观分析法确定主次因素及优方案.

本章小结

一、误差

1. 绝对误差:设 x^* 是某量的近似值,x 是它的真值,则称 $\Delta x=x^*-x$ 为近似值 x^* 的绝对误差,简称误差.

2. 绝对误差限:$|\Delta x^*|=|x^*-x|\leqslant\delta(x^*)$,则称 $\delta(x^*)$ 为近似值 x^* 的绝对误差限.

3. 相对误差:设 x^* 是某量的测量值或者近似值,x 是它的真值,则称

$$E_r(x^*)=\frac{x^*-x}{x}\times 100\%$$ 为 x^* 的相对误差.

4. 相对误差限:若 $|E_r(x^*)|\leqslant\delta_r(x^*)$,则称 $\delta_r(x^*)$ 为 x^* 的相对误差限,一般记作 ε_r.

5. 函数的绝对误差:$\Delta u=\sum\limits_{i=1}^{n}\left|\dfrac{\partial f}{\partial x_i}\Delta x_i\right|$.

6. 函数的相对误差:$\varepsilon_r(u)=\dfrac{\Delta u}{u}\times 100\%=\sum\limits_{i=1}^{n}\left|\dfrac{\partial f}{\partial x_i}\dfrac{\Delta x_i}{u}\right|\times 100\%$.

二、方程求根

1. 方程求根的二分法:每次取上一次有根区间的中点,判断根在中点左侧区间还是右侧区间,在一定精度要求下,求出方程的近似根.

2. 牛顿迭代法:$x_{n+1}=x_n-\dfrac{f(x_n)}{f'(x_n)}$.

三、拉格朗日插值公式

线性插值公式:$p_1(x)=y_0\dfrac{x-x_1}{x_0-x_1}+y_1\dfrac{x-x_0}{x_1-x_0}$.

抛物插值公式:

$$p_2(x)=y_0\frac{(x-x_1)(x-x_2)}{(x_0-x_1)(x_0-x_2)}+y_1\frac{(x-x_0)(x-x_2)}{(x_1-x_0)(x_1-x_2)}+y_2\frac{(x-x_0)(x-x_1)}{(x_2-x_0)(x_2-x_1)}.$$

四、曲线拟合

若所给的数据点 $(x_i,y_i)(i=1,2,\cdots,n)$ 近似在某直线附近,令 $y=a+bx$,其中:

$$\begin{cases}na+\left(\sum\limits_{i=1}^{n}x_i\right)b=\sum\limits_{i=1}^{n}y_i,\\ \left(\sum\limits_{i=1}^{n}x_i\right)a+\left(\sum\limits_{i=1}^{n}x_i^2\right)b=\sum\limits_{i=1}^{n}x_iy_i.\end{cases}$$

五、优选法

优选法的工作原理:设函数 $y=f(x)$ 是 $[a,b]$ 上的单峰函数(或单谷函数),$x_1<x_2$ 为试验区间 $[a,b]$ 上两点,即 $a\leqslant x_1<x_2\leqslant b$,$x^*$ 是它的最优点. 那么:

若 $f(x_1)$ 优于 $f(x_2)$,则 $x^*\in(a,x_2)$;

若 $f(x_1)$ 劣于 $f(x_2)$,则 $x^*\in(x_1,b)$;

若 $f(x_1)=f(x_2)$,则 $x^*\in(x_1,x_2)$.

1. 单因素优选法

(1) 黄金分割法:将第一个试验点 x_1 安排在试验范围内的 0.618 处,按照公平、继承原则确定第二个试验点 $x_2=a+(b-x_1)$. 比较结果 $f(x_1)$ 和 $f(x_2)$ 哪个大,如果 $f(x_1)$ 大,就去掉 (a,x_2),在留下的 (x_2,b) 中已有了一个试验点 x_1,然后再用以上的求对称点的方法求试点 x_3 做下去,一直做到达到要求为止.

(2) 分数法:与黄金分割法类似,将第一个试验点放在合理的分数处.

2. 双因素优选

双因素优选就是要迅速找到二元函数 $z=f(x,y)$ 的最大值,及其对应的 (x,y) 点的问题,这里 x,y 代表的是双因素. 假定处理的是单峰问题,也就是把 xOy 平面作为水平面,试验结果 z 看成这一点的高度,这样的图形就像一座山,双因素优选法的几何意义是找出该山峰的最高点.

六、正交试验设计

1. 单指标正交试验设计及其结果的直观分析

K_i:表示任一列上水平号为 i 时所对应的试验结果之和.

k_i:$k_i=K_i/s$,其中 s 为任一列上各水平出现的次数,所以 k_i 表示任一列上因素取水平 i 时所得试验结果的算术平均值.

R:称为极差,在任一列上 $R=\max\{k_1,k_2,k_3\}-\min\{k_1,k_2,k_3\}$.

2. 多指标正交试验设计及其结果的直观分析

综合平衡法:先对每个指标分别进行单指标的直观分析,得到每个指标的影响因素的主次顺序和最佳水平组合,然后根据理论知识和实际经验,对各指标的分析结果进行综合比较和分析,得出较优方案.

综合评分法:根据各个指标的重要程度对得出的试验结果进行分析,给每一个试验评出一个分数,作为这个试验的总指标,然后根据这个总指标(分数),利用单指标试验结果的直观分析法做进一步的分析,确定较好的试验方案.

3. 有交互作用的正交试验设计及其结果的直观分析

习 题 六

一、选择题

1. 已知某样品质量的称量结果为 10±0.2 g,则其相对误差为(   ).

A. 0.2　　B. ±0.2　　C. 2%　　D. 0.2%

2. 经过平面上的 6 个点,一定可以找到一个次数不高于(   )的多项式.

A. 4　　B. 5　　C. 6　　D. 7

3. 某试验因素对应的目标函数是单峰函数,若用分数法需要从[0,21]个试验点中找最优点,则需要做试验的次数是(   ).

A. 6 次　　B. 7 次　　C. 10 次　　D. 20 次

4. 有一条 1 000 m 长的输电线路出现了故障,在线路的开始端 A 处有电,在末端 B 处没有电,现在用对开法检查故障所在位置,则第二次检查点在(   ).

A. 500 m 处　　B. 250 m 处　　C. 750 m 处　　D. 250 m 或 750 m 处

5. $L_8(2^7)$中的 7 代表(   ).

A. 最多允许安排因素的个数　　B. 因素水平数

C. 正交表的横行数　　　　　　　　D. 总的实验次数

6. 正方体的边长为 10±0.2，则体积的绝对误差限为（　　）.

A. 0.2^3　　B. 0.2×3　　C. 0.2　　D. 60

二、填空题

1. 一个正方形的边长为 10±0.2，则其面积的绝对误差为________. 面积的相对误差为________.

2. 用牛顿法求方程 $2x=e^{-x}$ 的根，现取 $x_0=1$，$x_1=$________.

3. 经过(1,2)，(3,5)两点的一次多项式为________.

4. 将拟合方程 $y=ae^{\frac{b}{x}}$ 进行线性化处理，则令 $Y=$________，$X=$________，线性方程为________.

5. 有一优选试验，试验的因素范围是[10,60]，在试验中第一个试点为 40，则第二个试点最好为________.

6. 正交表 $L_9(3^4)$ 适用于______水平试验，最多可以安排______个因素.

7. 某试验考虑 A,B,C,D 四个因素，每个因素取 3 个水平，并且考虑 3 个交互作用 $A\times B$，$A\times C$，$A\times D$，则应选择的合适正交表为________.

三、计算题

1. 设 x 的相对误差为 2%，求 x^n 的相对误差.

2. 用二分法方求程 $x^3-3x-1=0$ 在[1,2]之间的实根，写出前 3 个有根区间.

3. 用牛顿法求方程 $x^3-3x-1=0$ 在 $x_0=2$ 附近的根：

(1) 写出迭代公式；　　(2) 计算 x_1 及 x_2.

4. 求一个三次多项式，使其通过 4 个点(−2,−3)，(−1,−1)，(0,1)，(1,3).

5. 已知某合成试验的反应温度范围为 340～420 ℃，通过单因素优选法得到：温度为 400 ℃时，产品的合成率高. 如果使用分数法，试写出 4 个试验点的位置. 假设在试验范围内合成率是温度的单峰函数.

6. 某工厂为了提高某产品的收率，根据经验和分析，选取反应温度(A)、碱用量(B)和催化剂种类(C)3 个因素的 3 个水平进行正交试验，不考虑交互作用，试验方案及结果（收率/%）如表所示. 试用直观分析法确定因素主次和优方案，并画出趋势图.

试验号	A	B	C	空列	收率/%
1	1(80 ℃)	1(80 kg)	1(甲)	1	51
2	1	2(48 kg)	2(乙)	2	71
3	1	3(55 kg)	3(丙)	3	58
4	2(85 ℃)	1	2	3	82
5	2	2	3	1	69
6	2	3	1	2	59
7	3(90 ℃)	1	3	2	77
8	3	2	1	3	85
9	3	3	2	1	84

7. 为提高烧结矿的质量，做下面的配料试验. 各因素水平如下表(单位:t)：

水平	因素					
	A 精矿	B 生矿	C 焦粉	D 石灰	E 白云石	F 铁屑
1	8.0	5.0	0.8	2.0	1.0	0.5
2	9.5	4.0	0.9	3.0	0.5	1.0

质量好坏的试验指标为：含铁量越高越好. 选择 $L_8(2^7)$ 的正交表安排试验. 各因素依次放在正交表的 1 ~ 6 列上，8 次试验所得含铁量(%)依次为：50.9，47.1，51.4，51.8，54.3，49.8，51.5，51.3. 试对试验结果进行分析，找出最好的试验方案.

8. 某厂生产液体葡萄糖，要对生产工艺进行优选试验. 因素水平如下表所示：

水平	因素			
	A 粉浆浓度(%)	B 粉浆酸度	C 稳压时间	D 工作压力(10^5 Pa)
1	16	1.5	0	2.2
2	18	2.0	5	2.7
3	20	2.5	10	3.2

试验指标有两个：(1) 产量，越高越好；(2) 总还原糖，在 32 ~ 40% 之间. 用正交表 $L_9(3^4)$ 安排试验，9 次试验所得结果如下：

产量(kg)：498，568，568，577，512，540，501，550，510；

还原糖(%)：41.6，39.4，31.0，42.4，37.2，30.2，42.2，40.4，30.0.

试用综合平衡法对结果进行分析，找出最优的生产方案.

9. 某钢铁厂，为了提高冲天炉的焦铁比和铁水出炉温度，对冲天炉的工艺参数进行研究. 经技术研究决定，重点考察 A 炉型、B 风口尺寸、C 层焦比和 D 风压四个试验因素，每个因素有三个水平，如下表所示. 考察指标为：(1) 铁水温度，(2) 熔化速度，(3) 提高总焦铁比，其权重分别为 3 : 3 : 4，选用 $L_9(3^4)$ 安排试验，试采用综和评分法进行分析，找出最好的试验方案.

水平	因素			
	A 炉型(mm)	B 风口尺寸(一排)	C 层焦比	D 风压(kPa)
1	Φ760×Φ620	Φ40×6	1 : 14.5	21.33
2	Φ740×Φ550	Φ30×6	1 : 12.5	17.33
3	Φ720×Φ550	Φ20×6	1 : 13.5	20.00

指标	次数								
	1	2	3	4	5	6	7	8	9
铁水温度	1 408	1 397	1 409	1 409	1 405	1 412	1 415	1 413	1 419
熔化速度	5.3	5.2	5.6	5.2	4.9	5.1	5.4	5.3	5.1
焦铁比	11.7	13.2	12.3	11.9	12.5	13.0	13.3	12.2	13.5

10. 某化学试验，检查指标为产品的转化率，显然是越大越好. 根据经验所知，影响产品转化率的因素有 4 个：反应温度 A，反应时间 B，原料配比 C，真空度 D. 每个因素都是两个水平，具体情况如下：A_1：60 ℃，A_2：80 ℃；B_1：2.5 h，B_2：3.5 h；C_1 ：1.1 ：1，C_2：1.2 ：1；D_1 ：66 500 Pa，D_2：79 800 Pa，并考虑 A，B 的交互作用。选用正交表 $L_8(2^7)$ 安排试验，按试验号逐次进行试验，得出试验结果分别为（%）：86，96，94，91，88，95，91，83. 试进行分析，找出最好的方案.

知识拓展链接（六）

华罗庚与优选法、统筹法的推广应用

华罗庚教授是著名的数学家、数学教育家，他以极大的热情关注祖国的社会主义建设事业，致力于数学为国民经济服务. 在生命的后 20 年里，他几乎把全部精力投身于推广应用数学方法的工作，而“双法”——优选法、统筹法的推广应用便是其中心内容. 华罗庚在谈到他推广数学方法的体会时，提出三条原则：(1) 为谁？目的是什么？(2) 用什么技术？(3) 如何推广？华罗庚正是从这样一些原则来选择优选法和统筹法的. 通过调研，他了解了生产的整体层面的一些管理问题，如生产的安排、进度、工期等. 1964 年，他以国外的 CPM（关键线路法）和 PERT（计划评审法）为核心，进行提炼加工，去伪存真，提出了中国式的统筹方法.

1965 年 2 月，华罗庚亲率助手（学生）去北京 774 厂（北京电子管厂）搞统筹方法试点，后又去西南铁路工地搞试点. 他于 1965 年出版了小册子《统筹方法平话》，增加了实际应用案例. 书中用“泡茶”这一浅显的例子，讲述了统筹法的思想和方法. 后来华罗庚又考虑生产工艺的（局部）层面的问题，即如何选取工艺参数和工艺过程，以提高产品质量. 他提出了“优选法”，即最优的选取这种最优点的方法，或者说可用最少的试验次数来找出最优点的方法，并且他从理论上给出了严格的证明. 1971 年 7 月他出版了小册子《优选法平话》，书中着重介绍了 0.618 法（黄金分割法）. 随后，他又和助手们一起在北京搞试点，很快取得成功. 因为这一方法适用面广，操作简单，效果显著，受到工厂工人的欢迎.

从 1972 年开始，全国各地推广“双法”的群众运动持续了十余年. 华罗庚先后到过 23 个省、市、自治区工作. 各地“双法”推广工作是在地方党委的领导下，组织一支“五湖四海”的小分队，发动群众，开展科学试验. 例如，1975 年在陕西时，小分队队员有来自 19 个省、市、自治区及 9 个部的 160 多位同志. 各地来的同志一方面把已经取得的经验带来，另一方面又把新经验、新成果带回去. 小分队是以工人、干部、技术人员三结合的队伍.

在实际生产中，华罗庚的优选法显示了巨大的威力，取得增产、降耗、优质的效果. 许多单位在基本不增加投资、人力、物力、财力的情况下，应用“双法”选择合理的设计参数、工艺参数，统筹安排，提高了经营管理水平，取得了显著的经济效果. 如江苏省在 1980 年取得成果 5 000 多项，半年时间实际增加产值 9 500 多万元，节约 2 960 多万元，节电 2 038 万度，节煤 85 000 吨，节石油 9 000 多吨. 四川省推广“双法”，5 个月增产节约价值 2 亿多元. “双法”广泛应用于化工、电子、邮电、冶金、煤炭、石油、电力、轻工、机械制造、交通运输、粮油加工、建工建材、医药卫生、环境保护、农业等行业.

推广“双法”大事记

1965年2月,华罗庚率领两位助手陈德泉和计雷到北京电子管厂进行我国第一个项目管理的试点工作.尽管该试点没有获得成功,但是使华罗庚更加清楚项目管理的方法更适合“一次性”的工程项目,这为后来在“三线”建设中的首次成功试点奠定了基础.

1965年6月6日,《人民日报》以整版篇幅发表了华罗庚的《统筹方法平话》,这是一篇通俗易懂讲授项目管理知识的、我国最早的项目管理科普文献.

1977年10月,中国科学院正式成立了“应用数学研究推广办公室”,由华罗庚领导,又陆续去内蒙古自治区、四川、江苏、安徽等地开展推广“双法”的工作.

1978年,在举行的全国科学大会上,华罗庚领导的推广“双法”工作被评为“全国重大科技成果奖”.

1979年,华罗庚在欧洲讲学时,以“千百万人的数学”为题报告了我国统筹法和优选法的推广工作,轰动了西方社会.

1980年8月,华罗庚应邀出席在美国伯克利举行的第四届国际数学教育大会(ICME),并做大会报告,题目是“在中华人民共和国普及数学方法的若干个人体会”,优选法和统筹法都是其中的内容.

1981年3月,“中国优选法、统筹法与经济数学研究会”正式成立了(简称“双法”学会),华罗庚任第一届理事长.“双法”学会成立以后,华罗庚适时地将自己的工作由推广“双法”转移向国民经济的咨询工作.他领导了“两淮煤炭开发规划方案论证”“大庆油田七五规划和地面工程方案的优选研究”等项目的咨询,受到高度评价.

华罗庚还身体力行,不顾劳累和年老多病的身体,在近20年的时间里,几乎跑遍了中国所有的省、市、自治区,到过无数的工厂,为群众教授数学,解决实际问题.正如王元教授所说:“无论遇到什么困难,从没有动摇过他为国民经济建设从事数学普及工作的决心.”

第七章

MATLAB应用

MATLAB 是一款优秀的商业数学软件，它将数值分析、矩阵计算、数据可视化等诸多强大功能集成在一个易于使用的视窗环境中，为科学研究、工程设计以及与数值计算相关的众多科学领域提供了一种有力的计算工具，并成为自动控制、应用数学、信息与计算科学等专业学生必备的基本技能.

知识梳理

- MATLAB应用
  - MATLAB在级数中的应用
    - 使用MATLAB实现级数求和
    - 使用MATLAB实现函数的展开
  - MATLAB在多元函数微积分中的应用
    - 使用MATLAB计算多元函数的偏导数
    - 使用MATLAB计算多元函数的重积分
  - MATLAB在线性代数中的应用
    - 使用MATLAB进行矩阵运算
    - 使用MATLAB求解线性方程组
  - MATLAB在概率论与数理统计中的应用
    - 使用MATLAB计算均值和方差
    - 使用MATLAB进行正态分布参数估计与置信区间估计
  - MATLAB在数值计算中的应用
    - 使用MATLAB进行曲线拟合
    - 使用MATLAB进行插值逼近

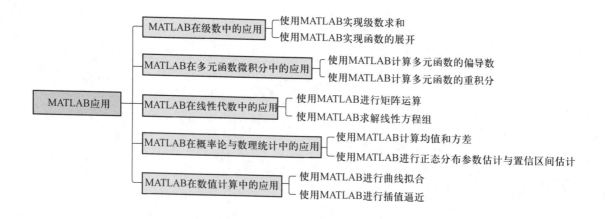

第一节　MATLAB 在级数中的应用

一、使用 MATLAB 实现级数求和

级数是数学的重要内容,无论在数学理论本身还是在科学技术的应用中都是一个有力工具. MATLAB 具有强大的级数求和功能,本节将详细介绍如何用它来处理工程计算中遇到的各种级数求和问题.

1. 基本命令(表 7-1)

表 7-1　symsum 调用格式

命令	说明
symsum(s,a,b)	求级数 s 关于系统默认的变量从 a 到 b 的有限项求和
symsum(s,v,a,b)	求级数 s 关于变量 v 从 a 到 b 的有限项求和

2. 例题

例 1　求数项级数 $\sum_{n=1}^{\infty}\frac{1}{n}$ 的和.

程序:

```
>>syms n;
>>f =1 /n;
>>symsum(f,1,inf)
  ans =
   Inf
```

例 2　求数项级数 $\sum_{n=1}^{\infty}\frac{1}{n^2}$, $\sum_{n=1}^{\infty}\frac{1}{n^3}$ 的和.

程序:

```
>>syms n;
>>f1 =1 /n^2;
>>f2 =1 /n^3;
>>f1s =symsum(f1,n,1,inf)
f1s =
Pi^2 /6
>>f2s =symsum(f2,n,1,inf)
f2s =
zeta(3)
>>vpa(f2s)
ans =
1.2020569031595942853997381615114
```

例 3 求数项级数 $\sum_{n=1}^{\infty}\frac{1}{3^n}$的和.

程序:

```
>>syms n;
>>symsum(1/3^n,n,1,inf)
ans =
1/2
```

例 4 求级数 $\sum_{n=1}^{\infty}\frac{x^n}{n\cdot 3^n}$的和.

程序:

```
>>syms n x;
>>symsum(x^n /(n*3^n),n,1,inf)
ans =
piecewise([x==3,Inf],[abs(x)<=3&x~=3,-log(1-x/3)])
```

例 5 求级数 $\sum_{n=1}^{\infty}\frac{10^n}{n!}$的和.

程序:

```
>>syms n;
>>symsum(10^n/factorial(n),n,1,inf)
ans =
exp(10)-1
```

练一练

用 MATLAB 求 $\sum_{n=1}^{\infty}\frac{1}{n^4}$的和.

二、使用 MATLAB 实现函数的泰勒展开

用简单函数逼近(近似表示)复杂函数是数学中的一种基本思想方法,也是工程中常常要用到的技术手段.本节主要介绍如何用 MATLAB 来实现函数的泰勒展开的操作.

1. 基本命令(表 7-2)

表 7-2 taylor 调用格式

命令	说明
taylor(f)	关于系统默认变量 x 求 $\sum_{n=0}^{5}\frac{f^n(0)}{n!}x^n$
taylor(f,m)	关于系统默认变量 x 求 $\sum_{n=0}^{m}\frac{f^n(0)}{n!}x^n$,这里的 m 要求为一个正整数

续表

命令	说明
taylor(f,a)	关于系统默认变量 x 求 $\sum_{n=0}^{5}\frac{f^{n}(a)}{n!}(x-a)^{n}$，这里的 a 要求为一个实数
taylor(f,m,a)	关于系统默认变量 x 求 $\sum_{n=0}^{m}\frac{f^{n}(a)}{n!}(x-a)^{n}$，这里的 m 要求为一个正整数，a 要求为一个实数
taylor(f,m,x,a)	函数 f 关于变量 x 求 $\sum_{n=0}^{m}\frac{f^{n}(a)}{n!}(x-a)^{n}$，这里的 m 要求为一个正整数，a 要求为一个实数
taylor(f,x,a,'order',m)	求函数 f 关于变量 x 的泰勒展开式，这里的 m 要求为一个正整数，表示展开项数，a 为函数的展开点，缺省时为麦克劳林展开

2. 例题

例 6　求函数 $y=\sin x$ 在点 $x=0$ 处的 5 阶泰勒展开式及在 $x=\frac{\pi}{3}$ 处的 6 阶泰勒展开式.

程序：

```
>>syms x
>>taylor(sin(x))
ans =
x^5/120-x^3/6+x
>>taylor(sin(x),x,pi/3,'order',7)
ans =
x/2-pi/6+3^(1/2)/2-(3^(1/2)*(x-pi/3)^2)/4+(3^(1/2)*(x-pi/3)^4)/48-(3^(1/2)*(x-pi/3)^6)/1440-(x-pi/3)^3/12+(x-pi/3)^5/240
```

例 7　将函数 $y=\sin x$ 展开成 x 的幂级数，观察前几项.

程序：

```
>>syms x
>>f=sin(x)
>>y1=taylor(f,x,'order',2)
ans =
x
>>y2=taylor(f,x,'order',4)
ans =
-x^3/6+x
>>y3=taylor(f,x,'order',6)
ans =
x^5/120-x^3/6+x
```

测一测

例 8 将函数 $f(x)=e^x$ 展开成的 $x-2$ 的幂级数.

程序:

```
>>syms x
>>f=exp(x);
>>taylor(f,x,2)
ans=
exp(2)+exp(2)*(x-2)+(exp(2)*(x-2)^2)/2+(exp(2)*(x-2)^3)/6+(exp
(2)*(x-2)^4)/24+(exp(2)*(x-2)^5)/120
```

例 9 将函数 $y=\dfrac{1}{x^2+5x-3}$展开成 $x-2$ 的幂级数.

程序:

```
>>syms x
>>f=1/(x^2+5*x-3);
>>y=taylor(f,x,2,'order',5)
y=
(70*(x-2)^2)/1331-(9*x)/121-(531*(x-2)^3)/14641+(4009*(x-2)^4)/
161051+29/121
```

练一练

用 MATLAB 将函数 $f(x)=\dfrac{\sin x}{x}$展开成 x 的幂级数.

同步练习 7.1

1. 用 MATLAB 求 $\sum\limits_{n=1}^{\infty}\dfrac{\sin nx}{4^n}$的和.

2. 用 MATLAB 求 $\sum\limits_{n=1}^{\infty}\dfrac{(x-1)^n}{3^n n}$的和.

3. 用 MATLAB 将函数 $f(x)=\dfrac{1}{x^2+3x+2}$展开成 $x=-4$ 处的 8 阶泰勒展开式.

第二节 MATLAB 在多元函数微积分中的应用

一、使用 MATLAB 计算多元函数的偏导数

工程应用中常用导数来描述各种各样的变化率,MATLAB 提供了专门的函数求导命令 diff.

1. 基本命令(表 7-3)

表 7-3　diff 调用格式

命令	说明
diff(S,v)	多元函数 S 对 v 的偏导数
diff(S,v,n)	多元函数 S 对 v 的 n 阶偏导数
subs(S,{v},{a})	函数 S 在 v=a 时的值

2. 例题

例 1　计算 $z=x^y$ 的两个偏导数$\frac{\partial z}{\partial x},\frac{\partial z}{\partial y}$.

程序:

```
>>syms x y z
>>diff(x^y,x)
ans=
x^(y-1)*y
>>diff(x^y,y)
ans=
x^y*log(x)
```

例 2　计算函数 $z=xy+x^2\sin y$ 的二阶偏导数$\frac{\partial^2 z}{\partial x\partial y},\frac{\partial^2 z}{\partial y\partial x}$.

程序:

```
>>syms x y z
>>z=x*y+x^2*sin(y);
>>diff(diff(z,x),y)
ans=
2*x*cos(y)+1
>>diff(diff(z,y),x)
ans=
2*x*cos(y)+1
```

例 3　计算函数 $z=x^4-4x^2y^2+y^4$ 的二阶偏导数$\frac{\partial^2 z}{\partial x^2},\frac{\partial^2 z}{\partial y^2}$.

程序:

解法一:

```
>>syms x y z
>> z=x^4-4*x^2*y^2+y^4;
>>diff(diff(z,x),x)
ans=
12*x^2-8*y^2
>>diff(diff(z,y),y)
```

```
ans =
12*y^2-8*x^2
```

解法二：

```
>>syms x y
>>diff(x^4-4*x^2*y^2+y^4,x,2)
ans =
12*x^2-8*y^2
>>diff(x^4-4*x^2*y^2+y^4,y,2)
ans =
12*y^2-8*x^2
```

例 4 计算函数 $z=x^2-3xy+2y^3$ 的一阶偏导数在点(2,1)处的值.

程序：

```
>>syms x y z
>>z=x^2-3*x*y+2*y^3;
>>subs(diff(z,x),{x,y},{2,1})
ans =
1
>>subs(diff(z,y),{x,y},{2,1})
ans =
0
```

练一练

设 $f(x,y)=e^{-\sin x}(x+2y)$，用 MATLAB 求 $f_x(0,1)$，$f_y(0,1)$.

二、使用 MATLAB 计算多元函数的重积分

重积分与定积分在本质上是相通的，但是重积分的积分区域变得复杂了. 我们可以利用 MATLAB 自带的重积分命令进行计算.

1. 基本命令(表 7-4)

表 7-4 int、dblquad 调用格式

命令	说明
int((f,x,x1,x2),y,y1,y2)	计算函数 f(x,y)在指定区域(x1,x2,y1,y2)上的二重积分
dblquad(f,x1,x2,y1,y2)	计算 f(x,y)的二重积分，x1<=x<=x2，y1<=y<=y2

2. 例题

例 5 计算积分 $\int_0^1 dx\int_{x^2}^{x} xy\,dy$.

程序：

```
>>syms x y a
>>int(int(x*y,y,x^2,x),x,0,1)
ans =
1/24
```

例 6 计算积分$\int_0^a dx\int_0^{a-x}(x^2+y^2)dy$.

程序：

```
>>syms x y a
>>int(int(x^2+y^2,y,0,a-x),x,0,a)
ans =
a^4/6
```

例 7 计算积分$\int_2^4 dx\int_x^{2x}\frac{y}{x}dy$.

程序：

```
>>syms x y f
>>f=int(y/x,y,x,2*x);
>>int(f,x,2,4)
ans =
9
```

例 8 计算积分$\int_0^1 dy\int_0^y y^2 e^{xy}dx$.

程序：

```
>>syms x y f
>>f=int(y^2*exp(x*y),x,0,y);
>>int(f,y,0,1)
ans =
exp(1)/2-1
```

例 9 计算$\iint\limits_D\left(\frac{y}{\sin x}+xe^x\right)dxdy$,其中$D=\{(x,y)\mid 1\leqslant x\leqslant 3,5\leqslant y\leqslant 7\}$.

测一测

程序：

```
>>syms x y
>>fun=inline('y./sin(x)+x.*exp(y)');% 定义 fun 函数
>>dblquad(fun,1,3,5,7)
ans =
3.8319e+03
```

练一练

用 MATLAB 计算积分 $\int_0^1 dy\int_0^y ye^x dx$.

同步练习 7.2

用 MATLAB 计算下列各题.

1. 求函数 $z=\dfrac{x+y}{x-y}$ 的两个一阶偏导数.
2. 求函数 $z=x\ln(xy)$ 的四个二阶偏导数.
3. 设 $u=e^{xyz}$，求 $\dfrac{\partial^3 u}{\partial x^2\partial y}$，$\dfrac{\partial^3 u}{\partial y\partial x\partial z}$.
4. 计算积分 $\int_0^1 dx\int_0^{x^2} x^2 y dy$.
5. 计算积分 $\int_0^1 dx\int_{x^2}^{x}(x^2+y^2)dy$.
6. 计算积分 $\int_1^2 dx\int_{\frac{1}{x}}^{x}\dfrac{x^2}{y^2}dy$.

第三节 MATLAB 在线性代数中的应用

一、使用 MATLAB 进行矩阵运算

MATLAB 即 Matrix Laboratory（矩阵试验室）的缩写，可见该软件在处理矩阵问题上的优势. 本节主要介绍如何用 MATLAB 进行“矩阵实验”，即如何生成矩阵，以及如何对已知矩阵进行各种运算.

1. 基本命令（表 7-5，表 7-6）

表 7-5 命令格式

命令	说明
n * A	常数与矩阵相乘
A+B	矩阵 A 与 B 的和
A-B	矩阵 A 与 B 的差
A * B	矩阵 A 与 B 的乘积
A. * B	矩阵 A 与 B 点乘运算
A/B	左除，即 AB^{-1}

续表

命令	说明
A\B	右除,即 $A^{-1}B$
A^n	方阵 A 的 n 次幂
A.^n	矩阵的幂运算

表 7-6 命令格式

命令	说明
A'	转置
det(A)	方阵 A 的行列式
rank(A)	A 的秩
inv(A)	A 的逆
eig(A)	A 的特征值
trace(A)	A 的迹,即对角线元素之和
[P,D]=eig(A)	AP=PD,D 为对角矩阵,P 每列为特征向量
[m,n]=size(A)	求 A 的行数 m,列数 n
A(m,n)	取出 A 的第 m 行 n 列元素
A(m:n,x:y)	取出 A 的 m,n 行与 x,y 列交叉位置的元素
find(A==a)	寻找 A 中等于 a 的所有元素所在的位置
f(A)	将函数 f 作用于矩阵 A 的每一个元素
D=[A;BC]	A 为原矩阵,B,C 中包含要扩充的元素,D 为扩充后的矩阵
A(m,:)=[ ]	删除 A 的第 m 行
A(:,n)=[ ]	删除 A 的第 n 列
A(m,n)=a;A(m,:)=[ab...];A(:,n)=[ab...]	对 A 的第 m 行第 n 列的元素赋值;对 A 的第 m 行赋值;对 A 的第 n 列赋值

2. 例题

例 1 输入矩阵 $\boldsymbol{A}=\begin{pmatrix}1&2&3\\4&5&7\\7&4&1\end{pmatrix}$;删掉第 3 列;取第二行;取第二行第二列数值;每个元素平方.

程序:

```
>>A=[1,2,3;4,5,7;7,4,1]
A=
    1    2    3
    4    5    7
```

```
    7    4    1
>>A(:,3)=[]
A =
    1    2
    4    5
    7    4
>>A(2,1:3)
ans =
    4    5    7
>>A(2,2)
ans =
    5
>>A.^2
ans =
    1    4    9
   16   25   49
   49   16    1
```

例 2 输入矩阵 $\boldsymbol{A}=\begin{pmatrix}1&0&-1\\2&3&4\\7&-2&5\end{pmatrix}$,求矩阵 $\boldsymbol{A}$ 的转置、行列式、秩.

程序:

```
>>A=[1,0,-1;2,3,4;7,-2,5]
A =
    1    0    -1
    2    3     4
    7   -2     5
>>A'
ans =
    1    2    7
    0    3   -2
   -1    4    5
>>det(A)
ans =
   48
>>rank(A)
ans =
    3
```

练一练

设 $\boldsymbol{A}=\begin{pmatrix}1 & 0 & -1\\ 2 & 3 & 4\\ 7 & -2 & 5\end{pmatrix}$, $\boldsymbol{B}=\begin{pmatrix}1 & 2 & 3\\ 2 & 2 & 1\\ 7 & 2 & 5\end{pmatrix}$,用 MATLAB 求 $\boldsymbol{A}+\boldsymbol{B}$, $\boldsymbol{A}^2$, $\boldsymbol{A}\times\boldsymbol{B}'$.

二、使用 MATLAB 求解线性方程组

在线性代数中,求解线性方程组是一个基本内容,在实际中,许多工程问题都可以化为线性方程组的求解问题.本节将讲述如何用 MATLAB 来解线性方程组.

例 3 求解方程组 $\begin{cases}x_1+x_2+x_3=6,\\ 4x_2-x_3=5,\\ 2x_1-2x_2+x_3=1.\end{cases}$

程序:

```
>>A=[1 1 1;0 4 -1;2 -2 1];
>>b=[6;5;1];
>>A1=[A b];
>>rank(A)
ans=
    3
>>rank(A1)
ans=
    3
>>x=A\b
x=
    1
    2
    3
```

例 4 求解方程组 $\begin{cases}2x_1-x_2+x_3=4,\\ -x_1-2x_2+3x_3=5,\\ x_1+3x_2+x_3=6.\end{cases}$

程序:

```
>>A=[2 -1 1;-1 -2 3;1 3 1];
>> b=[4;5;6];
>> A1=[A b];
>>rank(A)
ans=
    3
>>rank(A1)
ans=
```

```
   3
>>x=A\b
x=
1.1111
0.7778
2.5556
>>format rat
>>x=A\b
x=
      10/9
      7/9
      23/9
```

测一测

例 5 求方程组$\begin{cases} x_1+2x_2+2x_3=1, \\ x_2-2x_3-2x_4=2, \\ x_1+3x_2-2x_4=3 \end{cases}$的通解.

程序:

```
>>format rat           % 指定以有理形式输出
>>A=[1 2 2 0;0 1 -2 -2;1 3 0 -2];
>>b=[1;2;3];
>>x0=pinv(A)*b                    % 利用逆矩阵求方程组的一个特解
x0 =
      13/77
      46/77
      -2/11
    -40/77
>>z=null(A,'r')                  % 求相应齐次方程组的基础解系
z =
    -6              -4
     2               2
     1               0
     0               1
```

练一练

用 MATLAB 求解方程组$\begin{cases} x_1+x_2+3x_3+x_4=1, \\ 2x_1+2x_2+x_3-x_4=0, \\ x_1-x_2-2x_3+4x_4=-1, \\ x_1-x_2-x_3+x_4=3. \end{cases}$

同步练习 7.3

用 MATLAB 完成下列各题：

1. 设 $\boldsymbol{A}=\begin{pmatrix}1 & 2 & -1\\ 3 & 1 & 0\\ -1 & 0 & -2\end{pmatrix}$，求 $\det(\boldsymbol{A})$，$\boldsymbol{A}^{-1}$，$\operatorname{rank}(\boldsymbol{A})$.

2. 设 $\boldsymbol{A}=\begin{pmatrix}1 & 2 & -1\\ 3 & 1 & 0\\ -1 & 0 & -2\end{pmatrix}$，$\boldsymbol{B}=\begin{pmatrix}1 & 1 & 0\\ 0 & 1 & 0\\ 0 & 0 & 1\end{pmatrix}$，求 $\boldsymbol{A}^{-1}\boldsymbol{B}$，$\boldsymbol{B}\boldsymbol{A}^{-1}$.

3. 求解方程组 $\begin{cases}x_1+x_2+x_3=0,\\ 2x_1+x_2+x_3-x_4=1,\\ x_1-3x_2-x_3+2x_4=2,\\ x_2+x_3+x_4=-1.\end{cases}$

第四节　MATLAB 在概率论与数理统计中的应用

数理统计工具箱是 MATLAB 工具箱中较为简单的一个，其涉及的数学知识包括求均值与方差等. 本节将对 MATLAB 数理统计工具箱中的一些函数进行简单介绍.

一、使用 MATLAB 计算均值和方差

1. 基本命令（表 7-7）

表 7-7　命 令 格 式

命令	说明
M = mean(A)	如果 A 为向量，输出 M 为 A 中所有参数的平均值；如果 A 为矩阵，输出 M 是一个行向量，其每一个元素是对应列的元素的平均值
M = mean(A,dim)	按指定的维数求平均值
V = var(X)	如果 X 是向量，输出 V 是 X 中所有元素的样本方差；如果 X 是矩阵，输出 V 是行向量，其每一个元素是对应列的元素的样本方差，这里使用的是 $n-1$ 标准化
V = var(X,1)	使用 n 标准化，即按二阶中心矩的方式计算
V = var(X,w)	w 是权重向量，其元素必须为正，长度与 X 匹配
V = var(X,w,dim)	dim 指定计算维数

续表

命令	说明
S=std(X)	按照样本方差的无偏估计计算样本标准差,如果 X 是向量,输出 S 是 X 中所有元素的样本标准差;如果 X 是矩阵,输出 S 是行向量,其每一个元素是对应列的元素的样本标准差
s=std(X,flag)	如果 flag 为 0,同上;如果 flag 为 1,按照二阶中心矩的方式计算样本标准差
s=std(X,flag,dim)	dim 指定计算维度

2. 例题

例 1 某班级某次数学考试成绩如下:

61,100,72,79,84,67,68,94,64,65,68,74,69,67,95,70,70,71,86,73,
75,76,77,62,78,56,75,74,76,82,71,51,78,81,85,40,87,72,88,62,
84,85,87,87,98,94.

求此次成绩的平均值、方差和标准差.

程序:

```
>>X=[61 100...98 94]
>>M=mean(X)
M=
75.6087
>>V=var(X)
V=
150.0657
>>S=std(X)
S=
  12.2501
```

例 2 已知某批电线的寿命服从正态分布 $N(\mu,\sigma^2)$,今从中抽取 4 组进行寿命试验,测得数据如下(单位:h):2 501,2 253,2 467,2 650. 试估计参数 μ 和 σ.

程序:

```
>>A=[2501 2253 2467 2650];
>>M=mean(A)
M=
2.4678e+03
>>V=var(A,1)
V=
2.0110e+04
>>V^0.5
ans=
141.8086
```

```
>>V2 =std(A,1)
V2 =
141.8086
```

两个估计值分别为 2 467.8 和 141.808 6.

练一练

设有一组样本观测值:89,50,40,26,35,64,62,76. 用 MATLAB 求样本均值和样本方差.

二、使用 MATLAB 进行正态分布参数估计与置信区间估计

1. 基本命令(表 7-8)

表 7-8　命令格式

命令	说明
[M,S] = normfit(X)	M,S 为正态分布均值和标准差的极大似然估计
[M1,S1,M2,S2] = normfit(X,alpha)	M2,S2 为相应的 alpha 水平的置信区间

2. 例题

测一测

例 3　某班级某次数学考试成绩如下:

61,100,72,79,84,67,68,94,64,65,68,74,69,67,95,70,70,71,86,73,75,76,77
62,78,56,75,74,76,82,71,51,78,81,85,40,87,72,88,62,84,85,87,87,98,94.

已知数据服从 $N(\mu,\sigma^2)$,试估计参数和 95% 的置信区间.

程序:

```
>>X =[61 100 ...98 94];
>>[M,S] =normfit(X)
M =
75.6087
S =
  12.2501
>>[M1,S1,M2,S2] =normfit(X,0.05)
M1 =
75.6087
S1 =
  12.2501
M2 =
 71.9709
 79.2465
S2 =
```

```
10.1607
15.4293
```

练一练

某炼铁厂炼出的铁水含碳量(单位:%)服从 $N(\mu,\sigma^2)$,现测量 6 炉铁水,测得含碳量为:4.38,4.45,4.62,4.38,4.27,4.35.试用 MATLAB 求 μ,σ^2 的参数估计和置值度为 95% 的置信区间.

同步练习 7.4

用 MATLAB 完成下列各题:

1. 表 7-9 列出了中国 16 年间钢材消耗量与国民收入之间的关系,试求样本均值与方差(按行).

表 7-9

钢材消费量 x/万吨	549	429	538	698	872	988	807	738
国民收入 y/亿元	910	851	942	1 097	1 284	1 502	1 394	1 303
钢材消费量 x/万吨	1 025	1 316	1 539	1 561	1 785	1 762	1 960	1 902
国民收入 y/亿元	1 555	1 917	2 051	2 111	2 286	2 311	2 003	2 435

2. 某厂生产一种灯泡,在所生产的灯泡中抽取 8 只,测得平均寿命为:16 753,15 785,16 213,16 111,16 432,15 896,16 124,15 878.已知数据服从 $N(\mu,\sigma^2)$,试求 μ,σ^2 的参数估计和置信度为 95% 的置信区间.

第五节 MATLAB 在数值计算中的应用

一、使用 MATLAB 进行曲线拟合

工程实践中,只能通过测量得到一些离散的数据,然后利用这些数据得到一个光滑的曲线来反映某些工程参数的规律.这就是一个曲线拟合的过程.本节将介绍 MATLAB 的曲线拟合命令.

1. 基本命令(表 7-10)

表 7-10 命令格式

命令	说明
polyfit(x,y,n)	表示用最小二乘法对已知数据 x,y 进行拟合,以求得 n 阶多项式系数向量
[p,s]=polyfit(x,y,n)	p 为拟合多项式系数向量,s 为拟合多项式系数向量的信息结构

2. 例题

例 1 某次试验中测量得到一组数据(表 7-11).

表 7-11

x	1	2	3	4	5
y	11.2	16.5	20.4	26.3	30.5

求拟合的直线.

程序:

```
>>x=[1 2 3 4 5];
>>y=[11.2 16.5 20.4 26.3 30.5];
>>p=polyfit(x,y,1)
p=
  4.8400    6.4600
```

故拟合直线为 $y=4.84x+6.46$.

例 2 已知测量数据如下(表 7-12):

表 7-12

x	1	2	3	4	5
y	5.0	12.5	18.4	19.7	21.5

求 3 阶拟合多项式.

程序:

```
>>x=[1 2 3 4 5];
>>y=[5.0,12.5,18.4,19.7,21.5];
>>p=polyfit(x,y,3)
p=
  0.1750   -2.7179   15.0071   -7.5800
```

即 $p(x)=0.1750x^3-2.7179x^2+15.0071x-7.5800$.

练一练

已知实验数据如下表(表 7-13):

表 7-13

x	1	3	4	5	6	7	8	9	10
y	10	5	4	2	1	1	2	3	4

用 MATLAB 求它的二次拟合多项式.

二、使用 MATLAB 进行插值逼近

工程实践中,能够测量到的数据通常是一些不连续的点,而实际中往往需要知道这些离散点以外的其他点的数值.例如,现代机械工业中进行零件的数控加工,根据设计可以给出零件外形曲线的某些型值点,加工时为控制每步走刀方向及步数要求计算出零件外形曲线中其他

点的函数值,才能加工出外表光滑的零件. 这就是函数插值的问题. 本节将介绍 MATLAB 的插值命令.

1. 基本命令(表 7-14)

表 7-14 命令格式

命令	说明
yi=interp1(x,Y,xi)	对一组节点(x,Y)进行插值,计算插值点 xi 的函数值. x 为节点向量值,Y 为对应的节点函数值;如果 Y 为矩阵,则插值对 Y 的每一列进行;如果 Y 的维数超过 x 或 xi 的维数,返回 NaN
yi=interp1(Y,xi)	默认 x=1:n,n 为 Y 的元素个数值
yi=interp1(x,Y,xi,method)	method 指定的是插值使用的算法,默认为线性算法;其值可以是以下几种类型. 'nearest':线性最近项插值;'linear':线性插值(默认);'spline':三次样条插值;'pchip':分段三次埃尔米特插值;'cubic':同'pchip'

2. 例题

例 3 函数为 $y=x\sin x$,在[0,10]区间以 0.25 为步长进行分段线性插值.

程序(图 7-1):

```
>>x=0:10;y=x.*sin(x);
>>x1=0:0.25:10;
>>y1=interp1(x,y,x1);
>>plot(x,y,'kd',x1,y1)
```

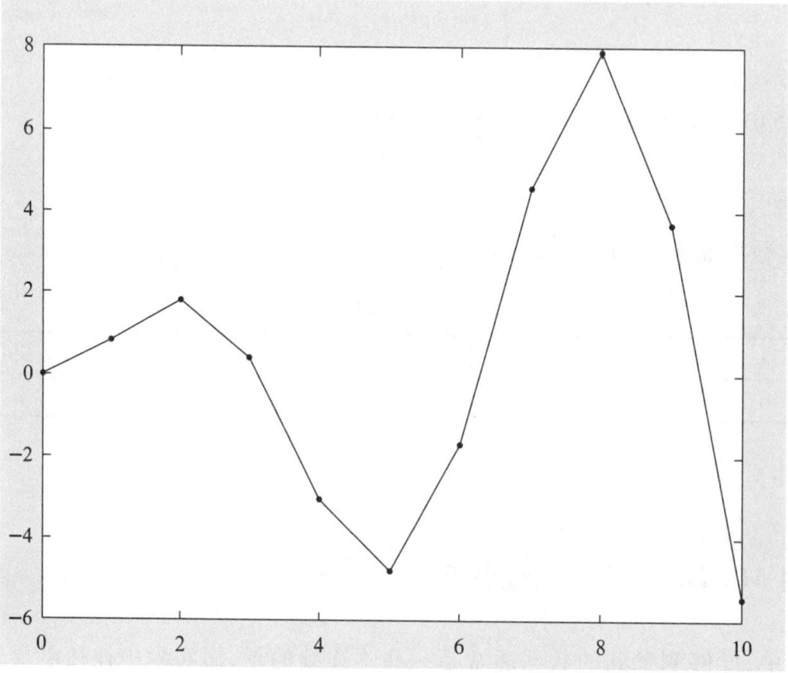

图 7-1

例 4　函数为 $f(x)=\dfrac{x^2}{5+x}$，在[-4,4]区间以 0.1 为步长进行分段线性插值.

程序(图 7-2)：

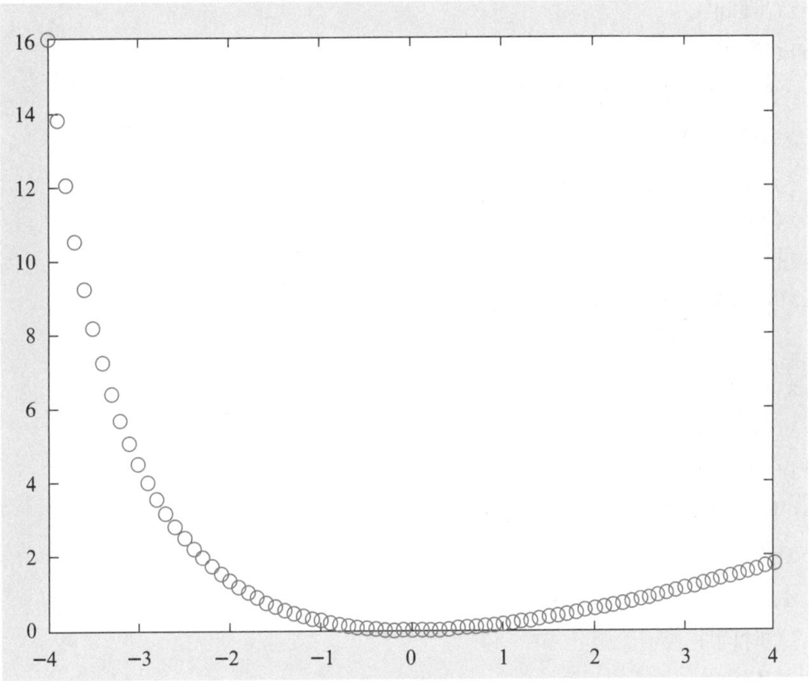

图 7-2

```
>>x=[-4:0.1:4];
>>y=x.^2./(5+x);
>>x0=[-4:0.1:4];
>>y0=interp1(x,y,x0);
>>plot(x0,y0,'ro')
```

例 5　经测试，已知某地在某天连续 9 个小时(8:00—16:00)内的气温变化如下(表 7-15)：

表 7-15

时间	8	9	10	11	12	13	14	15	16
气温	3	5	9	12	32	25	24	19	10

试用不同的插值方法来确定每隔 36 分钟气温的数值是多少.

程序(图 7-3)：

```
>>x=8:1:16;
>>y=[3 5 9 12 32 25 24 19 10];
>>xi=8:0.6:16;
>>ynearest=interp1(x,y,xi,'nearest');
>>ylinear=interp1(x,y,xi,'linear');
>>ycubic=interp1(x,y,xi,'cubic');
```

```
>>yspline=interp1(x,y,xi,'spline');
>> subplot(2,2,1)
>>plot(x,y,'*',xi,ynearest,'--')
>>xlabel('时间')
>>ylabel('气温')
>>title('原始数据与最近点插值比较')
>>subplot(2,2,2)
>>plot(x,y,'*',xi,ylinear,'o')
>>xlabel('时间')
>>ylabel('气温')
>>title('原始数据与线性插值比较')
>>subplot(2,2,3)
>>plot(x,y,'*',xi,ycubic,'x')
>>xlabel('时间')
>>ylabel('气温')
>>title('原始数据与 3 次插值比较')
>>subplot(2,2,4)
>>plot(x,y,'*',xi,yspline,'-')
>>xlabel('时间')
>>ylabel('气温')
>>title('原始数据与 3 次样条插值比较')
```

测一测

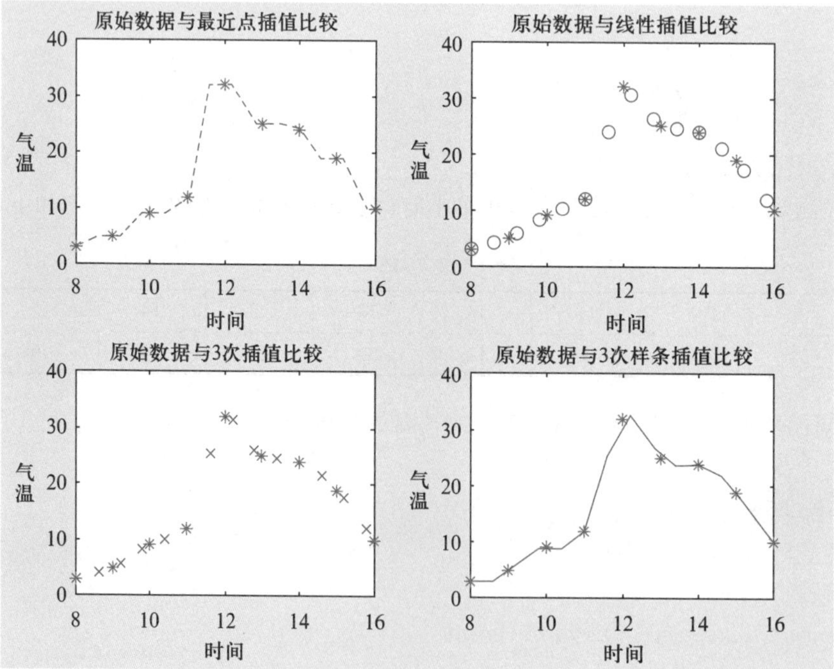

图 7-3

练一练

用 MATLAB 求数据(-2,-3),(-1,-1),(0,1),(1,3)的插值多项式.

同步练习 7.5

用 MATLAB 完成下列各题:

1. 已知苯的汽化热随温度变化的数据(表 7-16):

表 7-16

温度/℃	60	80	100	120	140	160	180
汽化热/(J/kg)	97.5	94.5	91.5	87.5	83	79	74

试用不同的插值方法来确定 65 ℃、170 ℃、185 ℃下的汽化热.

2. 设有一组数据(表 7-17):

表 7-17

x	1.36	1.49	1.73	1.81	1.95	2.16	2.28	2.48
y	14.094	16.069	16.844	17.378	18.435	19.949	20.963	22.495

分别用一次及二次多项式拟合以上数据,并比较哪一种情况更符合所给定的实验数据.

本章小结

一、MATLAB 在级数中的应用

1. 使用 MATLAB 实现级数求和

命令	说明
symsum(s,a,b)	求级数 s 关于系统默认的变量从 a 到 b 的有限项求和
symsum(s,v,a,b)	求级数 s 关于变量 v 从 a 到 b 的有限项求和

2. 使用 MATLAB 求泰勒展开

命令	说明
taylor(f)	关于系统默认变量 x 求 $\sum_{n=0}^{5}\frac{f^{n}(0)}{n!}x^{n}$
taylor(f,m)	关于系统默认变量 x 求 $\sum_{n=0}^{m}\frac{f^{n}(0)}{n!}x^{n}$,这里的 m 要求为一个正整数
taylor(f,a)	关于系统默认变量 x 求 $\sum_{n=0}^{5}\frac{f^{n}(a)}{n!}(x-a)^{n}$,这里的 a 要求为一个实数

续表

命令	说明
taylor(f,m,a)	关于系统默认变量 x 求 $\sum_{n=0}^{m}\frac{f^{n}(a)}{n!}(x-a)^{n}$,这里的 m 要求为一个正整数,a 要求为一个实数
taylor(f,m,x,a)	函数 f 关于变量 x 求 $\sum_{n=0}^{m}\frac{f^{n}(a)}{n!}(x-a)^{n}$,这里的 m 要求为一个正整数,a 要求为一个实数
taylor(f,x,a,'order',m)	求函数 f 关于变量 x 的泰勒展开式,这里的 m 要求为一个正整数,表示展开项数,a 为函数的展开点,缺省时为麦克劳林展开

二、MATLAB 在多元函数微积分中的应用

1. 使用 MATLAB 计算多元函数的偏导数

命令	说明
diff(S,v)	多元函数 S 对 v 的偏导数
diff(S,v,n)	多元函数 S 对 v 的 n 阶偏导数
subs(S,{v},{a})	函数 S 在 v=a 时的值

2. 使用 MATLAB 计算多元函数的重积分

命令	说明
int((f,x,x1,x2),y,y1,y2)	计算函数 f(x,y)在指定区域(x1,x2,y1,y2)上的二重积分
dblquad(f,x1,x2,y1,y2)	计算 f(x,y)的二重积分,x1<=x<=x2,y1<=y<=y2

三、MATLAB 在线性代数中的应用

命令	说明
n * A	常数与矩阵相乘
A+B	矩阵 A 与 B 的和
A-B	矩阵 A 与 B 的差
A * B	矩阵 A 与 B 的乘积
A. * B	矩阵 A 与 B 点乘运算
A/B	左除,即 AB^{-1}
A\B	右除,即 $A^{-1}B$
A^n	方阵 A 的 n 次幂
A.^n	矩阵的幂运算
A'	转置

续表

命令	说明
det(A)	方阵 A 的行列式
rank(A)	A 的秩
inv(A)	A 的逆
eig(A)	A 的特征值
trace(A)	A 的迹,即对角线元素之和
[P,D]=eig(A)	AP=PD,D 为对角矩阵,P 每列为特征向量
[m,n]=size(A)	求 A 的行数 m,列数 n
A(m,n)	取出 A 的第 m 行 n 列元素
A(m:n,x:y)	取出 A 的 m,n 行与 x,y 列交叉位置的元素
find(A==a)	寻找 A 中等于 a 的所有元素所在的位置
f(A)	将函数 f 作用于矩阵 A 的每一个元素
D=[A;B C]	A 为原矩阵,B,C 中包含要扩充的元素,D 为扩充后的矩阵
A(m,:)=[ ]	删除 A 的第 m 行
A(:,n)=[ ]	删除 A 的第 n 列
A(m,n)=a;A(m,:)=[ab...];A(:,n)=[ab...]	对 A 的第 m 行第 n 列的元素赋值;对 A 的第 m 行赋值;对 A 的第 n 列赋值

四、MATLAB 在概率论与数理统计中的应用

1. 使用 MATLAB 计算均值和方差

命令	说明
M=mean(A)	如果 A 为向量,输出 M 为 A 中所有参数的平均值;如果 A 为矩阵,输出 M 是一个行向量,其每一个元素是对应列的元素的平均值
M=mean(A,dim)	按指定的维数求平均值
V=var(X)	如果 X 是向量,输出 V 是 X 中所有元素的样本方差;如果 X 是矩阵,输出 V 是行向量,其每一个元素是对应列的元素的样本方差,这里使用的是 $n-1$ 标准化
V=var(X,1)	使用 n 标准化,即按二阶中心矩的方式计算
V=var(X,w)	w 是权重向量,其元素必须为正,长度与 X 匹配
V=var(X,w,dim)	dim 指定计算维数
S=std(X)	按照样本方差的无偏估计计算样本标准差,如果 X 是向量,输出 S 是 X 中所有元素的样本标准差;如果 X 是矩阵,输出 S 是行向量,其每一个元素是对应列的元素的样本标准差
S=std(X,flag)	如果 flag 为 0,同上;如果 flag 为 1,按照二阶中心矩的方式计算样本标准差
S=std(X,flag,dim)	dim 指定计算维度

2. 使用 MATLAB 进行正态分布参数估计与置信区间估计

命令	说明
[M,S]=normfit(X)	M,S 为正态分布均值和标准差的极大似然估计
[M1,S1,M2,S2]=normfit(X,alpha)	M2,S2 为相应的 alpha 水平的置信区间

五、MATLAB 在数值计算中的应用

1. 使用 MATLAB 进行曲线拟合

命令	说明
polyfit(x,y,n)	表示用最小二乘法对已知数据 x,y 进行拟合,以求得 n 阶多项式系数向量
[p,s]=polyfit(x,y,n)	p 为拟合多项式系数向量,s 为拟合多项式系数向量的信息结构

2. 使用 MATLAB 进行插值逼近

命令	说明
yi=interp1(x,Y,xi)	对一组节点(x,Y)进行插值,计算插值点 xi 的函数值. x 为节点向量值,Y 为对应的节点函数值;如果 Y 为矩阵,则插值对 Y 的每一列进行;如果 Y 的维数超过 x 或 xi 的维数,返回 NaN
yi=interp1(Y,xi)	默认 x=1:n,n 为 Y 的元素个数值
yi=interp1(x,Y,xi,method)	method 指定的是插值使用的算法,默认为线性算法;其值可以是以下几种类型. 'nearest':线性最近项插值;'linear':线性插值(默认);'spline':三次样条插值;'pchip':分段三次埃尔米特插值;'cubic':同'pchip'

习 题 七

用 MATLAB 完成下列各题:

1. 求级数 $\sum_{n=1}^{+\infty}(-1)^n\frac{\sin n}{n^2+1}$.

2. 求级数 $\sum_{n=1}^{\infty}nx^{n-1}$ 的和函数.

3. 将 $f(x)=\frac{1}{x}$ 展开成 $(x-3)$ 的幂函数,到 $(x-3)^{10}$ 项.

4. 设 $z=\arctan\frac{y}{x}$,求 $\frac{\partial z}{\partial x},\frac{\partial^2 z}{\partial x\partial y},\frac{\partial^2 z}{\partial y^2}$.

5. 设 $f(x,y)=x^3y+3x^2y^2$,求 $f_x(3,3),f_y(3,2),f_{xy}(1,2)$.

6. 计算二重积分 $\int_1^3\mathrm{d}y\int_{\frac{1}{y}}^{y}\frac{x^3}{y^3}\mathrm{d}y$.

7. 计算二重积分 $\iint\limits_D \mathrm{e}^{-(x^2+y^2)}\mathrm{d}x\mathrm{d}y$,其中 D 是 $x^2+y^2\leqslant 1$.

8. 已知矩阵 $\boldsymbol{A}=\begin{pmatrix}3&1&1\\2&1&2\\1&2&3\end{pmatrix}$, $\boldsymbol{B}=\begin{pmatrix}1&1&-1\\2&-1&0\\1&0&1\end{pmatrix}$,求(1) $\boldsymbol{A}+\boldsymbol{B}$,(2) $\boldsymbol{A}-\boldsymbol{B}$,(3) $4\boldsymbol{A}$,(4) $\boldsymbol{AB}$.

9. 求矩阵 $\boldsymbol{A}=\begin{pmatrix}2&-4&4\\0&1&-1\\1&-2&1\end{pmatrix}$的秩、行列式、转置.

10. 解线性方程组$\begin{cases}x_1+2x_3=9,\\4x_2-3x_3=1,\\3x_1+6x_2=0.\end{cases}$

11. 设有一组样本观测值:86,53,42,16,35,74,62,96. 求样本均值和样本方差.

12. 某炼铁厂炼出的铁水含碳量(单位:%)服从 $N(\mu,\sigma^2)$,现测量 5 炉铁水,测得含碳量为:4.28,4.40,4.42,4.35,4.37. 试求 μ,σ^2 的参数估计和置信度为 95% 的置信区间.

13. 从一批零件中抽取 16 件,测得它们的直径(单位:mm)的数据如下:12.15,12.12,12.01,12.08,12.09,12.16,12.03,12.01,12.06,12.13,12.07,12.11,12.08,12.01,12.03,12.06. 设这批零件的直径服从正态分布 $N(\mu,\sigma^2)$,试求 μ,σ^2 的参数估计和置信度为 95% 的置信区间.

14. 经实验测得某物理量 x,y 的 5 对数据如下(表 7-18):

表 7-18

x	165	123	150	123	141
y	187	126	172	125	148

试拟合成一次曲线及二次曲线.

15. 已知自变量 $x=1,2,3,4$ 时,因变量 $y=16,25,46,85$,求一个三次插值多项式逼近该函数,并求 $y(2.5)$.

16. 求数据表(表 7-19)

表 7-19

x	1	2	3
y	1	4	9

的二次插值多项式.

知识拓展链接(七)

MATLAB 的发展历史

MATLAB 是美国 Math Works 公司出品的一款商业数学软件,是一种数值计算环境和编程语言,主要包括 Matlab 和 Simulink 两大部分. MATLAB 基于矩阵(Matrix)运算,因其全称 MA-Trix LABoratory(矩阵实验室)而得名,MATLAB 名称即来自这两个单词中前三个字母的组合.

在数学类科技应用软件中,它在数值计算方面首屈一指.MATLAB 可以进行矩阵运算、绘制函数和数据、实现算法、创建用户界面、与其他编程语言进行混合编程等,主要应用于工程计算、数据统计、优化、控制设计、信号处理与通信、图像处理、信号检测、金融建模设计与分析等领域.使用 MATLAB 可以比使用传统的编程语言(如 C、C++和 Fortran 等)更快地解决技术计算问题.

20 世纪 70 年代后期,时任美国新墨西哥大学计算机科学系主任的克里夫·莫勒尔教授在给学生讲授线性代数课程时,想教给学生使用 EISPACK 和 LINPACK 程序库,但他发现学生用 Fortran 编写接口程序很费时间.出于减轻学生编程负担的目的,他设计了一组调用 LINPACK 和 EISPACK 程序库的"通俗易用"的接口,此即用 Fortran 编写的萌芽状态的 MATLAB.在此后的数年里,MATLAB 在多所大学里作为教学辅助软件使用,并作为面向大众的免费软件广为流传.

1983 年,克里夫·莫勒尔教授、工程师约翰·利特尔和斯蒂夫·班格尔特一起用 C 语言开发了第二代专业版 MATLAB,使 MATLAB 语言同时具备了数字计算和数据图示化的功能.

1984 年,克里夫·莫勒尔和约翰·利特尔成立了 Math Works 公司,正式把 MATLAB 推向市场,并继续进行 MATLAB 的研究和开发.从这时起,MATLAB 的内核采用 C 语言编写.

1993 年,Math Works 公司推出了 MATLAB 4.0 版本,从此告别 DOS 操作系统.4.X 版在继承和发展其原有的数值计算和图形可视能力的同时,出现了几个重要变化:推出了交互式操作的动态系统建模、仿真、分析集成环境——Simulink,开发了与外部进行直接数据交换的组件,打通了 MATLAB 进行实时数据分析、处理和硬件开发的道路,推出了符号计算工具包,构造了 Notebook.

1997 年,MATLAB 5.0 版问世,紧接着是 5.1、5.2 以及 1999 年春的 5.3 版.2003 年,MATLAB 7.0 问世.

2006 年,MATLAB 分别在 3 月和 9 月进行两次产品发布,3 月发布的版本被称为"a",9 月发布的版本被称为"b",即 R2006a 和 R2006b.之后,MATLAB 分别在每年的 3 月和 9 月进行两次产品发布,每次发布都涵盖产品家族中的所有模块,包含已有产品的新特性和 bug 修订,以及新产品的发布.

R2006a 版主要更新了 10 个产品模块,增加了多达 350 个新特性,增加了对 64 位 Windows 系统的支持,并新推出了.net 工具箱.2007 年 3 月 1 日,MATLAB R2007a 发布,R2007a 版增加了两个新产品、82 个产品更新及 bug 修复功能等.除此之外,R2007a 版可支持安装英特尔(Intel)处理器的 Mac 平台、Windows Vista,以及 64 位的 Sun Solaris SPARC 等操作系统.2008 年 9 月,MATLAB R2008b 发布,在此版本中,MATLAB 的桌面系统等有了较大的改变,变得比以前更加方便、实用.例如增加了 Function Browser 和 Map Containers 数据类型.

2012 年 9 月,MATLAB R2012b 发布并做出了一个重要更新,可显著提升用户的使用和导航体验.MATLAB 桌面改为了选项卡模式,看起来有 Microsoft Office 的风格,并新添了一个工具栏,以方便用户快速访问常用功能和 MATLAB 应用程序库.新增的 Simulink 编辑器支持信号线智能布控和仿真回退.此外,R2012b 版中还包含经过重新设计的帮助系统,改进了浏览、搜索、筛选和内容分类功能,这些重大改进使 MATLAB 跨入了崭新的 8.0 时代.

MATLAB R2013a 版增加了金融交易工具箱(Trading Toolbox)、定点设计器(Fixed-Point Designer)等工具.

2014 年 10 月,MATLAB 再次做出了一个重要更新,其中包括新的图形系统、大数据的新增支持、代码打包与分享功能,以及源控制集成,支持模型搭建加速与连续仿真运行的 Simulink 新功能.

不同版本的操作界面基本一致,常用的基本函数用法也基本一致.新版本的 MATLAB 在很多函数的算法、效率等方面都有很大改进,还添加了许多工具箱.

虽然 MATLAB 以一种科学软件的面目出现,但它更像是一种编程语言,通过工程人员比较容易理解和学习的方式,借助积木般的构建和解决问题的方式,将目前工程和科学界重要的问题通过软件制作成工具包.其中最基础的两个部分是 Matlab 和 Simulink,但最强大的部分是它的工具箱,每一版 MATLAB 都会增加一些工具箱,而且很多科学家还在不断地完善这些工具箱,一些爱好者也会在新闻组中发布自己的工具箱.例如,在 MATLAB 7.0.1 版本中,SimMechanics 就提供了实现机械仿真的工具箱,而此前如果要实现这个功能,就需要使用更专业的软件或者通过更复杂的编程才能完成,这就意味着学习软件和开发程序的时间成本会增加很多.

现在的 MATLAB 拥有更丰富的数据类型和结构,更友善的面向对象的开发环境,更快速精良的可视化图形界面,更广博的数学和数据分析资源,以及更多的应用开发工具,为人们提供更加强大的技术支持.

附录

附表 1—附表 5

参考文献

[1] 骈俊生,黄国建,蔡鸣晶.高等数学(下册)[M].2版.北京:高等教育出版社,2018.

[2] 朱永忠,郑苏娟,钮群.高等数学(下册)[M].南京:河海大学出版社,2016.

[3] 同济大学数学系.高等数学(下册)[M].7版.北京:高等教育出版社,2014.

[4] 万里亚.工程数学基础[M].成都:电子科技大学出版社,2010.

[5] 邱森.微积分课题精编[M].北京:高等教育出版社,2010.

[6] 黄光谷,黄川,李杨,蔡晓英.高等数学题典(下册)[M].北京:机械工业出版社,2005.

郑重声明

读者意见反馈

为收集对教材的意见建议，进一步完善教材编写并做好服务工作，读者可将对本教材的意见建议通过如下渠道反馈至我社。

咨询电话　400-810-0598

反馈邮箱　gjdzfwb@ pub. hep. cn

通信地址　北京市朝阳区惠新东街 4 号富盛大厦 1 座

　　　　　高等教育出版社总编辑办公室

邮政编码　100029

资源服务提示

授课教师如需获得本书配套教辅资源，请登录“高等教育出版社产品信息检索系统”(http://xuanshu. hep. com. cn/)搜索本书并下载资源，首次使用本系统的用户，请先注册并进行教师资格认证。也可电邮至资源服务支持邮箱：mayzh@ hep. com. cn，申请获得相关资源。